Springer-Lehrbuch

Winfried Hochstättler

Algorithmische Mathematik

Winfried Hochstättler
Fernuniversität in Hagen
Fachbereich Mathematik
Lützowstr. 125
58095 Hagen
Winfried.Hochstaettler@FernUni-Hagen.de

ISSN 0937-7433
ISBN 978-3-642-05421-1 e-ISBN 978-3-642-05422-8
DOI 10.1007/978-3-642-05422-8
Springer Heidelberg Dordrecht London New York

Die Deutsche Nationalbibliothek verzeichnet diese Publikation in der Deutschen Nationalbibliografie; detaillierte bibliografische Daten sind im Internet über http://dnb.d-nb.de abrufbar.

Mathematics Subject Classification (2000): 68-01

Einbandentwurf: WMXDesign GmbH, Heidelberg

Gedruckt auf säurefreiem Papier

Springer ist Teil der Fachverlagsgruppe Springer Science+Business Media (www.springer.com)

... und da ich bedachte, dass unter allen, die sonst nach Wahrheit in den Wissenschaften geforscht, die Mathematiker allein einige Beweise, das heißt einige sichere und einleuchtende Gründe hatten finden können, so war ich gewiß, dass ich mit diesen bewährten Begriffen anfangen müsse ...

René Descartes (1637)

Vorwort

Obwohl jeder schon in der Grundschule die ersten Algorithmen kennen lernt, nämlich die Addition, Subtraktion, Multiplikation und Division im Zehnersystem, ist der Begriff „Algorithmus“ kein Allgemeingut, und Mathematik wird in den weiterführenden Schulen und oft auch an Hochschulen wenig aus algorithmischer Sichtweise betrachtet. In den Anfangszeiten der Informatikausbildung wurde Mathematik vor allem aus klassischer Grundlagensicht gelehrt, die Algorithmenausbildung als Teil der Theoretischen Informatik betrachtet. In letzter Zeit ist allerdings der Anteil der Mathematik und der Theoretischen Informatik in der Informatikausbildung deutlich zurückgegangen. Ursache ist einerseits die zunehmende Bedeutung des Engineering in der Softwareentwicklung und andererseits die Verkürzung der Grundlagenausbildung im Rahmen des Bolognaprozesses.

Mit diesem Buch wollen wir verschiedene Teilgebiete der Mathematik aus algorithmischer Perspektive vorstellen und dabei auch Implementierungs- und Laufzeitaspekte diskutieren. Gleichzeitig möchten wir, bei einer verkürzten Grundausbildung in Mathematik in naturwissenschaftlichen und informatischen Studiengängen, möglichst viele Teilaspekte der Mathematik vorstellen und vielleicht zu einer vertiefenden Beschäftigung mit dem einen oder anderen Aspekt anregen. Unser Ziel ist es dabei nicht, den Leser zu einem versierten Anwender der besprochenen Algorithmen auszubilden, sondern wir wollen, immer ausgehend von konkreten Problemen, Analyse- und Lösungsstrategien in den Mittelpunkt stellen. Hierbei spielen insbesondere Beweise und Beweistechniken eine zentrale Rolle.

Bevor wir uns konkreten algorithmischen Fragestellungen zuwenden, widmen wir uns der Kombinatorik und dem elementaren Abzählen. Hier kann man, ohne ausgefeiltes Theoriegebäude, sehr schön mathematische Argumentations- und Schlussweisen vorstellen und etwa darlegen, wie man längere Rechnungen durch geschickte Argumentation vermeiden kann. Gleichzeitig dient dieses Kapitel auch der Vorbereitung von Abschätzungen und Laufzeitanalysen.

In den nächsten beiden Kapiteln stellen wir einige algorithmische Probleme auf Graphen und Digraphen vor. Wir diskutieren Baumsuche, Valenzsequenzen, Eulertouren, minimale aufspannende Bäume, das Isomorphieproblem bei Bäumen, maximale bipartite Matchings und stabile Hochzeiten. Bei der Auswahl haben wir uns eher an der Breite der angesprochenen Themen als an der Relevanz der Aufgabenstellungen orientiert.

Mit dem folgenden Kapitel verlassen wir die diskrete Mathematik und wollen zunächst Problembewusstsein für die Schwierigkeiten beim Rechnen mit Fließkommazahlen wecken. Wir stellen beispielhaft Auslöschung und Fehlerfortpflanzung vor. Daneben diskutieren wir Grundalgorithmen der Linearen Algebra, wie LU-Zerlegung und Choleskyfaktorisierung aus numerischer Sicht.

Die Kapitel 6 und 7 sind der Nichtlinearen Optimierung als algorithmischer Anwendung der Analysis gewidmet. In dem ersten dieser beiden Kapitel diskutieren wir vor allem notwendige und hinreichende Bedingungen für Extremwerte. Einen Beweis für die Lagrangebedingungen oder der Kuhn-Tucker-Bedingungen müssen wir im Rahmen dieses Buches schuldig bleiben, da wir den dafür benötigten „Satz über implizit definierte Funktionen“ nicht voraussetzen wollen. Statt dessen versuchen wir, die Aussagen anschaulich geometrisch plausibel zu machen. Die geometrische Sichtweise halten wir auch bei der Diskussion numerischer Verfahren zur Lösung von nichtlinearen Optimierungsproblemen in Kapitel 7 bei. Schlüsselwörter sind hier Abstiegsrichtung und Schrittweite.

Das abschließende Kapitel zur Linearen Optimierung haben wir hinten angestellt, da wir den Dualitätssatz der Linearen Optimierung aus den Kuhn-Tucker Bedingungen ableiten. Darüber hinaus diskutieren wir den Simplexalgorithmus aus geometrischer Sicht und wie sich die geometrischen Ideen effizient im Tableau umsetzen lassen.

Wir setzen an einigen Stellen Kenntnisse in Linearer Algebra und Analysis voraus, wie sie in einführenden Büchern und Veranstaltungen der Mathematik für Ingenieure und Natur- oder Wirtschaftswissenschaftler vermittelt werden.

Dieses Buch ist aus einem Fernstudienkurs der FernUniversität in Hagen hervorgegangen, der Teil der mathematischen Grundausbildung in den Bachelorstudiengängen Informatik und Wirtschaftsinformatik im zweiten Semester ist, und den wir auch in der Lehrerfortbildung einsetzen.

Hagen, im September 2009 *Winfried Hochstättler*

Danksagung

Bei der Wahl der Themen und des Titels dieses Buches habe ich mich von meinen akademischen Lehrern Achim Bachem und Jaroslav Nešetřil anregen lassen. Dem diskreten Teil in den Kapiteln 2–4 merkt man wahrscheinlich noch die Vorbildfunktion an, die das Buch „Diskrete Mathematik – Eine Entdeckungsreise“ von Matoušek und Nešetřil hier für mich hatte. Die Wahl der Themen der übrigen Kapitel lehnt sich an die Vorlesung “Algorithmische Mathematik – für Wirtschaftsinformatiker“ an, die ich als Assistent von Achim Bachem im Wintersemester 1991/92 betreuen durfte.

Darüber hinaus gilt mein Dank allen, die mir bei der Entwicklung dieses Manuskripts behilflich waren, meinem ehemaligen Mitarbeiter Robert Nickel, insbesondere für seine Beiträge zu weiterführenden Literaturhinweisen, meinen Mitarbeitern Dr. Manfred Schulte und Dr. Dominique Andres, Herrn Klaus Kuzyk, Frau Heidrun Krimmel sowie zahllosen aufmerksamen FernStudierenden der FernUniversität in Hagen.

Inhaltsverzeichnis

Kapitel 1
Notation und Grundstrukturen

1.1 Gliederung und Motivation

Schwerpunkt dieses Buches ist vor allem die Schulung des folgerichtigen und algorithmischen Denkens. Wenn Sie Informatiker oder Ökonom sind, werden Sie oft in „Wenn-Dann"-Situationen sein, ob Sie nun Produktionsabläufe oder die Struktur einer komplexen Hard- oder Softwareumgebung analysieren wollen. Diese Analysekompetenz trainiert man unseres Erachtens am besten, indem man abstrakte Strukturen analysiert, die von störendem Ballast befreit sind. Diese Art von Analysen ist natürlicherweise Bestandteil von mathematischen „Wenn-Dann"-Aussagen, wenn diese nämlich bewiesen werden. Folglich werden wir verstärkt Wert auf Beweise legen. Ein Beweis eines Satzes ist nichts anderes als eine folgerichtige, vollständige Schlusskette, mit der man aus der Gültigkeit einer Reihe von Voraussetzungen die Aussage des Satzes herleitet.

Wir werden in diesem Kapitel noch verschiedene Besonderheiten von Beweisen vorstellen. Dabei kommt dem Induktionsbeweis im Rahmen der Algorithmischen Mathematik eine besondere Bedeutung zu. Induktionsbeweise sind in der Regel konstruktiv und führen häufig zu Algorithmen, mit denen man zum Beispiel eine Struktur, deren Existenz die Induktion beweist, auch algorithmisch auffinden kann.

Nachdem wir in diesem Kapitel etwas Notation einführen, werden wir uns zunächst mit Zählproblemen beschäftigen. Dort werden Sie z. B. lernen, folgendes Problem zu lösen:

Problem 1.1. Wie groß ist die Chance, mit einem Lotto-Tipp fünf Richtige mit Zusatzzahl zu bekommen?

Im dritten Kapitel werden wir Graphen kennenlernen und das Haus vom Nikolaus ohne abzusetzen zeichnen. Ferner werden wir ein Kriterium kennenlernen, das es uns erlaubt, auch das Doppelhaus vom Nikolaus zu betrachten.

Problem 1.2. Kann man nebenstehende Figur ohne abzusetzen zeichnen?

W. Hochstättler, *Algorithmische Mathematik*, Springer-Lehrbuch
DOI 10.1007/978-3-642-05422-8_1,

Im vierten Kapitel lernen wir Bäume kennen und lösen algorithmisch effizient folgendes Problem:

Problem 1.3. Gegeben sind n Stationen und Kosten für eine paarweise Verbindung von je zwei Stationen. Installiere möglichst kostengünstig Verbindungen so, dass jede Station von jeder anderen Station aus (evtl. über Zwischenstationen) erreichbar ist.

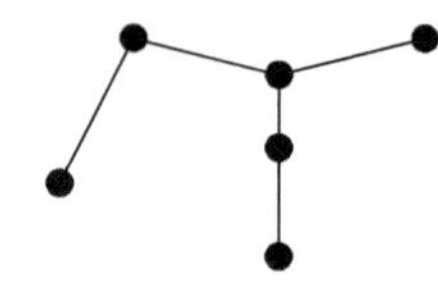

Bis hierhin konnten wir von allen Zahlenwerten annehmen, dass sie ganz oder zumindest rational sind. Im zweiten Teil des Buches untersuchen wir Probleme, bei denen dies nicht immer der Fall ist. Allerdings können wir nicht einmal theoretisch die Menge der reellen Zahlen im Computer darstellen. Die Speicherzellen im Computer sind nummeriert, also kann man nur abzählbare Mengen darstellen. Die Menge der reellen Zahlen ist aber nicht abzählbar. Hingegen kann man die ganzen und die rationalen Zahlen *abzählen.* Aber auch beim Rechnen mit rationalen Zahlen können wir im Allgemeinen nicht davon ausgehen, dass wir mit beliebiger *Genauigkeit* rechnen können, da wir nur mit endlichem Speicherplatz rechnen können. Dies führt zu *Rundungsfehlern*, die sich in Rechnungen *verstärken* und *fortpflanzen* können. Nach der Diskussion dieser allgemeinen Problematik diskutieren wir Verfahren zur Optimierung linearer und nicht-linearer Modelle.

1.2 Notation

Zunächst wiederholen wir Symbole aus der Mengenlehre, die aus der Schule bekannt sein sollten:

Wir bezeichnen mit

$\mathbb{N}$ die Menge der *natürlichen Zahlen*, die nach DIN-Norm 5473 die Null beinhaltet $\mathbb{N} := \{0,1,2,3,4,5,6,\dots\}$.

$\mathbb{Z}$ die Menge der *ganzen Zahlen* $\mathbb{Z} := \{\dots,-4,-3,-2,-1,0,1,2,3,4,\dots\}$.

$\mathbb{Q}$ die Menge der *rationalen Zahlen* $\mathbb{Q} := \{\frac{p}{q} \mid p \in \mathbb{Z}, q \in \mathbb{N} \setminus \{0\}\}$.

$\mathbb{R}$ die Menge der *reellen Zahlen*, dies sind alle Zahlen, die sich als nicht notwendig abbrechende Dezimalbrüche darstellen lassen. Dazu gehören zusätzlich zu den rationalen Zahlen *irrationale, algebraische Zahlen* wie etwa $\sqrt{2}$, die Nullstelle von x^2-2 ist, aber auch *irrationale, transzendente Zahlen*, die nicht Nullstelle eines Polynoms mit rationalen Koeffizienten $\neq 0$ sind, wie etwa π. Anstatt eines Dezimalkommas, benutzen wir die internationale Schreibweise mit Dezimalpunkt.

Die meisten Operationen, die wir mit Zahlen durchführen, wie Summe, Produkt, Differenz, Quotient, Potenz etc. setzen wir als allgemein bekannt voraus. Ist x eine reelle Zahl, so bezeichnen wir mit

$\lfloor x \rfloor$ die nächstkleinere ganze Zahl, also etwa $\lfloor 1.99 \rfloor = 1$, $\lfloor 2.01 \rfloor = 2$, $\lfloor 2 \rfloor = 2$, $\lfloor -1.99 \rfloor = -2$ und mit

$\lceil x \rceil$ die nächstgrößere ganze Zahl, also etwa $\lceil 1.99 \rceil = 2$, $\lceil 2.01 \rceil = 3$, $\lceil 2 \rceil = 2$, $\lceil -1.99 \rceil = -1$.

Summen und Produkte mehrerer Elemente kürzen wir mit dem *Summationszeichen* Σ und dem *Produktzeichen* Π ab.

$$\sum_{i=1}^{n} a_i := a_1 + a_2 + \ldots + a_n, \quad \prod_{i=1}^{n} a_i := a_1 \cdot a_2 \cdot \ldots \cdot a_n.$$

Also zum Beispiel $\sum_{i=1}^{5} i^2 = 1+4+9+16+25 = 55$.

Die leere Summe setzen wir auf 0 und das leere Produkt auf 1, also z. B.

$$\sum_{i=1}^{0} 3 = 0, \quad \prod_{i=1}^{0} 3 = 1.$$

Allgemeine Mengen bezeichnen wir meist mit Großbuchstaben. Wenn x in M liegt, schreiben wir $x \in M$, ansonsten $x \notin M$. Falls M aus endlich vielen Elementen besteht, so bezeichnet $|M|$ die *Kardinalität* (oder *Mächtigkeit*) von M, also die Anzahl der Elemente, die in M liegen.

Sind M,N zwei Mengen, so ist M eine Teilmenge von N, in Zeichen $M \subseteq N$, wenn

$$\forall x : (x \in M \Rightarrow x \in N), \tag{1.1}$$

in Worten, „wenn x in M liegt, so liegt es auch in N“.

Wir haben dabei soeben den *Allquantor* $\forall$ benutzt, um zu betonen, dass die Bedingung stets erfüllt sein muss. Dieser Allquantor ist eine Abkürzung für „für alle“. Also bedeutet (1.1) wörtlich „Für alle x gilt: wenn x in M liegt, so liegt es auch in N.“ Daneben benutzen wir auch noch den *Existenzquantor* $\exists$, der bedeutet „Es gibt ein ...“. Dabei ist „Es gibt ein“ immer als „Es gibt mindestens ein ...“ zu verstehen.

Zwei Mengen M,N sind *gleich* ($M = N$), wenn $M \subseteq N$ und $N \subseteq M$ ist.

Vereinigung und *Schnitt* von Mengen sind definiert als

$$M \cup N := \{x \mid x \in M \text{ oder } x \in N\}, \qquad M \cap N := \{x \mid x \in M \text{ und } x \in N\}.$$

Man beachte, dass im Falle der Vereinigung das „oder“ nicht exklusiv ist, d. h. x darf auch in beiden Mengen liegen. $M \dot{\cup} N$ schreiben wir für die Vereinigung $M \cup N$ nur, wenn zusätzlich gilt, dass $M \cap N = \emptyset$. Wir sagen dann auch, M und N *partitionieren* $M \cup N$. Allgemeiner ist $M = A_1 \dot{\cup} A_2 \dot{\cup} \ldots \dot{\cup} A_k$ eine *Partition* von M, wenn für alle $i, j \in \{1, \ldots, k\}$ mit $i \neq j$ gilt: $A_i \cap A_j = \emptyset$. Die A_i bezeichnen wir dann als *Klassen von* M.

Die *Differenzmenge* $M \setminus N$ ist definiert als $M \setminus N := \{x \mid x \in M \text{ und } x \notin N\}$.

Betrachtet man Mengen bezüglich einer gegebenen Grundmenge X, die wir als *Universum* bezeichnen, so ist für $M \subseteq X$ das *Komplement* $\overline{M}$ von M definiert als $X \setminus M$.

Das *kartesische Produkt* zweier Mengen M und N, symbolisch $M \times N$, ist erklärt als die Menge der geordneten Paare (x,y) mit $x \in M$ und $y \in N$. Wir nennen ein solches Paar *Tupel*. Elemente von kartesischen Produkten von n Mengen, also $(x_1, \ldots, x_n)$ nennen wir auch n-*Tupel*.

Ist X eine Menge, so bezeichnen wir mit

$$2^X = \{Y \mid Y \subseteq X\}$$

die *Potenzmenge* von X, das ist die Menge aller Teilmengen von X.

1.3 Abbildungen

Eine Abbildung ordnet jedem Element aus einer *Urbildmenge* ein Element aus einer *Wertemenge* zu. Formal:

Eine *Abbildung* $f : M \to N$ aus einer Menge M in eine Menge N ist eine Menge von geordneten Paaren $(x,y) \in M \times N$ mit der Eigenschaft, dass es für jedes $x \in M$ genau ein Paar in dieser Menge gibt, das x als erste Komponente hat. Wir schreiben dann auch $x \mapsto y$.

Statt $(x,y) \in f$ schreiben wir üblicherweise $f(x) = y$. Ist $A \subseteq M$, so bezeichnen wir mit $f(A) := \{f(a) \mid a \in A\} \subseteq N$ die Menge aller Bilder von Elementen in A.

Sind $f : M \to N$ und $g : Y \to M$ Abbildungen, so definieren wir die *Komposition* oder *Hintereinanderausführung* $h := f \circ g$ der Abbildungen durch $h(x) := f(g(x))$.

Eine Abbildung $f : M \to N$ heißt

injektiv, wenn verschiedene Urbilder verschiedene Bilder haben, also

$$x \neq y \Rightarrow f(x) \neq f(y),$$

surjektiv, wenn jedes Element in der Wertemenge getroffen wird, also $f(M) = N$,
bijektiv, wenn sie injektiv und surjektiv ist.

Eine bijektive Abbildung $\sigma : M \to M$, bei der Urbildmenge und Wertemenge übereinstimmen, nennen wir auch eine *Permutation*.

Definition 1.1. Zwei Mengen A, B heißen *gleichmächtig*, wenn es eine bijektive Abbildung $f : A \to B$ gibt.

Mit diesen Begrifflichkeiten beweisen wir einige erste kleine Aussagen.

Proposition 1.1. *a) Die Hintereinanderausführung injektiver Abbildungen ist injektiv.*
b) Die Hintereinanderausführung surjektiver Abbildungen ist surjektiv.
c) Die Hintereinanderausführung bijektiver Abbildungen ist bijektiv.

Beweis.

a) Seien also f, g zwei injektive Abbildungen und die Wertemenge von g sei identisch mit dem Definitionsbereich (Urbildmenge) von f. Wir haben zu zeigen, dass $x \neq y \Rightarrow (f \circ g)(x) \neq (f \circ g)(y)$. Seien also $x \neq y$ zwei verschiedene Elemente aus dem Definitionsbereich von g. Da g injektiv ist, sind $g(x) \neq g(y)$ zwei verschiedene Elemente aus dem Definitionsbereich von f. Da f injektiv ist, folgt nun $(f \circ g)(x) = f(g(x)) \neq f(g(y)) = (f \circ g)(y)$.
b) Hier müssen wir zeigen, dass jedes Element aus der Wertemenge N von $f \circ g$ als Bild angenommen wird. Sei also x ein solches Element. Da f surjektiv ist, gibt es ein y aus dem Definitionsbereich von f mit $f(y) = x$, analog gibt es ein z mit $g(z) = y$. Also ist $(f \circ g)(z) = x$.
c) Dies folgt aus den beiden vorhergehenden Aussagen. □

Als Zeichen, dass der Beweis fertig ist, haben wir rechts ein offenes Quadrat gesetzt.

Bei einer bijektiven Abbildung $f : M \to N$ hat jedes Element in der Wertemenge ein Urbild, und dieses ist eindeutig. Also können wir die *Umkehrabbildung* $g : N \to M$ definieren durch $g(y) = x \iff f(x) = y$. Wir bezeichnen ein solches g auch mit f^{-1}.

Ist $f: M \to N$ eine Abbildung und $L \subseteq M$, so bezeichnen wir mit $f_{|L}: L \to N$, definiert durch $f_{|L}(x) := f(x)$, die *Einschränkung von* f *auf* L. Damit können wir auch zwei Abbildungen f, g verketten, wenn der Bildbereich von der ersten (g) nur eine Teilmenge des Definitionsbereichs der zweiten (f) Funktion ist, indem wir für $g: K \to L$ definieren:

$$f \circ g := f_{|L} \circ g.$$

Aufgabe 1.1. Bezeichne $2\mathbb{Z}$ die Menge der geraden ganzen Zahlen. Bestimmen Sie bei den folgenden Zuordnungsvorschriften f_i, ob es Abbildungen sind. Wenn ja, stellen Sie fest, ob diese injektiv, surjektiv oder bijektiv sind.

$$\begin{aligned} f_1 : \mathbb{Z} &\to \mathbb{N} & f_2 : \mathbb{Z} &\to \mathbb{Z} & f_3 : \mathbb{Z} &\to 2\mathbb{Z} \\ k &\mapsto 2k & k &\mapsto 2k & k &\mapsto 2k \end{aligned}$$

$$\begin{aligned} f_4 : \mathbb{Z} &\to \mathbb{Z} & f_5 : 2\mathbb{Z} &\to \mathbb{Z} \\ k &\mapsto \tfrac{1}{2}k & k &\mapsto \tfrac{1}{2}k \end{aligned}$$

Lösung siehe Lösung 9.1.

Aufgabe 1.2. Seien $f: M \to N$ und $g: L \to M$ Abbildungen. Zeigen Sie:

a) Ist $f \circ g$ surjektiv, so ist auch f surjektiv.
b) Ist $f \circ g$ injektiv, so ist auch g injektiv.
c) Geben Sie jeweils ein Beispiel für (f, g) an, bei dem $f \circ g$ surjektiv, aber g nicht surjektiv, bzw. $f \circ g$ injektiv, aber f nicht injektiv ist.

Lösung siehe Lösung 9.2.

1.4 Beweismethoden und das Prinzip der vollständigen Induktion

Wie Sie in den bisherigen Abschnitten bereits gesehen haben, besteht ein mathematischer Text zumeist aus Definitionen, Sätzen und Beweisen. Dabei ist eine *Definition* eine sprachliche Vereinbarung, die jeweils einer gewissen Struktur einen Namen gibt. Ein *Satz* besteht zumeist aus einigen Voraussetzungen und einer Behauptung. In dem zugehörigen *Beweis* wird schlüssig Schritt für Schritt dargelegt, warum unter Annahme der Gültigkeit der Voraussetzungen die Behauptung notwendig auch gelten muss. Jeder einzelne Schritt des Beweises muss logisch nachvollziehbar sein.

Neben solchen direkten Beweisen, wollen wir hier noch drei weitere Vorgehensweisen vorstellen. Zunächst den

1.4.1 Beweis durch Kontraposition

Betrachten wir hierzu den „Satz“:

Wer einkaufen geht und bar bezahlt, hat danach weniger Geld in der Brieftasche.

Diese Aussage hat die Form

$$(A \text{ und } B) \Rightarrow C.$$

Logisch gleichwertig ist die umgekehrte Implikation der Negationen, nämlich

$$\text{nicht } C \Rightarrow \text{ nicht } (A \text{ und } B),$$

wobei die rechte Seite der Implikation wiederum gleichwertig ist mit

$$(\text{nicht } A) \text{ oder } (\text{nicht } B).$$

Insgesamt können wir statt obiger Aussage also genau so gut zeigen:

Wer danach nicht weniger Geld in der Brieftasche hat, war nicht einkaufen oder hat nicht bar bezahlt.

Wir stellen einen solchen Beweis an einem geometrischen Beispiel vor. Ein *Geradenarrangement* ist eine endliche Menge von (paarweise verschiedenen) Geraden in der Ebene. Diese zerteilt die Ebene in (beschränkte und unbeschränkte) *Zellen*, das sind die zusammenhängenden Gebiete, die entstehen, wenn man alle Geraden entfernt. Die Schnittpunkte der Geraden nennen wir *Ecken* des Arrangements. Beachte, zwei Geraden schneiden sich in genau einer Ecke oder sie sind parallel.

Ein *Dreieck* in einem Geradenarrangement ist eine beschränkte Zelle, die von genau drei Geraden *berandet* wird.

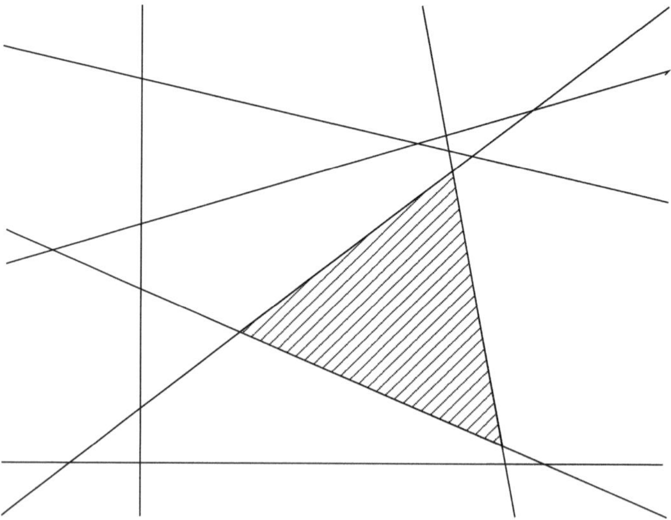

Abb. 1.1 Ein Geradenarrangement und eines seiner acht Dreiecke

Wir zeigen nun

Sei $\mathscr{G}$ ein Geradenarrangement, bei dem alle bis auf eine Gerade paarweise parallel sind oder es eine Ecke gibt, die auf allen Geraden liegt. Dann enthält $\mathscr{G}$ kein Dreieck.

Beweis. Man kann diese Aussage selbstverständlich direkt beweisen. Mit Kontraposition wird es aber einfacher. Die Kontraposition der Aussage ist:

Enthält ein Geradenarrangement ein Dreieck, so gibt es drei Geraden, die paarweise nicht parallel sind, und für jede Ecke gibt es eine Gerade, welche diese nicht enthält.

Seien also $g_1, g_2, g_3 \in \mathscr{G}$ so, dass sie ein Dreieck beranden. Dann sind sie offensichtlich nicht parallel. Da sich zwei Geraden in höchstens einer Ecke schneiden, kann es auch keine Ecke geben, die auf allen drei Geraden liegt. □

1.4.2 Widerspruchsbeweis oder reductio ad absurdum

Hier wird eine Behauptung dadurch bewiesen, dass man zeigt, dass die Verneinung der Behauptung etwas Unsinniges impliziert. Erhält man nämlich durch folgerichtiges Schließen eine offensichtlich falsche Aussage, so müssen die Prämissen (Voraussetzungen) falsch gewesen sein. Wenn aber die Prämisse eine falsche Aussage ist, so ist ihre Verneinung eine richtige Aussage.

Betrachten wir hier als Beispiel:

Es gibt unendlich viele Primzahlen: $2,3,5,7,11,13,17,19,23,\dots$.

Nehmen wir das Gegenteil an und sei etwa $\{p_1,\dots,p_n\}$ die endliche Menge der Primzahlen und sei $P=\prod_{i=1}^n p_i$. Dann ist $P+1$ keine Primzahl, wird also von einer Primzahl, etwa p_{i_0}, echt geteilt. Also ist

$$\frac{P+1}{p_{i_0}} = \left(\prod_{\substack{i=1\\ i\neq i_0}}^{n} p_i\right) + \frac{1}{p_{i_0}}$$

eine natürliche Zahl, was offensichtlich Unsinn ist, da $p_{i_0} \geq 2$ ist. Also muss die Annahme, dass es nur endlich viele Primzahlen gibt, falsch und obige Aussage richtig sein.

1.4.3 Das Prinzip der vollständigen Induktion

Oft will man Aussagen für endliche Mengen beweisen. Dafür kann man den konstruktiven Aufbau der natürlichen Zahlen ausnutzen. Diese lassen sich nämlich durch einen Anfang, die 0, und eine Nachfolgerfunktion beschreiben. Wenn eine Teilmenge von ganzen Zahlen die 0 und mit jeder Zahl auch ihren Nachfolger enthält, dann enthält sie alle natürlichen Zahlen. (Sie enthält die 0, also die 1, also die 2, also ...). Dieses Induktionsprinzip gilt genauso für Teilmengen der ganzen Zahlen, die ein kleinstes Element $n_0 \in \mathbb{Z}$ haben und aus allen dessen Nachfolgern bestehen, also für

$$\mathbb{Z}_{\geq n_0} := \{z \in \mathbb{Z} \mid z \geq n_0\}.$$

Folglich kann man eine Aussage für eine Zahl $n_0 \in \mathbb{Z}$ beweisen und zeigen, dass sie, wenn sie für eine Zahl $n \geq n_0$ gilt, dann auch für ihren Nachfolger $n+1$. Diese beiden Fakten zusammengenommen beweisen, dass die Aussage für alle ganzen Zahlen, die größer oder gleich n_0 sind, gilt.

Den Beweis der Aussage für $n_0 \in \mathbb{Z}$ nennen wir *Induktionsanfang*. In der *Induktionsannahme* gehen wir davon aus, dass die Aussage für alle ganzen Zahlen, die kleiner als $n \geq n_0$ sind, gilt, und zeigen im *Induktionsschluss*, dass die Aussage dann auch für n selber gilt. Wir werden in diesem Buch immer den Schluss von $n-1$ auf n durchführen. In anderen Büchern werden Sie statt dessen oft Schlüsse von n auf $n+1$ sehen. Dies macht inhaltlich keinen Unterschied. Wir bevorzugen aber aus didaktischen Gründen, wenn die Induktionsannahme von der zu beweisenden Aussage zu unterscheiden ist.

Wir betrachten als Beispiel wieder ein Geradenarrangement und behaupten

Ein Geradenarrangement $\mathscr{G}$ mit mindestens drei Geraden enthält genau dann ein Dreieck, wenn es drei Geraden enthält, die paarweise nicht parallel sind und keinen gemeinsamen Punkt haben.

Wenn ein Geradenarrangement ein Dreieck enthält, so sind die drei Geraden, die das Dreieck beranden, paarweise nicht parallel und enthalten keinen gemeinsamen Punkt. Also ist diese Bedingung *notwendig*.

Dass sie auch hinreichend ist, zeigen wir per Induktion über die Anzahl $n \geq 3$ der Geraden.

Diese Aussage ist offensichtlich richtig, wenn das Arrangement nur aus drei Geraden besteht. Denn zwei Geraden, die nicht parallel sind, schneiden sich in einem Punkt, etwa p. Sei dann q der Punkt auf der dritten Geraden mit dem geringsten Abstand von p. Dann ist $p \neq q$ und $\overline{pq}$ bildet die Höhe eines Dreiecks.

Sei nun ein Geradenarrangement mit $n \geq 4$ Geraden gegeben. Wir zeigen:

Wenn die Aussage für $n-1$ Geraden richtig ist, so ist sie auch für n Geraden richtig.

Nach Voraussetzung enthält $\mathscr{G}$ drei Geraden g_1, g_2, g_3, die paarweise nicht parallel sind. Da $\mathscr{G}$ mindestens vier Geraden enthält, gibt es $h \in \mathscr{G} \setminus \{g_1, g_2, g_3\}$ und $\mathscr{G} \setminus \{h\}$ erfüllt dann offensichtlich weiterhin die Voraussetzung. Wir können also induktiv annehmen, dass es in dem verbleibenden Arrangement von $n-1$ Geraden ein Dreieck gibt. Nun nehmen wir die Gerade h wieder dazu und unterscheiden drei Fälle.

a) Die Gerade h schneidet das Dreieck nicht im Inneren. Offensichtlich bleibt das Dreieck dann erhalten.
b) Die Gerade h schneidet das Dreieck in zwei Kanten. Dann wird das Dreieck in ein Dreieck und ein Viereck zerlegt.
c) Die Gerade schneidet das Dreieck in einem Knoten und einer Kante. Dann zerlegt h das Dreieck in zwei Dreiecke.

In jedem Fall enthält unser Arrangement wieder ein Dreieck. Also erhalten wir:

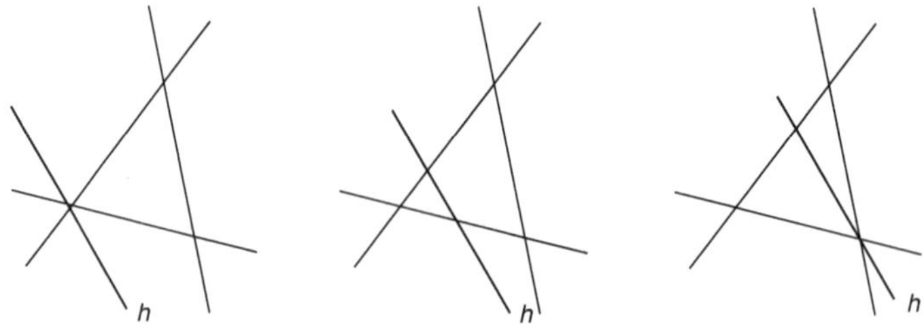

Abb. 1.2 Die drei Fälle im Beweis

Weil die Aussage für 3 Geraden richtig ist, ist sie für 4 richtig, ist sie für 5 richtig usf. Nach dem Induktionsprinzip ist sie also für alle Geradenarrangements richtig. □

Man kann nicht nur vom individuellen Vorgänger, sondern von allen Vorgängern einer Zahl auf diese schließen, also zeigen:

Wenn die Aussage für $\{1,\ldots,n-1\}$ wahr ist, so ist sie auch für n wahr.

Implizit enthält der eben geführte Beweis auch einen Algorithmus, mit dem man ein Dreieck finden kann. Er ist *effizient* in einem Sinne, den wir noch kennenlernen werden. In der Praxis gibt es aber deutlich schnellere Verfahren.

Unser Algorithmus hier sucht zuerst drei Geraden, die ein Dreieck bilden und nimmt dann iterativ weiter Geraden hinzu, wobei das Dreieck, falls notwendig, aktualisiert wird.

Abb. 1.3 3-Eck, 4-Eck und 5-Eck

Aufgabe 1.3. Ein konvexes n-Eck ist ein Gebilde in der Ebene, das von n Strecken berandet wird, von denen jede genau zwei weitere in je einer Ecke in einem Winkel $\neq \pi$ (also $\neq 180°$) trifft, so dass die Verbindungsstrecke zwischen je zwei inneren Punkten zweier verschiedener Strecken keine weitere Strecke trifft. Zeigen Sie: Die Summe der Winkel in einem n-Eck ist für $n \geq 3$

$$(n-2)\pi \hat{=} (n-2)180°.$$

Lösung siehe Lösung 9.3.

Aufgabe 1.4. Geben Sie ein Beispiel für ein Geradenarrangement, das kein Dreieck enthält, bei dem aber weder alle bis auf eine Gerade parallel sind, noch alle Geraden durch einen Punkt gehen.

Lösung siehe Lösung 9.4.

Kapitel 2
Elementare Abzählprobleme und diskrete Wahrscheinlichkeiten

In diesem Abschnitt betrachten wir Zählprobleme wie etwa

- Auf wie viele Arten kann ich n Personen m Objekte zuweisen?
- Wie viele Tischordnungen sind möglich?
- Wie viele verschiedene Lotto-Tipps sind möglich?

2.1 Abbildungen und Mengen

Wir beginnen mit einem Beispiel.

Beispiel 2.1. Die lokale IT-Abteilung stellt 7 Standard-Rechnerkonfigurationen zur Verfügung. In einer Abteilung gibt es 12 Personen, die einen neuen Arbeitsplatzrechner brauchen. Auf wie viele Arten kann die IT-Abteilung die 12 Kollegen mit Hard- und Software standardmäßig beglücken?

Für den ersten Empfänger haben wir 7 Konfigurationen zur Auswahl, für den zweiten wieder 7. Die Auswahlen hängen nicht voneinander ab, also ergeben sich insgesamt 49 Möglichkeiten. Iterieren wir diese Argumentation, ergeben sich 7^{12} Möglichkeiten.

Abstrakt betrachten wir die Menge aller Abbildungen von einer n-elementigen Menge A (Arbeitsplätzen) in eine m-elementige Menge R (von Rechnerkonfigurationen).

Man klassifiziert die unterschiedlichen Objekte, die wir in diesem und dem folgenden Abschnitt beschreiben, auch häufig als *Urnenexperimente*. Wir wollen hier die Möglichkeiten zählen, eine Sequenz von nummerierten Kugeln aus einer Urne zu ziehen, wobei wir uns gezogene Kugeln merken und sie wieder zurücklegen. Man spricht auch von einer *Variation mit Wiederholung*.

Proposition 2.1. *Seien $n, m \in \mathbb{N}$, $m \geq 1$ und A eine n-elementige Menge und R eine m-elementige Menge. Dann ist die Anzahl aller Abbildungen $f : A \to R$ gerade m^n.*

Beweis. Wir führen Induktion über n. Die Anzahl der Abbildungen von der leeren Menge A nach R ist gerade $1 = m^0$. Dies würde als Verankerung genügen. Wenn Ihnen die leere Abbildung etwas unheimlich ist, so können wir Sie damit beruhigen, dass es offensichtlich genau $|R| = m$ Abbildungen einer einelementigen Menge nach R gibt. Sei also $n \geq 1$ und $a \in A$ fest gewählt. Nach Induktionsvoraussetzung gibt es m^{n-1} Abbildungen von $A \setminus \{a\}$ nach R. Außerdem gibt es m Abbildungen von $\{a\}$ nach R. Nun können wir jede Abbildung $f : A \to R$ in zwei Abbildungen

W. Hochstättler, *Algorithmische Mathematik*, Springer-Lehrbuch

DOI 10.1007/978-3-642-05422-8_2,

$f_1 : A \setminus \{a\} \to R$ und $f_2 : \{a\} \to R$ zerlegen. Umgekehrt definiert jedes solche Paar (f_1, f_2) ein $f : A \to R$ und diese sind für verschiedene Tupel verschieden. Also gibt es davon $m^{n-1} \cdot m = m^n$ Stück. □

Als Konsequenz erhalten wir den Grund, warum wir die Potenzmenge von X mit 2^X bezeichnen. Es gilt nämlich:

Korollar 2.2. *Sei X eine n-elementige Menge, $n \in \mathbb{N}$. Dann hat X genau 2^n Teilmengen, oder als Formel*

$$|2^X| = 2^{|X|}. \tag{2.1}$$

Beweis. Zu einer gegebenen Teilmenge $Y \subseteq X$ definieren wir die *charakteristische Funktion χ_Y von Y* als $\chi_Y : X \to \{0,1\}$

$$\chi_Y(x) := \begin{cases} 1, & \text{falls } x \in Y \\ 0 & \text{sonst.} \end{cases} \tag{2.2}$$

Offensichtlich sind die charakteristischen Funktionen verschiedener Teilmengen voneinander verschieden. Umgekehrt erhält man aber jede Funktion $f : X \to \{0,1\}$ als charakteristische Funktion einer Teilmenge. Also ist die Anzahl der Teilmengen von X gerade gleich der Anzahl der Abbildungen $f : X \to \{0,1\}$, also 2^n nach Proposition 2.1. □

Die Hälfte dieser Teilmengen hat gerade viele Elemente und die andere ungerade viele:

Proposition 2.2. *Sei $n \geq 1$. Jede n-elementige Menge hat genau 2^{n-1} Teilmengen mit ungerade vielen Elementen und ebenso viele mit gerade vielen Elementen.*

Beweis. Sei X eine n-elementige Teilmenge und $a \in X$ ein festes Element. Dann hat $X \setminus \{a\}$ nach Korollar 2.2 2^{n-1} Teilmengen. Jede solche Teilmenge T hat entweder ungerade viele Elemente oder dies gilt für $T \cup \{a\}$. Umgekehrt enthält jede ungerade Teilmenge S von X entweder das Element a nicht, oder $|S \setminus \{a\}|$ ist gerade. Also hat X genau 2^{n-1} ungerade Teilmengen und $2^n - 2^{n-1} = 2^{n-1}$ gerade Teilmengen. □

2.2 Injektive Abbildungen, Permutationen und Fakultät

Unter den Anwärtern auf Arbeitsplatzrechner teilen fünf ein Team-Büro, die, um ihre Individualität zu betonen, vor allem verschiedene Konfigurationen erhalten wollen. Auf wie viele Arten können wir diese fünf Personen mit sieben Konfigurationen beglücken?

In diesem Falle zählen wir also die injektiven Abbildungen in eine endliche Menge.

Das zugehörige Urnenexperiment lautet wie oben, aber ohne Zurücklegen. Wir sprechen von einer *Variation ohne Wiederholung*.

Proposition 2.3. *Seien $m, n \in \mathbb{N}$. Dann gibt es genau*

$$m(m-1)\ldots(m-n+1) = \prod_{i=0}^{n-1}(m-i) \tag{2.3}$$

injektive Abbildungen einer gegebenen n-elementigen Menge A in eine gegebene m-elementige Menge R.

Beweis. Wir führen wieder Induktion über n. Ist $n = 0$, so gibt es genau eine solche Abbildung. Das leere Produkt ist per definitionem 1. Sei also nun $n > 0$ und $a \in A$ ein festes Element. Es gibt m mögliche Bilder $f(a) \in R$ für a. Jede dieser Möglichkeiten wird durch jede injektive Abbildung von $A \setminus \{a\}$ nach $R \setminus \{f(a)\}$ zu einer injektiven Abbildung von A nach R ergänzt. Von letzteren gibt es nach Induktionsvoraussetzung aber genau $\prod_{i=0}^{n-2}(m-1-i) = \prod_{i=1}^{n-1}(m-i)$ Stück, woraus die Behauptung folgt. □

Für unser Team-Büro erhalten wir also $7 \cdot 6 \cdot 5 \cdot 4 \cdot 3 = 2520$ mögliche Rechnerkonfigurationen.

Eine bijektive Abbildung $\sigma : M \to M$ einer Menge in sich selbst hatten wir *Permutation der Menge M* genannt. Ist $|M|$ endlich, so gibt es nach Proposition 2.3 $n(n-1) \cdot \ldots 2 \cdot 1$ Permutationen. Diese Zahl nennen wir Fakultät von n.

Definition 2.1. Sei $n \in \mathbb{N}$. Die Zahl

$$n! := \prod_{i=1}^{n} i = 1 \cdot 2 \cdot \ldots \cdot (n-1) \cdot n \tag{2.4}$$

nennen wir die *Fakultät von n*.

Durch Abzählen der Elemente können wir jede Permutation σ einer endlichen Menge der Kardinalität n als Permutation von $N := \{1, 2, \ldots, n\}$ auffassen. Manchmal ist es nützlich, eine Permutation als lineare Anordnung von N zu betrachten. Dafür schreiben wir sie als Abbildungsmatrix

$$\begin{pmatrix} 1 & 2 & 3 & \ldots & n \\ \sigma(1) & \sigma(2) & \sigma(3) & \ldots & \sigma(n) \end{pmatrix}$$

oder auch als n-Tupel $(\sigma(1)\ \sigma(2)\ \sigma(3)\ \ldots\ \sigma(n))$.

Beispiel 2.3. Wir schreiben die Permutation

$$\begin{pmatrix} 1\,2\,3\,4\,5\,6\,7 \\ 4\,7\,6\,1\,2\,3\,5 \end{pmatrix}$$

kurz als $(4\,7\,6\,1\,2\,3\,5)$.

Wir wollen noch die Zerlegung einer Permutation in Zyklen diskutieren. Ein *Zyklus* (oder *Zykel*) ist eine wiederholungsfreie Folge von Zahlen $\langle a_1 a_2 \ldots a_k \rangle$ in N. Wir können einen Zyklus wiederum als Permutation σ betrachten, die die Elemente des Zyklus zyklisch vertauscht und alle anderen Elemente fix lässt, also mit $\sigma(a_i) = a_{i+1}$ für $i = 1, \ldots, k-1$ und $\sigma(a_k) = a_1$ und $\sigma(a) = \sigma(a)$ für $a \in N \setminus \{a_1, \ldots, a_k\}$.

Die Hintereinanderausführung $\sigma_1 \circ \sigma_2$ zweier Permutationen σ_1, σ_2 bezeichnen wir auch als *Produkt*. Das Produkt zweier Zyklen ist immer eine Permutation. Schreiben wir eine Permutation σ als Produkt von Zyklen, so sagen wir, dass wir σ in Zyklen *zerlegen*.

Der zugehörige Satz lautet:

Proposition 2.4. *Jede Permutation σ lässt sich (bis auf die Reihenfolge eindeutig) in paarweise disjunkte Zyklen zerlegen.*

Beweis. Einen Beweis kann man per Induktion über die Anzahl der Elemente führen, die keine Fixpunkte von σ sind. Sind alle Elemente Fixpunkte, so ist σ die identische Abbildung und somit Komposition von n Zyklen der Länge 1. Andernfalls startet man bei einem Element a, das kein Fixpunkt von σ ist, berechnet dessen Bild $\sigma(a)$ und dann wieder dessen Bild $\sigma(\sigma(a))$ und so weiter. Da die Grundmenge endlich ist, muss sich irgendwann ein Element wiederholen. Da σ bijektiv ist und somit die Vorgänger dieser Folge auch wiederum eindeutig sind, muss sich a als erstes Element wiederholen und wir haben einen Zyklus σ_1 gefunden. Sei nun τ die Permutation, die aus σ entsteht, wenn wir aus allen Elementen, die in dem eben gefundenen Zyklus vorkommen, Fixpunkte machen. Offensichtlich hat τ weniger Elemente, die keine Fixpunkte sind. Nach Induktionsvoraussetzung lässt es sich also in paarweise disjunkte Zyklen zerlegen, bei denen alle Elemente, die in σ_1 nicht Fixpunkte sind, Zyklen der Länge 1 sind. Entfernen wir diese aus der Zerlegung und ersetzen sie durch σ_1, erhalten wir die gesuchte Zerlegung in paarweise disjunkte Zyklen. □

Aus diesem Induktionsbeweis können wir folgenden Algorithmus zur Zerlegung einer Permutation in paarweise disjunkte Zyklen extrahieren. Wir gehen davon aus, dass die Permutation als Array `sigma[]` gegeben ist. Zusätzlich halten wir noch eine Liste `N`, in der zu Beginn die Zahlen von 1 bis n stehen. Aus dieser Liste können wir einzelne Elemente, etwa `b` mit der Methode `N.remove(b)` entfernen. Der Parameter `b` wird dabei der Methode übergeben. Später werden auch Methoden auftreten, die keinen Parameter erhalten. So liefert und entfernt `N.pop()` das letzte Element in der Liste `N`.

Damit verfahren wir wie folgt: Man wählt ein noch nicht erledigtes Element, verfolgt sein Bild unter iterierter Anwendung von `sigma`, bis es wiederkehrt, wobei wir die jeweils gefundenen Elemente aus der Liste entfernen. Wenn die Wiederholung eintritt, also `sigma[b]!=a` falsch ist, haben wir insgesamt einen Zyklus gefunden und aus der Grundmenge entfernt. Dies iteriert man, bis alle Elemente abgearbeitet sind.

Wir erhalten damit folgenden Algorithmus, den wir in der Programmiersprache *Python* notieren, von der wir annehmen, dass sie jeder versteht, der schon einmal eine imperative Programmiersprache kennengelernt hat. Sie ist eine Interpretersprache und für alle gebräuchlichen Betriebssysteme frei erhältlich. Wie in BASIC bewirkt der leere „print"-Befehl einen Zeilenumbruch.

Wir werden allerdings alle Algorithmen stets im Vorfeld ausführlich diskutieren. Wenn Sie also noch keinerlei Programmierkenntnisse haben, so fassen Sie die Pythonprogramme einfach als kurze Zusammenfassung des vorher textuell erläuterten Vorgehens auf.

```
for a in N:
    print
    b=a
    print b,
    while sigma[b] != a:
        b=sigma[b]
        print b,
        N.remove(b)
```

Beispiel 2.4. Wir zerlegen

$$\begin{pmatrix} 1\,2\,3\,4\,5\,6\,7 \\ 4\,7\,6\,1\,2\,3\,5 \end{pmatrix}$$

in die Zyklen $\langle 14\rangle\langle 275\rangle\langle 36\rangle$.

Stellen Sie dem obigen Programm die Zeilen

```
N=[1,2,3,4,5,6,7]
sigma=[0,4,7,6,1,2,3,5]
```

voran, so erhalten Sie ein lauffähiges Programm mit Output

```
1 4
2 7 5
3 6.
```

Beachten Sie, dass in Python das erste Element in einem Array den Index Null hat, weswegen hier ein beliebiger Platzhalter, in diesem Falle 0, eingesetzt wurde.

Aufgabe 2.5. Sei X eine Menge. Eine *signierte Teilmenge von* X ist ein Tupel (C_1, C_2) mit $C_1 \cap C_2 = \emptyset, C_1 \cup C_2 \subseteq X$.

Zeigen Sie: Ist X eine endliche Menge, so hat X genau $3^{|X|}$ signierte Teilmengen.

Tipp: Betrachten Sie die signierte charakteristische Funktion $\chi_{(C_1,C_2)}$ definiert durch

$$\chi_{(C_1,C_2)}(x) := \begin{cases} 1, & \text{falls } x \in C_1, \\ -1, & \text{falls } x \in C_2, \\ 0 & \text{sonst.} \end{cases} \tag{2.5}$$

Lösung siehe Lösung 9.5.

Aufgabe 2.6. Eine *Transposition* ist eine Permutation, die nur zwei Zahlen vertauscht und alle anderen fest lässt. Zeigen Sie: Jede Permutation lässt sich als Produkt von Transpositionen schreiben. (Dabei ist die Identität das leere Produkt von Transpositionen).

Tipp: Benutzen Sie Proposition 2.4.

Lösung siehe Lösung 9.6.

2.3 Binomialkoeffizienten

Definition 2.2. Seien $n, k \in \mathbb{N}$, $n \geq k$. Der *Binomialkoeffizient n über k* ist definiert vermöge

$$\binom{n}{k} := \frac{n(n-1)(n-2)\cdot\ldots\cdot(n-k+1)}{1\cdot 2\cdot\ldots\cdot(k-1)k} = \frac{\prod_{i=0}^{k-1}(n-i)}{k!}. \tag{2.6}$$

Diese Definition hat gegenüber der verbreiteten Formel $\binom{n}{k} = \frac{n!}{k!(n-k)!}$ den Vorteil, dass sie sich auf den Fall $n \in \mathbb{R}$ verallgemeinern lässt. Insbesondere wollen wir zulassen, dass $k > n$ ist mit $k \in \mathbb{N}$. In diesem Falle ist $\binom{n}{k} = 0$.

Die Zahl n über k gibt nun die Anzahl der Möglichkeiten an, aus einer n-elementigen Menge eine k-elementige Teilmenge auszuwählen, wie wir in Proposition 2.5 zeigen werden.

Beim zugehörigen Urnenexperiment ziehen wir Kugeln ohne Zurücklegen und ignorieren im Ergebnis die Reihenfolge der gezogenen Zahlen. Wir sprechen von einer *Kombination ohne Wiederholung*.

Bevor wir dies beweisen, definieren wir:

Definition 2.3. Sei X eine Menge und $k \in \mathbb{N}$. Dann bezeichne das Symbol

$$\binom{X}{k}$$

die Menge aller k-elementigen Teilmengen von X.

Proposition 2.5. *Sei X eine n-elementige Menge und $k \in \mathbb{N}$. Dann hat X genau $\binom{n}{k}$ k-elementige Teilmengen. Als Formel geschrieben:*

$$\left|\binom{X}{k}\right| = \binom{|X|}{k}. \tag{2.7}$$

Beweis. Offensichtlich ist die Behauptung richtig für $k > |X|$, sei also $k \leq |X|$. Wir betrachten die k-elementigen Teilmengen als Bildmengen $f(\{1,\ldots,k\})$ injektiver Abbildungen von $f : \{1,\ldots k\} \to X$. Davon gibt es zunächst nach Proposition 2.3 $\frac{n!}{(n-k)!}$. Ist nun σ eine Permutation von $\{1,\ldots,k\}$, so ist $f \circ \sigma$ eine weitere injektive Abbildung mit gleicher Bildmenge. Sei nun umgekehrt $g : \{1,\ldots k\} \to X$ eine injektive Abbildung mit gleicher Bildmenge. Wir betrachten dann die Abbildung $\sigma : \{1,\ldots,k\} \to \{1,\ldots,k\}$, welche jedem Element $j \in \{1,\ldots,k\}$ dasjenige (eindeutige!) $i \in \{1,\ldots,k\}$ zuordnet mit $f(i) = g(j)$, wir notieren dies suggestiv als $i = \sigma(j) = f^{-1}(g(j))$. Da sowohl g als auch f injektive Abbildungen in X und damit bijektive Abbildungen in ihre Bildmenge sind, ist σ eine Permutation von $\{1,\ldots,k\}$. Also haben wir oben jede k-elementige Menge genau $k!$ mal gezählt, und die gesuchte Zahl ist

$$\left|\binom{X}{k}\right| = \frac{\frac{n!}{(n-k)!}}{k!} = \frac{n!}{(n-k)!k!} = \binom{n}{k} = \binom{|X|}{k}.$$

Dies war gerade die Behauptung. □

Beispiel 2.7. Sei $X = \{1,2,\ldots,49\}$ und $k = 6$. Dann gibt es $\binom{49}{6} = 13\,983\,816$ mögliche Lottotipps.

Mit Hilfe der Binomialkoeffizienten können wir auch die Anzahl der Partitionen einer natürlichen Zahl in k Summanden zählen, also z. B. kann man 4 schreiben als 0 + 4, 1 + 3, 2 + 2, 3 + 1 und 4 + 0, also gibt es 5 Partitionen von 4 in 2 Summanden. Zur Bestimmung dieser Anzahl betrachten wir zunächst eine feste Partition

$$n = a_1 + \ldots + a_k$$

und stellen uns vor, dass wir die a_i in *unärer Notation* geschrieben hätten, d. h. wir machen a_i Striche. Zusammen mit den Pluszeichen haben wir dann eine Zeichenkette aus $n+k-1$ Zeichen. Betrachten wir also die Pluszeichen als Trennsymbole, so entsprechen die Partitionen eineindeutig den Möglichkeiten, $k-1$ Pluszeichen in einer Zeichenkette der Länge $n+k-1$ zu platzieren. Also haben wir

Korollar 2.8. *Die Anzahl der Partitionen der Zahl n in k Summanden (mit Beachtung der Reihenfolge) ist*

$$\binom{n+k-1}{k-1}. \tag{2.8}$$

Folgende Eigenschaften von Binomialkoeffizienten sollten Sie kennen:

Proposition 2.6. *Seien $n,k \in \mathbb{N}$, $n \geq k$. Dann gilt*

a) $\binom{n}{k} = \binom{n}{n-k}$,

b) Seien zusätzlich $n \geq k \geq 1$. Dann ist

$$\binom{n-1}{k-1} + \binom{n-1}{k} = \binom{n}{k}. \tag{2.9}$$

Beweis. Die erste Aussage kann man unmittelbar aus der Formel

$$\binom{n}{k} = \frac{n!}{(n-k)!k!} = \frac{n!}{(n-k)!\,(n-(n-k))!} = \binom{n}{n-k}$$

ablesen, oder man stellt fest, dass das Komplement einer k-elementigen Teilmenge in einer n-elementigen Menge X eine $n-k$-elementige Menge ist. Wir erhalten dadurch sofort eine bijektive Abbildung zwischen $\binom{X}{k}$ und $\binom{X}{n-k}$, und folglich ist die Anzahl der $n-k$-elementigen Teilmengen einer n-elementigen Menge gleich der Anzahl der k-elementigen Teilmengen.

Die zweite Aussage kann man leicht nachrechnen:

$$\begin{aligned}
\binom{n-1}{k-1} + \binom{n-1}{k} &= \frac{(n-1)!}{(k-1)!(n-k)!} + \frac{(n-1)!}{k!(n-1-k)!} \\
&= \frac{k(n-1)! + (n-k)(n-1)!}{k!(n-k)!} \\
&= \frac{n(n-1)!}{k!(n-k)!} \\
&= \binom{n}{k}.
\end{aligned}$$

Wenn man nicht gerne rechnet, kann man alternativ auch eine n-elementige Menge X und $a \in X$ wählen. Dann gibt es $\binom{n-1}{k-1}$ k-elementige Teilmengen von X, die a enthalten und $\binom{n-1}{k}$, die a nicht enthalten. Also folgt die behauptete Gleichung. □

Die letzte der beiden Gleichungen führt zur Konstruktion des sogenannten *Pascalschen Dreiecks*.

$$\begin{array}{ccccccccccc}
 & & & & & 1 & & & & & \\
 & & & & 1 & & 1 & & & & \\
 & & & 1 & & 2 & & 1 & & & \\
 & & 1 & & 3 & & 3 & & 1 & & \\
 & 1 & & 4 & & 6 & & 4 & & 1 & \\
1 & & 5 & & 10 & & 10 & & 5 & & 1 \\
 & & & \vdots & & & & \vdots & & &
\end{array}$$

Dabei schreibt man an den linken und rechten Rand des Dreiecks lauter Einsen und ein innerer Eintrag entsteht, indem man die Summe der links und rechts darüberstehenden Zahlen bildet. In der n-ten Zeile stehen dann aufgrund der letzten Proposition und dem Fakt, dass $\binom{n}{n} = \binom{n}{0} = 1$ für beliebiges n ist, gerade die Zahlen $\binom{n}{k}$ für $k = 0, \ldots, n$.

Der Name der Binomialkoeffizienten hat folgenden Ursprung:

Satz 2.9 (Binomischer Satz). *Sei* $n \in \mathbb{N}$. *Dann ist*

$$(1+x)^n = \sum_{k=0}^{n} \binom{n}{k} x^k. \tag{2.10}$$

Beweis. Wir führen Induktion über n. Die Aussage ist richtig für $n = 0$, denn

$$(1+x)^0 = 1 = \binom{0}{0} x^0.$$

Wir nehmen nun induktiv an, dass die Aussage für $n-1$ (mit $n \geq 1$) richtig ist, dass also

$$(1+x)^{n-1} = \sum_{k=0}^{n-1} \binom{n-1}{k} x^k.$$

Die Stelle, an der dies in der folgenden Rechnung eingeht, haben wir mit *IV* für *Induktionsvoraussetzung* markiert. Von der dritten auf die vierte Zeile haben wir in der hinteren Summe nur den Summationsindex verschoben. Überzeugen Sie sich davon, dass die einzelnen Summanden die gleichen sind. Für die darauf folgende Gleichung haben wir in der ersten Summe den ersten Summanden und in der zweiten Summe den letzten Summanden abgespalten. Schließlich benutzen wir noch die Identität (2.9).

$$\begin{aligned}
(1+x)^n &= (1+x)(1+x)^{n-1} \\
&\overset{IV}{=} (1+x) \sum_{k=0}^{n-1} \binom{n-1}{k} x^k \\
&= \sum_{k=0}^{n-1} \binom{n-1}{k} x^k + \sum_{k=0}^{n-1} \binom{n-1}{k} x^{k+1} \\
&= \sum_{k=0}^{n-1} \binom{n-1}{k} x^k + \sum_{k=1}^{n} \binom{n-1}{k-1} x^k \\
&= \binom{n-1}{0} + \sum_{k=1}^{n-1} \binom{n-1}{k} x^k + \sum_{k=1}^{n-1} \binom{n-1}{k-1} x^k + \binom{n-1}{n-1} x^n \\
&= \binom{n-1}{0} + \sum_{k=1}^{n-1} \left(\binom{n-1}{k} + \binom{n-1}{k-1} \right) x^k + \binom{n-1}{n-1} x^n \\
&\overset{(2.9)}{=} 1 + \sum_{k=1}^{n-1} \binom{n}{k} x^k + x^n \\
&= \sum_{k=0}^{n} \binom{n}{k} x^k
\end{aligned}$$

□

Korollar 2.10.

$$(a+b)^n = \sum_{k=0}^{n} \binom{n}{k} a^k b^{n-k}.$$

Beweis. Siehe Übung 2.13. □

Korollar 2.11.

$$\binom{n}{0}+\binom{n}{1}+\binom{n}{2}+\dots+\binom{n}{n}=2^n. \tag{2.11}$$

Beweis. Diese Gleichung erhalten wir, wenn wir im binomischen Satz $x=1$ wählen. □

Das letzte Korollar liefert einen alternativen Beweis dafür, dass 2^n die Anzahl der Teilmengen einer n-elementigen Menge ist. Wir können ähnlich die Anzahl der Teilmengen mit ungerade vielen Elementen herleiten; da

$$\binom{n}{0}-\binom{n}{1}+\binom{n}{2}-\binom{n}{3}+\dots+(-1)^n\binom{n}{n}=(1-1)^n=0$$

für $n \geq 1$ ist, gibt es genauso viele ungerade wie gerade Teilmengen einer nichtleeren Menge mit n Elementen, nämlich jeweils 2^{n-1}.

Formelsammlungen sind voll von Gleichungen mit Binomialkoeffizienten. Hier eine weitere:

Proposition 2.7.

$$\sum_{i=0}^{n}\binom{n}{i}^2=\binom{2n}{n}.$$

Beweis. Einen Beweis durch Nachrechnen oder mittels vollständiger Induktion sehen wir hier nicht so einfach. Gehen wir also kombinatorisch vor: Wir betrachten eine $2n$-elementige Menge X. Bei dieser färben wir n Elemente rot und die übrigen blau. Jede n-elementige Teilmenge von X setzt sich dann aus i roten Elementen und $n-i$ blauen Elementen zusammen für ein $i \in \{0,1,\dots,n\}$. Umgekehrt ergibt jede Menge aus i roten und $n-i$ blauen Elementen genau eine n-elementige Teilmenge von X. Die Anzahl der Möglichkeiten, aus den n roten i auszuwählen ist $\binom{n}{i}$ und die Möglichkeit, $n-i$ aus den n blauen auszuwählen ist $\binom{n}{n-i}$. Wir haben also insgesamt

$$\binom{n}{i}\binom{n}{n-i}$$

n-elementige Teilmengen von X, bei denen i Elemente rot sind. Da jede Anzahl roter Elemente in einer solchen Menge auftreten kann, erhalten wir als Resultat

$$\binom{2n}{n}=\sum_{i=0}^{n}\binom{n}{i}\binom{n}{n-i}=\sum_{i=0}^{n}\binom{n}{i}^2.$$

□

Zum Ende dieses Abschnitts wollen wir noch eine Verallgemeinerung der Binomialkoeffizienten kennenlernen. Dafür betrachten wir zunächst die Fragestellung, wie viele verschiedene Zeichenketten man aus den Buchstaben des Wortes BANANE bilden kann. Nach dem bisher Gelernten können wir die 6 Buchstaben auf 6! Arten anordnen. Dabei erhalten wir allerdings jedes Wort viermal, da N und A je zweimal vorkommen. Die Anzahl der Möglichkeiten ist also $\frac{6!}{1!2!2!1!}=180$. Allgemein definieren wir

Definition 2.4. Sei $k_1+\dots+k_m=n$. Der *Multinomialkoeffizient* ist definiert als

$$\binom{n}{k_1,k_2,\dots,k_m}:=\frac{n!}{k_1!k_2!\dots k_m!}. \tag{2.12}$$

Der Multinomialkoeffizient beschreibt also die Anzahl der Möglichkeiten, n Objekte, von denen jeweils k_i nicht unterscheidbar sind, anzuordnen. Im Falle $m = 2$ erhalten wir wieder den Binomialkoeffizienten.

Gleichung (2.9) und der Binomialsatz haben dann folgende Verallgemeinerungen:

Satz 2.12 (Multinomialsatz). *Sei $n \in \mathbb{N}$. Dann ist*

$$\sum_{i=1}^{m} \binom{n-1}{k_1,\ldots,k_{i-1},k_i-1,k_{i+1},\ldots,k_m} = \binom{n}{k_1,\ldots,k_m}, \tag{2.13}$$

$$(x_1+x_2+\ldots+x_m)^n = \sum_{\substack{k_1+\ldots+k_m=n \\ k_1,\ldots,k_m \geq 0}} \binom{n}{k_1,k_2,\ldots,k_m} x_1^{k_1} x_2^{k_2} \ldots x_m^{k_m}. \tag{2.14}$$

Beweis. Übung analog zum Binomialsatz. □

Aufgabe 2.13. Beweisen Sie Korollar 2.10.
Lösung siehe Lösung 9.7.

Aufgabe 2.14. Seien $n \geq k \geq i$ natürliche Zahlen. Zeigen Sie:

a)

$$\binom{n}{k}\binom{k}{i} = \binom{n}{i}\binom{n-i}{k-i}, \tag{2.15}$$

b)

$$\sum_{j=1}^{n} j\binom{n}{j} = n2^{n-1}. \tag{2.16}$$

Lösung siehe Lösung 9.8.

Aufgabe 2.15. Zeigen Sie (2.13) und (2.14).
Lösung siehe Lösung 9.9.

2.4 Abschätzungen

Nachdem wir kurzentschlossen 5 verschiedene Rechnerkonfigurationen ausgewählt haben, sind wir immer noch unschlüssig, wie wir diese auf das Teambüro verteilen wollen. Als Notmaßnahme rufen wir jeden an und bitten ihn, eine Zahl zwischen 1 und 5 zu nennen. Wie groß ist die *Wahrscheinlichkeit*, dass alle 5 Zahlen genannt werden?

Wahrscheinlichkeiten werden wir in Kürze etwas ausführlicher vorstellen. In diesem Falle gehen wir davon aus, dass alle Zahlen gleichwahrscheinlich sind und wir nur die Anzahl der positiven Möglichkeiten zählen und durch die Anzahl aller Möglichkeiten dividieren müssen.

Wie wir gelernt haben, geht es hier also um die Wahrscheinlichkeit, dass eine zufällige Abbildung zwischen zwei n-elementigen Mengen eine Permutation ist. Diese Wahrscheinlichkeit ist also nach den Propositionen 2.3 und 2.1 gleich

$$\frac{n!}{n^n}.$$

Für den Fall $n = 5$ können wir die Zahl noch zu 0.0384 berechnen, wir haben also eine etwa 4-prozentige Chance. Wie ist es aber im Allgemeinen?

Binomialkoeffizienten und Fakultäten wachsen sehr schnell. Manchmal ist es zu aufwändig oder schwierig, solche oder andere Größen exakt zu bestimmen. Oftmals ist uns aber auch schon mit Abschätzungen geholfen. In diesem und dem nächsten Abschnitt benutzen wir Resultate aus der Analysis, die wir hier ohne Beweis angeben oder als aus der Schule bekannt voraussetzen.

Als erstes Beispiel für eine Abschätzung betrachten wir die Teilsummen der *harmonischen Reihe*.

$$H_n := 1 + \frac{1}{2} + \frac{1}{3} + \ldots + \frac{1}{n} = \sum_{i=1}^{n} \frac{1}{i}. \tag{2.17}$$

H_n heißt auch *n-te harmonische Zahl*, und es ist für diese Summe keine geschlossene Form bekannt, die sie vereinfacht. Wir schätzen nun H_n gegen den Logarithmus ab. Wir bezeichnen hier mit $\log_2 n$ den Logarithmus von n zur Basis 2 und später mit ln den natürlichen Logarithmus (also zur Basis e).

Wir teilen die Summanden nun in Päckchen und setzen für $k = 1, \ldots, \lfloor \log_2 n \rfloor$

$$G_k := \left\{ \frac{1}{2^{k-1}}, \frac{1}{2^{k-1}+1}, \frac{1}{2^{k-1}+2}, \ldots, \frac{1}{2^k - 1} \right\}.$$

Die kleinste Zahl in G_k ist $\frac{1}{2^k-1}$, die größte ist $\frac{1}{2^{k-1}}$ und $|G_k| = 2^{k-1}$. Hieraus schließen wir

$$\frac{1}{2} = |G_k| \frac{1}{2^k} < |G_k| \frac{1}{2^k - 1} \le \sum_{x \in G_k} x \le |G_k| \frac{1}{2^{k-1}} = 1.$$

Aufsummiert erhalten wir

$$\frac{1}{2} \lfloor \log_2 n \rfloor = \sum_{k=1}^{\lfloor \log_2 n \rfloor} \frac{1}{2} < H_n \le \sum_{k=1}^{\lfloor \log_2 n \rfloor + 1} 1 = \lfloor \log_2 n \rfloor + 1. \tag{2.18}$$

Genauer kann man sogar zeigen, dass $\ln n < H_n \le \ln n + 1$, wobei ln den *natürlichen Logarithmus* also den Logarithmus zur Basis e bezeichnet. In gewissem Sinne ist diese Abschätzung nicht wesentlich schärfer als die eben angegebene. Der natürliche Logarithmus ist ein konstantes Vielfaches des Zweierlogarithmus, und beide Abschätzungen sagen aus, dass die Teilsummen der harmonischen Reihe *asymptotisch* wie der Logarithmus wachsen. Dies wollen wir jetzt formalisieren.

Definition 2.5. Seien $f, g : \mathbb{N} \to \mathbb{R}$ Abbildungen. Dann schreiben wir

$$f = O(g)$$

oder

$$f(n) = O(g(n)),$$

wenn es eine Konstante $C > 0$ und einen Startpunkt $n_1 \in \mathbb{N}$ gibt, so dass für alle $n \in \mathbb{N}$, $n \ge n_1$, gilt $|f(n)| \le C g(n)$.

Vorsicht! Die „Big-Oh"-Notation liefert nur eine Abschätzung nach oben, nicht nach unten. Zum Beispiel ist $n = O(n^5)$.

Folgende Zusammenhänge sind nützlich bei Abschätzungen (z. B. auch von Laufzeiten von Algorithmen).

Proposition 2.8. *Seien $C, a, \alpha, \beta > 0$ feste reelle, positive Zahlen unabhängig von n. Dann gilt*

a) $\alpha \leq \beta \Rightarrow n^\alpha = O(n^\beta)$,
b) $a > 1 \Rightarrow n^C = O(a^n)$,
c) $\alpha > 0 \Rightarrow (\ln n)^C = O(n^\alpha)$.

Beweis.

a) Wir haben zu zeigen, dass $n^\alpha \leq Cn^\beta$ zumindest ab einem gewissen n_0 gilt. Da aber $n^\beta = n^\alpha \underbrace{n^{\beta-\alpha}}_{\geq 1}$ haben wir sogar stets $n^\alpha \leq n^\beta$ mit der Konstanten $C = 1$.

b) Wir betrachten die Folge

$$a_n := \left(\frac{n}{n-1}\right)^C.$$

Nach den Grenzwertsätzen und wegen der Stetigkeit der Exponentialfunktion – wir setzen dies hier als Schulwissen voraus – ist $\lim_{n\to\infty} a_n = 1$. Da $a > 1$ ist, gibt es für $\varepsilon = a - 1$ ein $n_1 \in \mathbb{N}$, so dass für alle $n \geq n_1$ gilt $|a_n - 1| < \varepsilon = a - 1$, also insbesondere

$$\forall n \geq n_1 : a_n = a_n - 1 + 1 \leq |a_n - 1| + 1 < a - 1 + 1 = a.$$

Nun setzen wir

$$C_1 := \frac{n_1^C}{a^{n_1}}$$

und zeigen

$$n^C \leq C_1 a^n \tag{2.19}$$

mittels vollständiger Induktion für $n \geq n_1$. Zu Anfang haben wir

$$n_1^C = C_1 a^{n_1}.$$

Sei also $n > n_1$. Dann ist unter Ausnutzung der Induktionsvoraussetzung und wegen $a_n \leq a$

$$n^C = \left(\frac{n}{n-1}\right)^C (n-1)^C = a_n (n-1)^C \overset{IV}{\leq} a_n C_1 a^{n-1} \overset{a_n \leq a}{\leq} a C_1 a^{n-1} = C_1 a^n.$$

Also gilt (2.19) für $n \geq n_1$, also per definitionem $n^C = O(a^n)$.

c) Wir setzen $a := e^\alpha$. Dann ist $a > 1$ und wir wählen n_1 und C_1 wie eben. Ferner wählen wir n_2 mit $\ln(n_2) \geq n_1$. Indem wir die Monotonie und Stetigkeit des Logarithmus ausnutzen, erhalten wir für $n \geq n_2$ nach b)

$$\begin{aligned} & (\ln n)^C \leq C_1 a^{\ln n} \\ \iff & (\ln n)^C \leq C_1 (e^{\ln a})^{\ln n} = C_1 (e^{\ln n})^{\ln a} = C_1 n^{\ln a} \\ \iff & (\ln n)^C \leq C_1 n^\alpha. \end{aligned}$$

□

Wir merken uns, dass Logarithmen langsamer wachsen als Wurzel- und Polynomfunktionen und diese wiederum langsamer als Exponentialfunktionen.

Beispiel 2.16. Wenn man eine Formelsammlung zur Hand hat, schlägt man nach (und beweist mittels vollständiger Induktion), dass

$$\sum_{i=1}^{n} i^3 = \frac{n^2(n+1)^2}{4}. \tag{2.20}$$

Hat man keine Formelsammlung zur Hand, ist die Herleitung dieser Formel recht mühselig. Darum schätzen wir ab: Zunächst ist $\sum_{i=1}^{n} i^3 \leq \sum_{i=1}^{n} n^3 = n^4$. Außerdem ist $\sum_{i=1}^{n} i^3 \geq \sum_{i=\lfloor \frac{n}{2} \rfloor}^{n} \left(\frac{n}{2}\right)^3 \geq \frac{n^4}{16}$. Also verhält sich die Summe „bis auf einen konstanten Faktor" wie n^4.

Im Falle des Beispiels ist n^4 nicht nur eine obere, sondern auch eine untere Schranke. Auch dafür gibt es Symbole wie z. B.

$f(n) = o(g(n))$ $:\Leftrightarrow \lim_{n\to\infty} \frac{f(n)}{g(n)} = 0$, also wächst f echt langsamer als g,
$f(n) = \Omega(g(n))$ $:\Leftrightarrow g(n) = O(f(n))$, $g(n)$ ist eine untere Schranke für $f(n)$ für große n,
$f(n) = \Theta(g(n))$ $:\Leftrightarrow f(n) = O(g(n))$ und $f(n) = \Omega(g(n))$, also verhalten sich f und g „bis auf einen konstanten Faktor" asymptotisch gleich, genauer gibt es $c_1, c_2 > 0$ und $n_0 \in \mathbb{N}$ mit

$$\forall n \geq n_0 : c_1 g(n) \leq f(n) \leq c_2 g(n).$$

$f(n) \sim g(n)$ $:\Leftrightarrow \lim_{n\to\infty} \frac{f(n)}{g(n)} = 1$, wie eben, aber „exakt" mit Faktor 1.

2.5 Abschätzungen für Fakultäten und Binomialkoeffizienten

Taschenrechner mit zweistelligem Exponenten versagen bei 70!. Das Xwindow-Programm xcalc berechnete im Jahre 2009 immerhin noch $170! = 7.25741 * 10^{306}$, 171! bis 500! sind infinity und für größere Zahlen erhält man nur noch error.

Zunächst haben wir die folgenden offensichtlichen Abschätzungen

Proposition 2.9.

$$2^{n-1} \leq n! \leq n^n.$$

Beweis. Einerseits ist $1 \cdot 2^{n-1} \leq \prod_{i=1}^{n} i = n!$ und andererseits kann man jeden der Faktoren nach oben gegen n abschätzen. □

Die Abschätzung ist recht grob und es drängt sich die Frage auf, ob die Fakultät näher bei der linken oder der rechten Seite liegt.

Die folgende, bessere Abschätzung geht auf Carl-Friedrich Gauß zurück, dessen Gesicht Ihnen vielleicht noch vom 10-DM-Schein bekannt ist.

Satz 2.17. *Für alle $n \geq 1$ ist*

$$n^{\frac{n}{2}} \leq n! \leq \left(\frac{n+1}{2}\right)^n. \tag{2.21}$$

Beweis. Der Beweis dieses Satzes benutzt eine Beziehung zwischen dem *arithmetischen Mittel* $\frac{a+b}{2}$ und dem *geometrischen Mittel* $\sqrt{ab}$ zweier positiver reeller Zahlen.

Lemma 2.1 (Ungleichung arithmetisches-geometrisches Mittel).
Seien $a, b > 0$ zwei reelle Zahlen. Dann ist

$$\sqrt{ab} \leq \frac{a+b}{2}. \tag{2.22}$$

Beweis. Aus $0 \leq (\sqrt{a} - \sqrt{b})^2 = a - 2\sqrt{ab} + b$ folgt sofort die Behauptung. □

Beweis von Satz 2.17: Wir betrachten

$$(n!)^2 = \left(\prod_{i=1}^{n} i\right)\left(\prod_{i=1}^{n}(n+1-i)\right) = \prod_{i=1}^{n} i(n+1-i).$$

Also gilt mit (2.22)

$$\begin{aligned} n! &= \prod_{i=1}^{n} \sqrt{i(n+1-i)} \\ &\leq \prod_{i=1}^{n} \frac{i+(n+1-i)}{2} \\ &= \left(\frac{n+1}{2}\right)^n, \end{aligned}$$

womit die obere Schranke bewiesen ist.

Für die untere genügt es zu beobachten, dass für $i = 1, \ldots, n$ stets $i(n+1-i) \geq n$. Dies ist sofort klar für $i = 1$ und $i = n$. Ansonsten haben wir das Produkt zweier Zahlen, bei dem die kleinere Zahl mindestens zwei und die größere mindestens $\frac{n}{2}$ ist. Nutzen wir die Monotonie der Wurzel aus, erhalten wir

$$n! = \left(\prod_{i=1}^{n} i \prod_{j=1}^{n}(n+1-j)\right)^{\frac{1}{2}} = \left(\prod_{i=1}^{n} i(n+1-i)\right)^{\frac{1}{2}} \geq \left(\prod_{i=1}^{n} n\right)^{\frac{1}{2}} = n^{\frac{n}{2}}.$$

□

Die wichtigsten, weil genauesten Abschätzungen für die Fakultät erhalten wir mit Hilfe der *eulerschen Zahl* $e = 2.718...$, der Basis des natürlichen Logarithmus. Die Exponentialfunktion $y = e^x$ hat an der Stelle $x_0 = 0$ den Wert 1 und ebenfalls wegen $y' = e^x$ die Steigung 1, also ist $y = 1 + x$ Tangente an e^x an der Stelle $x_0 = 0$. Da die zweite Ableitung der Exponentialfunktion $y'' = e^x > 0$ ist, ist die Funktion *linksgekrümmt* bzw. *konvex*. Folglich schneiden sich die beiden Graphen (vgl. Abbildung 2.1) nur an der Stelle $x_0 = 0$ und es gilt für alle $x \in \mathbb{R}$

$$1 + x \leq e^x. \tag{2.23}$$

Satz 2.18. *Für alle* $n \in \mathbb{N} \setminus \{0\}$ *ist*

$$e\left(\frac{n}{e}\right)^n \leq n! \leq en\left(\frac{n}{e}\right)^n. \tag{2.24}$$

Beweis. Wir führen vollständige Induktion über n. Für $n = 1$ haben wir

$$1 \leq 1! \leq 1.$$

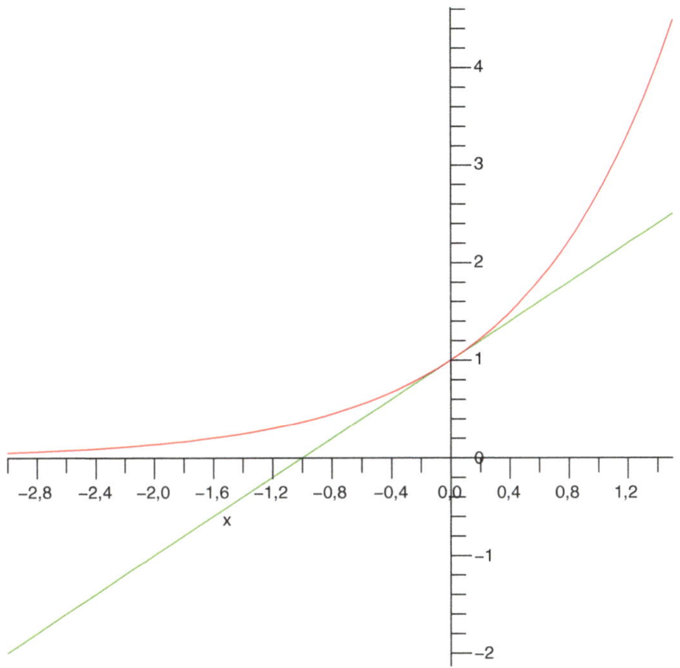

Abb. 2.1 $1+x \leq e^x$

Sei also $n \geq 2$. Dann ist unter Ausnutzung der Induktionsvoraussetzung

$$\begin{aligned} e\left(\frac{n}{e}\right)^n &= e\left(\frac{n-1}{e}\right)^{n-1}\left(\frac{n}{e}\right)\left(\frac{n}{n-1}\right)^{n-1} \\ &\overset{IV}{\leq} (n-1)!\left(\frac{n}{e}\right)\left(\frac{n}{n-1}\right)^{n-1} \\ &= n!\left(\frac{n}{n-1}\right)^{n-1}\frac{1}{e}, \end{aligned}$$

und analog

$$\begin{aligned} en\left(\frac{n}{e}\right)^n &= e(n-1)\left(\frac{n-1}{e}\right)^{n-1}\left(\frac{n}{e}\right)\left(\frac{n}{n-1}\right)^{n} \\ &\overset{IV}{\geq} (n-1)!\left(\frac{n}{e}\right)\left(\frac{n}{n-1}\right)^{n} \\ &= n!\left(\frac{n}{n-1}\right)^{n}\frac{1}{e}. \end{aligned}$$

Für die Behauptung genügt es nun, noch zu zeigen, dass

$$\left(\frac{n}{n-1}\right)^{n-1}\frac{1}{e} \leq 1 \leq \left(\frac{n}{n-1}\right)^{n}\frac{1}{e}$$

oder äquivalent

$$\left(\frac{n}{n-1}\right)^{n-1} \le e \le \left(\frac{n}{n-1}\right)^{n}. \tag{2.25}$$

Nach (2.23) ist nun

$$\frac{n}{n-1} = 1 + \frac{1}{n-1} \le e^{\frac{1}{n-1}}$$

und andererseits

$$\frac{n-1}{n} = 1 - \frac{1}{n} \le e^{-\frac{1}{n}}.$$

Aus der ersten Ungleichung erhalten wir durch Exponentation auf Grund der Monotonie der Exponentialfunktion sofort die linke Ungleichung von (2.25) und aus der zweiten zunächst $\frac{n}{n-1} \ge e^{\frac{1}{n}}$ und dann die rechte. □

Ohne Beweis geben wir eine noch bessere Abschätzung an, die *Stirlingsche Formel.* Einen Beweis findet man z. B. in [13].

$$n! \sim \sqrt{2\pi n}\left(\frac{n}{e}\right)^{n}. \tag{2.26}$$

Wir erinnern daran, dass dies bedeutet, dass der Quotient der beiden Funktionen gegen 1 geht, also der *relative Fehler* gegen 0.

Aus den bewiesenen Formeln für die Fakultät leiten wir nun her den

Satz 2.19. *Seien* $1 \le k \le n \in \mathbb{N}$. *Dann ist*

$$\binom{n}{k} \le \left(\frac{en}{k}\right)^{k}. \tag{2.27}$$

Beweis. Wir zeigen die stärkere Abschätzung

$$\binom{n}{0} + \binom{n}{1} + \binom{n}{2} + \ldots + \binom{n}{k} \le \left(\frac{en}{k}\right)^{k}.$$

Zunächst einmal ist nach dem Binomischen Satz

$$\binom{n}{0} + \binom{n}{1}x + \binom{n}{2}x^2 + \ldots + \binom{n}{n}x^n = (1+x)^n.$$

Dies gilt inbesondere auch für positive x, also schließen wir, dass für $0 < x \le 1$

$$\binom{n}{0} + \binom{n}{1}x + \binom{n}{2}x^2 + \ldots + \binom{n}{k}x^k \le (1+x)^n$$

und somit auch

$$\frac{1}{x^k}\binom{n}{0} + \frac{1}{x^{k-1}}\binom{n}{1} + \frac{1}{x^{k-2}}\binom{n}{2} + \ldots + \binom{n}{k} \le \frac{(1+x)^n}{x^k}.$$

Da

$$0 < x \le 1,$$

können wir die Terme $\frac{1}{x^l}$ nach unten gegen 1 abschätzen. Fixieren wir nun noch $0 < x = \frac{k}{n} \le 1$, ergibt sich

$$\binom{n}{0} + \binom{n}{1} + \binom{n}{2} + \ldots + \binom{n}{k} \le \left(1 + \frac{k}{n}\right)^{n}\left(\frac{n}{k}\right)^{k}.$$

Benutzen wir nun wieder (2.23), so erhalten wir

$$\left(1+\frac{k}{n}\right)^n \leq \left(e^{\frac{k}{n}}\right)^n = e^k,$$

also insgesamt

$$\binom{n}{0}+\binom{n}{1}+\binom{n}{2}+\ldots+\binom{n}{k} \leq \left(\frac{en}{k}\right)^k.$$

□

Aus der Definition der Binomialkoeffizienten folgt für $k \geq 1$ sofort die Beziehung

$$\binom{n}{k} = \frac{n-k+1}{k}\binom{n}{k-1}. \tag{2.28}$$

Aus dieser liest man ab, dass die Folge der Binomialkoeffizienten für wachsendes k bis $k = \lfloor\frac{n}{2}\rfloor$ wächst und hinter $k = \lceil\frac{n}{2}\rceil$ wieder fällt, denn

$$\frac{n-k+1}{k} \geq 1 \iff k \leq \frac{n+1}{2}.$$

Die größten Binomialkoeffizienten sind also von der Gestalt $\binom{2m}{m}$. Diesen Ausdruck wollen wir nun noch abschätzen.

Proposition 2.10. *Für alle $m \geq 1$ ist*

$$\frac{2^{2m}}{2\sqrt{m}} \leq \binom{2m}{m} < \frac{2^{2m}}{\sqrt{2m}}. \tag{2.29}$$

Beweis. Wir betrachten die Zahl

$$P = \frac{1\cdot 3\cdot 5\cdot \ldots \cdot (2m-1)}{2\cdot 4\cdot 6\cdot \ldots \cdot 2m}.$$

Dann ist

$$\begin{aligned} P &= \frac{1\cdot 3\cdot 5\cdot \ldots \cdot (2m-1)}{2\cdot 4\cdot 6\cdot \ldots \cdot 2m}\cdot\frac{2\cdot 4\cdot 6\cdot \ldots \cdot 2m}{2\cdot 4\cdot 6\cdot \ldots \cdot 2m} \\ &= \frac{1\cdot 2\cdot 3\cdot \ldots \cdot (2m-1)\cdot 2m}{(2(1)\cdot 2(2)\cdot 2(3)\cdot \ldots \cdot 2(m))^2} \\ &= \frac{(2m)!}{2^{2m}m!m!} = \frac{\binom{2m}{m}}{2^{2m}}. \end{aligned}$$

Also ist die Behauptung der Proposition in (2.29) äquivalent zu

$$\frac{1}{2\sqrt{m}} \leq P < \frac{1}{\sqrt{2m}}. \tag{2.30}$$

Für die obere Schranke von (2.30) betrachten wir das Produkt von

$$\left(\frac{1\cdot 3}{2^2}\right)\left(\frac{3\cdot 5}{4^2}\right)\cdots\left(\frac{(2m-1)(2m+1)}{(2m)^2}\right) = (2m+1)P^2.$$

Jeder der geklammerten Ausdrücke ist aber von der Gestalt $\frac{(k-1)(k+1)}{k^2} = 1 - \frac{1}{k^2}$ und somit ist das Produkt kleiner als 1. Also ist

$$P < \sqrt{\frac{1}{2m+1}} < \sqrt{\frac{1}{2m}}.$$

Für die untere Schranke benutzen wir analog, dass für $m \geq 2$ gilt:

$$1 > \left(\frac{2\cdot 4}{3^2}\right)\left(\frac{4\cdot 6}{5^2}\right)\cdots\left(\frac{(2m-2)2m}{(2m-1)^2}\right) = \frac{1}{2(2m)P^2}.$$

Für $m = 1$, und nur dann, ist die untere Schranke offenbar scharf. □

Aufgabe 2.20. Im italienischen Lotto zieht man 6 Zahlen aus 90. Das ergibt offensichtlich deutlich mehr Kombinationen als beim deutschen 6 aus 49. Wenn wir aber ein (imaginäres) Lottospiel mit einer Ziehung von 5 aus 90 betrachten, ist dann die Anzahl der Lottokombinationen ungefähr

a) gleich groß,
b) doppelt so groß,
c) dreimal so groß oder
d) viermal so groß

wie beim deutschen Lotto 6 aus 49? Lösen Sie die Aufgabe möglichst ohne Einsatz elektronischer oder mechanischer Rechenhilfen.
Lösung siehe Lösung 9.10.

2.6 Das Prinzip von Inklusion und Exklusion

Wir erläutern das Zählprinzip dieses Abschnitts an einem einfachen Beispiel.

Beispiel 2.21. In einem Freundeskreis besitzen 20 Personen ein Handy, 15 ein Auto und 8 eine eigene Wohnung. Es gibt 2 Handybesitzer und 3 Autofahrer unter den Wohnungsinhabern, 6 handybesitzende Autofahrer und einen mit Wohnung, Auto und Handy. Aus wie vielen Personen besteht die Gruppe, wenn jede Person mindestens eines von Auto, Handy oder Wohnung hat?

Zählen wir zunächst die Gruppe der Personen, die ein Handy oder eine Wohnung haben. Zählen wir Handybesitzer und Wohnungsinhaber zusammen, so haben wir zwei Personen doppelt gezählt, also kommen wir auf

$$|H \cup W| = |H| + |W| - |H \cap W| = 28 - 2 = 26.$$

Betrachten wir das VENN-DIAGRAMM der Situation.

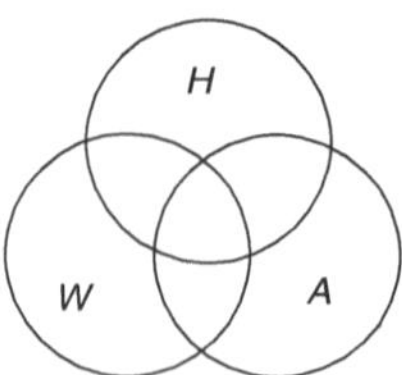

Wenn wir die Größen der einzelnen Mengen addieren, so haben wir die paarweisen Schnitte doppelt und den Schnitt aller Mengen dreifach gezählt. Ziehen wir die paarweisen Schnitte ab, so haben wir alle die Elemente genau einmal gezählt, die nicht in allen Mengen liegen. Also erhalten wir die Formel

$$|H \cup A \cup W| = |H| + |A| + |W| - |H \cap A| - |H \cap W| - |A \cap W| + |H \cap A \cap W|, \tag{2.31}$$

was in unserer Situation auf 33 Personen schließen lässt.

Wenn wir diesen Ansatz verallgemeinern, kommen wir auf eine Formel wie

$$\begin{aligned}|A_1 \cup A_2 \cup \cdots \cup A_n| &= |A_1| + |A_2| + \cdots + |A_n| - |A_1 \cap A_2| - |A_1 \cap A_3| \\ &- \cdots - |A_1 \cap A_n| - |A_2 \cap A_3| - \cdots + (-1)^{n-1}|A_1 \cap \ldots \cap A_{n-1} \cap A_n|.\end{aligned}$$

Diese Schreibweise ist sehr unübersichtlich und wir wollen Alternativen diskutieren. Eine Möglichkeit ist

$$\begin{aligned}|A_1 \cup A_2 \cup \cdots \cup A_n| &= \sum_{i=1}^{n} |A_i| - \sum_{1 \le i_1 < i_2 \le n} |A_{i_1} \cap A_{i_2}| \\ &+ \sum_{1 \le i_1 < i_2 < i_3 \le n} |A_{i_1} \cap A_{i_2} \cap A_{i_3}| - \cdots + (-1)^{n-1}|A_1 \cap \ldots \cap A_{n-1} \cap A_n|.\end{aligned}$$

Kürzer und (fast) ohne Punkte ist die folgende Schreibweise, die die Notation $\binom{X}{k}$ für die Menge aller k-elementigen Teilmengen von X benutzt.

Satz 2.22 (Prinzip von Inklusion und Exklusion, Siebformel). *Seien $A_1, \ldots, A_n$ endliche Teilmengen eines gemeinsamen Universums. Dann ist*

$$\left| \bigcup_{i=1}^{n} A_i \right| = \sum_{k=1}^{n} (-1)^{k-1} \sum_{I \in \binom{\{1,2,\ldots,n\}}{k}} \left| \bigcap_{i \in I} A_i \right|. \tag{2.32}$$

Den Beweis dieses wichtigen Satzes wollen wir auf zwei Arten führen. Einmal mittels vollständiger Induktion und dann mittels elementarem Abzählen.

Erster Beweis (vollständige Induktion über $n \ge 1$): Im Falle $n = 1$ ist die Aussage trivial, nämlich $|A_1| = |A_1|$. Für $n = 2$ haben wir uns davon überzeugt, dass die Formel gilt. Sei also $n \ge 3$. Dann ist

$$\left| \bigcup_{i=1}^{n} A_i \right| = \left| A_n \cup \bigcup_{i=1}^{n-1} A_i \right| = \left| \bigcup_{i=1}^{n-1} A_i \right| + |A_n| - \left| \left(\bigcup_{i=1}^{n-1} A_i \right) \cap A_n \right|.$$

In der letzten Gleichung haben wir die Gültigkeit der Formel für $n = 2$ ausgenutzt. Nun wenden wir die Induktionsvoraussetzung an und erhalten:

$$\begin{aligned}
\left|\bigcup_{i=1}^{n} A_i\right| &= \left|\bigcup_{i=1}^{n-1} A_i\right| + |A_n| - \left|\bigcup_{i=1}^{n-1} (A_i \cap A_n)\right| \\
&\overset{IV}{=} \left(\sum_{k=1}^{n-1} (-1)^{k-1} \sum_{I \in \binom{\{1,2,\ldots,n-1\}}{k}} \left|\bigcap_{i \in I} A_i\right|\right) + |A_n| \\
&\quad - \sum_{k=1}^{n-1} (-1)^{k-1} \sum_{I \in \binom{\{1,2,\ldots,n-1\}}{k}} \left|\bigcap_{i \in I \cup \{n\}} A_i\right| \\
&= \left(\sum_{k=1}^{n-1} (-1)^{k-1} \sum_{I \in \binom{\{1,2,\ldots,n-1\}}{k}} \left|\bigcap_{i \in I} A_i\right|\right) + |A_n| \\
&\quad + \sum_{k=2}^{n} (-1)^{k-1} \sum_{n \in I \in \binom{\{1,2,\ldots,n-1,n\}}{k}} \left|\bigcap_{i \in I} A_i\right| .
\end{aligned}$$

In der ersten Summe treten alle Teilmengen von $\{1,\ldots,n\}$ auf, die n nicht enthalten, dahinter alle, die n enthalten. Die Vorzeichen sind richtig, also ist die Behauptung bewiesen. □

Zweiter Beweis (mittels Abzählen): Wir untersuchen, wie oft ein festes Element $x \in A_1 \cup \cdots \cup A_n$ auf der rechten Seite gezählt wird. Sei $J \subseteq \{1,\ldots,n\}$ die Menge der Indizes $l \in J$ mit $x \in A_l$ und $j := |J|$. Beachte, $j \geq 1$. Dann trägt x auf der rechten Seite zu jedem Summanden genau eins bei, für dessen Indexmenge I gilt $I \subseteq J$. Nun gibt es $\binom{j}{k}$ k-elementige Teilmengen von $\{1,\ldots,n\}$, die in J enthalten sind, nämlich genau dessen Teilmengen. Das Element x wird also auf der rechten Seite genau

$$\begin{aligned}
& j - \binom{j}{2} + \binom{j}{3} - \cdots + (-1)^{j-1}\binom{j}{j} \\
&= \binom{j}{0} - \left(\binom{j}{0} - j + \binom{j}{2} - \binom{j}{3} + \cdots + (-1)^j \binom{j}{j}\right) \\
&= \binom{j}{0} - (1-1)^j = 1
\end{aligned}$$

mal gezählt. □

Beispiel 2.23. Wir haben von n Freunden je einen Witz aufgeschnappt und uns zwar die Pointe, aber nicht den Erzähler gemerkt. Als kommunikative Menschen erzählen wir jedem der Freunde genau einen zufälligen dieser n Witze, aber jedem einen anderen. Wie groß ist die Wahrscheinlichkeit, dass wir keinem Freund seinen eigenen Witz erzählen?

Abstrakt suchen wir nach der Wahrscheinlichkeit, dass eine zufällige Permutation keinen Fixpunkt hat. Betrachten wir nämlich die Abbildung, die jedem Witze erzählenden Freund den Empfänger des Witzes zuordnet, so erhalten wir eine Permutation $\sigma : \{1,\ldots,n\} \to \{1,\ldots,n\}$. Wir erzählen niemandem seinen eigenen Witz, wenn $\sigma(i) \neq i$ für alle $1 \leq i \leq n$, also σ keinen Fixpunkt, das ist ein i mit $\sigma(i) = i$, hat. Sei $D(n)$ die Anzahl der fixpunktfreien Permutationen.

Da wir davon ausgehen, dass jede Permutation gleichwahrscheinlich ist, ist die gesuchte Wahrscheinlichkeit

$$\frac{D(n)}{n!} .$$

Wir zählen dafür die Permutationen mit Fixpunkt. Wir können nämlich sehr leicht die Permutationen zählen, die mindestens eine gegebene Menge von k Elementen festlassen. Dies sind ja genau die Permutationen der übrigen $n-k$ Elemente, also $(n-k)!$ Stück.

Die Menge aller Permutationen der Menge $\{1,\ldots,n\}$ bezeichnen wir mit S_n.

Sei für $i=1,\ldots,n$: $A_i := \{\sigma \in S_n \mid \sigma(i)=i\}$. Dann ist

$$D(n) = n! - |A_1 \cup A_2 \cup \cdots \cup A_n|. \tag{2.33}$$

Ferner haben wir $|A_i| = (n-1)!$ und ist $I \subseteq \{1,\ldots,n\}$, dann ist

$$\left|\bigcap_{i\in I} A_i\right| = (n-|I|)!.$$

Setzen wir dies in das Prinzip von Inklusion und Exklusion ein, so erhalten wir, da es jeweils $\binom{n}{k}$ k-elementige Indexmengen gibt und die zugehörigen Schnitte alle die gleiche Kardinalität haben:

$$|A_1 \cup \ldots \cup A_n| = \sum_{k=1}^{n}(-1)^{k-1}\binom{n}{k}(n-k)! = \sum_{k=1}^{n}(-1)^{k-1}\frac{n!}{k!}.$$

Wir halten fest, indem wir in (2.33) einsetzen,

Satz 2.24. *Die Anzahl der fixpunktfreien Permutationen einer n-elementigen Menge ist*

$$D(n) = \sum_{i=0}^{n}(-1)^i\frac{n!}{i!}.$$

□

Kommen wir zurück zu der Fragestellung, so sehen wir, dass wir die Wahrscheinlichkeit als $\sum_{i=0}^{n}(-1)^i\frac{1}{i!}$ erhalten. Diese Zahl konvergiert mit $n\to\infty$ gegen $e^{-1}\approx 0.36787$. Wir werden das in diesem Rahmen nicht herleiten. Aber in jeder Formelsammlung finden Sie, dass

$$e^x = \sum_{i=0}^{\infty}\frac{x^i}{i!}.$$

Die Folge dieser (Partial-)Summen konvergiert sogar sehr schnell. Für $n=5$ hat man schon $0.36666666\ldots$. Die Wahrscheinlichkeit hängt hier also fast nicht von n ab.

Als letzte Anwendung in diesem Abschnitt betrachten wir zu einer Zahl $n\in\mathbb{N}\setminus\{0\}$ die Anzahl $\varphi(n)$ der zu n teilerfremden positiven, kleineren natürlichen Zahlen. Die Funktion $n\mapsto\varphi(n)$ heißt *Eulerfunktion* φ und spielt in der Zahlentheorie und in der Kryptographie eine wichtige Rolle. (Beim Online-Banking verlassen Sie sich darauf, dass $\varphi(n)$ sich nicht effizient berechnen lässt, wenn $n=pq$ das Produkt zweier großer Primzahlen ist, man p und q aber nicht kennt.)

Bezeichne $ggT(a,b)$ für zwei Zahlen a,b den größten gemeinsamen Teiler dieser beiden Zahlen. Dann ist die *eulersche* φ*-Funktion* definiert durch

$$\varphi(n) = |\{m\in\{1,2,\ldots,n\} \mid ggT(n,m)=1\}|.$$

Ist n eine Primzahl $n = p$, so ist offensichtlich $\varphi(p) = p - 1$. Als nächstes untersuchen wir Primzahlpotenzen $n = p^k$ mit $k \in \mathbb{N}$, $k \geq 2$. Wir zählen dann alle Zahlen $\leq p^k$, die keine Vielfachen von p sind, das sind $p^k - p^{k-1} = p^k(1 - \frac{1}{p})$ Stück.

Sei nun $n \geq 1$ eine beliebige natürliche Zahl. Dann kann man sie in ihre Primfaktoren zerlegen:

$$n = p_1^{\alpha_1} p_2^{\alpha_2} \dots p_r^{\alpha_r},$$

wobei $p_1, \dots, p_r$ die verschiedenen Primteiler von n sind, also $\alpha_i \geq 1$. Dann setzen wir

$$A_i := \{m \in \{1, 2, \dots, n\} \mid p_i \text{ teilt } m\}.$$

Dann ist

$$\varphi(n) = n - |A_1 \cup A_2 \cup \dots \cup A_r|.$$

Die Menge $\bigcap_{i \in I} A_i$ für $\emptyset \neq I \subseteq \{1, \dots, r\}$ besteht aus allen Zahlen $\leq n$, die durch $\prod_{i \in I} p_i$ teilbar sind, also

$$\left| \bigcap_{i \in I} A_i \right| = \frac{n}{\prod_{i \in I} p_i}.$$

Nun können wir mit dem Prinzip von Inklusion und Exklusion zeigen

Satz 2.25. *Sei $n = p_1^{\alpha_1} p_2^{\alpha_2} \dots p_r^{\alpha_r}$. Dann ist*

$$\varphi(n) = n \left(1 - \frac{1}{p_1}\right) \left(1 - \frac{1}{p_2}\right) \cdots \left(1 - \frac{1}{p_r}\right). \tag{2.34}$$

Beweis. Das Prinzip von Inklusion und Exklusion liefert

$$\varphi(n) = n - \sum_{\emptyset \neq I \subseteq \{1,2,\dots,r\}} (-1)^{|I|-1} \frac{n}{\prod_{i \in I} p_i} = n \sum_{I \subseteq \{1,2,\dots,r\}} (-1)^{|I|} \frac{1}{\prod_{i \in I} p_i}.$$

Dass diese Formel mit der behaupteten übereinstimmt, zeigen wir mittels vollständiger Induktion über r. Den Fall $r = 1$ haben wir oben schon diskutiert. Sei also $r \geq 2$. Dann ist

$$\begin{aligned}
\prod_{i=1}^{r} \left(1 - \frac{1}{p_i}\right) &= \left(1 - \frac{1}{p_r}\right) \prod_{i=1}^{r-1} \left(1 - \frac{1}{p_i}\right) \\
&\overset{IV}{=} \left(1 - \frac{1}{p_r}\right) \sum_{I \subseteq \{1,2,\dots,r-1\}} (-1)^{|I|} \frac{1}{\prod_{i \in I} p_i} \\
&= \sum_{I \subseteq \{1,2,\dots,r-1\}} (-1)^{|I|} \frac{1}{\prod_{i \in I} p_i} - \sum_{r \in I \subseteq \{1,2,\dots,r\}} (-1)^{|I|-1} \frac{1}{\prod_{i \in I} p_i} \\
&= \sum_{I \subseteq \{1,2,\dots,r\}} (-1)^{|I|} \frac{1}{\prod_{i \in I} p_i}.
\end{aligned}$$

□

Wenn man die Primzahlzerlegung einer Zahl n kennt, ist $\varphi(n)$ also leicht zu berechnen.

Aufgabe 2.26. Wieviele Zahlen zwischen 1 und 100 sind durch 2, 3 oder 5 teilbar?
Lösung siehe Lösung 9.11.

2.7 Diskrete Wahrscheinlichkeitsrechnung

Im abschließenden Abschnitt dieses Kapitels wollen wir noch einige Begrifflichkeiten klären, die wir teilweise schon (naiv) benutzt haben. Die Ursprünge der Kombinatorik und der diskreten Wahrscheinlichkeitsrechnung fallen zusammen. Insbesondere wenn wir gleichwahrscheinliche Ereignisse haben, ist das Berechnen von Wahrscheinlichkeiten ein Abzählproblem.

Beispiel 2.27. Wie groß ist die Chance, mit einem Lotto-Tipp fünf Richtige mit Zusatzzahl zu bekommen?

Wir gehen davon aus, dass alle Zahlenkombinationen gleich wahrscheinlich sind. Dann müssen wir die Anzahl der möglichen Zahlenkonstellationen und die Anzahl der positiven Konstellationen unter einer gegebenen Lottozahlenkonfiguration zählen.

Zunächst einmal gibt es $\binom{49}{6}$ Lottozahlenkombinationen und dann noch 43 Möglichkeiten für die Zusatzzahl. Die Wahrscheinlichkeit für jedes einzelne dieser *Ereignisse* beträgt dann

$$\frac{1}{43\binom{49}{6}} = \frac{1}{601\,304\,088}.$$

Offensichtlich ist für die Anzahl der positiven Ereignisse „5 Richtige mit Zusatzzahl" aus Symmetriegründen die tatsächlich gefallene Lottokombination unerheblich. Wir können also von den Lottozahlen

1 2 3 4 5 6 Zusatzzahl: 7

ausgehen. Positive Ereignisse erhalten wir genau dann, wenn wir eine der 6 Lottozahlen durch eine der übrigen Zahlen von 8 bis 49 ersetzen. Also haben wir dafür

$6 \cdot 42$ Möglichkeiten.

Die Wahrscheinlichkeit fünf Richtige mit Zusatzzahl im Lotto zu tippen beträgt also

$$\frac{6 \cdot 42}{601\,304\,088} = \frac{3}{7\,158\,382}.$$

Betrachten wir diese Wahrscheinlichkeitsüberlegungen allgemeiner:

2.7.1 Wahrscheinlichkeitsraum

Wir gehen aus von einem *Zufallsexperiment*. Jedes mögliche Ergebnis des Experiments nennen wir ein *Ereignis*. Die Vereinigung aller Ereignisse ist die *Menge der Elementarereignisse* Ω, jedes Element von Ω heißt also *Elementarereignis*, wohingegen sich ein Ereignis aus mehreren Elementarereignissen zusammensetzen kann. Die Menge aller möglichen Ereignisse, die *Ereignismenge* Σ, ist also eine Teilmenge der Potenzmenge von Ω, also

$$\Sigma \subseteq 2^{\Omega}.$$

Diese Menge Σ muss gewisse Bedingungen erfüllen. Wir wollen hier nicht näher darauf eingehen und uns ab sofort auf endliche Ereignismengen und $\Sigma = 2^{\Omega}$ zurückziehen.

Um von Wahrscheinlichkeiten zu sprechen, ordnen wir den Ereignissen A Zahlen $p(A)$ zwischen 0 und 1 zu, wobei die 0 für unmögliche und die 1 für sichere Ereignisse steht. Im endlichen Fall erhalten wir damit folgende abstrakte Bedingungen, die *Kolmogorow-Axiome*, welche definieren, wann eine Funktion p ein Wahrscheinlichkeitsmaß ist.

Definition 2.6. Sei Ω eine endliche Menge. Eine Abbildung $p : 2^{\Omega} \to \mathbb{R}$ heißt *Wahrscheinlichkeitsmaß*, wenn

K1 $\forall A \subseteq \Omega : p(A) \geq 0.$

K2 $p(\Omega) = 1.$

K3 Sind $A_1, A_2 \subseteq \Omega$ und $A_1 \cap A_2 = \emptyset$, wir sagen auch, die Ereignisse sind *inkompatibel*, so gilt

$$p(A_1 \dot{\cup} A_2) = p(A_1) + p(A_2).$$

Wir nennen dann das Tupel (Ω, p) einen *Wahrscheinlichkeitsraum.*

Bemerkung 2.28. Im Falle endlicher Ereignismengen folgt aus dem dritten Axiom sofort, dass

$$\forall A \in 2^{\Omega} : p(A) = \sum_{a \in A} p(\{a\})$$

ist. Aus diesem Grunde findet man als Definition für diskrete Wahrscheinlichkeitsmaße in der Literatur oft auch Funktionen $\tilde{p} : \Omega \to \mathbb{R}$ mit den Eigenschaften

$$\forall a \in \Omega : \tilde{p}(a) \geq 0 \text{ und } \sum_{a \in \Omega} \tilde{p}(a) = 1.$$

Anstatt $p(\{a\})$ schreiben wir auch oft kurz $p(a)$.

Aus der Definition folgt sofort:

Proposition 2.11. *Sei (Ω, p) ein Wahrscheinlichkeitsraum und $A, B, A_i \subseteq \Omega$, $i = 1, \ldots, k$. Dann gilt:*

a) $A \subseteq B \Rightarrow p(A) \leq p(B)$,

b) Ist $A = A_1 \dot{\cup} \ldots \dot{\cup} A_k$ eine Partition von A, so ist $p(A) = \sum_{i=1}^{k} p(A_i)$,

c) $p(A \cup B) = p(A) + p(B) - p(A \cap B)$,

d) $p(\Omega \setminus A) = 1 - p(A)$,

e) $p\left(\bigcup_{i=1}^{k} A_i\right) \leq \sum_{i=1}^{k} p(A_i)$.

Beweis. Wir zeigen nur die dritte Aussage. Den Rest lassen wir als Übung. Zunächst stellen wir fest, dass

$$\begin{aligned} A \cup B &= (A \setminus B) \dot{\cup} (B \setminus A) \dot{\cup} (A \cap B) \\ A &= (A \setminus B) \dot{\cup} (A \cap B) \\ B &= (B \setminus A) \dot{\cup} (A \cap B). \end{aligned}$$

Also ist

$$\begin{aligned}p(A\cup B) &= p(A\setminus B)+p(B\setminus A)+p(A\cap B)\\ &= (p(A\setminus B)+p(A\cap B))+(p(B\setminus A)+p(A\cap B))-p(A\cap B)\\ &= p(A)+p(B)-p(A\cap B).\end{aligned}$$

□

Wir hatten bisher stets Zufallsexperimente untersucht, bei denen die Elementarereignisse *gleichwahrscheinlich* sind. Wir nennen solche Experimente *Laplace-Experimente*. Wir sprechen von einem *uniformen* Wahrscheinlichkeitsraum und nennen p die *Gleichverteilung* auf Ω. Dort gilt dann stets

$$p(A)=\frac{|A|}{|\Omega|}.$$

Ist nämlich a ein Elementarereignis, so ist

$$1=p(\Omega)=\sum_{b\in\Omega}p(\{b\})=|\Omega|p(\{a\})\Rightarrow p(\{a\})=\frac{1}{|\Omega|}$$

und

$$p(A)=\sum_{b\in A}p(\{b\})=|A|p(\{a\})=\frac{|A|}{|\Omega|}.$$

Beispiel 2.29. Wir berechnen die Wahrscheinlichkeit, mit zwei (fairen) Würfeln eine Summe von 7 zu würfeln, also die Wahrscheinlichkeit der Menge

$$\{(1,6),(2,5),(3,4),(4,3),(5,2),(6,1)\}.$$

Da jedes Elementarereignis die Wahrscheinlichkeit $\frac{1}{36}$ hat, ist die Wahrscheinlichkeit dieses Ereignisses $\frac{1}{6}$.

Da wir ingesamt 11 mögliche Würfelsummen haben, kann dieses Experiment kein Laplaceexperiment sein. Wir berechnen als Wahrscheinlichkeiten der Ereignisse

$$p(2)=p(12)=\frac{1}{36}\quad p(3)=p(11)=\frac{1}{18}\quad p(4)=p(10)=\frac{1}{12}$$

$$p(5)=p(9)=\frac{1}{9}\quad p(6)=p(8)=\frac{5}{36}\quad p(7)=\frac{1}{6}$$

und verifizieren, dass die Summe dieser Wahrscheinlichkeiten 1 ist.

2.7.2 Bedingte Wahrscheinlichkeiten

Das Axiom K3 nennen wir auch Summenregel. Ebenso gibt es eine Produktregel. Wenn wir danach fragen, wie groß die Wahrscheinlichkeit ist, in zwei Lottoziehungen hintereinander keinen Richtigen zu haben, so haben wir es mit zwei Ereignissen zu tun, die voneinander *unabhängig* sind. Die Wahrscheinlichkeit, in einer Lottoziehung keinen Richtigen zu haben, ist

$$\frac{\binom{43}{6}}{\binom{49}{6}}\approx 0.436.$$

Die Wahrscheinlichkeit, dass dies zweimal hintereinander passiert ist mit etwa 0.19, also 19%, schon relativ klein.

Aber nicht bei allen zweistufigen Experimenten sind die Ereignisse unabhängig.

Beispiel 2.30. Wir berechnen die Wahrscheinlichkeit, dass bei 17+4 (BlackJack) die ersten beiden Karten eine 10 und eine 7 sind und mit der dritten Karte die Augenzahl von 21 echt überschritten wird. Wir spielen mit einem Skatblatt, die Wertigkeit von As, Bube, Dame, König ist 1,2,3,4, ansonsten die auf der Karte aufgedruckte Punktzahl.

- $p(\text{ erste 10, zweite 7}) = \frac{4\cdot 4}{32\cdot 31} = x$,
- $p(\text{ erste 7, zweite 10}) = \frac{4\cdot 4}{32\cdot 31} = y$,
- $p(7{,}8{,}9{,}10 \text{ aus } 32\setminus\{7,10\}) = \frac{3+4+4+3}{30} = \frac{14}{30} = \frac{7}{15} = z$.

Die ersten beiden Ereignisse sind disjunkt, die Wahrscheinlichkeit, dass die ersten beiden Karten eine 7 und eine 10 sind, ist also $x+y = \frac{1}{31}$. Beim dritten Ereignis fragen wir nach einer *bedingten Wahrscheinlichkeit.* Die Wahrscheinlichkeit, dass 7,8,9 oder 10 aus einem vollen Skatblatt gezogen wird, ist nämlich $\frac{1}{2} \neq \frac{7}{15}$. Das oben beschriebene Ereignis hat die Gesamtwahrscheinlichkeit $(x+y)z = \frac{7}{465}$. Nennen wir das Ereignis des dritten Zuges A und die ersten beiden B und bezeichnen unser Gesamtereignis als A unter der Voraussetzung B, geschrieben $A \mid B$, so erhalten wir

$$p(A \mid B) = \frac{p(A\cap B)}{p(B)},$$

wobei $p(A \mid B) = z$, $p(A\cap B) = (x+y)z$ und $p(B) = (x+y)$ ist.

Definition 2.7. Seien A und B Ereignisse und $p(B) > 0$. Die Wahrscheinlichkeit von A *unter der Bedingung* B ist definiert als

$$p(A \mid B) = \frac{p(A\cap B)}{p(B)}.$$

Zwei Ereignisse A, B heißen *unabhängig*, wenn

$$p(A\cap B) = p(A)p(B).$$

Dies können wir auch notieren als $p(A \mid B) = p(A)$ oder $p(B \mid A) = p(B)$. Bei den letzten Äquivalenzen haben wir vorausgesetzt, dass $p(A)p(B) > 0$.

Satz 2.31 (Satz von Bayes). *Sind* $A, B \subseteq \Sigma$ *Ereignisse mit* $p(A)p(B) > 0$, *so gilt*

$$p(B)p(A \mid B) = p(A)p(B \mid A). \tag{2.35}$$

Beweis. Beide Ausdrücke sind gleich $p(A\cap B)$. □

2.7.3 Paradoxa

Hier zwei kleine Beispiele mit überraschenden Ergebnissen.

Beispiel 2.32. Wie viele Leute müssen in einem Raum sein, damit die Wahrscheinlichkeit, dass zwei am gleichen Tag Geburtstag haben, größer als $\frac{1}{2}$ ist? Dabei gehen wir davon aus, dass die Wahrscheinlichkeit, dass ein Tag Geburtstag ist, bei allen 365 Tagen des Jahres die gleiche ist, vernachlässigen also saisonale Schwankungen und Schaltjahre.

Haben wir n Tage und k Personen, so haben wir n^k mögliche Geburtstagskombinationen als Elementarereignisse. Wir untersuchen, wie viele dieser k-Tupel keinen Eintrag doppelt haben. Offensichtlich muss dafür $k \leq n$ sein. Nun haben wir für den ersten Eintrag n mögliche Tage, für den zweiten $n-1$ usw. Also haben insgesamt $\frac{n!}{(n-k)!}$ dieser k-Tupel keinen Eintrag doppelt. Die gesuchte Wahrscheinlichkeit, dass zwei am gleichen Tag Geburtstag haben, ist das Komplement, also gleich

$$1-\frac{\frac{n!}{(n-k)!}}{n^k}=1-\prod_{i=0}^{k-1}\frac{n-i}{n}=1-\prod_{i=0}^{k-1}(1-\frac{i}{n}).$$

Unter Ausnutzung von $\forall x \in \mathbb{R} : 1+x \leq e^x$, unter Einbeziehung der Potenzsätze und der Formel $\sum_{i=0}^{n} i = \frac{(n+1)n}{2}$ schließen wir:

$$1-\prod_{i=0}^{k-1}(1-\frac{i}{n}) \geq 1-\prod_{i=0}^{k-1}e^{-\frac{i}{n}}=1-e^{-\sum_{i=0}^{k-1}\frac{i}{n}}=1-e^{-\frac{k(k-1)}{2n}}.$$

Somit ist diese Wahrscheinlichkeit für positives k größer als $\frac{1}{2}$, wenn

$$\begin{aligned} e^{-\frac{k(k-1)}{2n}}<\frac{1}{2} &\iff -\frac{k(k-1)}{2n}<-\ln 2 \\ &\iff k^2-k>2n\ln n \\ &\overset{k\geq 0}{\iff} k>\frac{1}{2}+\sqrt{\frac{1}{4}+2n\ln 2}=\frac{1+\sqrt{1+8n\ln 2}}{2}. \end{aligned}$$

Die letzte Äquivalenz erhalten wir aus

$$k^2-k-2n\ln n=\left(k-\frac{1}{2}-\sqrt{\frac{1}{4}+2n\ln 2}\right)\left(k-\frac{1}{2}+\sqrt{\frac{1}{4}+2n\ln 2}\right).$$

$k^2-k>2n\ln n$ gilt also genau dann, wenn entweder beide Faktoren positiv oder beide Faktoren negativ sind. Ersteres haben wir oben berücksichtigt, letzteres ist genau dann der Fall, wenn

$$k<\frac{1}{2}-\sqrt{\frac{1}{4}+2n\ln 2},$$

also kleiner als Null ist, was k als natürliche Zahl nicht ist.

Setzen wir $n=365$ ein so erhalten wir $k>22.999943$ als Bedingung. Dieses Ergebnis ist auch als „Geburtstagsparadoxon" bekannt.

Beispiel 2.33. Das „Ziegenparadoxon" errang 1990 als solches Berühmtheit durch eine kontroverse Diskussion, die durch ein Problem in der Kolumne „Ask Marilyn" des US-Magazins „Parade" ausgelöst wurde. Dabei mag es manchen herausgefordert haben, dass die Kolumnistin Marilyn vos Savant im Guinness-Buch der Rekorde mit einem IQ von 228, gemessen im zarten Alter von 10 Jahren, 5 Jahre als Rekordhalterin geführt wurde. Das zugehörige abstrakte Problem wurde vorher in der Literatur schon öfter diskutiert, unter anderem in Martin Gardners Buch „More Mathematical Puzzles and Diversions" von 1961.

Das Problem ist das Folgende: In einer Spielshow, nennen wir sie einmal „Geh aufs Ganze“, steht man in der Schlussrunde vor drei verschlossenen Toren. Hinter einem ist der Hauptgewinn, ein neues Auto, hinter den beiden anderen ein Zonk (in der analogen Show in den USA nahm man eine Ziege). Nachdem man eine Tür ausgewählt hat, öffnet der Showmaster, der weiß, wo das Auto steht, eine der beiden anderen Türen, hinter der sich ein Zonk verbirgt. Man hat nun die Chance, seine Entscheidung zu revidieren, und die andere der verbleibenden Türen auszuwählen. Sollte man dies tun?

Eine Analyse ist hier wiederum durch Fallunterscheidung am leichtesten. Sei A das von uns ausgewählte Tor.

1. Fall Das Auto verbirgt sich hinter Tür A. Die Wahrscheinlichkeit dafür ist ein Drittel und ein Wechsel ist nachteilig.
2. Fall Das Auto verbirgt sich nicht hinter Tür A. Die Wahrscheinlichkeit dafür ist zwei Drittel und bei einem Wechsel gewinnt man das Auto.

Also ist die Chance, das Auto zu gewinnen, bei einem Wechsel doppelt so groß wie ohne ihn.

2.7.4 Zufallsvariablen

Definition 2.8. Sei (Ω,p) ein Wahrscheinlichkeitsraum. Unter einer *Zufallsvariablen* X verstehen wir dann eine Abbildung

$$X:\Omega\to\mathbb{R}.$$

Dann induziert X ein Wahrscheinlichkeitsmaß q auf $2^{X(\Omega)}$, also auf den von der Funktion angenommenen Werten. Ist nämlich $y\in X(\Omega)$, so setzen wir

$$q(y)=\sum_{\substack{\omega\in\Omega\\X(\omega)=y}}p(\{\omega\}).$$

Man rechnet leicht nach, dass q ein Wahrscheinlichkeitsmaß ist.

Um das Verhalten von X zu analysieren, betrachtet man dann den *Erwartungswert* $E(X)$ *von* X. Dies ist der Wert, den die Zufallsvariable im Mittel annimmt, also

$$E(X):=\sum_{\omega\in\Omega}p(\{\omega\})X(\omega).$$

Ist Y eine weitere Zufallsvariable, so ist auch die Summe $X+Y$ wieder eine Zufallsvariable. Dabei bilden wir Summen oder Vielfache reellwertiger Funktionen wie üblich, indem wir jeweils die Funktionswerte addieren bzw. skalar multiplizieren. Für den Erwartungswert der Summe gilt:

$$\begin{aligned}E(X+Y)&=\sum_{\omega\in\Omega}p(\{\omega\})(X+Y)(\omega)\\&=\sum_{\omega\in\Omega}p(\{\omega\})X(\omega)+\sum_{\omega\in\Omega}p(\{\omega\})Y(\omega)\\&=E(X)+E(Y).\end{aligned}$$

Analog rechnet man nach, dass für $\alpha \in \mathbb{R}: E(\alpha X) = \alpha E(X)$. Der Erwartungswert ist also eine lineare Funktion auf dem Vektorraum der Zufallsvariablen. Ist die Zufallsvariable eine konstante Funktion $X = c$, so ist offensichtlich $E(X) = c$.

Als zweiten wichtigen Parameter bei einer Zufallsvariable haben wir deren Streuung, die als *Varianz* $V(X)$ bezeichnet wird. Die Varianz misst die erwartete quadratische Abweichung einer Messung vom Erwartungswert.

$$V(X) := E((X - E(X))^2).$$

Proposition 2.12.

$$V(X) = E(X^2) - (E(X))^2.$$

Beweis.

$$\begin{aligned} V(X) &= E((X - E(X))^2) = E(X^2 - 2E(X)X + E(X)^2) \\ &= E(X^2) - 2E(X)^2 + E(E(X)^2) \\ &= E(X^2) - 2E(X)^2 + E(X)^2 = E(X^2) - (E(X))^2. \end{aligned}$$

□

Wir beschließen dieses Kapitel mit einem Beispiel.

Beispiel 2.34. Wir betrachten gleichverteilte Permutationen von $\{1, \ldots, n\}$. Als Zufallsvariable betrachten wir hierzu $F(\sigma)$, die Anzahl der Fixpunkte einer Permutation σ. Wir können $F = \sum_{i=1}^n F_i$ schreiben, wobei $F_i(\sigma) = 1$, falls $\sigma(i) = i$, also i ein Fixpunkt ist und Null sonst gelten soll.

Da, wie oben bereits gesehen, i ein Fixpunkt von genau $(n-1)!$ Permutationen ist, ist $E(F_i) = \frac{1}{n}$, also $E(F) = 1$. Für die Varianz berechnen wir zunächst

$$E(F^2) = E((\sum_{i=1}^n F_i)^2) = \sum_{i=1}^n E(F_i^2) + 2 \sum_{1 \le i < j \le n} E(F_i F_j).$$

Offensichtlich ist $F_i^2 = F_i$ und $(F_i F_j)(\sigma) = 1$ dann und nur dann, wenn σ Fixpunkte in i und j hat. Dies ist bei $(n-2)!$ Permutationen der Fall. Somit ist $E(F_i F_j) = \frac{(n-2)!}{n!} = \frac{1}{n(n-1)}$. Also haben wir

$$E(F^2) = 1 + 2 \sum_{1 \le i < j \le n} E(F_i F_j) = 1 + \frac{2\binom{n}{2}}{n(n-1)} = 1 + 1 = 2.$$

Somit ist

$$V(F) = E(F^2) - (E(F))^2 = 2 - 1 = 1.$$

Man sagt auch, dass eine Permutation im Mittel 1 ± 1 Fixpunkte hat. Hierbei steht die erste 1 für $E(F)$, die zweite für $V(F)$.

Aufgabe 2.35. Zeigen Sie Proposition 2.11 a), b), d) und e).
Lösung siehe Lösung 9.12.

Aufgabe 2.36. In einer Allee stehen 50 Kastanien – je 25 auf jeder Seite, von denen 10, die nebeneinander stehen, erkrankt sind. Legt diese Tatsache den Schluss nahe, dass die Krankheit von Baum zu Baum übertragen wird?
Lösung siehe Lösung 9.13.

Aufgabe 2.37. Wie groß ist die Wahrscheinlichkeit, dass bei $2m$ Würfen mit einer fairen 1-Euro Münze genau m-mal Zahl und m-mal Adler geworfen wird? Wie ist das Verhalten für $m \longrightarrow \infty$? Lösung siehe Lösung 9.14.

Aufgabe 2.38. Bestimmen Sie Erwartungswert und Varianz der Augenzahlen eines Wurfes mit zwei fairen Würfeln. Lösung siehe Lösung 9.15.

Aufgabe 2.39. Zeigen Sie die Siebformel von Poincare-Sylvester. Seien $A_1, \ldots, A_m$ Ereignisse einer diskreten Ereignismenge Ω. Zeigen Sie:

$$p\left(\bigcup_{k=1}^{m} A_k\right) = \sum_{k=1}^{m} (-1)^{k+1} \sum_{I \in \binom{\{1,2,\ldots,m\}}{k}} p\left(\bigcap_{i \in I} A_i\right).$$

Lösung siehe Lösung 9.16.

Kapitel 3
Graphen

Graphen begegnen einem insbesondere in der Informatik häufig, da sie ein probates Mittel sind, um Relationen zu modellieren.

3.1 Relationen

Zunächst wollen wir die Situation betrachten, in der in einer Grundmenge zwischen manchen Elementen eine Beziehung besteht und zwischen anderen nicht. Die Menge der Paare, für die diese Beziehung gilt, nennen wir eine *Relation*.

Definition 3.1. Seien M, N Mengen. Eine *(binäre) Relation* ist eine beliebige Teilmenge $R \subseteq M \times N$ des kartesischen Produktes dieser Mengen. Ist $(x,y) \in R$, so sagen wir auch „x steht in Relation mit y“ und schreiben dies als xRy.

Bemerkung 3.1. Sind $M_1, \ldots, M_n$ Mengen, so nennt man Teilmengen von $M_1 \times \ldots \times M_n$ analog n-äre Relationen. In der mathematischen Logik werden (n-äre) Relationen auch als (n-stellige) Prädikate bezeichnet. Anstatt „$(x_1, \ldots, x_n)$ gehört zur Relation R“ sagen wir auch „$(x_1, \ldots, x_n)$ hat das Prädikat R“.

Zu jedem x und y können wir bzgl. R die Mengen aussondern:

$$[x]_l := \{y \in N \mid (x,y) \in R\}, \qquad [y]_r := \{x \in M \mid (x,y) \in R\}.$$

Also ist $[x]_l$ die Menge aller „rechten Partner“, die x haben kann, wenn es in der Relation links steht und für $[y]_r$ gilt Analoges. Den Index lassen wir weg, wenn die Interpretation eindeutig ist, z. B. wenn $[x]_l = [x]_r$.

3.1.1 Äquivalenzrelationen

Wir betrachten von nun an *(binäre) Relationen auf einer Menge M*, d. h. $R \subseteq M \times M$.

Definition 3.2. Sei R eine Relation auf einer Menge M. Die Relation heißt

W. Hochstättler, *Algorithmische Mathematik*, Springer-Lehrbuch
DOI 10.1007/978-3-642-05422-8_3, © Springer-Verlag Berlin Heidelberg 2010

reflexiv, wenn für alle $x \in M : (x,x) \in R$,
symmetrisch, wenn $(x,y) \in R \Rightarrow (y,x) \in R$,
transitiv, wenn $((x,y) \in R$ und $(y,z) \in R) \Rightarrow (x,z) \in R$,
antisymmetrisch, wenn $((x,y) \in R$ und $(y,x) \in R) \Rightarrow x = y$.

Man beachte, dass bei der Definition der Symmetrie, Transitivität und Antisymmetrie Aussagen über alle x,y bzw. x,y,z gemacht werden. Die Allquantoren haben wir, da es so wie es aufgeschrieben auch logisch korrekt ist, aus Gründen der Übersichtlichkeit weggelassen. Eine reflexive, symmetrische und transitive Relation nennen wir *Äquivalenzrelation.*

Beispiel 3.2. Sei $M = \mathbb{Z}, n \in \mathbb{Z}$ und für $a,b \in \mathbb{Z}$ sei definiert:

$$aRb : \iff \exists k \in \mathbb{Z} : a - b = kn.$$

Oder in anderen Worten n teilt $a-b$ oder auch a und b lassen bei Division durch n denselben Rest. Offensichtlich definiert dies eine binäre Relation auf $\mathbb{Z}$. Wir zeigen, dass dies eine Äquivalenzrelation ist.

Reflexivität: Offensichtlich ist für beliebiges $a \in \mathbb{Z}$: $a - a = 0 \cdot n$, also gilt stets aRa.
Symmetrie: Gilt aRb, so gibt es ein $k \in \mathbb{Z}$ mit $a - b = kn$. Dann ist aber auch $-k \in \mathbb{Z}$ und es gilt $b - a = (-k)n$, also auch bRa.
Transitivität: Seien also $a,b,c \in \mathbb{Z}$ und sowohl $(a,b) \in R$ als auch $(b,c) \in R$. Dann gibt es $k_1,k_2 \in \mathbb{Z}$ mit $a - b = k_1 n$ und $b - c = k_2 n$, und Addition der Gleichungen ergibt $a - c = (k_1 + k_2)n$, also auch aRc.

Beispiel 3.3. Sei $M = \mathbb{N}$ und für $a,b \in \mathbb{N}$ sei die Relation Q definiert durch

$$aQb :\Leftrightarrow \exists k \in \mathbb{Z} : b = ka$$

oder mit anderen Worten a teilt b. Wir schreiben dafür auch $a \mid b$. Dann ist Q reflexiv, transitiv und antisymmetrisch. Da $3 \mid 6$, aber 6 teilt 3 nicht, ist die Relation nicht symmetrisch, also auch keine Äquivalenzrelation. Wir zeigen nun den Rest der Behauptung:

Reflexivität: Wegen $a = 1 \cdot a$ gilt aQa für alle $a \in \mathbb{N}$.
Antisymmetrie: Wir haben zu zeigen, dass aus aQb und bQa folgt, dass $a = b$ ist. Die Relation liefert uns Koeffizienten $k_1,k_2 \in \mathbb{Z}$ mit $b = k_1 a$ bzw. $a = k_2 b$ und somit $a = k_2 k_1 a$. Falls $a = 0$ ist, folgt $b = k_1 \cdot 0 = 0 = a$. Ansonsten ist auch $b \neq 0$ und $k_1 k_2 = 1$. Wir schließen $k_1 = k_2 \in \{+1,-1\}$. Da aber $a,b \in \mathbb{N} \setminus \{0\}$ und $b = k_1 a$ ist, folgt $k_1 = 1$ und damit $a = b$.
Transitivität: Hier haben wir $b = k_1 a$ und $c = k_2 b$, also $c = k_2 k_1 a$ und somit aQc.

Aufgabe 3.4. Sei $M = \mathbb{R}^{n \times n}$ die Menge aller $n \times n$-Matrizen mit reellen Einträgen. Sei dann die Relation R auf M definiert vermöge

$$ARB \iff \text{es gibt eine reguläre } n \times n\text{-Matrix } Q \text{ mit } A = Q^{-1}BQ.$$

Zeigen Sie: R ist eine Äquivalenzrelation.
Lösung siehe Lösung 9.17.

Äquivalenzrelationen definieren so etwas Ähnliches wie Gleichheit. Sie zerlegen die Grundmenge in paarweise disjunkte *Äquivalenzklassen*, die Mengen $[x]$.

Proposition 3.1. *Sei R eine Äquivalenzrelation auf M. Dann gilt*

a) $[x] \neq \emptyset$ *für alle* $x \in M$.
b) *Für je zwei* $x,y \in M$ *ist (entweder)* $[x] = [y]$ *oder* $[x] \cap [y] = \emptyset$. *Also bilden die Äquivalenzklassen eine Partition von* M.
c) *R ist durch ihre Äquivalenzklassen vollständig bestimmt.*

Beweis.

a) Da R reflexiv ist, gilt stets $x \in [x]$.
b) Die Aussage A oder B ist offensichtlich logisch äquivalent zu „wenn B nicht gilt, muss zumindest A gelten". Wir können also hier auch die äquivalente Aussage

$$\forall x,y \in M : [x] \cap [y] \neq \emptyset \Rightarrow [x] = [y]$$

beweisen. Seien also $x,y \in M$ und $z \in [x] \cap [y]$. Wir zeigen

$[x] \subseteq [y]$: Sei dazu $t \in [x]$, wir haben also

$$xRz, yRz, xRt.$$

Wegen Symmetrie ($xRt \Longrightarrow tRx$) folgt tRx aus xRt. Mit der Transitivität ((tRx und xRz) $\Longrightarrow$ tRz) folgt tRz aus tRx und xRz. Analog schließen wir mit

$$(yRz \Longrightarrow zRy) \qquad \text{und} \qquad ((tRz \text{ und } zRy) \Longrightarrow tRy)$$

auf tRy. Hieraus folgt wieder wegen Symmetrie

$$yRt$$

und somit auch $t \in [y]$. Also ist $[x] \subseteq [y]$.

$[y] \subseteq [x]$: Die Symmetrie der Voraussetzungen in x und y liefert $[y] \subseteq [x]$ als Analogie.

Somit haben wir $[x] = [y]$ gezeigt.
c) Offensichtlich gilt ($xRy \Leftrightarrow \{x,y\} \subseteq [x]$).

□

Aufgabe 3.5. Zeigen Sie, dass über Proposition 3.1 c) hinaus auch gilt, dass jede Partition eine Äquivalenzrelation definiert. Sei also M eine Menge und $M = M_1 \dot{\cup} \ldots \dot{\cup} M_k$ eine Partition. Dann definiert

$$xRy :\Leftrightarrow \exists i \in \{1, \ldots, k\} : \{x,y\} \subseteq M_i$$

eine Äquivalenzrelation.
Lösung siehe Lösung 9.18.

3.1.2 Partialordnungen

Definition 3.3. Sei M eine Menge. Eine reflexive, antisymmetrische und transitive Relation R auf M heißt *Partialordnung*. Ist M eine endliche Menge, so nennen wir R eine endliche Partialordnung.

Ist R eine Partialordnung und $(x,y) \in R$, so schreiben wir auch $x \leq y$. Oft nennen wir die Grundmenge P statt M und notieren die Relation als $(P,\leq)$. Stehen je zwei Elemente in Relation, gilt also für $x,y \in M$ stets $x \leq y$ oder $y \leq x$, so sprechen wir von einer *linearen Ordnung*, einer *Totalordnung* oder einfach von einer *Ordnung*.

Beispiel 3.6. Die bekannten Ordnungen auf $(\mathbb{N},\leq)$ und $(\mathbb{R},\leq)$ sind Totalordnungen, denn offensichtlich ist hier die $\leq$-Relation reflexiv, antisymmetrisch und transitiv. Da je zwei Elemente miteinander vergleichbar sind, handelt es sich um Totalordnungen.

Beispiel 3.7. Die Inklusionsbeziehung (Teilmengenbeziehung) auf der Potenzmenge 2^M einer Menge M ist eine Partialordnung $(P,\leq)$. Also für $N_1,N_2 \subseteq M$

$$(N_1,N_2) \in (P,\leq) \iff N_1 \subseteq N_2.$$

Da für jede Menge N gilt $N \subseteq N$, ist die Relation reflexiv. Wegen

$$(N_1 \subseteq N_2 \text{ und } N_2 \subseteq N_1) \iff N_1 = N_2$$

ist die Relation antisymmetrisch und wegen

$$(N_1 \subseteq N_2 \text{ und } N_2 \subseteq N_3) \Longrightarrow N_1 \subseteq N_3$$

ist sie transitiv.

Ist $N \subseteq M$, aber $\emptyset \neq N \neq M$, so sind N und $M \setminus N$ nicht miteinander vergleichbar. Also ist $(P,\leq)$ keine Totalordnung, falls solch ein N existiert, also falls $|M| \geq 2$.

Beispiel 3.8. In Beispiel 3.3 wurde gezeigt, dass die Teilbarkeitsrelation eine Partialordnung ist. Offensichtlich gibt es auch hier unvergleichbare Elemente, z. B. 2 und 5.

Sei $(P,\leq)$ eine Partialordnung und $a,b \in P$ mit $a \leq b$. Ist $a \neq b$, so schreiben wir $a < b$. Wir sagen *b bedeckt a*, in Zeichen $a \lessdot b$, wenn $a < b$ und für alle $c \in P$ gilt $a \leq c \leq b \Rightarrow c \in \{a,b\}$. Endliche Partialordnungen werden durch die Bedeckungsrelation erzeugt:

Proposition 3.2. *Sei $(P,\leq)$ eine endliche Partialordnung und $x,y \in P$. Dann gilt $x < y$ genau dann, wenn es $k \geq 0$ Elemente $x_1,\ldots,x_k$ gibt mit $x \lessdot x_1 \lessdot \ldots \lessdot x_k \lessdot y$.*

Beweis. Gilt $x \lessdot x_1 \lessdot \ldots \lessdot x_k \lessdot y$, so folgt aus der Transitivität $x \leq y$. Für $k = 0$ wird explizit $x < y$ vorausgesetzt und für $k > 0$ impliziert $x \lessdot x_1 \leq y$, dass $x \neq y$ und damit $x < y$. Die andere Implikation zeigen wir mittels Induktion über die Anzahl n der Elemente $t \in P$ mit $x < t < y$. Ist $n = 0$, so ist nichts zu zeigen. Ist $n \geq 1$, so wählen wir ein festes z mit $x < z < y$. Dann gibt es sowohl zwischen x und z, als auch zwischen z und y weniger als n Elemente. Also gibt es nach Induktionsvoraussetzung $x_1,\ldots,x_l$ und $x_{l+2},\ldots,x_k$ mit $x \lessdot x_1 \lessdot \ldots \lessdot x_l \lessdot z := x_{l+1}$ und $x_{l+1} \lessdot x_{l+2} \lessdot \ldots \lessdot x_k \lessdot y$. □

Es genügt also zur Beschreibung einer endlichen Partialordnung, nur die Bedeckungsrelationen zu betrachten. Diese werden oft graphisch als HASSE-*Diagramm* dargestellt, wobei die Elemente als Punkte und die Relationen als Verbindungen vom kleineren unteren Element zum größeren oberen Element dargestellt werden.

Beispiel 3.9. In Abbildung 3.1 sehen wir links das HASSE-Diagramm der Teilbarkeitsrelation $a \leq b \Leftrightarrow a$ teilt b auf der Menge $\{1,2,\ldots,11,12\}$ und rechts das der Teilmengenrelation der Potenzmenge von $\{1,2,3,4\}$.

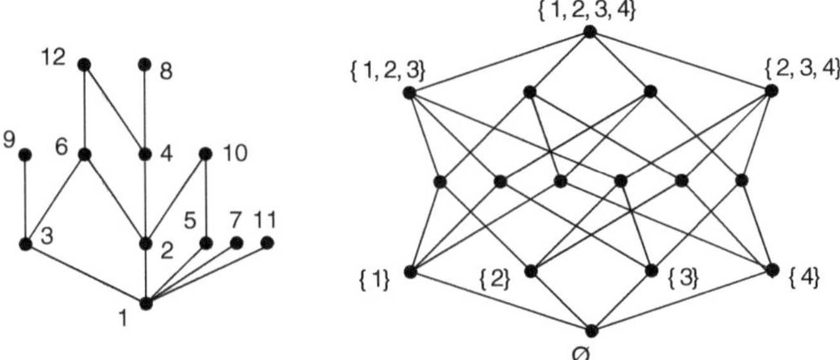

Abb. 3.1 Zwei HASSE-Diagramme

Aufgabe 3.10. Sei $(\Sigma,\leq)$ eine endliche total geordnete Menge. Ist $m \in \mathbb{N}$ und $w \in \Sigma^m$, so nennen wir w ein Wort über Σ. Die Menge aller Wörter über Σ (beliebiger *Länge* m) bezeichnen wir mit Σ^*. Wir betrachten folgende Relation auf den Wörtern über Σ. Seien $w,\tilde{w} \in \Sigma^*$, dann definieren wir

$$w \preceq \tilde{w} :\Leftrightarrow \exists k \in \mathbb{N} : w_i = \tilde{w}_i \text{ für alle } 1 \leq i \leq k \text{ und } \begin{cases} w \in \Sigma^k, \tilde{w} \in \Sigma^m \text{ mit } m \geq k \\ \text{oder } w_{k+1} < \tilde{w}_{k+1}. \end{cases}$$

Zeigen Sie: Durch $\preceq$ ist eine Totalordnung auf Σ^* definiert. Diese nennen wir die *lexikographische Ordnung auf* Σ^*.
Lösung siehe Lösung 9.19.

3.2 Definition eines Graphen, Isomorphismus

Analog zu HASSE-Diagrammen kann man ganz allgemein binäre Relationen visualisieren. Wir wollen uns zunächst auf binäre, irreflexive, symmetrische Relationen auf endlichen Mengen konzentrieren, die auch *Graphen* heißen. Dabei heißt eine Relation *irreflexiv*, wenn für alle $x \in M$: $(x,x) \notin R$.

Ausgehend von der Visualisierung dieser Relation können wir sagen, dass Graphen aus einer endlichen Menge von Knoten (Objekten, Punkten) und Kanten, die jeweils zwei dieser Knoten verbinden, bestehen. Graphen sind also z. B. recht nützlich, um Straßennetzwerke oder Relationen zu kodieren.

Definition 3.4. Sei V eine endliche Menge (von *Knoten, engl. vertices*) und $E \subseteq \binom{V}{2}$ eine Teilmenge der zweielementigen Teilmengen von V. Dann nennen wir das geordnete Paar (V,E) einen *Graphen* (genauer einen ungerichteten, einfachen Graphen). Die Elemente von E nennen wir *Kanten engl.* edges von G.

Haben wir einen Graphen G gegeben, dann bezeichnen wir seine Knotenmenge auch mit $V(G)$ und seine Kantenmenge mit $E(G)$. Ist $\{u,v\}$ eine Kante eines Graphen G, sagen wir, u und v sind *adjazent* oder *Nachbarn* oder *u kennt v* bzw. *v kennt u*. Manchmal schreiben wir auch einfach (u,v) für eine Kante $\{u,v\}$.

Beispiel 3.11. Wir können Graphen zeichnen, indem wir für jeden Knoten einen Punkt in die Ebene zeichnen und die Punkte durch eine Linie verbinden, wenn es die entsprechende Kante gibt. In der Abbildung sehen Sie einen Graphen mit 14 Knoten und 17 Kanten.

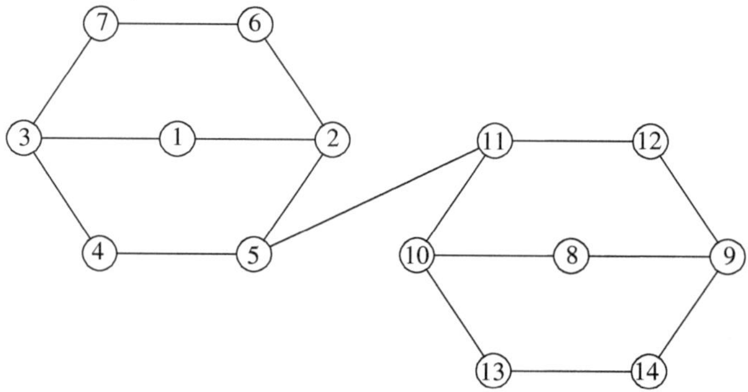

Man beachte aber, dass diese Skizze nur eine Visualisierung des abstrakten Objekts ist. Zum Beispiel für die algorithmische Behandlung speichern wir den Graphen als Listen

$V = \{1,2,3,4,5,6,7,8,9,10,11,12,13,14\}$,

$E = \{\{1,2\},\{1,3\},\{2,6\},\{6,7\},\{3,7\},\{3,4\},\{4,5\},\{2,5\},\{5,11\},\{11,12\},\{9,12\},\{9,14\},$
$\{13,14\},\{10,13\},\{10,11\},\{8,9\},\{8,10\}\}$.

Wir führen nun einige wichtige Graphenklassen ein. Bei den zugehörigen Visualisierungen lassen wir die Knotennummern bewusst weg. Der Grund dafür sollte spätestens klar werden, wenn wir im Folgenden Isomorphie von Graphen kennen lernen.

Beispiel 3.12. Sei $n \in \mathbb{N}$ und $V = \{1,2,\ldots,n\}$.

- K_n, der *vollständige Graph mit n Knoten* hat die Knotenmenge V und die Kantenmenge $\binom{V}{2}$.

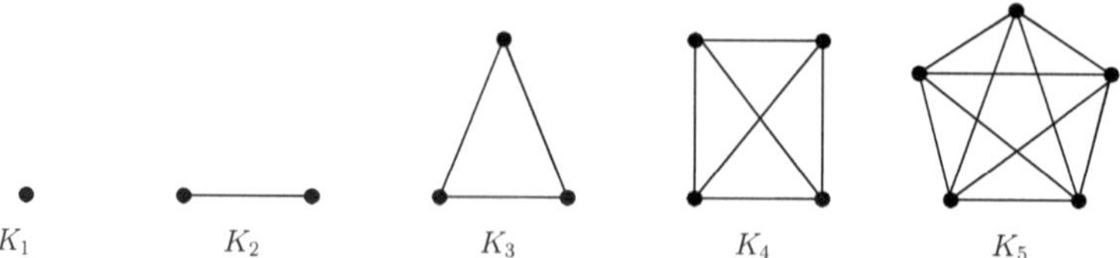

- Sei $n \geq 3$. Der *Kreis mit n Knoten* C_n hat Knotenmenge V und die Kantenmenge $\{i,i+1\}$ für $i = 1,\ldots,n-1$ und $\{n,1\}$.

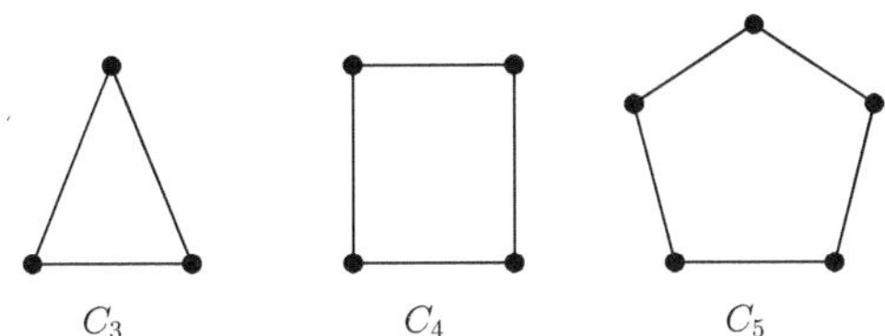

C_3 C_4 C_5

- P_n, der *Weg mit n Knoten* hat ebenfalls die Knotenmenge V und Kantenmenge $\{i, i+1\}$ für $i = 1, \ldots, n-1$. Es sind $P_1 = K_1$, $P_2 = K_2$.

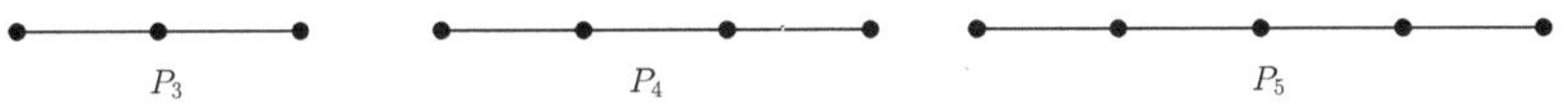

P_3 P_4 P_5

- $K_{m,n}$ der vollständige, bipartite Graph mit $m+n$ Knoten hat Knotenmenge $V \cup W$ mit $W = \{n+1, \ldots, n+m\}$ und Kantenmenge $V \times W$.

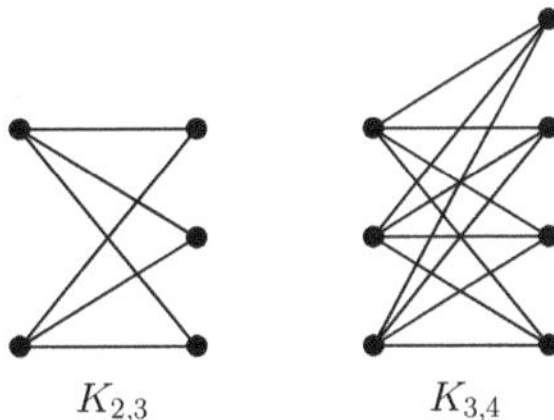

$K_{2,3}$ $K_{3,4}$

Wir sehen zwei Graphen als gleich an, wenn sie im Wesentlichen aus der selben Knoten- und Kantenmenge bestehen. Genauer definieren wir:

Definition 3.5. Seien $G = (V, E)$ und $G' = (V', E')$ zwei Graphen. Dann heißen G und G' *isomorph*, wenn es eine bijektive Abbildung $f : V \to V'$ gibt mit

$$\forall u, v \in V : (\{u, v\} \in E \Leftrightarrow \{f(u), f(v)\} \in E').$$

Die Abbildung f heißt dann ein *Isomorphismus* und wir schreiben $G \cong G'$.

Wir können die Bijektion als „Umnummerierung der Knoten" betrachten. Daher lassen wir bei Graphen wie oben oft die Knotenbezeichnung weg.

Beispiel 3.13. Der K_4 ist isomorph zu dem Graphen 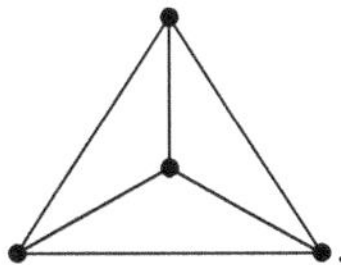.

Bei kleinen Graphen kann man noch alle möglichen Permutationen der Knoten enummerieren (aufzählen), um zu entscheiden, ob zwei Graphen isomorph sind. Für den allgemeinen Fall ist jedoch kein effizienter Algorithmus bekannt (die Anzahl der Permutationen wächst zu stark, um effizient enummeriert werden zu können, siehe z. B. Satz 2.17). Man vermutet, dass es keinen effizienten Algorithmus gibt.

Aufgabe 3.14. Zeigen Sie, dass die *Isomorphie* von Graphen – zwei Graphen stehen in Relation genau dann, wenn sie isomorph sind – eine Äquivalenzrelation ist.
Lösung siehe Lösung 9.20.

Aufgabe 3.15. Sei $V = \{1,2,3,4,5,6\}$. Wir betrachten die Graphen $G_i = (V, E_i)$ mit

$$\begin{aligned}
E_1 &:= \{(1,4),(1,6),(2,6),(3,4),(3,5),(3,6)\}\\
E_2 &:= \{(1,2),(1,4),(2,6),(2,5),(2,3),(3,6)\}\\
E_3 &:= \{(1,3),(1,4),(2,5),(3,4),(3,5),(3,6)\}\\
E_4 &:= \{(1,4),(1,3),(2,6),(5,6),(3,4),(3,5)\}.
\end{aligned}$$

Zeichnen Sie die Graphen und entscheiden Sie, welche Graphen isomorph sind (mit Begründung). Lösung siehe Lösung 9.21.

Wir wollen im Folgenden die Anzahl nicht isomorpher Graphen mit n Knoten abschätzen. Sei also $V = \{1, \dots, n\}$. Jede Teilmenge von $\binom{V}{2}$ definiert zunächst einmal einen Graphen. Wie Sie wissen, gibt es $2^{\binom{n}{2}}$ solche Graphen. Allerdings haben wir hierunter isomorphe Graphen. Z. B. gibt es drei isomorphe Graphen auf $\{1,2,3\}$ mit einer Kante. Isomorphe Graphen werden aber durch eine Permutation der Knoten ineinander überführt. Also haben wir von jedem Graphen höchstens $n!$ isomorphe Kopien gezählt. Einige Graphen (wie den Graphen ohne Kanten) haben wir zwar nur einmal gezählt, aber dennoch bewiesen: Es gibt mindestens

$$\frac{2^{\binom{n}{2}}}{n!}$$

paarweise nicht isomorphe Graphen mit n Knoten. Wir schätzen die Größenordnung dieser Zahl ab. Dafür genügt die grobe Schranke $n! \le n^n$. Diese impliziert

$$\begin{aligned}
\log_2\left(\frac{2^{\binom{n}{2}}}{n!}\right) = \binom{n}{2} - \log_2(n!) &\ge \frac{n(n-1)}{2} - \log_2(n^n)\\
&= \frac{n^2}{2} - \frac{n}{2} - n\log_2(n)\\
&= \frac{n^2}{2}\left(1 - \frac{1}{n} - \frac{2\log_2(n)}{n}\right).
\end{aligned}$$

Der letzte Ausdruck verhält sich für große n etwa wie $\frac{n^2}{2}$, insbesondere gibt es für jedes $\varepsilon > 0$ ein $n_0 \in \mathbb{N}$ mit:

$$\forall n \ge n_0 : \frac{n^2}{2}\left(1 - \frac{1}{n} - \frac{2\log_2(n)}{n}\right) \ge (1-\varepsilon)\frac{n^2}{2}.$$

Die Anzahl paarweise nicht isomorpher Graphen ist somit in unserer Terminologie $\Omega(2^{\frac{n^2}{2}(1-\varepsilon)})$ für jedes $\varepsilon > 0$. Damit haben wir für wachsendes n deutlich mehr Graphen mit n Knoten als Teilmengen einer n-elementigen Menge.

In unseren Graphen gibt es zwischen zwei Knoten stets höchstens eine Kante und jede Kante hat genau zwei Endknoten. Manchmal kann es notwendig und sinnvoll sein, mehrere Kanten zwischen den gleichen Endknoten zuzulassen. Wir nennen solche Kanten *parallel*. Auch *Schleifen*, das sind Kanten, bei denen die Endknoten übereinstimmen, können auftreten. Graphen, bei denen parallele Kanten und Schleifen erlaubt sind, heißen *Multigraphen*.

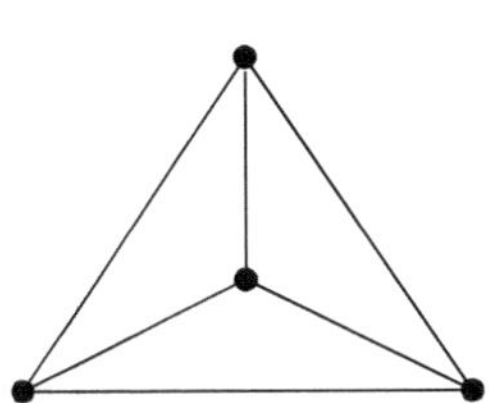
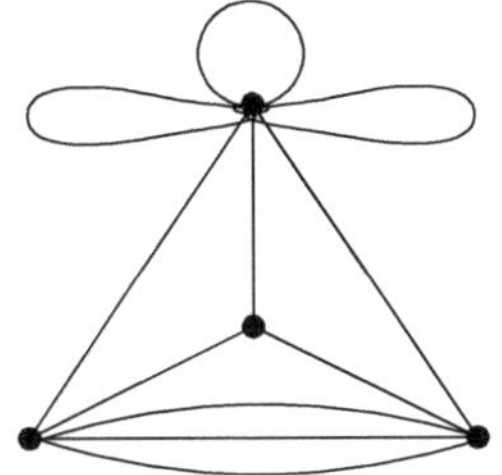

Abb. 3.2 Ein Graph und ein Multigraph mit 3 parallelen Kanten und Schleifen

Bemerkung 3.16. In manchen Lehrbüchern sind Schleifen und Parallelen schon bei Graphen erlaubt. Das hat einige Vorteile. Allerdings ist eine saubere Definition solcher Multigraphen etwas umständlich, wie das Folgende belegt.

Definition 3.6. Ein *Multigraph* $G = (V, E, ad)$ ist ein Tripel bestehend aus einer endlichen Menge V (von Knoten), einer endlichen Menge E (von Kanten) und einer Adjazenzfunktion $ad : E \rightarrow \binom{V}{2} \cup V$, die jeder Kante einen oder zwei Endknoten zuordnet. Haben $e, e' \in E$ die gleichen Endknoten, so heißen sie *parallel*. Eine Kante mit nur einem Endknoten heißt *Schleife*.

Beispiel 3.17. Als Multigraph müssten wir den Graphen G_1 aus Aufgabe 3.15 als Tripel (V, E, ad) kodieren mit $V = \{1,2,3,4,5,6\}, E = \{A,B,C,D,E,F\}$ und $ad(A) = \{1,4\}, ad(B) = \{1,6\}, ad(C) = \{2,6\}, ad(D) = \{3,4\}, ad(E) = \{3,5\}$ sowie $ad(F) = \{3,6\}$.

Aufgabe 3.18. Geben Sie einen Multigraphen an, der sich wie nebenstehend zeichnen lässt.

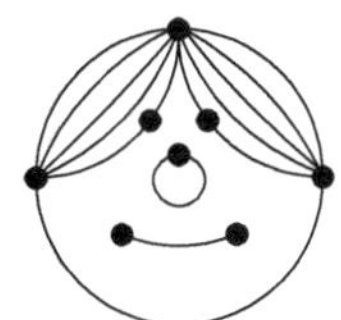

Lösung siehe Lösung 9.22.

3.3 Teilgraphen

Wir wollen zunächst eine Enthaltenseinbeziehung für Graphen definieren.

Definition 3.7. Seien $G = (V, E)$ und $H = (W, F)$ zwei Graphen. Dann heißt H ein *Teilgraph* von G, wenn $W \subseteq V$ und $F \subseteq E$. Darüber hinaus sagen wir H ist ein *induzierter Teilgraph*, wenn $F = E \cap \binom{W}{2}$.

Ein induzierter Teilgraph besteht also aus einer Teilmenge der Knoten und allen Kanten, die im Ausgangsgraphen zwischen diesen Knoten existieren.

Beispiel 3.19. Der P_4 ist (nicht induzierter) Teilgraph des C_4 und ein induzierter Teilgraph des C_5. In der nebenstehenden Graphik induzieren im C_5 die schwarzen Knoten den P_4.

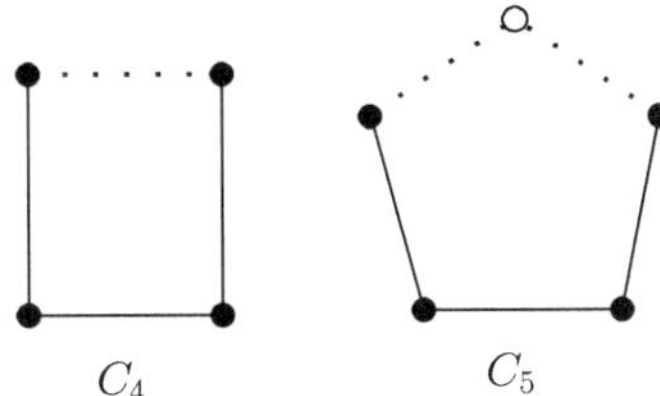

Ein Teilgraph, der isomorph zu einem Weg P_t ist, heißt *Weg* oder *Pfad* im Graphen. Einen Weg kann man als alternierende Sequenz von paarweise verschiedenen Knoten und Kanten

$$(v_0, e_1, v_1, e_2, \ldots, e_k, v_k)$$

mit $e_i = (v_{i-1}, v_i)$ darstellen. Oft notieren wir Wege auch nur als Knotensequenz $(v_0, v_1, \ldots, v_k)$ oder Kantensequenz $(e_1, e_2, \ldots, e_k)$. Wir nennen einen solchen Weg auch *einen* v_0*-*v_k*-Weg der Länge* k.

Analog nennen wir einen Teilgraphen, der isomorph zu einem Kreis ist, einen Kreis in G. Auch Kreise kann man als Knoten-Kantenfolge oder auch als Knotenfolge bzw. Kantenfolge notieren. Diese müssen jeweils (bis auf Anfangs- und Endknoten) paarweise verschieden sein. Die Anzahl der Kanten oder Knoten eines Kreises heißt die *Länge* des Kreises.

3.4 Zusammenhang

Definition 3.8. Ein Graph $G = (V, E)$ heißt *zusammenhängend*, wenn es zu je zwei Knoten u, v einen u-v-Weg gibt. Ein mengentheoretisch maximaler zusammenhängender Teilgraph eines Graphen heißt *Komponente* oder *Zusammenhangskomponente*.

Beispiel 3.20. Den Zusammenhang sieht man der Zeichnung nicht immer sofort an. Der Davidsstern in Abbildung 3.3 ist unzusammenhängend und hat zwei Komponenten.

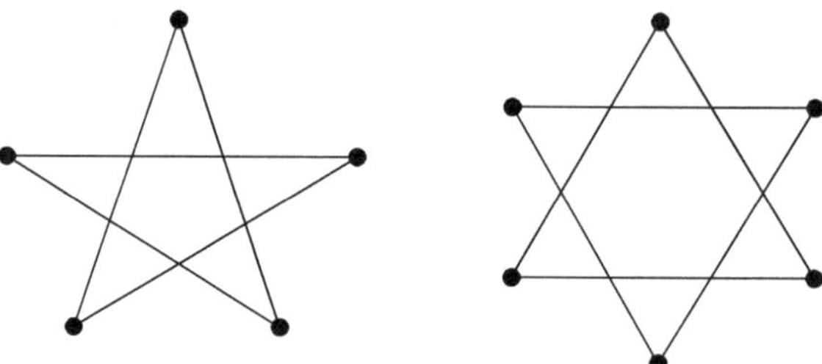

Abb. 3.3 Das Pentagramm ist zusammenhängend, der Davidsstern nicht.

Der Nachteil bei der Definition des Zusammenhangs über Wege ist, dass wir stets darauf achten müssen, dass diese Wege keine Wiederholungen von Knoten oder Kanten haben.

Definition 3.9. Eine alternierende Folge von Knoten und Kanten
$(v_0, e_1, v_1, e_2, \ldots, e_k, v_k = v_t)$ mit $e_i = (v_{i-1}, v_i)$ heißt *Spaziergang der Länge* k von v_0 nach v_t.

Proposition 3.3. *Sei* $G = (V, E)$ *ein Graph und* $v_0, v_t \in V$. *Es gibt genau dann einen* v_0*-*v_t*-Weg, wenn es einen Spaziergang von* v_0 *nach* v_t *gibt.*

Beweis. Jeder Weg ist auch ein Spaziergang. Gibt es nun einen Spaziergang
$(v_0, e_1, v_1, e_2, \ldots, e_k, v_t)$ von v_0 nach v_t, so gibt es auch einen darunter, der die kürzeste Länge hat. Dieser muss ein Weg sein. Denn angenommen $v_i = v_j$ mit $i < j$, so wäre $(v_0, e_1, v_1, \ldots, e_i, v_i, e_{j+1}, v_{j+1}, \ldots, e_k, v_t)$ ein kürzerer Spaziergang von v_0 nach v_t im Widerspruch zur Annahme. □

Auf Grund dieser Tatsache identifizieren wir die Knoten der Komponenten als Äquivalenzklassen der Äquivalenzrelation (!)

$$aRb \Leftrightarrow \text{ es gibt einen Spaziergang von } a \text{ nach } b.$$

Aufgabe 3.21. Zeigen Sie, dass die soeben angegebene Relation eine Äquivalenzrelation ist. Lösung siehe Lösung 9.23.

Die Zusammenhangskomponenten bestimmt man algorithmisch mit Suchverfahren, z. B. mit Breitensuche oder Tiefensuche, die wir später kennenlernen werden.

In einem zusammenhängenden Graphen können wir endliche Distanzen definieren.

Definition 3.10. Sei $G=(V,E)$ ein zusammenhängender Graph und $u,v \in V$. Die Länge eines kürzesten u-v-Weges nennen wir den *Abstand* $\mathrm{dist}_G(u,v)$ von u und v in G.

Die *Abstandsfunktion* oder *Metrik* ist also eine Abbildung $\mathrm{dist}_G : V \times V \to \mathbb{N}$.

Proposition 3.4. *Die Metrik eines Graphen erfüllt*

Nichtnegativität und Definitheit: $\mathrm{dist}_G(u,v) \geq 0$ *und* $\mathrm{dist}_G(u,v) = 0 \Leftrightarrow u = v$.
Symmetrie: *Für alle* $u,v \in V : \mathrm{dist}_G(u,v) = \mathrm{dist}_G(v,u)$.
Dreiecksungleichung: *Für alle* $u,v,w \in V : \mathrm{dist}_G(u,w) \leq \mathrm{dist}_G(u,v) + \mathrm{dist}_G(v,w)$.

Beweis. Die ersten beiden Eigenschaften sind offensichtlich erfüllt. Im dritten Fall erhält man durch Verkettung eines kürzesten u-v-Weges mit einem kürzesten v-w-Weg einen Spaziergang von u nach w der Länge $\mathrm{dist}_G(u,v) + \mathrm{dist}_G(v,w)$. Ein kürzester Weg von u nach w kann sicherlich nicht länger sein. □

Bemerkung 3.22. Die Eigenschaften in Proposition 3.4 bilden in der Topologie die Axiome einer Metrik. Diese Axiome sind z. B. auch von der euklidischen Abstandsfunktion im anschaulichen Raum erfüllt.

3.5 Kodierung von Graphen

Graphen spielen in der Datenverarbeitung eine große Rolle. Üblicherweise werden sie als Adjazenzlisten abgespeichert. Darauf werden wir im nächsten Abschnitt etwas näher eingehen. Die folgenden Darstellungen mit *Matrizen* sind eher bei strukturellen Untersuchungen sinnvoll.

Definition 3.11. Sei $G=(V,E)$ ein Graph mit Knotenmenge $V=\{v_1,\ldots,v_n\}$ und Kantenmenge $E=\{e_1,\ldots,e_m\}$. Die *Adjazenzmatrix* $A_G=(a_{ij})$ ist dann eine $n \times n$-Matrix definiert vermöge

$$a_{ij} = \begin{cases} 1 & \text{wenn } (v_i,v_j) \in E, \\ 0 & \text{sonst.} \end{cases}$$

Die Knoten-Kanten *Inzidenzmatrix* B_G ist eine $n \times m$-Matrix $B_G=(b_{ij})$ definiert vermöge

$$b_{ij} = \begin{cases} 1 & \text{wenn } v_i \text{ Endknoten von } e_j \text{ ist,} \\ 0 & \text{sonst.} \end{cases}$$

Beispiel 3.23. Wir betrachten den Graphen aus Beispiel 3.11.

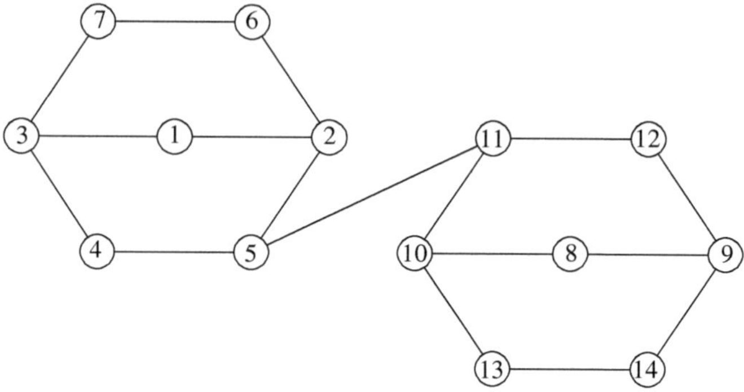

Dieser hat die Adjazenzmatrix

$$A_G = \begin{array}{c} \\ 1 \\ 2 \\ 3 \\ 4 \\ 5 \\ 6 \\ 7 \\ 8 \\ 9 \\ 10 \\ 11 \\ 12 \\ 13 \\ 14 \end{array} \begin{array}{c} \begin{array}{cccccccccccccc} 1 & 2 & 3 & 4 & 5 & 6 & 7 & 8 & 9 & 10 & 11 & 12 & 13 & 14 \end{array} \\ \begin{pmatrix} 0 & 1 & 1 & 0 & 0 & 0 & 0 & 0 & 0 & 0 & 0 & 0 & 0 & 0 \\ 1 & 0 & 0 & 0 & 1 & 1 & 0 & 0 & 0 & 0 & 0 & 0 & 0 & 0 \\ 1 & 0 & 0 & 1 & 0 & 0 & 1 & 0 & 0 & 0 & 0 & 0 & 0 & 0 \\ 0 & 0 & 1 & 0 & 1 & 0 & 0 & 0 & 0 & 0 & 0 & 0 & 0 & 0 \\ 0 & 1 & 0 & 1 & 0 & 0 & 0 & 0 & 0 & 0 & 1 & 0 & 0 & 0 \\ 0 & 1 & 0 & 0 & 0 & 0 & 1 & 0 & 0 & 0 & 0 & 0 & 0 & 0 \\ 0 & 0 & 1 & 0 & 0 & 1 & 0 & 0 & 0 & 0 & 0 & 0 & 0 & 0 \\ 0 & 0 & 0 & 0 & 0 & 0 & 0 & 0 & 1 & 1 & 0 & 0 & 0 & 0 \\ 0 & 0 & 0 & 0 & 0 & 0 & 0 & 1 & 0 & 0 & 0 & 1 & 0 & 1 \\ 0 & 0 & 0 & 0 & 0 & 0 & 0 & 1 & 0 & 0 & 1 & 0 & 1 & 0 \\ 0 & 0 & 0 & 0 & 1 & 0 & 0 & 0 & 0 & 1 & 0 & 1 & 0 & 0 \\ 0 & 0 & 0 & 0 & 0 & 0 & 0 & 0 & 1 & 0 & 1 & 0 & 0 & 0 \\ 0 & 0 & 0 & 0 & 0 & 0 & 0 & 0 & 0 & 1 & 0 & 0 & 0 & 1 \\ 0 & 0 & 0 & 0 & 0 & 0 & 0 & 0 & 1 & 0 & 0 & 0 & 1 & 0 \end{pmatrix} \end{array}$$

und die Knoten-Kanten-Inzidenzmatrix (wenn wir uns bei der Nummerierung der Kanten an der Reihenfolge in der Liste in Beispiel 3.11 halten)

$$
B_G = \begin{array}{c} \\ 1\\2\\3\\4\\5\\6\\7\\8\\9\\10\\11\\12\\13\\14 \end{array}
\begin{array}{c} \begin{array}{ccccccccccccccccc} 1&2&3&4&5&6&7&8&9&10&11&12&13&14&15&16&17 \end{array} \\
\begin{pmatrix}
1&1&0&0&0&0&0&0&0&0&0&0&0&0&0&0&0\\
1&0&1&0&0&0&0&1&0&0&0&0&0&0&0&0&0\\
0&1&0&0&1&1&0&0&0&0&0&0&0&0&0&0&0\\
0&0&0&0&0&1&1&0&0&0&0&0&0&0&0&0&0\\
0&0&0&0&0&0&1&1&1&0&0&0&0&0&0&0&0\\
0&0&1&1&0&0&0&0&0&0&0&0&0&0&0&0&0\\
0&0&0&1&1&0&0&0&0&0&0&0&0&0&0&0&0\\
0&0&0&0&0&0&0&0&0&0&0&0&0&0&0&1&1\\
0&0&0&0&0&0&0&0&0&0&1&1&0&0&0&1&0\\
0&0&0&0&0&0&0&0&0&0&0&0&0&1&1&0&1\\
0&0&0&0&0&0&0&0&1&1&0&0&0&0&1&0&0\\
0&0&0&0&0&0&0&0&0&1&1&0&0&0&0&0&0\\
0&0&0&0&0&0&0&0&0&0&0&0&1&1&0&0&0\\
0&0&0&0&0&0&0&0&0&0&0&1&1&0&0&0&0
\end{pmatrix} \end{array}.
$$

Man sieht schon an diesem Beispiel, dass die Matrizenschreibweisen von eher theoretischem Interesse sind, als dass sie eine sinnvolle Kodierung für die Datenverarbeitung wären. Insbesondere bei der Inzidenzmatrix würde man fast ausschließlich Nullen abspeichern.

Hier aber ein Beispiel für eine Anwendung:

Proposition 3.5. *Sei $G = (V,E)$ ein Graph mit Knotenmenge $V = \{v_1,\dots,v_n\}$ und sei $A = A_G$ seine Adjazenzmatrix. Für $k \in \mathbb{N}$ bezeichnen wir mit A^k die k-te Potenz der Adjazenzmatrix (bzgl. der Matrizenmultiplikation aus der linearen Algebra, d. h. die Einträge von $B = A^2$ sind $b_{ij} = \sum_{k=1}^{n} a_{ik}a_{kj}$). Bezeichne a_{ij}^k den Eintrag der Matrix A^k an der Stelle (i,j). Dann ist $a_{i,j}^k$ die Anzahl der Spaziergänge von v_i nach v_j der Länge k.*

Beweis. Wir führen Induktion über $k \geq 1$. Für $k = 1$ ist die Aussage sicherlich richtig, denn zwischen zwei Knoten gibt es entweder einen Weg der Länge 1, nämlich wenn sie adjazent sind, oder es gibt keinen. Sei nun $k > 1$. Jeder Spaziergang von v_i nach v_j, der genau k Kanten benutzt, besteht aus einer Kante (v_i, v_l) und einem Spaziergang der Länge $k-1$ von v_l nach v_j. Nach Induktionsvoraussetzung ist die Anzahl solcher Spaziergänge aber a_{lj}^{k-1}. Somit erhalten wir für die Anzahl der Spaziergänge von v_i nach v_j, die genau k Kanten benutzen, den Ausdruck

$$\sum_{(v_i,v_l)\in E} a_{lj}^{k-1} = \sum_{i=1}^{n} a_{il}a_{lj}^{k-1} = a_{ij}^{k}.$$

□

Als direkte Folgerung erhalten wir

Korollar 3.24. *Der Abstand zweier Knoten v_i, v_j ist*

$$\operatorname{dist}_G(v_i,v_j) = \min\{k \in \mathbb{N} \mid a_{ij}^k \neq 0\}.$$

□

Wir haben in den letzten beiden Resultaten stets $k \geq 1$ vorausgesetzt. Für $k \in \mathbb{N}$ ist aber auch $k = 0$ zugelassen. Üblicherweise definiert man A^0 als Einheitsmatrix. Damit gilt das Resultat auch für $k = 0$, denn genau für $v_i = v_j$ gibt es einen v_i-v_j-Weg der Länge 0.

In Computeranwendungen wird man in der Regel, wie gesagt, Adjazenzlisten verwenden. Eine mögliche Kodierung ist eine (doppelt) verkettete Liste von Knoten. Jeder Knoten wiederum hat einen Zeiger auf den Anfang seiner Adjazenzliste, die eine (doppelt) verkettete Liste der Nachbarn ist.

Beispiel 3.25. Wir fahren mit unserem Beispielgraphen aus Beispiel 3.11 fort.

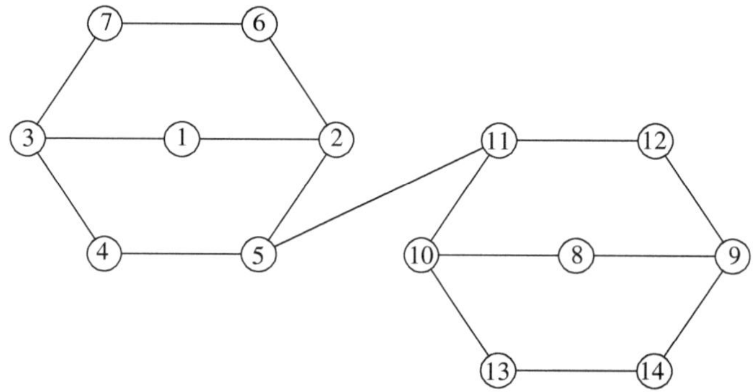

Zunächst haben wir die Knotenliste

$$(1, 2, 3, 4, 5, 6, 7, 8, 9, 10, 11, 12, 13, 14)$$

und für jeden Knoten eine Adjazenzliste wie in Tabelle 3.1.

Knoten	1	2	3	4	5	6	7	8	9	10	11	12	13	14
Adjazenz-	2	1	1	3	2	2	3	9	8	8	5	9	10	9
liste	3	5	4	5	4	7	6	10	12	11	10	11	14	13
		6	7		11				14	13	12			

Tabelle 3.1 Eine Adjazenzliste

Dadurch ist sichergestellt, dass man an einem Knoten in konstanter Zeit eine nächste Kante erhält. Beachte: Ein Knoten sieht nur den Anfang seiner Adjazenzliste.

Bemerkung 3.26. Wenn man Graphen kodieren will, bei denen Kanten und/oder Knoten noch zusätzliche Daten tragen, wie etwa Gewichte, Kapazitäten oder Farben, so ersetzt man in der Adjazenzliste die Nachbarn jeweils durch Zeiger auf Datenpakete, die die relevanten Informationen tragen. Zum Beispiel würde zu dem Datenpaket einer Kante je ein Zeiger auf Vorgänger und Nachfolger in der Adjazenzliste, ein Zeiger auf den anderen Endknoten der Kante sowie Daten zu den Zusatzinformationen gehören.

Hat eine Kante keinen Vorgänger bzw. Nachfolger, so setzen wir die zugehörigen Zeiger auf `None`, damit wir wissen, dass hier die Liste beginnt bzw. endet.

An dieser Stelle wollen wir nun auch noch endlich aufklären, was wir im mathematisch exakten Sinne meinen, wenn wir von einem effizienten Algorithmus sprechen.

3.6 Effiziente Algorithmen

Sie haben im Verlauf dieser Vorlesung bereits Algorithmen kennengelernt, ohne dass wir explizit gesagt haben, was wir unter einem Algorithmus verstehen. Wir werden auch weiterhin von einem intuitiven Algorithmenbegriff ausgehen, halten aber an dieser Stelle fest:

Ein „Algorithmus für ein Problem" ist eine Folge von wohldefinierten Regeln bzw. Befehlen, die in einer endlichen Anzahl von Elementarschritten aus jeder spezifischen Eingabe eine spezifische Ausgabe erzeugt. Wir forden also:

a) Ein Algorithmus muss sich in einem Text endlicher Länge beschreiben lassen.
b) Die Abfolge der Schritte ist in jeder Berechnung eindeutig.
c) Jeder Elementarschritt lässt sich mechanisch und effizient ausführen.
d) Der Algorithmus stoppt bei jeder Eingabe nach endlich vielen Schritten.

Ein wichtiges Qualitätskriterium eines Algorithmus ist die jeweilige Anzahl der bis zur Terminierung des Algorithmus auszuführenden Elementarschritte. Was ein Elementarschritt ist, hängt vom jeweiligen Maschinenmodell ab, wir können hier nicht auf Details eingehen. Es soll genügen, wenn Sie sich unter einem Elementarschritt etwa einen Maschinenbefehl vorstellen. Die Anzahl der ausgeführten Elementarschritte wird dann als Laufzeit des Algorithmus bezeichnet. Werden die Instanzen größer, so wird man dem Algorithmus auch eine längere Laufzeit zugestehen. Deswegen betrachten wir die Laufzeit eines Algorithmus in Abhängigkeit der *Kodierungslänge* der Eingabedaten. Dabei gehen wir davon aus, dass die Daten in einem sinnvollen Format gespeichert sind. Im Falle einer ganzen Zahl z wählt man als Kodierungslänge üblicherweise $1 + \log_2 |z|$. Damit kann man das Vorzeichen und den Betrag in der Binärdarstellung von z speichern. Bei Graphen nimmt man als Kodierungslänge üblicherweise die Anzahl der Knoten und Kanten.

Ist M ein Algorithmus und w die Eingabe, so bezeichnen wir mit $time_M(w)$ die Zahl der Elementarschritte, die M bei Eingabe von w bis zur Terminierung benötigt.

Bezeichnet $\langle w \rangle$ die Kodierungslänge von w, so nennen wir

$$t_M(n) = \max\{time_M(w) \mid \langle w \rangle = n\}$$

die *Komplexität* oder auch *Worst-Case-Komplexität* des Algorithmus.

Den genauen Funktionswert $t_M(n)$ für jedes n zu bestimmen, wird in den seltensten Fällen möglich sein. Die exakten Zahlen sind auch nicht so wesentlich. Interessanter ist das *asymptotische Verhalten*. Dafür haben wir in Kapitel 2.4 die „Big-Oh"-Notation kennengelernt.

Ist nun $t_M = O(n)$, so spricht man von Linearzeit, wobei wir mit n die Folge der natürlichen Zahlen selber bezeichnen. Ist $t_M(n) = O(n^k)$ für ein $k \in \mathbb{N}$, so ist die Laufzeit durch ein Polynom in der Kodierungslänge beschränkt. Man spricht von *Polynomialzeit*, und der Algorithmus heißt *effizient*.

In der Komplexitätstheorie werden algorithmische Probleme hinsichtlich ihrer Zeitkomplexität klassifiziert. Dabei werden sogenannte Komplexitätsklassen eingeführt.

P ist die Klasse der auf deterministischen Turingmaschinen mit Eingabelänge n in Polynomialzeit $O(n^k)$ lösbaren Probleme. Dabei ist $k \in \mathbb{N}$ problemabhängiger Exponent und deterministische Maschinen sind solche, die aus einer gegebenen Situation durch Ausführung eines Maschinenbefehls stets in höchstens eine Nachfolgesituation übergehen können.

Im Gegensatz dazu nennt man Maschinen, bei denen es mehr als eine mögliche Nachfolgesituation geben kann, nichtdeterministische Maschinen. Dies ist ein theoretisch nützliches Konzept zur Beschreibung solcher Probleme, die zu ihrer Lösung einen vollständigen Binärbaum von polynomialer Tiefe zu fordern scheinen. Für reale Maschinen ist Determinismus selbstverständlich wünschenswert. **NP** ist die Klasse der auf nichtdeterministischen Turingmaschinen mit Eingabelänge n in Polynomialzeit $O(n^k)$ lösbaren Probleme. Wir wollen hier nicht näher darauf eingehen, was in diesem Falle Lösbarkeit genau heißt. Im Wesentlichen handelt es sich aber bei **NP** um die Klasse aller Probleme, bei denen man eine gegebene Lösung effizient verifizieren kann. Ein klassisches Beispiel ist das Problem des Handlungsreisenden. Dabei ist eine Rundtour nach oben beschränkter Länge durch eine Menge von n Städten gesucht. Ist eine solche Rundtour gegeben, so kann man deren Länge durch Addition von n Zahlen (also in Linearzeit) nachrechnen.

Es sei hier noch erwähnt, dass offenbar $\mathbf{P} \subseteq \mathbf{NP}$ gilt. Die echte Inklusion ist ein offenes Problem – das sogenannte **P**-**NP**-Problem (ein zentrales Problem der Komplexitätstheorie). Allgemein wird angenommen, dass $\mathbf{P} \neq \mathbf{NP}$ ist. Man kann in **NP** eine Klasse „schwerster" Probleme identifizieren, die so genannten **NP**-*vollständigen* Probleme. Ist $\mathbf{P} \neq \mathbf{NP}$, so kann es für keines dieser Probleme einen Algorithmus mit polynomialer Laufzeit geben. Das Problem des Handlungsreisenden ist ein prominenter Vertreter dieser Klasse.

3.7 Breitensuche

Wir wollen am Beispiel der Breitensuche (BFS, von engl. Breadth-First-Search) nun studieren, wie man die Listenstruktur aus 3.5 in einem Algorithmus verwendet.

Als Eingangsdaten bekommen wir einen Graphen $G = (V, E)$ und einen Startknoten `r` $\in V$. Aufgabenstellung ist es zu testen, ob alle Knoten von `r` aus erreichbar sind. Mit anderen Worten: Wir wollen die Zusammenhangskomponente bestimmen, zu der `r` gehört. Zunächst betrachten wir dazu alle Nachbarn von `v=r` in `Neighborhood(v)`, dann die Nachbarn der Nachbarn, die Nachbarn der Nachbarn der Nachbarn, usw. Damit wir dabei aber keine Endlosschleife produzieren, sollten wir keine Knoten doppelt untersuchen. Ein bearbeiteter Knoten sollte dafür markiert werden. Dafür merken wir uns für jeden neu entdeckten Knoten `w` den Vorgängerknoten `pred[w]`, von dem aus wir `w` entdeckt haben. In einem Initialisierungsschritt setzen wir vor dem Algorithmus alle Vorgänger auf `None`. Also ist ein Knoten `w` genau dann noch unentdeckt, wenn `pred[w]==None`. Beachte, einfaches Gleichheitszeichen heißt Zuweisung, doppeltes Gleichheitszeichen heißt Vergleich.

Zur Organisation der Arbeit an den Knoten stellen wir diese in eine Warteschlange `Q`. Als nächster bedient wird, wer als `Q.Top()` vorne in der Schlange steht, wobei diese Methode das erste Element aus der Schlange entfernt, und neu zu bearbeitende Knoten werden mit `Q.Append()` hinten angestellt.

Also iterieren wir nun wie folgt:

- Wir gehen davon aus, dass `pred` komplett mit `None` initialisiert ist. Der Wurzelknoten `r` wird keinen Vorgänger erhalten. Um ihn zu markieren, müssen wir aber `pred` setzen. Deswegen setzen wir `pred[r]=r` und initialisieren eine neue Komponente mit `component[r]=r`, d. h. die Komponente erbt ihren Namen vom Wurzelknoten. Wir beenden die Initialisierung damit, dass wir den Wurzelknoten mit `Q.Append(r)` in die bisher leere Warteschlange einstellen.

- Solange die Warteschlange nicht leer ist, nehmen wir den Kopf `v=Q.Top()` der Schlange und markieren seine Nachbarn `w in Neighborhood(v)`, die weder abgearbeitet sind noch in der Schlange stehen, bei denen also noch `pred[w]==None` gilt, als zur gleichen Komponente `component[v]` wie `v` gehörend und stellen diese Nachbarn ans Ende der Schlange mit `Q.Append(w)`.

Wir erhalten folgenden Code

```
pred[r] = r
component[r] = r
Q.Append(r)
while Q.IsNotEmpty():
  v = Q.Top()
  for w in Neighborhood(v):
    if pred[w] == None:
      pred[w] = v
      component[w] = component[v]
      Q.Append(w)
```

Wenn wir nun alle Komponenten berechnen wollen, so müssen wir, wenn wir nicht mehr weiterkommen, noch überprüfen, ob es noch einen unbearbeiteten Knoten gibt. Dies machen wir am einfachsten, indem wir um die ganze Prozedur eine Schleife legen, die für jeden Knoten überprüft, ob er bereits angefasst wurde und andernfalls eine Suche mit diesem Knoten als Wurzel startet. Insgesamt erhalten wir also folgende Prozedur:

```
for v in Vertices:
  if pred[v] == None:
    pred[v] = v
    component[v] = v
    Q.Append(v)
  while Q.IsNotEmpty():
    v = Q.Top()
    for w in Neighborhood(v):
      if pred[w] == None:
        pred[w] = v
        component[w] = component[v]
        Q.Append(w)
```

Der durch diese Vorgängerrelation definierte Graph ist ein *Wald*. Wir werden im nächsten Kapitel lernen, was das heißt. Dann werden wir auch nachweisen, dass der Algorithmus tatsächlich die Zusammenhangskomponenten berechnet. Die einzelnen Komponenten des so berechneten Waldes heißen *Breitensuchbaum* oder *BFS-tree*.

Wir wollen nun den Rechenaufwand zur Bestimmung der Komponenten abschätzen. Dafür halten wir zunächst fest:

- Aufgrund der gewählten Datenstrukturen können wir jede einzelne Zeile des Algorithmus in konstanter Zeit bearbeiten. Das heißt, wir müssen nicht erst lange Listen durchsuchen oder so etwas, sondern finden direkt den Anfang oder das Ende der Schlange, sowie den nächsten Nachbarn in unserer Liste.

- Die äußere for-Schleife betreten wir $|V|$-mal, müssen bis zu $|V|$-mal die while-Schleife ausführen und darin bis zu $|V|$-mal Nachbarn abarbeiten.

Fassen wir dies zusammen, so kommen wir zu einer Abschätzung von $O(|V|^3)$ für die Laufzeit. Wie wir sehen werden, ist diese Abschätzung extrem schlecht und ungeschickt. Günstiger ist es, wenn wir zunächst einmal festhalten, dass

- der erste if-Block für jeden Knoten genau einmal ausgeführt wird.

Ein Knoten wird nämlich nur dann in die Schlange gestellt, wenn er noch keinen Vorgänger hatte. Hat er einmal einen Vorgänger, so verliert er ihn auch nicht mehr. Also kommt jeder Knoten genau einmal in die Schlange. Somit wird für jeden Knoten genau einer der beiden if-Blocks genau einmal ausgeführt.

Die Gesamtarbeit im Innern der if-Blocks ist also $O(|V|)$.

Die sonstige Arbeit in der while-Schleife können wir ermitteln, wenn wir zählen, wie oft die innere for-Schleife betreten wird. Da jeder Knoten genau einmal aus der Schlange genommen wird, werden in der for-Schleife genau alle Nachbarschaftsbeziehungen für jeden Knoten abgearbeitet. Jede Kante vermittelt genau zweimal, nämlich für beide Endknoten, eine solche Relation. Also wird der if-Block in der for-Schleife $O(|E|)$-mal abgearbeitet. Die über die Arbeit im Innern des if-Blocks hinausgehende Arbeit in der for-Schleife ist also $O(|E|)$ und wir erhalten als Gesamtlaufzeit:

Satz 3.27. *BFS berechnet die Komponenten eines Graphen in $O(|V|+|E|)$ Zeit.*

Wir haben zwar die Aussage über die Laufzeit bewiesen, aber, wie bereits oben erwähnt, die Aussage über die Komponenten noch nicht. Wir vertagen dieses Thema auf das nächste Kapitel, wenn wir aufspannende Bäume von Graphen behandeln.

Bemerkung 3.28. In den Listenstrukturen kann man auch Multigraphen kodieren, was bei Adjazenzmatrizen nur bedingt möglich ist.

3.8 Tiefensuche

Anstatt in die Breite zu suchen, können wir auch in die Tiefe suchen. Dieses wollen wir hier kurz, aber nur für den Fall eines zusammenhängenden Graphen, diskutieren. Eingangsdaten und Aufgabenstellung sind identisch wie bei der Breitensuche. Darüber hinaus berechnen wir hier auch noch eine Knotennummerierung, die angibt, in welcher Reihenfolge die Knoten entdeckt wurden. Dafür versehen wir einen Knoten, sobald wir ihn finden, mit einen `label`.

In der Breitensuche betrachten wir an einem Knoten zunächst alle Nachbarn, bevor wir die Nachbarn der Nachbarn untersuchen. In der Tiefensuche (DFS, von engl. Depth-First-Search) gehen wir, sobald wir einen Nachbarn gefunden haben, gleich zu dessen Nachbarn weiter.

Dies lässt sich natürlich nur einrichten, wenn der aktuelle Knoten noch einen Nachbarn hat, der noch nicht entdeckt worden ist. Andernfalls müssen wir eventuell einen Schritt zurück gehen. Wenn wir den ganzen Vorgang *rekursiv* organisieren, geht das fast von selbst:

An jedem gefundenen Knoten `v` setzen wir zunächst ein `label`. Die nächste freie Nummer für ein `label` merken wir uns in der *globalen Variablen* `step`. Im Folgenden untersuchen wir alle Nachbarn `w in Neighborhood(v)`, ob sie bereits ein `label` tragen. Ist beim Knoten `w` noch kein `label` gesetzt, so setzen wir seinen Vorgänger und starten ausgehend von diesem Knoten (rekursiv) eine Tiefensuche, die aber die gesetzten Labels berücksichtigt. Dadurch wird die Untersuchung der Nachbarn von `v` unterbrochen, bis die Tiefensuche ausgehend von `w` abgeschlossen ist. Wir definieren also eine Prozedur `DFS(v)`, die wir rekursiv aufrufen (DFS wie Depth-First-Search).

Damit erhalten wir folgenden Code:

```
def DFS(v):
    global step
    label[v] = step
    step = step + 1
    for w in Neighborhood(v):
        if label[w]==None:
            pred[w]=v
            DFS(w)
    return
step=1
DFS(r)
```

Wiederum machen wir uns um die Korrektheit noch keine Gedanken, analysieren aber die Laufzeit. Zunächst halten wir fest, dass die Prozedur rekursiv an jedem Knoten genau einmal aufgerufen wird. Die for-Schleife wird für jede Kante genau zweimal betreten, also der if-Block für jede Kante höchstens zweimal ausgeführt. Die Gesamtarbeit ist also $O(|E|+|V|)$.

Satz 3.29. *Die Prozedur DFS terminiert in $O(|V|+|E|)$ Zeit.*

Beispiel 3.30. Der Einfachheit halber betrachten wir als Graphen $G=(V,E)$ einen Baum und geben nur die unterschiedliche Reihenfolge an, in der die Knoten entdeckt werden. Unsere Wurzel ist

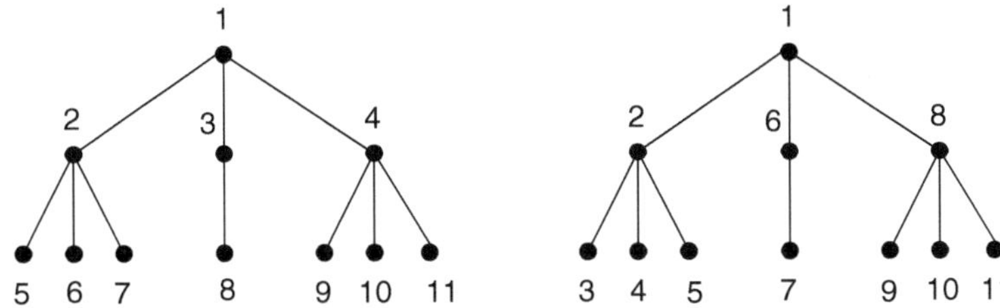

Abb. 3.4 Ein Breiten- und ein Tiefensuchbaum

jeweils der obere Knoten mit der Nummer 1. Wir gehen davon aus, dass in den Adjazenzlisten jeweils zunächst der höhere Nachbar und dann die darunter liegenden Nachbarn von links nach rechts auftreten. Die Nummerierung beim Breitensuchbaum ist hoffentlich selbsterklärend.

Bei dem Folgenden benutzen wir für die Erläuterung die Nummerierung links, also so wie sie in der Breitensuche gefunden wurde.

Bei der Tiefensuche finden wir zunächst ausgehend vom Knoten 1 die 2, von der aus wir eine Tiefensuche starten. Von 2 ausgehend finden wir zunächst die 1, aber diese hat bereits einen Vorgänger, als nächstes finden wir die 5, von der aus wir eine Tiefensuche starten. Der einzige Nachbar der 5 ist die 2 und wir beenden die Tiefensuche in der 5. Zurück in der Tiefensuche der 2 finden wir die 6, deren Tiefensuche wir wieder schnell beenden, ebenso wie die, die wir nun in der 7 anwerfen. Damit ist die Tiefensuche in der 2 beendet, wir kehren zurück in die Tiefensuche in der 1 und finden als nächstes die 3 usf.

Aufgabe 3.31. Bestimmen Sie für den Petersengraph in Abbildung 3.5 den Breiten- und den Tiefensuchbaum. Gehen Sie dabei davon aus, dass die Adjazenzlisten aufsteigend sortiert sind.
Lösung siehe Lösung 9.24.

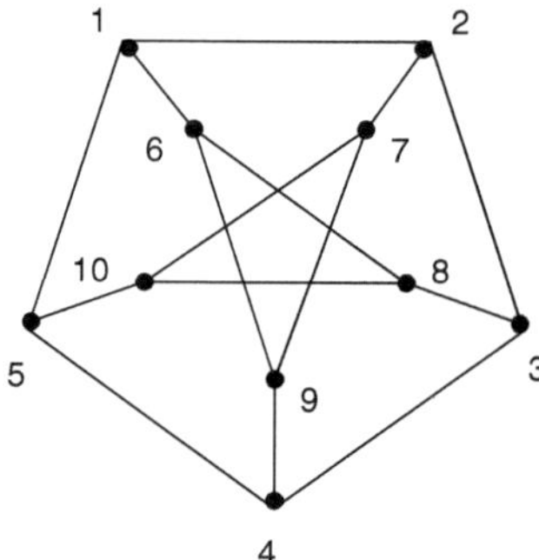

Abb. 3.5 Der Petersengraph

Aufgabe 3.32. Ein *Stack* oder auch *Keller* oder *Stapel* ist eine Liste, bei der man sowohl neue Elemente nur vorne anfügen darf als auch nur vorne Elemente entnehmen darf. Schreiben Sie eine nicht-rekursive Prozedur, die in Linearzeit denjenigen Suchbaum berechnet, den die Tiefensuche berechnen würde, wenn man an jedem Knoten die Reihenfolge in der Adjazenzliste invertieren (umkehren) würde. Die Prozedur ist derjenigen recht ähnlich, die Sie erhalten, wenn Sie in der Tiefensuche die Queue durch einen Stack ersetzen.
Lösung siehe Lösung 9.25.

Aufgabe 3.33. Sei $G=(V,E)$ ein Graph, $r \in V$ und T ein Tiefensuchbaum mit Wurzel r. Zeigen Sie: Ist $e=(u,v)$ mit `label[u]` $<$ `label[v]`, so ist `u` ein Vorfahr von `v`, d. h. es gibt `v`$= v_0, v_1, \ldots, v_k =$`u` mit `pred[`$v_i$`]`$=v_{i+1}$ für $i=0,\ldots,k-1$.
Lösung siehe Lösung 9.26.

3.9 Valenzsequenzen

Sei $G=(V,E)$ ein Graph (oder ein Multigraph) und $v \in V$. Der *Knotengrad* oder *die Valenz* $\deg_G(v)$ von v ist dann die Anzahl Kanten, deren Endknoten v ist (oder kurz $\deg(v)$, wenn klar ist, welcher Graph gemeint ist). In Multigraphen werden Schleifen dabei doppelt gezählt.

Ist $v_1, \ldots, v_n$ (irgend-)eine lineare Anordnung der Knoten, so nennen wir

$$(\deg(v_1), \deg(v_2), \ldots, \deg(v_n))$$

die *Gradsequenz* oder *Valenzsequenz* des Graphen. Wir sehen zwei Valenzsequenzen als gleich an, wenn sie durch Umordnen auseinander hervorgehen. Deswegen gehen wir im Folgenden davon aus, dass die Zahlen der Größe nach, und zwar nicht aufsteigend sortiert sind. Der Graph aus Beispiel 3.11 hat dann die Valenzsequenz

$$(3,3,3,3,3,3,2,2,2,2,2,2,2,2).$$

Kann man einem Zahlentupel ansehen, ob es eine Valenzsequenz eines Graphen ist? Zunächst einmal können wir Folgen wie $(3,3,3,2,2,2)$ ausschließen:

Proposition 3.6 (Handshake-Lemma). *In jedem Graphen $G = (V, E)$ ist die Summe der Knotengrade gerade, genauer gilt*

$$\sum_{v \in V} \deg(v) = 2|E|. \tag{3.1}$$

Die Formel und damit die obige Behauptung gilt auch in Multigraphen.

Beweis. Links wird jede Kante $e = (u, v)$ für jeden Endknoten genau einmal (bzw. für Schleifen zweimal) gezählt, also insgesamt doppelt gezählt, nämlich in $\deg(u)$ und in $\deg(v)$. □

Als direkte Konsequenz erhalten wir:

Korollar 3.34. *In jedem Graphen oder Multigraphen ist die Anzahl der Knoten mit ungeradem Knotengrad gerade.*

Beweis. Nach dem Handshake-Lemma ist $\sum_{v \in V} \deg(v) = 2|E|$. In der Summe muss also die Anzahl der ungeraden Summanden und damit die Anzahl der Knoten mit ungeradem Knotengrad gerade sein. □

Dies charakterisiert aber Gradfolgen von Graphen noch nicht, denn z. B. ist $(4,3,1,1,1)$ keine Gradfolge, da aus den ersten zwei Knoten noch mindestens jeweils 3 bzw. 2 Kanten in die anderen drei führen müssten, die aber keine Chance haben, anzukommen. Im Allgemeinen gilt der folgende Satz:

Satz 3.35 (Erdös und Gallai 1963). *Sei $d_1 \geq d_2 \geq \ldots \geq d_n \geq 0$ eine Folge natürlicher Zahlen. Dann ist $(d_1, \ldots, d_n)$ genau dann die Gradsequenz eines einfachen Graphen, wenn $\sum_{i=1}^{n} d_i$ gerade ist und*

$$\forall i = 1, \ldots, n : \sum_{j=1}^{i} d_j \leq i(i-1) + \sum_{j=i+1}^{n} \min\{i, d_j\}. \tag{3.2}$$

Beweis. Wir zeigen nur die Notwendigkeit der Bedingung. Die andere Implikation sprengt den Rahmen dieses Buches und kann in [21, Problem 7.51] nachgeschlagen werden. Dass die Valenzsumme gerade sein muss, sagt das Handshake Lemma. Ist G ein Graph mit der angegebenen Valenzsequenz und ist $I = \{1, \ldots, i\}$ die Menge der Knoten mit Knotengraden $d_1, \ldots, d_i$, dann kann jeder der i Knoten in I höchstens alle anderen $i - 1$ Knoten in I kennen. Also müssen noch mindestens $\sum_{j=1}^{i} d_j - i(i-1)$ Kanten von Knoten in I zu Knoten außerhalb von I führen. Jeder Knoten $v \in V \setminus I$ kann aber höchstens $\min\{i, \deg(v)\}$ Knoten in I kennen, da G ein Graph, also einfach ist. Also ist notwendige Bedingung dafür, dass $d_1 \geq \ldots \geq d_n$ eine Valenzsequenz ist, dass

$$\forall i \in \{1,\dots,n\}: \sum_{j=1}^{i} d_j - i(i-1) \le \sum_{j=i+1}^{n} \min\{i,d_j\}.$$

□

Im Falle von Multigraphen ist die Charakterisierung von Valenzsequenzen viel einfacher:

Aufgabe 3.36. Zeigen Sie: Ein Folge $d_1 \ge d_2 \ge \ldots \ge d_n \ge 0$ natürlicher Zahlen ist genau dann die Gradfolge eines Multigraphen, wenn $\sum_{i=1}^{n} d_i$ gerade ist.
Lösung siehe Lösung 9.27.

Die folgende rekursive Charakterisierung führt auf einen Algorithmus zum Erkennen von Valenzsequenzen und zur Konstruktion eines entsprechenden Graphen insofern es sich um eine Valenzsequenz handelt. Die Idee ist, dass, wenn es einen Graphen gibt, der die Valenzsequenz $d_1 \ge \ldots \ge d_n$ hat, es auch einen solchen gibt, bei dem der Knoten mit dem größten Knotengrad, also der Knoten v_1, genau die Knoten mit den nächstkleineren Knotengraden, also $v_2, v_3, \ldots, v_{d_1+1}$, kennt. Wenn wir dann den Knoten mit dem größten Knotengrad entfernen, erhalten wir einen Graphen mit Valenzsequenz (noch nicht notwendig monoton fallend) $d_2 - 1, d_3 - 1, \ldots d_{d_1+1} - 1, d_{d_1+2}, d_{d_1+3}, \ldots, d_n$.

Satz 3.37. *Sei $D = (d_1, d_2, \ldots, d_n)$ eine Folge natürlicher Zahlen, $n > 1$ und $d_1 \ge d_2 \ge \ldots, d_n \ge 0$. Dann ist D genau dann die Valenzsequenz eines einfachen Graphen, wenn $d_1 + 1 \le n$ ist und die Folge $D' = (d'_2, d'_3, \ldots, d'_n)$ definiert durch*

$$d'_i := \begin{cases} d_i - 1 & \text{für } i = 2, \ldots, d_1 + 1 \\ d_i & \text{für } i = d_1 + 2, \ldots, n \end{cases}$$

die Valenzsequenz eines einfachen Graphen ist.

Beweis. Ist D' die Valenzsequenz eines Graphen G', so fügen wir zu G' einen neuen Knoten hinzu, der genau die Knoten mit Valenz $d'_2, \ldots, d'_{d_1+1}$ kennt und erhalten so einen Graphen G mit Valenzsequenz D. Also ist die Bedingung schon mal hinreichend. Die Notwendigkeit ist geringfügig schwerer nachzuweisen. Wie eben bereits bemerkt, bedeutet die Aussage gerade

Behauptung: Wenn es einen Graphen mit der Sequenz D gibt, so gibt es auch einen solchen, bei dem der Knoten v mit der größten Valenz genau zu den $\deg(v)$ Knoten mit den nächsthöheren Valenzen adjazent ist.

Setzen wir also voraus, es gäbe einen Graphen mit Sequenz D. Unter diesen wählen wir nun einen solchen Graphen G mit Knotenmenge $\{v_1, \ldots, v_n\}$, bei dem stets $\deg(v_i) = d_i$ ist und der maximale Index j eines zu v_1 benachbarten Knotens minimal ist. Ist $j = d_1 + 1$, so können wir v_1 mit allen Kanten entfernen und erhalten einen Graphen mit Valenzsequenz D'. Angenommen es wäre $j > d_1 + 1$. Dann gibt es ein $1 < i < j$, so dass v_i den Knoten v_1 nicht kennt. Da $d_i \ge d_j$ ist und v_j v_1 kennt, v_i aber nicht, muss es auch einen Knoten v_k geben, den v_i kennt, aber v_j nicht (vgl. Abbildung 3.6). Wir entfernen nun aus G die Kanten $(v_1 v_j)$ und $(v_i v_k)$ und fügen die Kanten $(v_1 v_i)$ und $(v_j v_k)$ hinzu und erhalten einen einfachen Graphen $\tilde{G}$ mit Valenzsequenz D, bei dem der größte Index eines Knoten, der v_1 kennt, kleiner ist als bei G, im Widerspruch zur Wahl von G, denn wir hatten G so gewählt, dass der größte Index eines Nachbarn von v_1 möglichst klein ist. Also muss für G schon $j = d_1 + 1$ gegolten haben. □

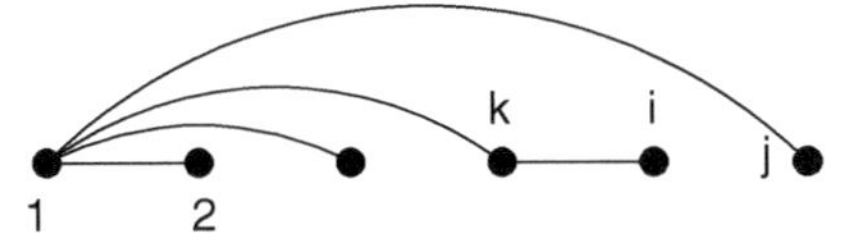

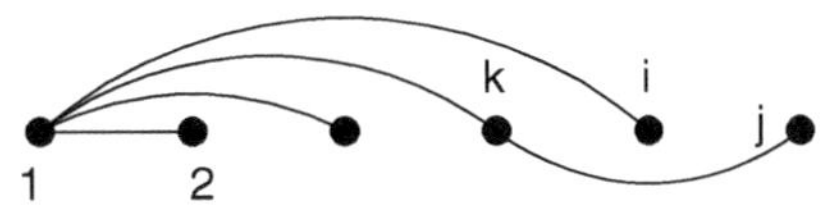

Abb. 3.6 Zum Beweis von Satz 3.37

Aus diesem Satz erhält man sofort ein Verfahren, das entscheidet, ob eine gegebene Sequenz die Valenzsequenz eines Graphen ist. Das Verfahren nennen wir Verfahren nach Havel und Hakimi.

Beispiel 3.38. Wir betrachten die Sequenz $D = (5,5,4,4,3,3,2,2,1,1)$. Durch Anwenden des Satzes erhalten wir die Sequenz $D' = (4,3,3,2,2,2,2,1,1)$. Ist D die Valenzsequenz eines einfachen Graphen, so muss dies auch für D' gelten. Im nächsten Schritt erhalten wir $(2,2,1,1,2,2,1,1)$. Diese Sequenz ist nun nicht mehr sortiert. Zur weiteren Anwendung des Satzes müssen wir sie sortieren. Dabei merken wir uns die ursprünglichen Knotennummern und erhalten zunächst

$$\begin{pmatrix} 3\,4\,7\,8\,5\,6\,9\,10 \\ 2\,2\,2\,2\,1\,1\,1\;\;1 \end{pmatrix}.$$

Direkte Anwendung des Satzes auf diese Sequenz liefert die wieder nicht geordnete Sequenz $\begin{pmatrix} 4\,7\,8\,5\,6\,9\,10 \\ 1\,1\,2\,1\,1\,1\;\;1 \end{pmatrix}$, die wir umsortieren zu $\begin{pmatrix} 8\,4\,7\,5\,6\,9\,10 \\ 2\,1\,1\,1\,1\,1\;\;1 \end{pmatrix}$. Hieraus erhalten wir $\begin{pmatrix} 4\,7\,5\,6\,9\,10 \\ 0\,0\,1\,1\,1\;\;1 \end{pmatrix}$. Letztere Folge können wir in wenigen Schritten auf (0), den K_1 reduzieren. Als Graphen konstruieren wir rückwärts

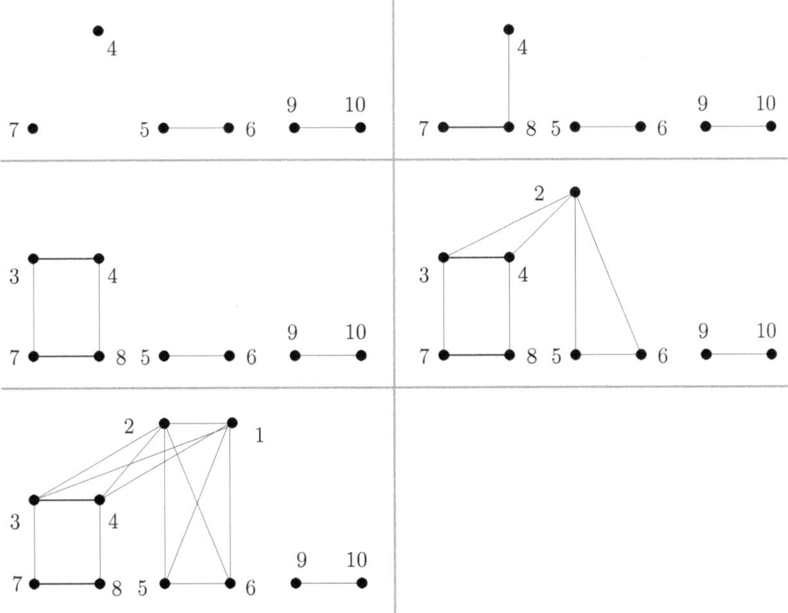

Wir geben hier noch ein kurzes Pythonprogramm an, das testet, ob ein gegebenes Array, etwa `d=[5,5,4,4,3,3,2,2,1,1]` eine Valenzsequenz ist. Bei der Implementierung benutzen wir die in Python eingebaute Sortiermethode, die mit `d.sort()` das Array `d` aufsteigend sortiert, im Beispiel wäre danach also `d=[1,1,2,2,3,3,4,4,5,5]`. Mit `last=d.pop()` entfernen wir das letzte Element aus der Liste, also in unserer Sequenz das erste Element, da unsere Sortierungsfunktion die Zahlen aufsteigend sortiert. Im Beweis war das in der ersten Iteration d_1. Mit dem Pythonbefehl `range(len(d)-1,len(d)-last-1,-1)` erzeugen wir in der ersten Iteration die Liste $[n-1, n-2, n-3, n-4, \ldots, n-d_1-1]$ und für alle diese Indizes dekrementieren (erniedrigen) wir den Listeneintrag. Tritt dabei irgendwann ein negativer Listeneintrag auf oder ist der größte Listeneintrag größer als die Anzahl der verbleibenen Einträge, so war d keine Valenzsequenz. Ansonsten wird die Liste auf die leere Liste reduziert.

```
print d,
valseq=1
while len(d) > 0:
  d.sort()
  last=d.pop()
  if last > len(d):
    valseq=0
    break
  for i in range(len(d)-1,len(d)-last-1,-1):
    if d[i]>0:
      d[i]=d[i]-1
    else:
      valseq=0
if valseq==1:
  print `` ist Valenzsequenz''
else:
  print `` ist keine Valenzsequenz''
```

Aufgabe 3.39. Geben Sie bei folgenden Sequenzen an, ob sie Valenzsequenzen einfacher Graphen sind, und bestimmen Sie gegebenenfalls einen entsprechenden Graphen.

a) $(10, 9, 8, 7, 6, 5, 4, 3, 2, 1, 1)$
b) $(10, 9, 8, 7, 6, 5, 4, 3, 3, 3, 2)$
c) $(10, 9, 8, 7, 6, 5, 4, 3, 3, 3, 3)$.

Lösung siehe Lösung 9.28.

3.10 Eulertouren

In diesem Abschnitt werden auch Schleifen und Parallelen eine Rolle spielen.

Definition 3.12. Sei $G = (V, E)$ ein Multigraph ohne isolierte Knoten, d. h. $G = K_1$ oder $\deg(v) > 0$ für alle $v \in V$ und $v_0 \in V$. Ein Spaziergang $v_0 e_1 v_1 e_2 \ldots e_m v_0$ von v_0 nach v_0 heißt *Eulertour,* wenn er jede Kante genau einmal benutzt. Der Graph G heißt *eulersch*, wenn er eine Eulertour ausgehend von einem (und damit von jedem) Knoten $v_0 \in V$ hat.

Die in der obigen Definition gegebene Graphenklasse ist nach dem großen Schweizer Mathematiker Leonhard Euler (1707 – 1783) benannt. Mit seiner berühmten Abhandlung „Solutio problematis ad geometriam situs pertinentis" über das Königsberger Brückenproblem aus dem Jahre 1735 wurde die Graphentheorie „geboren".

Abbildung 3.7 zeigt eine Landkarte von Königsberg wie es im 18ten Jahrhundert aussah. Im Fluss Pregel, der durch Königsberg floss, befinden sich zwei Inseln, die mit den beiden Flussufern und untereinander durch insgesamt sieben Brücken verbunden sind. Die erste Insel heißt Kneiphof, die zweite entstand durch Änderung des Flusslaufs, der Pregel teilt sich auf in alter und neuer Pregel. Die erwähnte Arbeit behandelt das damals in der Königsberger Gesellschaft wohl populäre Problem, ob jemand seinen Spazierweg so einrichten könne, dass er jede der Brücken genau einmal überschreitet und zum Ausgangspunkt zurückkehrt.

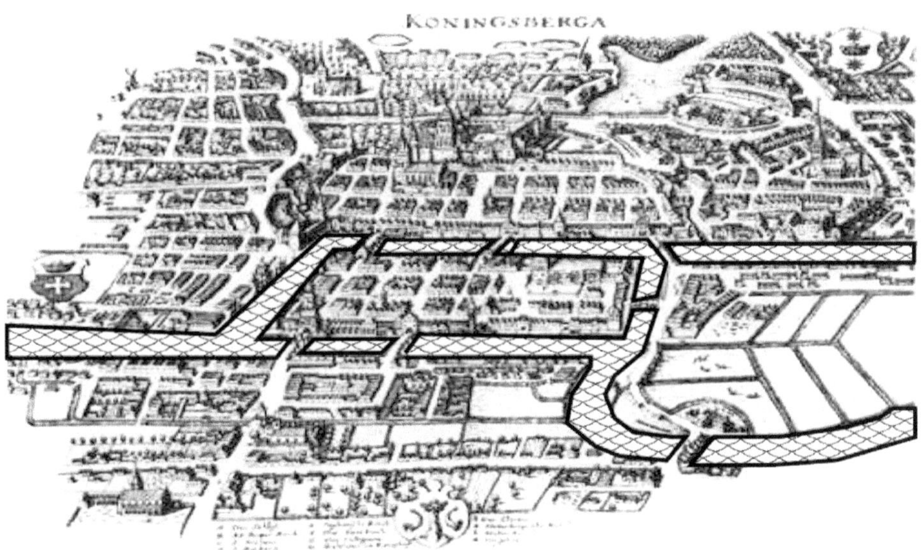

Abb. 3.7 Über sieben Brücken musst Du gehn

Dieses Problem lässt sich als ein graphentheoretisches Problem auffassen. Wir bezeichnen mit den Knoten A, B, C, D jeweils die vier getrennten Landgebiete, nämlich die zwei Inseln und die zwei Ufer. Jede Brücke zwischen zwei Gebieten wird durch eine Kante zwischen den entsprechenden Knoten repräsentiert und wir erhalten den Multigraphen in Abbildung 3.8.

Das Königsberger Brückenproblem lautet dann mit Definition 3.12:

Ist der Graph in Abbildung Abbildung 3.8 eulersch? Oder mit anderen Worten: Können Sie diesen Graph in einem Zug, ohne abzusetzen zeichnen, wobei Sie am Ende wieder am Ausgangspunkt ankommen?

Nach einigen vergeblichen Versuchen kommt Ihnen vielleicht die Idee, dass es nicht hilfreich ist, dass die Valenzen der Knoten alle ungerade sind.

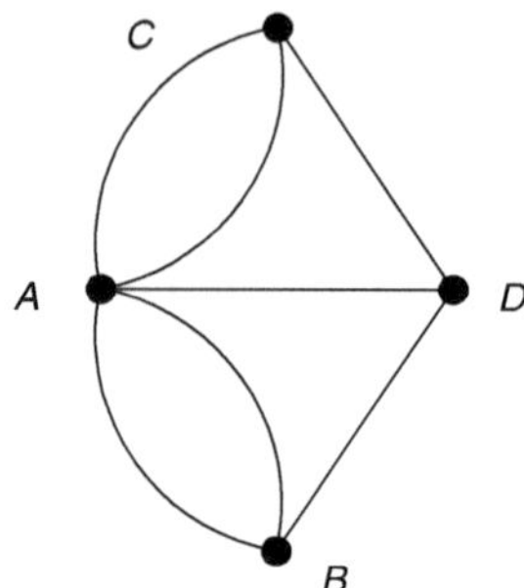

Abb. 3.8 Königsberg abstrakt

Tatsächlich lässt sich die Existenz einer Eulertour sehr einfach charakterisieren.

Satz 3.40. *Sei $G = (V,E)$ ein Multigraph. Dann sind paarweise äquivalent:*

a) G ist eulersch.

b) G ist zusammenhängend und alle Knoten haben geraden Knotengrad.

c) G ist zusammenhängend und E ist disjunkte Vereinigung von Kreisen.

Beweis.

$a) \Rightarrow b)$ Die erste Implikation ist offensichtlich, da eine Eulertour alle Kanten genau einmal benutzt und geschlossen ist, man also in jeden Knoten genauso oft ein- wie auslaufen muss. Also muss der Graph zusammenhängend sein, und alle Knoten müssen geraden Knotengrad haben.

$b) \Rightarrow c)$ Die zweite Implikation zeigen wir mittels vollständiger Induktion über die Kardinalität der Kantenmenge. Aus diesem und dem nächsten Induktionsbeweis werden wir im Anschluss einen Algorithmus extrahieren, der eine Eulertour konstruiert. Sei also G ein zusammenhängender Graph, bei dem alle Knoten einen geraden Knotengrad haben. Ist $|E| = 0$, so ist $G = K_1$ und die leere Menge ist die disjunkte Vereinigung von null Kreisen. Sei also $|E| > 0$. Wir starten bei einem beliebigen Knoten v_0 und wählen eine Kante $e = (v_0, v_1)$. Ist diese Kante eine Schleife, so haben wir schon einen Kreis C_1 gefunden. Andernfalls gibt es, da $\deg(v_1)$ gerade ist, eine Kante $\{v_1, v_2\} \neq e$. Wir fahren so fort. Da V endlich ist, muss sich irgenwann ein Knoten w zum ersten Mal wiederholen. Der Teil des Spaziergangs von w nach w ist dann geschlossen und wiederholt weder Kanten noch Knoten, bildet also einen Kreis C. Diesen entfernen wir. Jede Zusammenhangskomponente des resultierenden Graphen hat nur Knoten mit geradem Knotengrad, ist also nach Induktionsvoraussetzung disjunkte Vereinigung von Kreisen.

$c) \Rightarrow a)$ Sei schließlich G zusammenhängend und $E = C_1 \dot{\cup} \ldots \dot{\cup} C_k$ disjunkte Vereinigung von Kreisen. Wir gehen wieder mit Induktion, diesmal über k, vor. Ist $k = 0$, so ist nichts zu zeigen. Andernfalls ist jede Komponente von $G \setminus C_1$ eulersch nach Induktionsvoraussetzung. Seien die Knoten von $C_1 = (v_1, \ldots, v_l)$ durchnummeriert. Dann enthält jede Komponente von $G \setminus C_1$ auf Grund des Zusammenhangs von G einen Knoten von C_1 mit kleinstem Index und diese „Kontaktknoten“ sind paarweise verschieden. Wir durchlaufen nun C_1 und, wenn wir an einen solchen Kontaktknoten kommen, durchlaufen wir die Eulertour seiner Komponente, bevor wir auf C_1 fortfahren.

□

Offensichtlich kann man aus diesem Beweis einen Algorithmus ableiten, der sukzessiv Kreise sucht und diese zu einer Eulertour zusammensetzt. Wenn wir den Ehrgeiz haben, dies so zu implementieren, dass er in Linearzeit, also $O(|E|+|V|)$ terminiert, müssen wir die auftretenden Datenstrukturen und -operationen etwas detaillierter diskutieren. Das Vorgehen aus dem Beweis ändern wir wie folgt ab:

Tourkonstruktion Ausgehend vom Startknoten v_0 laufen wir immer weiter, solange wir unbenutzte Kanten finden. Die Reihenfolge, in der wir die Kanten besuchen, merken wir uns in einer Liste T. Wenn wir keine unbenutzte Kante mehr finden, sind wir wieder im Startknoten v_0 angekommen, da alle Knotengrade gerade sind.

Einfügen einer Tour Nun suchen wir in T den ersten Knoten v_1, an dem es noch eine unbenutzte Kante gibt, nennen das Teilstück davor T_1 und dahinter $\tilde{T}$, also $T = v_0 T_1 v_1 \tilde{T} v_0$. Ausgehend von v_1 verfahren wir wieder wie in Tourkonstruktion, finden eine Tour $\hat{T}$ aus unbenutzten Kanten und landen wieder in v_1. Unsere aktuelle Tour ist nun $T = v_0 T_1 v_1 \hat{T} v_1 \tilde{T} v_0$.

Suche des nächsten Knoten Wir fahren so fort, indem wir an der letzten Stelle, an der wir einen Knoten mit unbenutzten Kanten gefunden haben, einsteigen, also in der zuletzt geschilderten Situation ausgehend von v_1 in $\hat{T}$ nach einem weiteren Knoten v_2 mit unbenutzten Kanten suchen. Dies machen wir so lange, bis wir wieder bei v_0 ankommen und die ganze derzeit konstruierte Tour ein zweites Mal durchlaufen haben.

Bemerkung 3.41. Für eine Linearzeitimplementierung müssen wir zu jeder Zeit an jedem Knoten die nächste unbenutzte Kante bestimmen, bzw. benutzte Kanten aus dem Graphen löschen können. Deswegen sollte man sich von dem Eindruck, in Tabelle 3.1 könne es sich um Arrays handeln, nicht täuschen lassen. Oft muss man mitten aus den Listen Elemente aushängen oder mittendrin welche einfügen. Dies ist in konstanter Zeit möglich, wenn jedes Listenelement seinen Vorgänger bzw. seinen Nachfolger kennt. Man muss dann für Lösch- oder Einfügeoperationen „nur“ die Zeiger auf Vorgänger bzw. Nachfolger „umbiegen“.

Wollen wir etwa aus der Liste (a,b) die Liste (a,c,b) erzeugen, so setzen wir zunächst `Nachfolger[c]=Nachfolger[a]` und `Vorgaenger[c]=Vorgaenger[b]` und dann noch `Nachfolger[a]=c` sowie `Vorgaenger[b]=c`. Wie so oft liegt der Teufel im Detail, da man aufpassen muss, ob man sich nicht am Ende oder am Anfang der Liste befindet. Deswegen sparen wir uns diese Details der Implementierung des Algorithmus zur Bestimmung der Eulertour.

Für die Suche nach der nächsten unbenutzten Kante könnte man sich noch mit Arrays behelfen, wenn man sich zu jedem Knoten zusätzlich den Index der nächsten unbenutzten Kante im Array und jeweils die Anzahl der noch unbenutzten Kanten merkt. Allerdings können wir auf diese Weise die Kante am anderen Knoten nicht effizient löschen. Auch die Tour selber müssen wir als Liste vorhalten, da wir nicht im Vorhinein wissen, an welcher Stelle noch neue Teiltouren eingefügt werden.

Wir erhalten dann den Algorithmus in Abbildung 3.9, wenn wir davon ausgehen, dass der Knoten `v0` vorgegeben ist. `T[]` wird am Ende die Eulertour als Kantenliste enthalten, `HatT[]` wird jeweils die Teiltour werden, die wir eben mit $\hat{T}$ bezeichnet haben. `T.position` ist die Position, an der wir die nächste Teiltour in `T` einfügen müssen, dies erledigt die Methode `T.Insert(HatT,T.position)`. Die Methode `T.vertex(i)` liefert den gemeinsamen Endknoten der i-ten und der $i+1$-sten Kante von `T` bzw. `v0` falls $i=0$ und `FALSE` wenn $i=|T|$ ist.

```
done=FALSE
T=[]
T.position=0
vertex=v0
HatT=[]
e=vertex.NextEdge()
while not done:
  while e:
    HatT.Append(e)
    vertex=OtherEnd(e,vertex)
    e=vertex.NextEdge()
  T.Insert(HatT,T.position)
  HatT=[]
  vertex=T.vertex(T.position)
  while 1:
    e=vertex.NextEdge()
    if not e:
      T.position += 1
      vertex=T.vertex(T.position)
      if not vertex:
        done=TRUE
        break
    else:
      break
```

Abb. 3.9 Algorithmus Eulertour

Die Methode `vertex.NextEdge()` holt und löscht die nächste Kante an `vertex` und löscht diese auch aus der Kantenliste ihres anderen Endknotens. Wird keine Kante gefunden, so wird `e` auf `FALSE` gesetzt.

Schließlich bemerken wir noch, dass `T.position += 1` diese Variable um 1 erhöht und die Konstruktion mit `while 1:` und `break` nötig ist, da *Python* keine eigene Kontrollstruktur für eine fußgesteuerte Schleife hat.

Akzeptieren wir, dass wir mit den oben skizzierten Datenstrukturen

- die nächste unbenutze Kante an einem beliebigen vorgegebenen Knoten in konstanter Zeit bestimmen können und
- in konstanter Zeit eine Teiltour einhängen können,

so erhalten wir:

Satz 3.42. *In einem eulerschen Graphen kann man eine Eulertour in* $O(|V|+|E|)$ *bestimmen.*

Beweis. Jede Kante finden wir in konstanter Zeit, für die Tourkonstruktion benötigen wir also $O(|E|)$. Für die Suche nach dem nächsten Knoten fahren wir die Tour ein zweites Mal ab, wofür wir wiederum $O(|E|)$ benötigen. Eine Toureinfügeoperation machen wir an jedem Knoten höchstens einmal, da wir erst einfügen, wenn wir keine weiteren Kanten mehr finden. Diese Operation können wir jeweils in konstanter Zeit erledigen, der Aufwand dafür ist also insgesamt $O(|V|)$. □

Beispiel 3.43. Wir betrachten den K_7, den vollständigen Graphen mit 7 Knoten. Nach Satz 3.40 ist dieser eulersch. Wir gehen davon aus, dass in den Adjazenzlisten die Kanten nach aufsteigender Nummer des anderen Endknoten sortiert sind, also etwa die Adjazenzliste am Knoten 3 $\{(1,3),(2,3),(3,4),(3,5),(3,6),(3,7)\}$ ist. Als v_0 nehmen wir 1. Dann finden wir zunächst als Kanten

$$(1,2),(2,3),(3,1),(1,4),(4,2),(2,5),(5,1),(1,6),(6,2),(2,7),(7,1).$$

Am Knoten 1 liegt keine Kante mehr vor, auch nicht am Knoten 2. Also fahren wir fort mit

$$(3,4),(4,5),(5,3),(3,6),(6,4),(4,7),(7,3).$$

Nach dem Einfügen sieht unsere Tour nun so aus $(1,2),(2,3),(3,4),(4,5),(5,3),(3,6),(6,4),(4,7),(7,3),(3,1),(1,4),(4,2),(2,5),(5,1),(1,6),(6,2),(2,7),(7,1)$. Wir sind mit `T.position` noch an der Stelle 3. Weder an Knoten 3 noch an Knoten 4 liegen weitere Kanten vor, wir finden nur noch $(5,6),(6,7),(7,5)$ und erhalten als Eulertour

$$\begin{aligned}&(1,2),(2,3),(3,4),(4,5),(5,6),(6,7),(7,5),(5,3),(3,6),(6,4),(4,7),\\&(7,3),(3,1),(1,4),(4,2),(2,5),(5,1),(1,6),(6,2),(2,7),(7,1).\end{aligned}$$

Aufgabe 3.44. Sei $G=(V,E)$ der Graph, der aus K_6 entsteht, wenn man die Kanten $\{1,2\},\{3,4\}$ und $\{5,6\}$ entfernt. Bestimmen Sie eine Eulertour in G.
Lösung siehe Lösung 9.29.

3.11 Gerichtete Graphen und Eulertouren

Wir hatten Graphen als ungerichtete einfache Graphen eingeführt. In *gerichteten Graphen* ist die Adjazenzrelation nicht mehr notwendig symmetrisch. Dieses Phänomen taucht bei Einbahnstraßen in der Wirklichkeit auf. Auch unsere Ordnungsrelationen, bei denen wir mit den *Hasse*-Diagrammen Graphen schon motiviert hatten, sind asymmetrisch. Dies führt nun auf gerichtete Graphen oder *Digraphen.*

Definition 3.13. Sei V eine endliche Menge (von *Knoten*) und $A \subseteq (V \times V) \setminus \Delta$ eine Teilmenge der (geordneten) Tupel über V ohne die Diagonale Δ, d. h. ohne die Elemente der Form (v,v). Dann nennen wir das geordnete Paar (V,A) einen *gerichteten Graphen* oder einen *Digraphen* (genauer, einen einfachen, gerichteten Graphen). Die Kanten $(v,w) \in A$ nennen wir auch *Bögen* (*engl. arcs*) und v den *Anfang* (engl. *tail*) und w das *Ende* (engl. *head*).

Die Definitionen für Graphen lassen sich in der Regel auf Digraphen übertragen. Wir erhalten so gerichtete Pfade, Kreise oder Spaziergänge, auch sprechen wir von *Multidigraphen*, wenn gleichgerichtete Kanten mehrfach vorkommen dürfen oder Schleifen vorkommen. Ein gerichteter Spaziergang ist z. B. eine alternierende Folge aus Knoten und Bögen $(v_0,a_1,v_1,a_2,\dots,a_k,v_k)$ mit $a_i=(v_{i-1},v_i)$. Bei Knotengraden unterscheiden wir zwischen dem *Innengrad* $\deg^+_G(v)$, der Anzahl der einlaufenden Kanten, deren Ende v ist, und dem *Außengrad* $\deg^-_G(v)$ (oder kurz $\deg^+(v),\deg^-(v)$). Der zugrundeliegende Multigraph eines (Multi)-Digraphen ist der Multigraph, der entsteht, wenn man die Orientierung der Bögen vergisst. Ist der zugrundeliegende Multigraph ein Graph, so heisst der Digraph eine *Orientierung* des zugrundeliegenden Graphen. Ein Digraph heißt *zusammenhängend*, wenn der zu Grunde liegende ungerichtete Graph zusammenhängend ist.

Auch den Begriff der Eulertour übernehmen wir.

Definition 3.14. Sei $D = (V,A)$ ein (Multi)-Digraph ohne isolierte Knoten. Ein Spaziergang, der jeden Bogen genau einmal benutzt und in seinem Anfangsknoten endet, heißt *Eulertour*. Ein (Multi)-Digraph heißt *eulersch*, wenn er eine Eulertour hat.

Und wie im ungerichteten Fall zeigt man:

Satz 3.45. *Sei $D = (V,A)$ ein (Multi)-Digraph. Dann sind paarweise äquivalent:*

a) D ist eulersch.

b) D ist zusammenhängend und alle Knoten haben gleichen Innen- wie Außengrad.

c) D ist zusammenhängend und A ist disjunkte Vereinigung von gerichteten Kreisen.

Beweis. Übungsaufgabe analog zu Satz 3.40. □

Aufgabe 3.46. Beweisen Sie Satz 3.45.
Lösung siehe Lösung 9.30.

Beispiel 3.47 (Das Rotating Drum Problem nach Good 1946). In einer rotierenden Trommel wird die Position durch jeweils einen String aus k Nullen und Einsen bestimmt. Wieviele Stellungen kann man auf diese Art und Weise unterscheiden? Genauer: Wie lang kann ein binärer (aus Nullen und Einsen bestehender) zyklischer String sein, bei dem alle Teilstrings der Länge k paarweise verschieden sind?

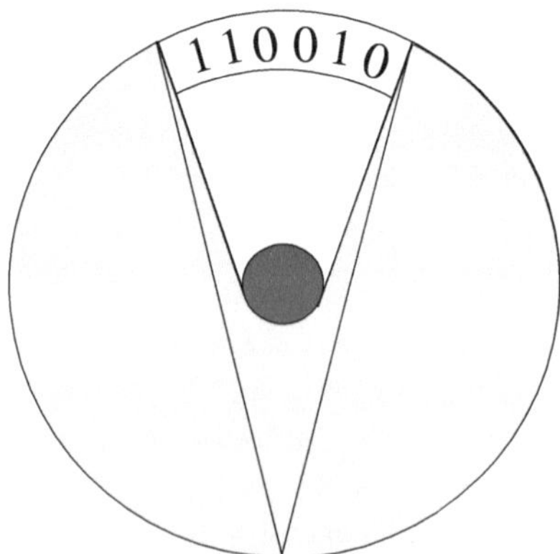

Wir betrachten den Digraphen, bei dem die Knoten alle 01-Strings der Länge $k-1$ sind, $V = \{0,1\}^{k-1}$. Wir haben einen Bogen a von dem Knoten $v = b_1b_2\dots b_{k-1}$ zum Knoten $w = a_1a_2\dots a_{k-1}$, wenn $b_i = a_{i-1}$ für $i = 2,\dots,k-1$, also w aus v durch Streichen des ersten Bits und Anhängen eines weiteren entsteht. Wir können a mit der Bitfolge $b_1b_2\dots b_{k-1}a_{k-1}$ identifizieren. Die Kantenmenge entspricht dann genau den binären Wörtern der Länge k. Dieser Multidigraph heißt *deBruijn Graph*.

Die obige Aufgabenstellung ist dann gleichbedeutend damit, dass wir in diesem Graphen einen möglichst langen, kantenwiederholungsfreien, geschlossenen Spaziergang suchen. Wie sieht dieser

Graph aus? Er hat 2^{k-1} Knoten und in jeden Knoten führen genau zwei Kanten hinein und genau zwei wieder heraus. Also ist der Digraph eulersch und aus einer Eulertour konstruieren wir ein zyklisches Wort der Länge 2^k.

Betrachten wir den Fall $k = 4$, erhalten wir den Graphen in Abbildung 3.10 und als zyklischen String z. B.

$$0000111101100101.$$

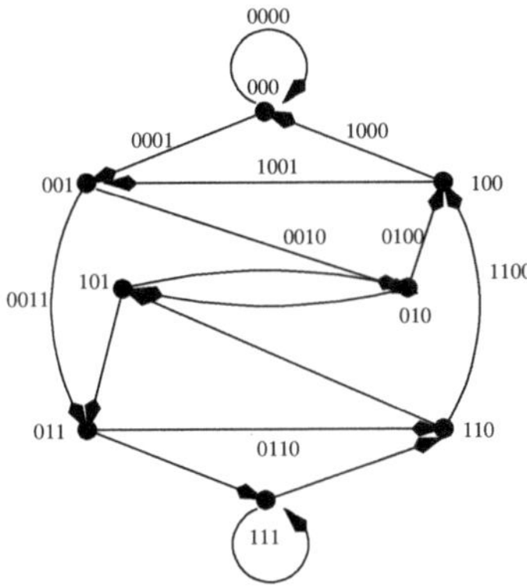

Abb. 3.10 Der deBruijn Graph für $k = 4$

Aufgabe 3.48. a) Zeigen Sie, dass man, wenn man das Haus vom Nikolaus in einem Zug ohne abzusetzen zeichnen will, in einer der beiden unteren Ecken starten und in der anderen enden muss.

b) Zeigen Sie, dass man das Doppelhaus vom Nikolaus (vgl. Problem 1.2) nicht ohne abzusetzen zeichnen kann.

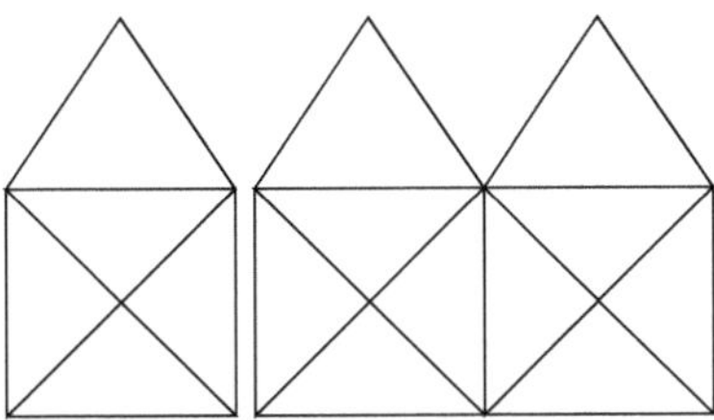

Abb. 3.11 Das Haus und das Doppelhaus vom Nikolaus

Lösung siehe Lösung 9.31.

3.12 2-Zusammenhang

Wir haben den Zusammenhangsbegriff bereits kennengelernt. Insbesondere für die Ausfallsicherheit und Durchsatzfähigkeit von Netzen sind aber auch höhere Zusammenhangsbegriffe relevant. Sie entstehen aus der Fragestellung, wieviel Knoten oder Kanten man aus einem Graphen mindestens entfernen muss, um seinen Zusammenhang zu zerstören.

Definition 3.15. Sei $G = (V,E)$ ein Graph und $k \geq 2$. Wir sagen, G ist *k-fach knotenzusammenhängend* oder kurz *k-zusammenhängend*, wenn $|V| \geq k+1$ ist und der Graph nach Entfernen beliebiger $k-1$ Knoten immer noch zusammenhängend ist. Wir sagen G ist *k-fach kantenzusammenhängend*, wenn er nach Entfernen beliebiger $k-1$ Kanten immer noch zusammenhängend ist. Die größte natürliche Zahl, für die G knoten- bzw. kantenzusammenhängend ist, heißt *Knoten-* bzw. *Kantenzusammenhangszahl* $\kappa(G)$ bzw. $\kappa'(G)$.

Für diese Definition haben wir Operationen auf Graphen benutzt, die noch nicht definiert sind. Das wollen wir nun nachholen (vgl. Abbildung 3.12).

Definition 3.16. Sei $G = (V,E)$ ein Graph. Wir definieren folgende Graphen, die durch Operationen auf G entstehen.

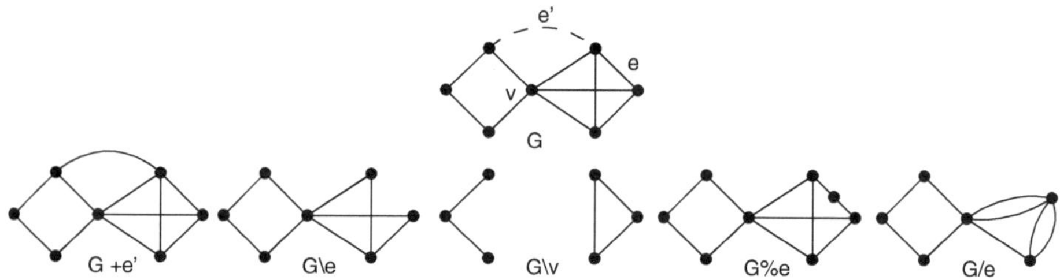

Abb. 3.12 Operationen auf Graphen

Entfernen einer Kante $e \in E$: Der Graph $G \setminus e$ ist der Graph $G \setminus e := (V, E \setminus \{e\})$.
Einfügen einer Kante $\bar{e} \in \binom{V}{2} \setminus E$: Der Graph $G + \bar{e}$ ist der Graph

$$G + \bar{e} := (V, E \cup \{\bar{e}\}).$$

Entfernen eines Knotens $v \in V$: Der Graph $G \setminus v$ ist der Graph

$$G \setminus v = (V \setminus \{v\}, \tilde{E}) \text{ mit } \tilde{E} := \{e \in E \mid v \notin e\}.$$

Unterteilen einer Kante $e \in E$: Die Unterteilung $G\%e$ mit $e = (v,w)$ ist der Graph $G\%e := (V \cup u, \hat{E})$, wobei $u \notin V$ ein neuer Knoten sei und

$$\hat{E} := (E \setminus \{e\}) \cup \{(v,u),(u,w)\}.$$

Kontraktion einer Kante $e \in E$: Die Kontraktion von $e = (v,w)$ ist der Multigraph $G/e = (\tilde{V}, \tilde{E})$ mit $\tilde{V} := V \cup \{u\} \setminus \{v,w\}$, wobei $u \notin V$ ein neuer Knoten sei und

$$\tilde{E} := \{e \in E \mid e \cap \{v,w\} = \emptyset\} \cup \{(u,x) \mid (v,x) \in E\} \cup \{(y,u) \mid (y,w) \in E\}.$$

Alle diese Operationen sind assoziativ und kommutativ (sofern sie miteinander verträglich sind). Also kann man auch Knotenmengen W löschen oder Kantenmengen S kontrahieren oder löschen. Dies notieren wir dann als $G \setminus W$, G/S bzw. $G \setminus S$. Alle diese Operationen werden analog auch für Multigraphen und (Multi)-Digraphen erklärt.

Entsteht ein (Multi)-Graph N durch Löschen und Kontrahieren von Teilmengen der Kantenmenge aus G, so heißt N ein *Minor* von G. Ein Graph der durch sukzessives Unterteilen von Kanten ausgehend von G entsteht, heißt *Unterteilung von* G.

Spezialisieren wir nun den Zusammenhangsbegriff für $k = 2$, so ist ein Graph 2-knotenzusammenhängend (oder kurz *2-zusammenhängend*), wenn man seinen Zusammenhang nicht durch Entfernen eines Knotens zerstören kann. Dafür können wir zeigen:

Satz 3.49. *Ein Graph ist genau dann 2-knotenzusammenhängend, wenn je zwei Knoten $u \neq v$ auf einem gemeinsamen Kreis liegen.*

Beweis. Liegen je zwei Knoten auf einem Kreis, so kann man den Zusammenhang des Graphen sicherlich nicht durch Entfernen eines einzelnen Knoten zerstören. Die andere Implikation zeigen wir mittels vollständiger Induktion über $\mathrm{dist}(u,v)$. Ist $\mathrm{dist}(u,v) = 1$, so gibt es eine Kante $e = (u,v) \in E$. Auf Grund des 2-Zusammenhangs hat G nach Definition mindestens drei Knoten. Also hat mindestens einer von u und v noch einen weiteren Nachbarn. Wir können annehmen, dass u einen Nachbarn $w \neq v$ hat. Da G 2-knotenzusammenhängend ist, gibt es in $G \setminus u$ immer noch einen Weg P von w nach v. Dieser Weg zusammen mit $e = (v,u)$ und der Kante (u,w) bildet den gesuchten Kreis. Sei nun $\mathrm{dist}(u,v) \geq 2$ und $u = u_0 u_1 \dots u_{k-1} u_k = v$ ein kürzester Weg von u nach v. Dann liegen nach Induktionsvoraussetzung u und u_{k-1} auf einem gemeinsamen Kreis C. Liegt v auch auf diesem Kreis, so sind wir fertig. Sei also $v \notin C$ (vgl. Abbildung 3.13). Da $G \setminus u_{k-1}$ zusammenhängend ist, gibt es darin immer noch einen Weg P von u nach v. Sei $w \notin \{u_{k-1}, v\}$ der letzte Knoten auf diesem Weg, der zu C gehört und sei $\tilde{P}$ der Teilweg von P von w nach v. Sei Q der Weg von w nach u_{k-1} auf C, der nicht über u führt. Dann ist $(C \setminus Q) \cup \tilde{P} \cup \{(v, u_{k-1})\}$ ein Kreis, der u und v enthält. □

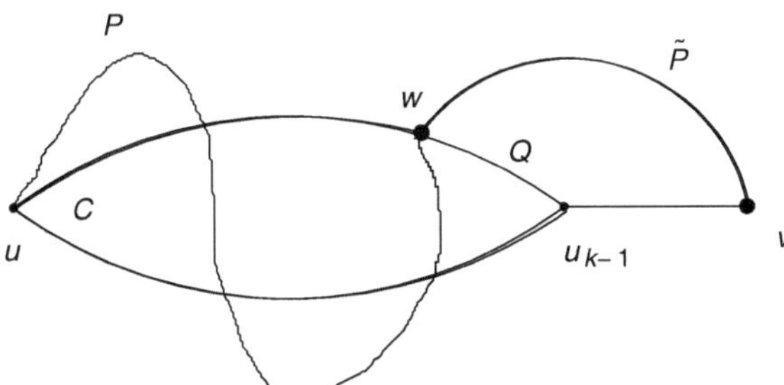

Abb. 3.13 Im Beweis von Satz 3.49

Bemerkung 3.50. Satz 3.49 ist ein Spezialfall des *Satzes von Menger*, der besagt, dass ein Graph genau dann k-knotenzusammenhängend ist, wenn es zu je zwei Knoten u,v k u-v-Wege gibt, die paarweise nur die Endknoten gemeinsam haben.

Aus dieser Charakterisierung schließen wir

Korollar 3.51. *Ein Graph $G = (V,E)$ ist genau dann 2-zusammenhängend, wenn jede Unterteilung von G 2-zusammenhängend ist.*

Beweis. Es genügt, die Behauptung für $G\%e$ und eine Kante $e = (v,w) \in E$ zu beweisen, denn dann folgt die Behauptung mittels vollständiger Induktion. Wenn je zwei Knoten von $G\%e$ auf einem gemeinsamen Kreis liegen, gilt dies sicherlich auch für G. Für die andere Implikation müssen wir nun nachweisen, dass der 2-Zusammenhang von G den 2-Zusammenhang von $G\%e$ impliziert. Hier gehen wir direkt mit der Definition vor. Ist $x \in V$ ein „Originalknoten" von G verschieden von v und w, so ist $(G\%e) \setminus x = (G \setminus x)\%e$ zusammenhängend. Wenn wir v oder w entfernen, erhalten wir den Originalgraphen, bei dem v oder w entfernt worden sind und an den anderen Knoten eine Kante zum Unterteilungsknoten u angehängt wurde, also etwa $(G\%e) \setminus v = (G \setminus v) + (w,u)$. Wird schließlich der Unterteilungsknoten u entfernt, so ist $G\%e \setminus u = G \setminus e$. Da G 2-zusammenhängend ist, liegen aber v und w auf einem gemeinsamen Kreis, also sind sie auch in $G \setminus e$ noch durch einen Weg verbunden und somit auch $G \setminus e$ zusammenhängend. □

Oft wird von 2-zusammenhängenden Graphen eine konstruktive Eigenschaft genutzt. Sie haben eine *Ohrenzerlegung*. Dies bedeutet, dass man jeden solchen Graphen so aufbauen kann, dass man zunächst mit einem Kreis startet und dann an den bereits konstruierten Graphen Pfade („Öhrchen") anklebt, die mit dem bereits konstruierten Graphen nur Anfangs- und Endknoten gemeinsam haben. Dies formulieren wir in der folgenden Definition:

Definition 3.17. Sei $G = (V,E)$ ein Graph. Eine Folge $(C_0, P_1, P_2, \dots, P_k)$ heißt *Ohrenzerlegung von* G, wenn

- C_0 ein Kreis ist,
- für alle $i = 1, \dots, k$ P_i ein Pfad ist, der mit $V(C_0) \cup \bigcup_{j=1}^{i-1} V(P_j)$ genau seinen Anfangs- und Endknoten gemeinsam hat,
- $E(C_0), E(P_1), \dots, E(P_k)$ eine Partition der Kantenmenge E bildet.

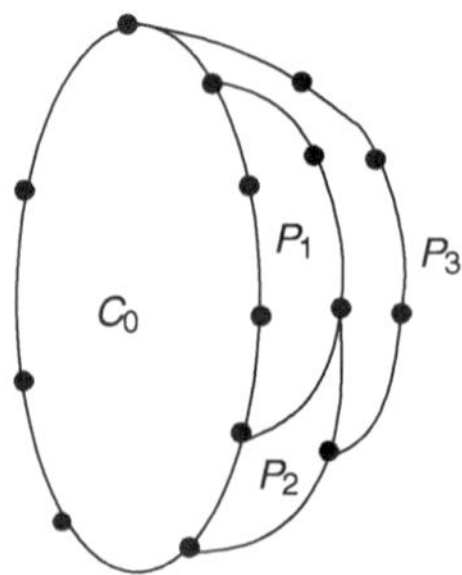

Abb. 3.14 Eine Ohrenzerlegung

Bemerkung 3.52. Die Definition der Ohrenzerlegung in Definition 3.17 findet man in der Literatur oft auch als *offene Ohrenzerlegung*. In diesem Falle wäre bei einer Ohrenzerlegung im Unterschied zu Definition 3.17 auch erlaubt, dass P_i ein Kreis ist. Der folgende Satz ist aber nur für offene Ohrenzerlegungen richtig.

Satz 3.53. *Ein Graph ist genau dann 2-zusammenhängend, wenn er eine Ohrenzerlegung hat.*

Beweis. Habe der Graph zunächst eine Ohrenzerlegung $C_0, P_1, \ldots, P_k$. Wir zeigen per Induktion über k, dass G 2-zusammenhängend ist. Ist $k = 0$, so liegen offensichtlich je zwei Knoten auf einem gemeinsamen Kreis, sei also $k > 0$. Nach Induktionsvoraussetzung ist dann der Graph $\tilde{G}$, der aus $C_0, P_1, \ldots, P_{k-1}$ gebildet wird, 2-zusammenhängend. Sei P_k ein v-w-Weg. Ist $G = \tilde{G} + (vw)$, so ist G sicherlich auch 2-zusammenhängend. Andernfalls entsteht der Graph G aus $\tilde{G}$, indem entweder zunächst die Kante (v,w) hinzugefügt und dann (evtl. mehrfach) unterteilt wird oder, weil $(vw) \in \tilde{G}$ ist, zunächst diese Kante unterteilt wird und dann (vw) wieder hinzugefügt wird. Beim Addieren einer Kante bleibt der 2-Zusammenhang erhalten und beim Unterteilen nach Korollar 3.51.

Sei nun G 2-zusammenhängend. Wir definieren die Ohrenzerlegung induktiv. Sei zunächst C_0 ein beliebiger Kreis in G. Wir nehmen nun an, es seien die Ohren $C_0, P_1, \ldots, P_i$ definiert. Ist $E = E(C_0) \cup \bigcup_{j=1}^{i} E(P_j)$, so sind wir fertig. Andernfalls gibt es, da G zusammenhängend ist, eine Kante $e = (v,w)$, die im bisherigen Graphen noch nicht enthalten ist, also $e \in E \setminus \left(E(C_0) \cup \bigcup_{j=1}^{i} E(P_j)\right)$, aber mindestens einen Endknoten hat, der in der Ohrenzerlegung bereits vorkommt, d. h. mit $\{v,w\} \cap V_i \neq \emptyset$, wobei $V_i := V(C_0) \cup \bigcup_{j=1}^{i} V(P_j)$. Sei $v \in \{v,w\} \cap V_i$ ein Knoten in diesem Schnitt. Liegt auch w im Schnitt, so setzen wir $P_{i+1} = e$, andernfalls (siehe Abbildung 3.15) gibt es, da $G \setminus v$ zusammenhängend ist, zu jedem Knoten $x \in V_i \setminus \{v\}$ einen Weg von w nach x. Sei x und ein solcher Weg P so gewählt, dass er außer x keinen weiteren Knoten in V_i enthält. Wir verlängern P um e zu einem v-x-Weg, der unser neues Ohr P_{i+1} ist. □

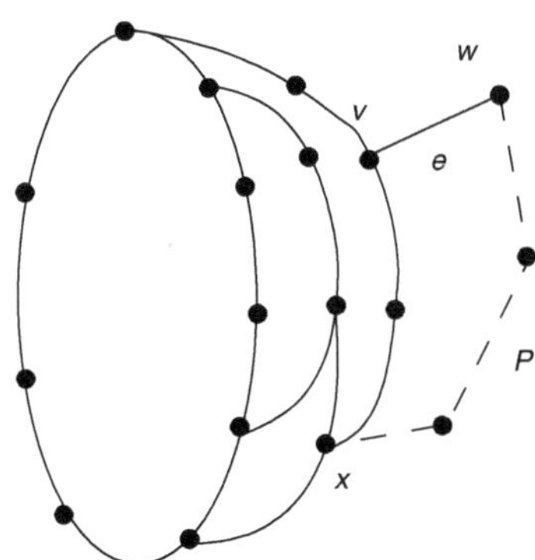

Abb. 3.15 Zum Beweis von Satz 3.53

Der Beweis verdeutlicht auch, dass man jeden 2-zusammenhängenden Graphen aus dem C_3 durch sukzessive Hinzunahme von Kanten zwischen existierenden Knoten und Unterteilung von Kanten erhalten kann. Außerdem können wir, da der zweite Teil des Beweises algorithmisch ist, aus dem Beweis einen Algorithmus konstruieren, der eine Ohrenzerlegung konstruiert bzw. feststellt, dass der Graph nicht 2-zusammenhängend ist.

Bemerkung 3.54. Tatsächlich kann man einen solchen Algorithmus in Linearzeit implementieren. Die erste Idee: Finde einen Kreis, stelle Knoten in eine Queue und starte ausgehend von diesen Knoten Pfade wie beim Algorithmus Eulertour, hat aber den Nachteil, dass sie nicht sicherstellt, dass der erste bereits bearbeitete Knoten, den man so findet, nicht wieder der Ausgangsknoten ist. Mit anderen Worten, mit dieser Methode müsste man auch zulassen, dass P_i ein Kreis ist. Eine solche „Ohrenzerlegung“ gibt es stets in 2-kantenzusammenhängenden Graphen, die aber nicht notwendig 2-knotenzusammenhängend sein müssen, wie etwa zwei Kreise, die sich in einem Knoten berühren, verdeutlichen.

Für die richtige Ohrenzerlegung nutzt man statt dessen strukturelle Eigenschaften des Tiefensuchbaums wie in Aufgabe 3.33. Wir gehen hier nicht auf die Details ein und verweisen auf die Literatur, etwa [4].

Aufgabe 3.55. Sei $G = (V,E)$ ein zusammenhängender Graph, $r \in V$ und T, der Tiefensuchbaum von G, ausgehend von r, enthalte alle Knoten (das folgt aus dem Zusammenhang, wie wir im nächsten Kapitel sehen werden). Zeigen Sie:

a) $G \setminus r$ ist genau dann unzusammenhängend (wir sagen r ist ein *Schnittknoten*), wenn r mehr als einen direkten Nachfolger in T hat, es also $v_1, v_2 \in V$, $v_1 \neq v_2$ gibt mit `pred[`v_1`]=pred[`v_2`]` $= r$.
b) Sei $v \in V \setminus \{r\}$. Die Zusammenhangskomponenten, die die Nachkommen von v in T induzieren, heißen *Teilbäume an* v. Zeigen Sie: v ist genau dann kein Schnittknoten, wenn aus allen Teilbäumen an v Nichtbaumkanten $e \notin E(T)$ zu Vorfahren von v führen.

Lösung siehe Lösung 9.32.

Bemerkung 3.56. Mit Hilfe der Aussagen der letzten Aufgabe kann man die Tiefensuche zu einem Algorithmus erweitern, der in Linearzeit Schnittknoten sucht bzw. feststellt, dass ein Graph zweizusammenhängend ist, also keine Schnittknoten hat. Auf ähnliche Weise kann man in Linearzeit eine Ohrenzerlegung berechnen (siehe z. B. [4]).

Kapitel 4
Bäume und Matchings

Wir haben im letzten Kapitel Bäume implizit als Ergebnis unserer Suchverfahren kennengelernt. In diesem Kapitel wollen wir diese Graphenklasse ausführlich untersuchen.

4.1 Definition und Charakterisierungen

Die in den Suchverfahren konstruierten Graphen waren zusammenhängend und enthielten keine Kreise. Also vereinbaren wir:

Definition 4.1. Ein zusammenhängender Graph $T = (V,E)$, der keinen Kreis enthält, heißt *Baum* (engl. *tree*).

Wenn ein Graph keinen Kreis enthält, muss jeder maximale Weg zwangsläufig in einer „Sackgasse" enden. Eine solche Sackgasse in einem Graphen nennen wir ein *Blatt*.

Definition 4.2. Sei $G = (V,E)$ ein Graph und $v \in V$ mit $\deg(v) = 1$. Dann nennen wir v ein *Blatt* von G.

Genauer haben wir in einem Graphen ohne Kreis sogar immer mindestens zwei Blätter.

Lemma 4.1. *Jeder Baum mit mindestens zwei Knoten hat mindestens zwei Blätter.*

Beweis. Da der Baum zusammenhängend ist und mindestens zwei Knoten hat, enthält er Wege der Länge mindestens 1. Sei $P = (v_1, \ldots, v_k)$ ein möglichst langer Weg in T. Da T kreisfrei ist, ist v_1 zu keinem von $v_3, \ldots, v_k$ adjazent. Dann muss $\deg(v_1)$ aber schon 1 sein, da man ansonsten P_k verlängern könnte. Die gleiche Argumentation gilt für v_k. □

Wenn wir an einem Baum ein Blatt „abzupfen", bleibt er immer noch ein Baum. Gleiches gilt, wenn wir ein Blatt „ankleben".

Lemma 4.2. *Sei $G = (V,E)$ ein Graph und v ein Blatt in G. Dann ist G ein Baum genau dann, wenn $G \setminus v$ ein Baum ist.*

Beweis.

„$\Rightarrow$" Sei G ein Baum und v ein Blatt von G. Dann enthält kein Weg in G den Knoten v als inneren Knoten. Also ist $G \setminus v$ immer noch zusammenhängend und gewiss weiterhin kreisfrei.

W. Hochstättler, *Algorithmische Mathematik*, Springer-Lehrbuch
DOI 10.1007/978-3-642-05422-8_4, © Springer-Verlag Berlin Heidelberg 2010

„$\Leftarrow$" Sei umgekehrt nun vorausgesetzt, dass $G \setminus v$ ein Baum ist. Da v ein Blatt ist, hat es einen Nachbarn u, von dem aus man in $G \setminus v$ alle Knoten erreichen kann, also ist G zusammenhängend. Offensichtlich kann v auf keinem Kreis liegen.

□

Lemma 4.2 ist nun ein wesentliches Hilfsmittel um weitere Eigenschaften, die Bäume charakterisieren, induktiv zu beweisen.

Satz 4.1. *Sei $T = (V, E)$ ein Graph und $|V| \geq 2$. Dann sind paarweise äquivalent:*

a) T ist ein Baum.
b) Zwischen je zwei Knoten $v, w \in V$ gibt es genau einen Weg von v nach w.
c) T ist zusammenhängend und für alle $e \in E$ ist $T \setminus e$ unzusammenhängend.
d) T ist kreisfrei und für alle $\bar{e} \in \binom{V}{2} \setminus E$ enthält $T + \bar{e}$ einen Kreis.
e) T ist zusammenhängend und $|E| = |V| - 1$.
f) T ist kreisfrei und $|E| = |V| - 1$.

Beweis. Ist $|V| = 2$, so sind alle Bedingungen dann und nur dann erfüllt, wenn G isomorph zum K_2 ist. Man beachte, dass es in der Bedingung d) eine Kante $\bar{e} \in \binom{V}{2} \setminus E$ nicht gibt, weswegen die Bedingung trivialerweise erfüllt ist.

Wir fahren fort per Induktion und nehmen an, dass $|V| \geq 3$ und die Gültigkeit der Äquivalenz für Graphen mit höchstens $|V| - 1$ Knoten bewiesen sei.

a) $\Rightarrow$ *b)* Seien also $v, w \in V$. Ist v oder w ein Blatt in G, so können wir o. E. annehmen, dass v ein Blatt ist, ansonsten vertauschen wir die Namen. Sei x der eindeutige Nachbar des Blattes v in T. Nach Lemma 4.2 ist $T \setminus v$ ein Baum. Also gibt es nach Induktionsvoraussetzung genau einen Weg von w nach x in $T \setminus v$. Diesen können wir mit (x, v) zu einem Weg von w nach v verlängern. Umgekehrt setzt sich jeder Weg von v nach w aus der Kante (x, v) und einem xw-Weg in $T \setminus v$ zusammen. Also gibt es auch höchstens einen vw-Weg in T.
Ist weder v noch w ein Blatt, so folgt die Behauptung per Induktion, wenn wir ein beliebiges Blatt aus G entfernen.

b) $\Rightarrow$ *c)* Wenn es zwischen je zwei Knoten einen Weg gibt, ist der Graph zusammenhängend. Sei $e = (v, w) \in E$. Gäbe es in $T \setminus e$ einen vw-Weg, dann gäbe es in T deren zwei, da e schon einen vw-Weg bildet. Also muss $T \setminus e$ unzusammenhängend sein.

c) $\Rightarrow$ *d)* Wenn es in T einen Kreis gibt, so kann man jede beliebige Kante dieses Kreises entfernen, ohne den Zusammenhang zu zerstören, da diese Kante in jedem Spaziergang durch den Rest des Kreises ersetzt werden kann. Da aber das Entfernen einer beliebigen Kante nach Voraussetzung in *c)* den Zusammenhang zerstört, muss T kreisfrei sein. Die Aussage in *c)* verbietet also die Existenz eines Kreises.
Sei $\bar{e} = (v, w) \in \binom{V}{2} \setminus E$. Da T zusammenhängend ist, gibt es in T einen vw-Weg, der mit der Kante $\bar{e}$ einen Kreis in $T + \bar{e}$ bildet.

d) $\Rightarrow$ *a)* Wir müssen zeigen, dass T zusammenhängend und kreisfrei ist. Letzteres wird in *d)* explizit vorausgesetzt. Wenn T nicht zusammenhängend wäre, so könnte man eine Kante zwischen zwei Komponenten einfügen, ohne einen Kreis zu erzeugen. Also muss T zusammenhängend sein.

a) $\Rightarrow$ *e), f)* Nach Voraussetzung ist T sowohl zusammenhängend als auch kreisfrei. Sei v ein Blatt in T. Nach Lemma 4.2 ist $T \setminus v$ ein Baum. Nach Induktionsvoraussetzung ist also $|E(T \setminus v)| = |V(T \setminus v)| - 1$. Nun ist aber $|E(T)| = |E(T \setminus v)| + 1 = |V(T \setminus v)| = |V(T)| - 1$.

a) $\Leftarrow$ *e)* Da T nach Voraussetzung zusammenhängend ist und $|V| \geq 3$, haben wir $\deg(v) \geq 1$ für alle $v \in V$ und nach dem Handshake Lemma Proposition 3.6

$$\sum_{v \in V} \deg(v) = 2|E| = 2|V| - 2.$$

Angenommen alle Knoten hätten Valenz $\deg_G(v) \geq 2$, so müsste

$$\sum_{v \in V} \deg(v) \geq 2|V|$$

sein. Da dies nicht so ist, aber G zusammenhängend und nicht trivial ist, muss es einen Knoten mit $\deg(v) = 1$, also ein Blatt in T, geben. Dann ist $T \setminus v$ weiterhin zusammenhängend und $|E(T \setminus v)| = |V(T \setminus v)| - 1$. Nach Induktionsvoraussetzung ist also $T \setminus v$ ein Baum und somit nach Lemma 4.2 auch T ein Baum.

a) $\Leftarrow$ *f)* Da T nach Voraussetzung kreisfrei und $|V| \geq 3$ ist, hat T mindestens eine Kante. Angenommen T hätte kein Blatt. Dann könnten wir an einem beliebigen Knoten einen Weg starten und daraufhin jeden Knoten durch eine andere Kante verlassen, als wir sie betreten haben. Da $|V|$ endlich ist, müssen dabei Knoten wiederholt auftreten, was wegen der Kreisfreiheit nicht möglich ist. Also hat T ein Blatt und wir können wie in *a)* $\Leftarrow$ *e)* schließen.

□

Aufgabe 4.2. Sei $T = (V, E)$ ein Baum und $\bar{e} \in \binom{V}{2} \setminus E$. Zeigen Sie:

a) $\bar{e}$ schließt genau einen Kreis C mit T, den wir mit $C(T, \bar{e})$ bezeichnen.
b) Für alle $e \in C(T, \bar{e}) \setminus \bar{e}$ ist $(T + \bar{e}) \setminus e$ ein Baum.

Lösung siehe Lösung 9.33.

4.2 Isomorphismen von Bäumen

Im Gegensatz zu der Situation bei allgemeinen Graphen, bei denen angenommen wird, dass die Isomorphie ein algorithmisch schweres Problem ist, kann man bei Bäumen (und einigen anderen speziellen Graphenklassen) die Isomorphie zweier solcher Graphen effizient testen.

Wir stellen in diesem Abschnitt einen Algorithmus vor, der zu jedem Baum mit n Knoten einen $2n$-stelligen Klammerausdruck berechnet, den wir als den *Code* des Graphen bezeichnen. Dieser Code zweier Bäume ist genau dann gleich, wenn die Bäume isomorph sind.

Zunächst ist folgendes Konzept hilfreich, das wir implizit schon bei der Breitensuche kennengelernt haben.

Definition 4.3. Ein *Wurzelbaum* oder eine *Arboreszenz* ist ein Paar (T, r) bestehend aus einem Baum T und einem ausgezeichneten Knoten $r \in V$, den wir als *Wurzelknoten* bezeichnen. Wir denken uns dann alle Kanten des Baumes so orientiert, dass die Wege von r zu allen anderen Knoten v

gerichtete Wege sind. Ist dann (v,w) ein Bogen, so sagen wir v ist *Elternteil* von w und w ist *Kind* oder *direkter Nachfahre* von v.

Aufgabe 4.3. Zeigen Sie: Ein zusammenhängender, gerichteter Graph $D=(V,A)$ ist genau dann ein Wurzelbaum, wenn es genau einen Knoten $r \in V$ gibt, so dass $\deg^+(r)=0$ und für alle anderen Knoten $v \in V \setminus \{r\}$ gilt

$$\deg^+(v)=1.$$

Lösung siehe Lösung 9.34.

Wir werden in unserem Algorithmus zunächst in einem Baum einen Knoten als Wurzel auszeichnen, so dass wir bei isomorphen Bäumen isomorphe Wurzelbäume erhalten. Diese Wurzelbäume pflanzen wir dann in die Zeichenebene, wobei wir wieder darauf achten, dass wir isomorphe Wurzelbäume isomorph einpflanzen. Gepflanzten Bäumen sieht man dann die Isomorphie fast sofort an.

Definition 4.4. Ein *gepflanzter Baum* (T,r,ρ) ist ein Wurzelbaum, bei dem an jedem Knoten $v \in V$ eine Reihenfolge $\rho(v)$ der direkten Nachfahren vorgegeben ist. Dadurch ist eine „Zeichenvorschrift" definiert, wie wir den Graphen in die Ebene einzubetten haben.

Wie wir eben schon angedeutet haben, kann man für jede dieser Baumklassen mit zusätzlicher Struktur Isomorphismen definieren. Ein Isomorphismus zweier Wurzelbäume $(T,r),(T',r')$ ist ein Isomorphismus von T und T', bei dem r auf r' abgebildet wird. Ein Isomorphismus gepflanzter Bäume ist ein Isomorphismus der Wurzelbäume, bei dem zusätzlich die Reihenfolge der direkten Nachfahren berücksichtigt wird.

Die Bäume in Abbildung 4.1 sind alle paarweise isomorph als Bäume, die beiden rechten sind isomorph als Wurzelbäume, und keine zwei sind isomorph als gepflanzte Bäume.

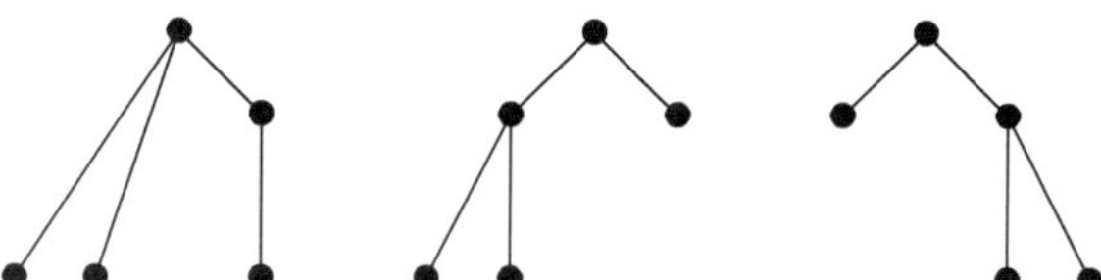

Abb. 4.1 Gepflanzte Bäume

Wie angekündigt gehen wir nun in drei Schritten vor.

a) Zu einem gegebenen Baum bestimmen wir zunächst eine Wurzel.
b) Zu einem Wurzelbaum bestimmen wir eine kanonische Pflanzung.
c) Zu einem gepflanzten Baum bestimmen wir einen eindeutigen Code.

Da sich der erste und der zweite Schritt leichter darstellen lassen, wenn der dritte bekannt ist, stellen wir dieses Verfahren von hinten nach vorne vor.

Sei also (T,r,ρ) ein gepflanzter Baum. Wir definieren den Code „Bottom-Up" für jeden Knoten, indem wir ihn zunächst für Blätter erklären und dann für gepflanzte Bäume, bei denen alle Knoten außer der Wurzel schon einen Code haben. Dabei identifizieren wir den Code eines Knotens x mit dem Code des gepflanzten Baumes, der durch den Ausgangsbaum auf x und allen seinen (nicht notwendigerweise direkten) Nachfahren induziert wird.

- Alle Blätter haben den Code $()$.
- Ist x ein Knoten mit Kindern in der Reihenfolge $y_1, \dots, y_k$, deren Codes $C_1, \dots, C_k$ sind, so erhält x den Code $(C_1C_2 \dots C_k)$.

Wir können nun aus dem Code den gepflanzten Baum wieder rekonstruieren. Dazu stellen wir zunächst fest, dass wir durch obiges Verfahren nur wohlgeklammerte Ausdrücke erhalten.

Definition 4.5. Sei $C \in \{(,)\}^{2m}$ eine Zeichenkette aus Klammern. Dann nennen wir C *wohlgeklammert*, wenn C gleich viele öffnende wie schließende Klammern enthält und mit einer öffnenden Klammer beginnt, welche erst mit der letzten Klammer geschlossen wird.

Beispiel 4.4. Der Ausdruck $C_1 = ((())())$ ist wohlgeklammert, aber $C_2 = (())(()())$ und $C_3 = ())(()$ sind nicht wohlgeklammert.

Aufgabe 4.5. Der Code eines gepflanzten Baumes ist ein wohlgeklammerter Ausdruck.
Lösung siehe Lösung 9.35.

Wenn wir nun einen wohlgeklammerten Ausdruck haben, erhalten wir rekursiv einen gepflanzten Baum wie folgt.

- Zeichne eine Wurzel r.
- Streiche die erste (öffnende) Klammer.
- Solange das nächste Zeichen eine öffnende Klammer ist
  - Suche die entsprechende schließende Klammer, schreibe die so definierte Zeichenkette C_i bis hierhin raus, hänge die Wurzel y_i des durch C_i definierten gepflanzten Wurzelbaums als rechtes Kind an r an und lösche C_i aus C.
  - Streiche die letzte (schließende) Klammer.

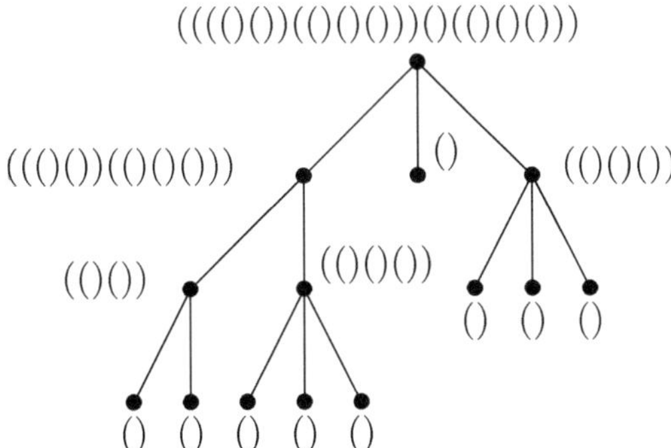

In dem Beispiel in der Abbildung erhalten wir als Codes der Kinder der Wurzel auf diese Weise völlig zu Recht $C_1 = ((()())(()()()))$, $C_2 = ()$, $C_3 = (()()())$. Beachten Sie, dass dies nicht der Code des obigen Baumes ist, da der obige Baum nicht kanonisch gepflanzt ist.

Aufgabe 4.6. Sei (T,r,ρ) ein gepflanzter Baum und C der Code von (T,r,ρ). Zeigen Sie: Mittels der soeben beschriebenen rekursiven Prozedur erhalten wir einen gepflanzten Baum, der isomorph zu (T,r,ρ) ist.
Lösung siehe Lösung 9.36.

Eine anschauliche Interpretation des Codes eines gepflanzten Baumes erhält man, wenn man den geschlossenen Weg betrachtet, der an der Wurzel mit der Kante nach links unten beginnt und dann außen um den Baum herumfährt. Jedesmal, wenn wir eine Kante abwärts fahren, schreiben wir eine öffnende Klammer, und eine schließende Klammer, wenn wir eine Kante aufwärts fahren. Schließlich machen wir um den ganzen Ausdruck noch ein Klammerpaar für die Wurzel.

Da wir nach Aufgabe 4.6 so den gepflanzten Baum (bis auf Isomorphie) aus C rekonstruieren können, haben nicht isomorphe gepflanzte Bäume verschiedene Codes. Umgekehrt bleibt der Code eines gepflanzten Baumes unter einem Isomorphismus offensichtlich invariant, also haben isomorphe gepflanzte Bäume den gleichen Code.

Wir übertragen diesen Code nun auf Wurzelbäume, indem wir die Vorschrift modifizieren. Zunächst erinnern wir an die lexikographische Ordnung aus Aufgabe 3.10. Durch „(“ $<$ „)“ erhalten wir eine Totalordnung auf $\{(,)\}$ und damit eine lexikographische Ordnung auf den Klammerstrings.

Dann ist ein Klammerstring A lexikographisch kleiner als ein anderer B, in Zeichen $A \preceq B$, wenn entweder A der Anfang von B ist oder die erste Klammer, in der die beiden Wörter sich unterscheiden, bei A öffnend und bei B schließend ist. Z. B. ist $(()) \preceq ()$.

Die Wahl dieser Totalordnung ist hier willkürlich. Unser Algorithmus funktioniert mit jeder Totalordnung auf den Zeichenketten.

Wir definieren nun unseren Code auf Wurzelbäumen Bottom-Up wie folgt:

- Alle Blätter haben den Code $()$.
- Ist x ein Knoten mit Kindern, deren Codes bekannt sind, so sortiere die Kinder so zu $y_1,\dots,y_k$, dass für die zugehörigen Codes gilt $C_1 \preceq C_2 \preceq \dots \preceq C_k$.
- x erhält dann den Code $(C_1C_2\dots C_k)$.

Diese Vereinbarung definiert auf den Knoten eine Reihenfolge der Kinder, macht also auf eindeutige Weise aus einem Wurzelbaum einen gepflanzten Baum.

Aufgabe 4.7. Zeigen Sie: Isomorphe Wurzelbäume erhalten so den gleichen Code.
Lösung siehe Lösung 9.37.

Kommen wir nun zu den Bäumen. Wir versuchen zunächst von einem gegebenen Baum einen Knoten zu finden, der sich als Wurzel aufdrängt und unter Isomorphismen fix bleibt. Ein solcher Knoten soll in der Mitte des Baumes liegen. Das zugehörige Konzept ist auch auf allgemeinen Graphen sinnvoll.

Definition 4.6. Sei $G=(V,E)$ ein Graph und $v \in V$. Als *Exzentrizität* $ex_G(v)$ bezeichnen wir die Zahl

$$ex_G(v) = \max\{dist_G(v,w) \mid w \in V\}, \tag{4.1}$$

also den größten Abstand zu einem anderen Knoten.

Das *Zentrum* $Z(G)$ ist die Menge der Knoten minimaler Exzentrizität

$$Z(G) = \{v \in V \mid ex_G(v) = \min\{ex_G(w) \mid w \in V\}\}. \tag{4.2}$$

Ist das Zentrum unseres Baumes ein Knoten, so wählen wir diesen als Wurzel. Ansonsten nutzen wir aus:

Lemma 4.3. *Sei* $T = (V,E)$ *ein Baum. Dann ist* $|Z(T)| \leq 2$. *Ist* $Z(T) = \{x,y\}$ *mit* $x \neq y$, *so ist* $(x,y) \in E$.

Beweis. Wir beweisen dies mittels vollständiger Induktion über $|V|$. Die Aussage ist sicherlich richtig für Bäume mit einem oder zwei Knoten. Ist nun $|V| \geq 3$, so ist nach Satz 4.1 e) $\sum_{v\in V} \deg(v) = 2|V| - 2 > |V|$, also können nicht alle Knoten Blätter sein. Entfernen wir alle Blätter aus T, so erhalten wir einen nicht leeren Baum T' auf einer Knotenmenge $V' \subset V$, die echt kleiner geworden ist. In einem Graphen mit mindestens drei Knoten kann kein Blatt im Zentrum liegen, da die Exzentrizität seines Nachbarn um genau 1 kleiner ist. Also ist $Z(T) \subseteq V'$, und für alle Knoten in $w \in V'$ gilt offensichtlich

$$ex_{T'}(w) = ex_T(w) - 1.$$

Folglich ist $Z(T) = Z(T')$ und dieses hat nach Induktionsvoraussetzung höchstens zwei Elemente. Sind es genau zwei Elemente, so müssen diese adjazent sein. □

Besteht das Zentrum aus zwei Knoten $\{x_1,x_2\}$, so entfernen wir die verbindende Kante (x_1,x_2), bestimmen die Codes der in x_1 bzw. x_2 gewurzelten Teilbäume und wählen den Knoten als Wurzel von T, dessen Teilbaum den lexikographisch kleineren Code hat. Wir fassen zusammen:

- Ist $Z(G) = \{v\}$, so ist der Code von T der Code von (T,v).
- Ist $Z(G) = \{x_1,x_2\}$ mit $x_1 \neq x_2$, so sei $e = (x_1,x_2)$. Seien T_1,T_2 die Komponenten von $T \setminus e$ mit $x_1 \in T_1$ und $x_2 \in T_2$. Sei C_i der Code des Wurzelbaumes (T_i,x_i) und die Nummerierung der Bäume so gewählt, dass $C_1 \preceq C_2$. Dann ist der Code von T der Code des Wurzelbaumes (T,x_1).

Satz 4.8. *Zwei Bäume haben genau dann den gleichen Code, wenn sie isomorph sind.*

Beweis. Sind zwei Bäume nicht isomorph, so sind auch alle zugehörigen gepflanzten Bäume nicht isomorph, also die Codes verschieden. Sei für die andere Implikation $\varphi : V \to V'$ ein Isomorphismus von $T = (V,E)$ nach $T' = (V,E')$. Seien r,r' die bei der Konstruktion der Codes ausgewählten Wurzeln von T bzw. T'. Ist $\varphi(r) = r'$, so sind die Wurzelbäume (T,r) und (T',r') isomorph und haben nach Aufgabe 4.7 den gleichen Code. Andernfalls besteht das Zentrum von T aus zwei Knoten r,s und $\varphi(s) = r'$. Dann ist aber der Code des in r' gewurzelten Teilbaumes (T_1',r') von $T' \setminus (\varphi(r),r')$ lexikographisch kleiner als der des in $\varphi(r)$ gewurzelten Teilbaumes $(T_2',\varphi(r))$. Letzterer ist aber isomorph zu dem in r gewurzelten Teilbaum (T_2,r) von $T \setminus (r,s)$, welcher also nach Aufgabe 4.7 den gleichen Code wie $(T_2',\varphi(r))$ hat. Da aber r als Wurzel ausgewählt wurde, ist dieser Code lexikographisch kleiner als der des in s gewurzelten Teilbaumes (T_1,s). Dessen Code ist aber wiederum nach Aufgabe 4.7 gleich dem Code von (T_1',r'). Also müssen alle diese Codes gleich sein. Somit sind (T_1,r) und (T_2,s) nach Aufgabe 4.7 isomorphe Wurzelbäume. Sei $\psi(V_1,V_2) : V_1 \to V_2$ ein entsprechender Isomorphismus. Betrachten wir $V = V_1 \dot\cup V_2$ als (V_1,V_2) bzw. (V_2,V_1), so vermittelt $(\psi,\psi^{-1}) : (V_1,V_2) \to (V_2,V_1) = V$ einen Automorphismus von T und $\varphi \circ \psi$ ist ein Isomorphismus von (T,r) nach (T,r'), also haben nach dem bereits Gezeigten T und T' denselben Code. □

4.3 Aufspannende Bäume

In diesem Abschnitt werden wir unter Anderem den fehlenden Teil des Beweises, dass der BFS die Komponenten eines Graphen berechnet, nachholen. Die dort berechneten Teilgraphen spannen die Ausgangsgraphen auf. Solche minimalen aufspannenden Teilgraphen bezeichnet man manchmal auch als Gerüste. Aber erst noch mal zur Definition:

Definition 4.7. Ein kreisfreier Graph heißt *Wald.* Sei $G = (V,E)$ ein Graph und $T = (V,F)$ ein Teilgraph, der die gleichen Zusammenhangskomponenten wie V hat. Dann sagen wir T ist G *aufspannend.* Ist T darüberhinaus kreisfrei, so heißt T ein G *aufspannender Wald* oder ein *Gerüst von* G. Ist G zusammenhängend und T ein Baum, so heißt T ein G *aufspannender Baum.*

Diese Definition ist offensichtlich auch für Multigraphen sinnvoll. Wir werden im Folgenden auch bei Multigraphen von aufspannenden Bäumen sprechen.

Wir analysieren nun zwei schnelle Algorithmen, die in einem zusammenhängenden Graphen einen aufspannenden Baum berechnen. Die im vorhergehenden Kapitel betrachteten Algorithmen BFS und DFS kann man als Spezialfälle des zweiten Verfahrens betrachten.

Die Methode `T.CreatingCycle(e)` überprüfe zu einer kreislosen Kantenmenge T mit $e \notin T$, ob $T+e$ einen Kreis enthält, `T.AddEdge(e)` füge zu T die Kante e hinzu.

Algorithmus 4.9. Sei E eine (beliebig sortierte) Liste der Kanten des Graphen (V,E) und zu Anfang $T = \emptyset$.

```
for e in E:
    if not T.CreatingCycle(e):
        T.AddEdge(e)
```

Lemma 4.4. *Algorithmus 4.9 berechnet einen G aufspannenden Wald.*

Beweis. Zu Anfang enthält T gewiss keinen Kreis. Da nie eine Kante hinzugefügt wird, die einen Kreis schließt, berechnet der Algorithmus eine kreisfreie Menge, also einen Wald T. Wir haben zu zeigen, dass zwischen zwei Knoten u,v genau dann ein Weg in T existiert, wenn er in G existiert. Eine Implikation ist trivial: wenn es einen Weg in T gibt, so gab es den auch in G. Sei also $u = v_0, v_1, \ldots, v_k = v$ ein uv-Weg P in G. Angenommen u und v lägen in unterschiedlichen Komponenten von T. Sei dann v_i der letzte Knoten auf P, der in T in der gleichen Komponente wie u liegt. Dann ist $e = (v_i v_{i+1}) \in E \setminus T$. Als e im Algorithmus abgearbeitet wurde, schloss e folglich mit T einen Kreis. Also gibt es in T einen Weg von v_i nach v_{i+1} im Widerspruch dazu, dass sie in verschiedenen Komponenten liegen. □

Betrachten wir die Komplexität des Algorithmus, so hängt diese von einer effizienten Implementierung des Kreistests ab. Eine triviale Implementierung dieser Subroutine in $O(|V|)$ Zeit labelt ausgehend von einem Endknoten u von $e = (u,v)$ alle Knoten, die in T von u aus erreichbar sind. Wird v gelabelt, so schließt e einen Kreis mit T und sonst nicht. Dies führt aber zu einer Gesamtlaufzeit von $O(|V| \cdot |E|)$. Um effizienter zu werden, müssen wir folgendes Problem schneller lösen:

Problem 4.1 (UNION-FIND). Sei $V = \{1, \ldots, n\}$ und eine initiale Partition in n triviale einelementige Klassen $V = \{1\} \dot\cup \ldots \dot\cup \{n\}$ gegeben. Wie sieht eine geeignete Datenstruktur aus, so dass man folgende Operationen effizient auf einer gegebenen Partition ausführen kann?

UNION Gegeben seien x,y aus verschiedenen Klassen, vereinige diese Klassen.
FIND Gegeben seien $x,y \in V$. Stelle fest, ob x und y in der gleichen Klasse liegen.

Was hat dieses Problem mit einer effizienten Implementierung von Algorithmus 4.9 zu tun? Zu jedem Zeitpunkt besteht T_i aus den Kanten eines Waldes. Die Knotenmengen seiner Zusammenhangskomponenten liefern die Klassen unserer Partition. Für den Kreistest genügt es dann zu prüfen, ob die Endknoten x,y der Kante (x,y) in der gleichen Klasse liegen. Ist dies nicht der Fall, so nehmen wir e in T_{i+1} auf und müssen die Klassen von x und y vereinigen.

Also benötigen wir für unseren Algorithmus zur Berechnung eines aufspannenden Waldes $|E|$ FIND und höchstens $|V|-1$ UNION Operationen.

Wir stellen eine einfache Lösung dieses Problems vor. Jede Klasse hat eine Nummer, jeder Knoten die Nummer seiner Klasse. In einem Array speichern wir einen Zeiger auf die Klasse jedes Knotens. Die Klasse enthält eine Liste ihrer Knoten und zusätzlich einen Eintrag für die Anzahl der Elemente der Klasse. Bei einer nicht mehr existierenden Nummer ist der Eintrag 0. Für eine FIND-Operation benötigen wir dann nur einen Vergleich der Nummern der Klassen, also konstante Zeit. Bei einer UNION-Operation erbt die kleinere Komponente die Nummer der größeren, wir datieren die Nummern der Knoten in der kleineren Komponente auf und verschmelzen die Listen.

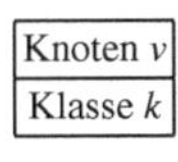

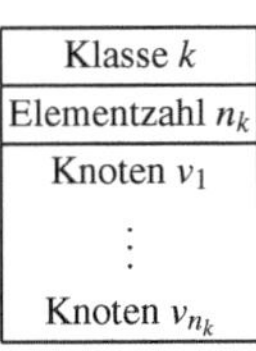

Abb. 4.2 Eine einfache UNION-FIND Datenstruktur

Lemma 4.5. *Die Kosten des Komponentenverschmelzens über den gesamten Lauf des Algorithmus betragen akkumuliert* $O(|V|\log|V|)$.

Beweis. Wir beweisen dies mit vollständiger Induktion über $n=|V|$. Für $n=1$ ist nichts zu zeigen. Verschmelzen wir zwei Komponenten T_1 und T_2 der Größe $n_1 \le n_2$ mit $n=n_1+n_2$, dann ist $n_1 \le \frac{n}{2}$ und das Update kostet cn_1. Addieren wir dies zu den Kosten für das Verschmelzen der einzelnen Knoten zu T_1 und T_2, die nach Induktionsvoraussetzung bekannt sind, erhalten wir

$$\begin{aligned} cn_1 + cn_1\log_2 n_1 + cn_2\log_2 n_2 &\le cn_1 + cn_1\log_2\frac{n}{2} + cn_2\log_2 n \\ &= cn_1 + cn_1(\log_2 n - 1) + cn_2\log_2 n \\ &= cn\log_2 n. \end{aligned}$$

□

Bemerkung 4.10. Die beste bekannte UNION-FIND Struktur geht auf R. Tarjan zurück. Die Laufzeit ist dann beinahe linear. Man hat als Laufzeitkoeffizienten zusätzlich noch die so genannte *Inverse der Ackermann-Funktion*, eine Funktion, die zwar gegen Unendlich wächst, aber viel langsamer als $\log n$, $\log\log n$ etc. (siehe etwa [9]).

Unser zweiter Algorithmus sieht in etwa aus wie eine allgemeinere Version des Breadth-First-Search Algorithmus. Auf Grund dieser Allgemeinheit beschreiben wir ihn nur verbal.

Algorithmus 4.11. Sei $v \in V$.

- Setze $V_0 = \{v\}$, $T_0 = \emptyset$, $i = 0$
- Solange es geht

  Wähle eine Kante $e = (x,y) \in E$ mit $x \in V_i$, $y \notin V_i$ und setze $V_{i+1} = V_i \cup \{y\}$, $T_{i+1} = T_i \cup \{e\}$, $i = i+1$.

Lemma 4.6. *Wenn Algorithmus 4.11 endet, dann ist $T = T_i$ aufspannender Baum der Komponente von G, die v enthält.*

Beweis. Die Kantenmenge T ist offensichtlich zusammenhängend und kreisfrei und verbindet alle Knoten in V_i. Nach Konstruktion gibt es keine Kante mehr, die einen Knoten aus V_i mit einem weiteren Knoten verbindet. □

Zwei Möglichkeiten, diesen Algorithmus zu implementieren, haben wir mit BFS und DFS kennengelernt und damit an dieser Stelle deren Korrektheitsbeweise nachgeholt. Der zu BFS angegebene Algorithmus startet allerdings zusätzlich in jedem Knoten und überprüft, ob dieser in einer neuen Komponente liegt. Indem wir Lemma 4.6 in jeder Komponente anwenden, haben wir auch den fehlenden Teil des Beweises von Satz 3.27 nachgeholt.

4.4 Minimale aufspannende Bäume

Wir wollen nun ein einfaches Problem der „Kombinatorischen Optimierung“ kennenlernen. Die Kanten unseres Graphen sind zusätzlich mit Gewichten versehen. Sie können sich diese Gewichte als Längen oder Kosten der Kanten vorstellen.

Betrachten wir etwa das Problem, eine Menge von Knoten kostengünstigst durch ein Netzwerk zu verbinden. Dabei sind zwei Knoten miteinander verbunden, wenn es im Netzwerk einen Weg – eventuell mit Zwischenknoten – vom einen zum anderen Knoten gibt.

Uns sind die Kosten der Verbindung zweier Nachbarn im Netzwerk bekannt, und wir wollen jeden Knoten von jedem aus erreichbar machen und die Gesamtkosten minimieren.

Als abstraktes Problem erhalten wir dann das Folgende:

Problem 4.2. Sei $G = (V,E)$ ein zusammenhängender Graph und $w : E \to \mathbb{N}$ eine nichtnegative Kantengewichtsfunktion. Bestimme einen aufspannenden Teilgraphen $T = (V,F)$, so dass

$$w(F) := \sum_{e \in F} w(e) \qquad (4.3)$$

minimal ist.

Bemerkung 4.12. Bei den Überlegungen zu Problem 4.2 macht es keinen wesentlichen Unterschied, ob die Gewichtsfunktion ganzzahlig oder reell ist. Da wir im Computer mit beschränkter Stellenzahl rechnen, können wir im praktischen Betrieb sowieso nur mit rationalen Gewichtsfunktionen umgehen. Multiplizieren wir diese mit dem Hauptnenner, ändern wir nichts am Verhältnis der Kosten, insbesondere bleiben Optimallösungen optimal. Also können wir in der Praxis o. E. bei Problem 4.2 stets von ganzzahligen Daten ausgehen.

Da die Gewichtsfunktion nicht-negativ ist, können wir, falls eine Lösung Kreise enthält, aus diesen so lange Kanten entfernen, bis die Lösung kreisfrei ist, ohne höhere Kosten zu verursachen. Also können wir uns auf folgendes Problem zurückziehen:

Problem 4.3 (Minimaler aufspannender Baum (MST, von engl. Minimum Spanning Tree)). Sei $G = (V,E)$ ein zusammenhängender Graph und $w : E \to \mathbb{N}$ eine nichtnegative Kantengewichtsfunktion. Bestimme einen G aufspannenden Baum $T = (V,F)$ minimalen Gewichts $w(F)$.

Der vollständige Graph K_n mit n Knoten hat n^{n-2} aufspannende Bäume, wie wir in Abschnitt 4.6 sehen werden. Eine vollständige Aufzählung ist also kein effizientes Verfahren. Ein solches gewinnen wir aber leicht aus Algorithmus 4.9. Der folgende Algorithmus heißt Greedy-Algorithmus (greedy ist englisch für gierig), weil er stets lokal den besten nächsten Schritt tut. Eine solche Strategie ist nicht immer zielführend, in diesem Falle aber schon, wie wir sehen werden. Der lokal beste nächste Schritt ist hier die leichteste Kante, die mit dem bereits erzeugten Graphen keinen Kreis schließt. Also sortieren wir zunächst die Kanten nicht-absteigend und wenden dann Algorithmus 4.9 an.

Algorithmus 4.13 (Greedy-Algorithmus (Kruskal)). Sortiere die Kanten so, dass

$$w(e_1) \leq w(e_2) \leq \ldots \leq w(e_m)$$

und führe Algorithmus 4.9 aus.

Satz 4.14. *Der Greedy-Algorithmus berechnet einen minimalen aufspannenden Baum.*

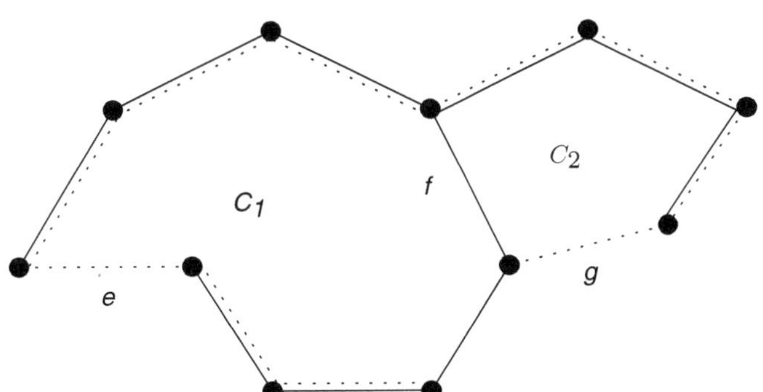

Abb. 4.3 Zum Beweis von Satz 4.14. Kanten in $\tilde{T}$ sind durchgezogen gezeichnet, die in T gestrichelt.

Beweis. Als spezielle Implementierung von Algorithmus 4.9 berechnet der Greedy-Algorithmus einen aufspannenden Baum T. Angenommen es gäbe einen aufspannenden Baum $\tilde{T}$ mit $w(\tilde{T}) < w(T)$. Sei dann ein solches $\tilde{T}$ so gewählt, dass $|T \cap \tilde{T}|$ maximal ist. Sei e die Kante mit kleinstem Gewicht in $T \setminus \tilde{T}$. Dann schließt e in $\tilde{T}$ nach Satz 4.1 einen Kreis C_1 (siehe Abbildung 4.3). Nach Wahl von $\tilde{T}$ muss nun $w(f) < w(e)$ für alle $f \in C_1 \setminus T$ sein, denn sonst könnte man durch Ersetzen eines solchen f mit $w(f) \geq w(e)$ durch e einen Baum $\hat{T} = (\tilde{T} \setminus f) + e$ konstruieren mit

$w(\hat{T}) \leq w(\tilde{T}) < w(T)$ und $|T \cap \hat{T}| > |T \cap \tilde{T}|$. Sei nun $f \in C_1 \setminus T$. Da f vom Greedy-Algorithmus verworfen wurde, schließt es mit T einen Kreis C_2. Da die Kanten nach aufsteigendem Gewicht sortiert wurden, gilt für alle $g \in C_2 : w(g) \leq w(f)$. Sei $g \in C_2 \setminus \tilde{T}$. Dann ist $g \in T \setminus \tilde{T}$ und $w(g) \leq w(f) < w(e)$. Also hat g ein kleineres Gewicht als e im Widerspruch zur Wahl von e.
□

Aufgabe 4.15. Sei $G = (V,E)$ ein zusammenhängender Graph, $w : E \to \mathbb{Z}$ eine Kantengewichtsfunktion und $H = (V,T)$ ein G aufspannender Baum. Zeigen Sie: H ist genau dann ein minimaler G aufspannender Baum, wenn

$$\forall \bar{e} \in E \setminus T \ \forall e \in C(T,\bar{e}) : w(e) \leq w(\bar{e}),$$

wenn also in dem nach Aufgabe 4.2 eindeutigen Kreis $C(T,\bar{e})$, den $\bar{e}$ mit T schließt, keine Kante ein größeres Gewicht als $\bar{e}$ hat. Diese Bedingung ist als *Kreiskriterium* bekannt.
Lösung siehe Lösung 9.38.

Bemerkung 4.16. Man kann im Allgemeinen n Zahlen in $O(n \log n)$ Zeit sortieren, und man kann zeigen, dass es schneller im Allgemeinen nicht möglich ist. Wir wollen im Folgenden diese Aussage ohne Beweis voraussetzen und benutzen (siehe etwa [19, 9]).

Also benötigen wir hier für das Sortieren der Kanten $O(|E|\log(|E|))$, und erhalten wegen

$$O(\log(|E|)) = O(\log(|V|^2)) = O(\log(|V|))$$

mit unserer Implementierung von UNION-FIND ein Verfahren der Komplexität $O((|E| + |V|)\log(|V|))$.

4.5 Die Algorithmen von Prim-Jarnik und Borůvka

Auch aus Algorithmus 4.11 können wir ein Verfahren ableiten, um minimale aufspannende Bäume zu berechnen. Dieser Algorithmus ist nach Robert C. Prim benannt, der ihn 1957 wiederentdeckte. Die erste Veröffentlichung dieses Verfahrens von Vojtech Jarnik war auf Tschechisch.

Algorithmus 4.17 (Prims Algorithmus). Sei $v \in V$.

- Setze $V_0 = \{v\}$, $T_0 = \emptyset$, $i = 0$
- Solange es geht
  - Wähle eine Kante $e = (x,y) \in E$ mit $x \in V_i$, $y \notin V_i$ von minimalem Gewicht und setze $V_{i+1} = V_i \cup \{y\}$, $T_{i+1} = T_i \cup \{e\}$, $i = i+1$.

Bevor wir diskutieren, wie wir effizient die Kante minimalen Gewichts finden, zeigen wir zunächst einmal die Korrektheit des Verfahrens.

Satz 4.18. *Prims Algorithmus berechnet einen minimalen aufspannenden Baum.*

Beweis. Als Spezialfall von Algorithmus 4.11 berechnet Prims Algorithmus einen aufspannenden Baum. Im Verlauf des Algorithmus haben wir auch stets einen Baum, der v enthält. Dieser erhält in jeder Iteration eine neue Kante. Wir zeigen nun mittels Induktion über die Anzahl der Iterationen:

Zu jedem Zeitpunkt des Algorithmus ist T_i in einem minimalen aufspannenden Baum enthalten.

Diese Aussage ist sicherlich zu Anfang für $T_0 = \emptyset$ wahr. Sei nun soeben die Kante e zu T_i hinzugekommen. Nach Induktionsvoraussetzung ist $T_i \setminus e$ in einem minimalen aufspannenden Baum $\hat{T}$ enthalten. Wenn dieser e enthält, so sind wir fertig. Andernfalls schließt e einen Kreis mit $\hat{T}$. Dieser enthält neben e mindestens eine weitere Kante f, die die Knotenmenge von $T_i \setminus e$ mit dem Komplement dieser Knotenmenge verbindet. Nach Wahl von e ist

$$w(e) \leq w(f)$$

und nach Aufgabe 4.2 ist $(\hat{T}+e) \setminus \{f\}$ ein aufspannender Baum und

$$w\left((\hat{T}+e) \setminus f\right) = w(\hat{T}) + w(e) - w(f) \leq w(\hat{T}).$$

Da $\hat{T}$ ein minimaler aufspannender Baum war, schließen wir $w(e) = w(f)$ und somit ist $(\hat{T}+e) \setminus f$ ein minimaler aufspannender Baum, der T_i enthält. □

Aufgabe 4.19. Sei $G = (V,E)$ ein zusammenhängender Graph. Ist $S \subseteq V$, so nennen wir die Kantenmenge

$$\partial_G(S) := \{e \in E \mid |e \cap S| = 1\}$$

den von S *induzierten Schnitt*. Allgemein nennen wir eine Kantenmenge D einen *Schnitt in* G, wenn es ein $S \subseteq V$ gibt mit $D = \partial_G(S)$. Sei nun ferner $w : E \to \mathbb{Z}$ eine Kantengewichtsfunktion und $H = (V,T)$ ein G aufspannender Baum. Zeigen Sie:

a) Für alle $e \in T$ ist die Menge

$$D(T,e) := \{\bar{e} \in E \mid (T \setminus e) + \bar{e} \text{ ist ein Baum}\}$$

ein Schnitt in G.

b) H ist genau dann ein minimaler G aufspannender Baum, wenn

$$\forall e \in T \, \forall \bar{e} \in D(T,e) : w(e) \leq w(\bar{e}),$$

wenn also e eine Kante mit kleinstem Gewicht ist, die die Komponenten von $T \setminus e$ miteinander verbindet. Diese Bedingung ist als *Schnittkriterium* bekannt.

Lösung siehe Lösung 9.39.

Kommen wir zur Diskussion der Implementierung von Prims Algorithmus. Sicherlich wollen wir nicht in jedem Schritt alle Kanten überprüfen, die aus T herausführen. Statt dessen merken wir uns stets die kürzeste Verbindung aus T zu allen Knoten außerhalb von T in einer Kantenmenge `F`. Zu dieser Kantenmenge haben wir als neue Methode `F.MinimumEdge(weight)`, die aus `F` eine Kante minimalen Gewichts liefert. Wenn wir diese Datenstruktur aufdatieren, müssen wir nur alle Kanten, die aus dem neuen Baumknoten herausführen, daraufhin überprüfen, ob sie eine kürzere Verbindung zu ihrem anderen Endknoten aus T heraus herstellen. Wir erhalten also folgenden Code:

```
T=[]
F=[]
for w in G.Neighborhood(v):
```

```
        F.AddEdge((v,w))
        pred[w] = v
while not T.IsSpanning():
        (u,v) = F.MinimumEdge(weight)
        F.DeleteEdge((u,v))
        T.AddEdge((u,v))
        for w in G.Neighborhood(v):
                if not T.Contains(w) and weight[(pred[w],w)] > weight[(w,v)]:
                        F.DeleteEdge((pred[w],w))
                        F.AddEdge((w,v))
                        pred[w] = v
```

Dabei gehen wir davon aus, dass vor Ausführung des Algorithmus die Felder `pred` für alle Knoten mit `pred[v]=v` und `weight[(v,v)]` mit unendlich initialisiert worden sind. Die Kanten fassen wir hier als gerichtet auf, dass heißt in `(u,v) = F.MinimumEdge(weight)` ist `u` ein Knoten innerhalb des Baumes und `v` ein Knoten auf der „anderen" Seite.

Auf diese Weise wird jede Kante in genau einer der beiden **for**-Schleifen genau einmal untersucht. Die Kosten für das Aufdatieren von F sind also $O(|E|)$. Die **while**-Schleife wird nach Satz 4.1 genau $(|V|-1|)$- mal durchlaufen. Für die Laufzeit bleibt die Komplexität von `F.minimumEdge(weight)` zu betrachten. Hier wird aus einer Menge von $O(|V|)$ Kanten das Minimum bestimmt. Man kann nun die Daten, etwa in einer so genannten *Priority Queue* so organisieren, dass $|F|$ stets geordnet ist. Das Einfügen einer Kante in F kostet dann $O(\log|F|)$ und das Löschen und Finden des Minimums benötigt ebenso $O(\log|F|)$. Für Details verweisen wir auf [9]. Als Gesamtlaufzeit erhalten wir damit

$$O(|E|\log|V|).$$

Aufgabe 4.20. Zeigen Sie: In jeder Implementierung ist die Laufzeit von Prims Algorithmus von unten durch $\Omega(|V|\log|V|)$ beschränkt. Weisen Sie dazu nach, dass man mit Prims Algorithmus $|V|$ Zahlen sortieren kann.

Lösung siehe Lösung 9.40.

Als letztes stellen wir das älteste Verfahren vor, das schon 1926 von Otakar Borůvka, ebenfalls auf Tschechisch, publiziert wurde. Dazu zunächst noch eine vorbereitende Übungsaufgabe.

Aufgabe 4.21. Sei $G=(V,E)$ ein zusammenhängender Graph und $w: E \to \mathbb{Z}$ eine Kantengewichtsfunktion. Zeigen Sie:

a) Ist T ein minimaler G aufspannender Baum und $S \subseteq E(T)$, so ist $T \setminus S$ ein minimaler aufspannender Baum von G/S (vgl. Definition 3.16).
b) Ist darüberhinaus w injektiv, und sind also alle Kantengewichte verschieden so ist die Menge S der Kanten, die aus den (eindeutigen) Kanten kleinsten Gewichts an jedem Knoten besteht, in dem eindeutigen minimalen aufspannenden Baum enthalten.

Lösung siehe Lösung 9.41.

Der Algorithmus von Borůvka verfährt nun wie folgt. Wir gehen zunächst davon aus, dass $G=(V,E)$ ein Multigraph mit einer injektiven Gewichtsfunktion ist.

Algorithmus 4.22 (Borůvkas Algorithmus). Setze $T = \emptyset$.

- Solange G noch mehr als einen Knoten hat:

  Jeder Knoten markiert die Kante minimalen Gewichts, die zu ihm inzident und keine Schleife ist.

  Füge alle markierten Kanten S zu T hinzu und setze $G = G/S$.

Hierbei interpretieren wir die Kanten in T am Ende als Kanten des ursprünglichen Graphen G.

Satz 4.23. *Borůvkas Algorithmus berechnet den eindeutigen minimalen aufspannenden Baum von* G.

Beweis. Wir zeigen per Induktion über die Anzahl der Iterationen, dass T in jedem minimalen aufspannenden Baum enthalten ist. Solange T leer ist, ist dies gewiss richtig. Sei also T in jedem minimalen aufspannenden Baum enthalten und S wie beschrieben. Nach Aufgabe 4.21 b) ist S in dem eindeutigen aufspannenden Baum $\tilde{T}$ von G/T enthalten. Sei nun $\hat{T}$ ein minimaler aufspannender Baum von G, also $T \subseteq \hat{T}$. Nach Aufgabe 4.21 a) ist $\hat{T} \setminus T$ ein minimaler aufspannender Baum von G/T. Wir schließen $\hat{T} \setminus T = \tilde{T}$. Insgesamt erhalten wir wie gewünscht $S \cup T \subseteq \hat{T}$.

Da in jedem Schritt die Anzahl der Knoten mindestens halbiert wird, berechnet man in höchstens $\log_2 |V|$ Schritten eine Kantenmenge T, die ein aufspannender Baum ist und in jedem minimalen aufspannenden Baum enthalten ist. Also ist dieser Baum eindeutig. □

Bemerkung 4.24. Die Bedingung, dass w injektiv ist, ist keine wirkliche Einschränkung. Wird ein Kantengewicht mehrfach angenommen, so kann man z. B. die Nummer der Kante dazu benutzen, in der Ordnung auf den Kantengewichten überall eine „echte Ungleichung" zu haben, was das Einzige ist, was in Aufgabe 4.21 b) benutzt wurde.

Wie wir oben bereits bemerkt hatten, wird in jeder Iteration die Anzahl der Knoten mindestens halbiert, also haben wir höchstens $\log_2(|V|)$ Iterationen. Für die Kontraktion müssen wir bei $O(|E|)$ Kanten die Endknoten aufdatieren und erhalten (wenn wir davon ausgehen, dass $|V| = O(|E|)$ ist) als Gesamtlaufzeit

$$O(|E| \log |V|).$$

Beispiel 4.25. Wir betrachten die geometrische Instanz in Abbildung 4.4 mit 13 Knoten. Darauf betrachten wir den vollständigen Graphen, wobei die Kantengewichte durch die Entfernung in der Zeichnung gegeben seien. In der linken Grafik haben wir einige Kanten eingezeichnet. Diejenigen, die wir weggelassen haben sind so lang, dass sie für einen minimalen aufspannenden Baum auch nicht in Frage kommen.

In der mittleren Figur haben wir die Kanten in der Reihenfolge nummeriert, in der sie der Greedy-Algorithmus in den minimalen aufspannenden Baum aufnimmt. Dabei ist die Reihenfolge der zweiten, dritten und vierten sowie der achten und neunten vertauschbar, da diese alle jeweils die gleiche Länge haben. Wir gehen im Folgenden davon aus, dass die früher gewählten Kanten eine kleinere Nummer haben.

Die Nummerierung im Baum ganz rechts entspricht der Reihenfolge, in der Prims Algorithmus die Kanten in den Baum aufnimmt, wenn er im obersten Knoten startet. Hier ist die Reihenfolge eindeutig.

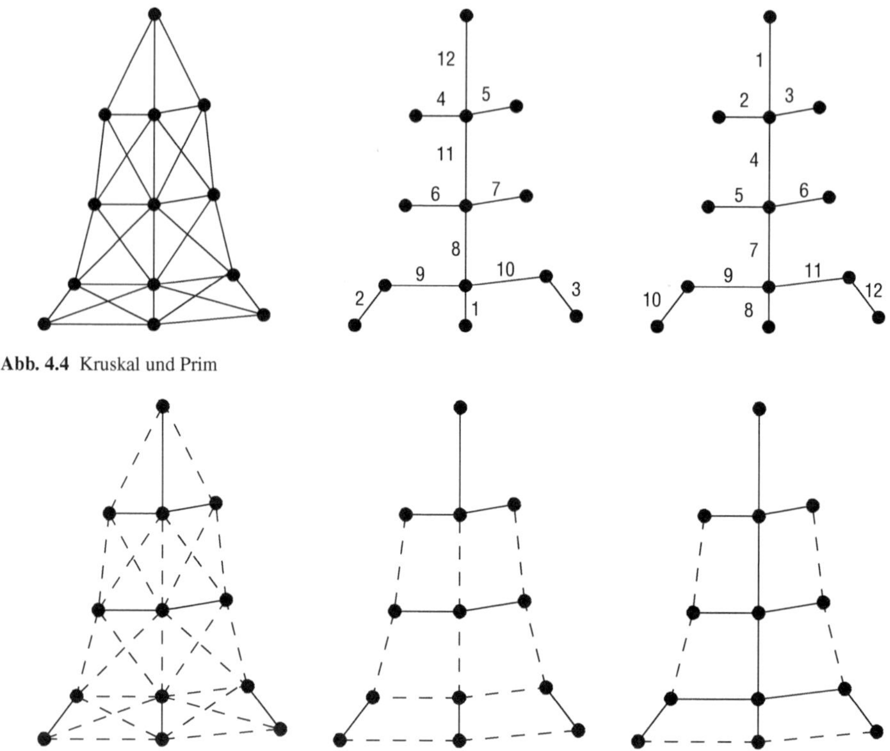

Abb. 4.4 Kruskal und Prim

Abb. 4.5 Borůvka

In Abbildung 4.5 haben wir den Verlauf des Algorithmus von Borůvka angedeutet. Es kommt hier nicht zum Tragen, dass die Kantengewichtsfunktion nicht injektiv ist. In der ersten Iteration sind die markierten Kanten, die fett gezeichneten Kanten in den ersten beiden Bäumen. Im mittleren Baum haben wir Kanten eliminiert, die nach der Kontraktion entweder Schleifen oder parallel zu kürzeren Kanten sind. Im Baum rechts erkennt man, dass der Algorithmus bereits nach der zweiten Iteration den minimalen aufspannenden Baum gefunden hat.

Aufgabe 4.26. Sei $V = \{1, 2, \ldots, 30\}$ und $G = (V, E)$ definiert durch

$$e = (i, j) \in E \iff i \mid j \text{ oder } j \mid i$$

der Teilbarkeitsgraph. Die Gewichtsfunktion w sei gegeben durch den ganzzahligen Quotienten $\frac{j}{i}$ bzw. $\frac{i}{j}$.

Geben Sie die Kantenmengen und die Reihenfolge ihrer Berechnung an, die die Algorithmen von Kruskal, Prim und Borůvka berechnen. Bei gleichen Kantengewichten sei die mit den kleineren Knotennummern die Kleinere.

Lösung siehe Lösung 9.42.

4.6 Die Anzahl aufspannender Bäume

Wir hatten zu Anfang unserer Überlegungen zu minimalen aufspannenden Bäumen angekündigt nachzuweisen, dass der K_n n^{n-2} aufspannende Bäume hat. Da Kanten unterschiedliche Gewichte haben können, betrachten wir dabei isomorphe aber nicht identische Bäume als verschieden, wir nennen diese *knotengelabelte Bäume*.

Die Formel wurde 1889 von Cayley entdeckt und ist deswegen auch unter dem Namen Cayley-Formel bekannt. Der folgende Beweis ist allerdings 110 Jahre jünger, er wurde erst 1999 von Jim Pitman publiziert und benutzt die *Methode des doppelten Abzählens*. Anstatt knotengelabelte Bäume zu zählen, zählen wir knoten- und kantengelabelte Wurzelbäume. Darunter verstehen wir einen Wurzelbaum zusammen mit einer Nummerierung seiner Kanten. Da es $(n-1)!$ Möglichkeiten gibt, die Kanten zu nummerieren und weitere n Möglichkeiten gibt, die Wurzel auszuwählen, entspricht ein knotengelabelter Baum insgesamt $n!$ knoten- und kantengelabelten Wurzelbäumen. Dies halten wir fest:

Proposition 4.1. *Jeder knotengelabelte Baum mit n Knoten gibt Anlass zu genau $n!$ knoten- und kantengelabelten Wurzelbäumen.*

Wir zählen nun die knoten- und kantengelabelten Wurzelbäume, indem wir die Nummerierung der Kanten als dynamischen Prozess interpretieren. Im ersten Schritt haben wir n isolierte Knoten. Diese interpretieren wir als n (triviale) Wurzelbäume und fügen eine gerichtete Kante hinzu, so dass daraus $n-1$ Wurzelbäume entstehen. Im k-ten Schritt haben wir $n-k+1$ Wurzelbäume und fügen die k-te gerichtete Kante hinzu (siehe Abbildung 4.6). Diese Kante darf von einem beliebigen Knoten in einem der Wurzelbäume ausgehen, darf aber wegen Aufgabe 4.3 nur in der Wurzel eines der $n-k$ übrigen Wurzelbäume enden.

Lemma 4.7. *Es gibt genau $n!n^{n-2}$ knoten- und kantengelabelte Wurzelbäume mit n Knoten.*

Beweis. Die eben beschriebenen Wahlmöglichkeiten waren alle unabhängig voneinander. Also erhalten wir die Anzahl der knoten- und kantengelabelte Wurzelbäume als

$$\prod_{k=1}^{n-1} n(n-k) = n^{n-1}(n-1)! = n^{n-2}n!.$$

□

Fassen wir Proposition 4.1 und Lemma 4.7 zusammen, so erhalten wir:

Satz 4.27 (Cayley-Formel). *Die Anzahl der knotengelabelten Bäume mit n Knoten ist n^{n-2}.*

□

Aufgabe 4.28. Sei $G = K_n$ der vollständige Graph mit n Knoten und e eine feste Kante. Zeigen Sie: Die Anzahl der knotengelabelten Bäume von G, die die Kante e enthalten, ist $2n^{n-3}$.
Lösung siehe Lösung 9.43.

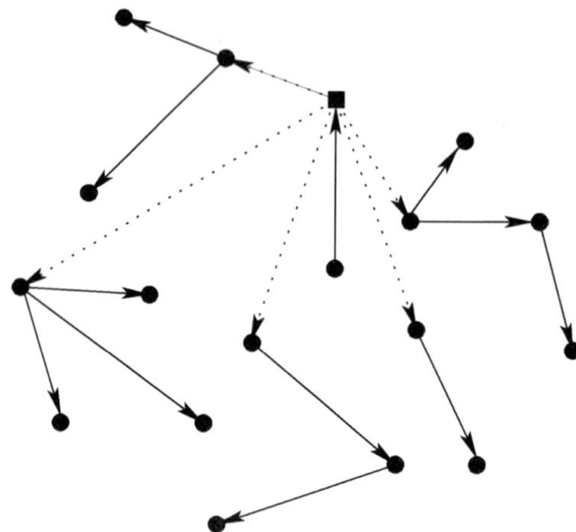

Abb. 4.6 Wenn man den quadratischen Knoten als Startknoten für die dreizehnte Kante auswählt, hat man $5 = 18 - 13 = 6 - 1$ Möglichkeiten, einen Endknoten auszusuchen, die wir durch die gepunkteten Kanten angedeutet haben.

4.7 Bipartites Matching

Wir betrachten nun Zuordnungsprobleme. Der Einfachheit halber betrachten wir nur Aufgabenstellungen, bei denen Elementen aus einer Menge U jeweils ein Element aus einer Menge V unter gewissen Einschränkungen zugeordnet werden soll.

Beispiel 4.29. a) In einer geschlossenen Gesellschaft gibt es m heiratsfähige Männer und n heiratsfähige Frauen. Die Frauen haben jeweils eine Liste der akzeptablen Partner. Verheirate möglichst viele Paare unter Beachtung der Akzeptanz und des Bigamieverbots.

b) An einer Universität bewerben sich Studenten für verschiedene Studiengänge, wobei die Individuen sich für mehrere Studiengänge bewerben. Die Anzahl der Studienplätze in jedem Fach ist begrenzt. Finde eine Zuordnung der Studenten zu den Studiengängen, so dass die Wünsche der Studenten berücksichtigt werden und möglichst viele Studienplätze gefüllt werden.

In beiden Situationen haben wir es mit einem bipartiten Graphen zu tun, der im ersten Fall die Neigungen der Damen und im zweiten die Wünsche der Studenten modelliert:

Definition 4.8. Sei $G = (W, E)$ ein Graph. Dann heißt G *bipartit*, wenn es eine Partition $W = U\dot{\cup}V$ gibt, so dass alle Kanten je einen Endknoten in beiden Klassen haben. Wir nennen dann U und V die *Farbklassen von* G.

Sie haben in Beispiel 3.12 bereits die vollständigen bipartiten Graphen $K_{m,n}$ kennen gelernt. Allgemeine bipartite Graphen lassen sich aber auch sehr leicht charakterisieren.

Proposition 4.2. *Ein Graph* $G = (W, E)$ *ist bipartit genau dann, wenn er keinen Kreis ungerader Länge hat.*

Beweis. Ist G bipartit, so müssen die Knoten jedes Kreises abwechselnd in U und in V liegen. Da der Kreis geschlossen ist, muss er also gerade Länge haben.

Sei nun G ein Graph, in dem alle Kreise gerade Länge haben. Ohne Beschränkung der Allgemeinheit nehmen wir an, dass G zusammenhängend ist. Ansonsten machen wir das Folgende in jeder Komponente. Sei $v \in W$. Wir behaupten zunächst, dass für alle $w \in W$ jeder vw-Weg entweder stets gerade oder stets ungerade Länge hat. Denn angenommen P wäre ein vw-Weg der Länge $2k$ und Q ein vw-Weg der Länge $2k'+1$. Dann ist die *symmetrische Differenz*

$$P\Delta Q := (P \cup Q) \setminus (P \cap Q)$$

eine Menge mit ungerade vielen Elementen, denn

$$|P\Delta Q| = |P| + |Q| - 2|P \cap Q| = 2(k + k' - |P \cap Q|) + 1.$$

Wir untersuchen nun, welche Knotengrade in dem von $P\Delta Q$ gebildeten Teilgraphen von G auftreten können. Sowohl in P als auch in Q haben u und w jeweils den Knotengrad 1 und alle anderen Knoten entweder Knotengrad 0 oder Knotengrad 2. Also haben in $P\Delta W$ alle Knoten den Knotengrad $0, 2$ oder 4, insbesondere ist $H = (W, P\Delta Q)$ eulersch und somit nach Satz 3.40 kantendisjunkte Vereinigung von Kreisen. Da die Gesamtzahl der Kanten in $P\Delta Q$ aber ungerade ist, muss unter diesen Kreisen mindestens einer ungerader Länge sein im Widerspruch zur Voraussetzung. Also hat für alle $w \in W$ jeder vw-Weg entweder stets gerade oder stets ungerade Länge.

Seien nun $U \subseteq W$ die Knoten u, für die alle uv-Wege ungerade Länge haben und V die Knoten mit gerader Distanz von v. Angenommen, es gäbe eine Kante e zwischen zwei Knoten u_1, u_2 in U. Ist dann P ein vu_1 Weg, so ist $P\Delta(u_1, u_2)$ ein vu_2-Weg gerader Länge im Widerspruch zum Gezeigten. Analog gibt es auch keine Kanten zwischen Knoten in V. Also ist G bipartit. □

Die Zuordnungsvorschriften in Beispiel 4.29 kann man auch für beliebige Graphen definieren.

Definition 4.9. Sei $G = (V, E)$ ein Graph. Eine Kantenmenge $M \subseteq E$ heißt ein *Matching* in G, falls für den Graphen $G_M = (V, M)$ gilt

$$\forall v \in V : \deg_{G_M}(v) \leq 1. \tag{4.4}$$

Wir sagen u ist mit v *gematched*, wenn $(u, v) \in M$, und nennen einen Knoten *gematched*, wenn er mit einer Matchingkante inzident ist, und ansonsten *ungematched*.

Gilt in (4.4) stets Gleichheit, so nennen wir das Matching *perfekt*. Wir bezeichnen (4.4) auch als *Bigamieverbot*.

Bei der Bestimmung von Matchings mit maximal vielen Kanten ist nun die Greedy-Strategie, die bei aufspannenden Bäumen so erfolgreich war, kein probates Mittel. Betrachten wir etwa den Graphen in Abbildung 4.7 mit der fett gezeichneten Kante als Matching, so kann man zu dieser Kante keine weitere Kante hinzunehmen, ohne das Bigamieverbot zu verletzen.

Hingegen gibt es offensichtlich Matchings mit zwei Kanten. Um eine intelligentere Strategie zu entwickeln, betrachten wir den Unterschied zwischen einem Matching und einem Matching mit einer Kante mehr.

Seien also M, M' Matchings in $G = (V, E)$ und $|M'| > |M|$. Wiederum analysieren wir die Knotengrade in $(V, M\Delta M')$. Da die Knotengrade in M wie in M' nur 0 und 1 sind, kommen als Knotengrade in $(V, M\Delta M')$ nur $0, 1$ und 2 in Frage. Also besteht $(V, M\Delta M')$ aus isolierten Knoten, Pfaden und Kreisen. In den Kreisen müssen sich aber stets Kanten aus M mit Kanten aus M'

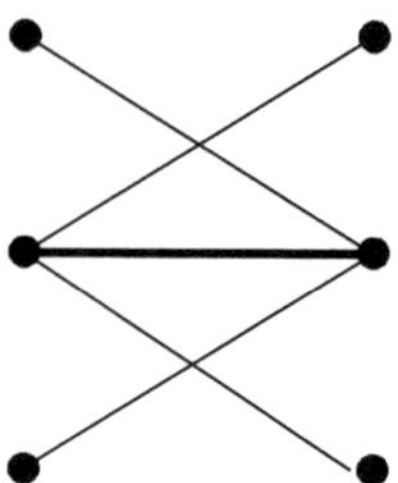

Abb. 4.7 Ein inklusionsmaximales Matching

abwechseln, also müssen diese immer gerade Länge haben. Da aber M' mehr Elemente als M hat, muss es unter den Wegen einen geben, der mehr Kanten in M' als in M hat. Auch umgekehrt kann man aus einem solchen Weg stets ein größeres Matching konstruieren. Dafür führen wir zunächst einmal den Begriff des augmentierenden Weges ein:

Definition 4.10. Sei $G=(V,E)$ ein (nicht notwendig bipartiter) Graph und $M \subseteq E$ ein Matching. Ein Weg $P=v_0v_1v_2\dots v_k$ heißt M*-alternierend*, wenn seine Kanten abwechselnd in M und außerhalb von M liegen. Der Weg P ist M*-augmentierend*, wenn darüber hinaus die beiden Randknoten v_0 und v_k ungematched sind. Insbesondere ist dann k ungerade und $v_iv_{i+1} \in M$ genau dann, wenn $1 \leq i \leq k-2$ und i ungerade.

Satz 4.30. *Sei $G=(V,E)$ ein (nicht notwendig bipartiter) Graph und $M \subseteq E$ ein Matching. Dann ist M genau dann von maximaler Kardinalität, wenn es keinen M-augmentierenden Weg in G gibt.*

Beweis. Wir zeigen die Kontraposition dieses Satzes, also, dass M genau dann nicht maximal ist, wenn es einen M-augmentierenden Weg gibt. Wir haben vor der letzten Definition bereits gezeigt, dass, wenn M' ein Matching von G mit $|M'|>|M|$ ist, $M'\Delta M$ einen M-augmentierenden Weg enthält. Sei also nun umgekehrt P ein M-augmentierender Weg in G. Wir untersuchen die Kantenmenge $M' := M\Delta P$. Da Anfangs- und Endknoten von P ungematched und verschieden sind, aber P ansonsten zwischen Matching- und Nichtmatchingkanten alterniert, hat $H=(V,M')$ überall Knotengrad 0 oder 1, also ist M' ein Matching und enthält eine Kante mehr als M. □

Wir haben nun das Problem, ein maximales Matching zu finden, auf das Bestimmen eines augmentierenden Weges reduziert. Wie findet man nun einen augmentierenden Weg? In allgemeinen Graphen wurde dieses Problem erst 1965 von Jack Edmonds gelöst. Wir wollen darauf hier nicht näher eingehen. In bipartiten Graphen ist die Lage viel einfacher, da ein M-augmentierender Weg stets die Endknoten in unterschiedlichen Farbklassen haben muss:

Proposition 4.3. *Sei $G=(U\dot{\cup}V,E)$ ein bipartiter Graph, M ein Matching in G und $P=v_0v_1v_2\dots v_k$ ein M-augmentierender Weg in G. Dann gilt*

$$v_0 \in U \Leftrightarrow v_k \in V.$$

Beweis. Wie oben bemerkt, ist k ungerade. Ist $v_0 \in U$, so ist $v_1 \in V$ und induktiv schließen wir, dass alle Knoten mit geradem Index in U und alle mit ungeradem Index in V liegen. Insbesondere gilt letzteres für v_k. Analog impliziert $v_0 \in V$ auch $v_k \in U$. □

Wenn wir also alle Kanten, die nicht in M liegen, von U nach V richten, und alle Kanten in M von V nach U, so wird aus P ein gerichteter Weg von einem ungematchten Knoten in U zu einem ungematchten Knoten in V. Da P beliebig war, ist dies unser Mittel der Wahl. Das Schöne an dem folgenden Verfahren ist, dass es, wenn es keinen augmentierenden Weg findet, einen „Beweis" dafür liefert, dass es einen solchen auch nicht geben kann.

Algorithmus 4.31 (Find-Augmenting-Path). Input des Algorithmus ist ein bipartiter Graph $G = (U\dot{\cup}V, E)$ und ein Matching `M` $\subseteq E$. Output ist entweder ein Endknoten eines `M`-augmentierenden Weges oder ein „Zertifikat" `C` für die Maximalität von M. In der Queue `Q` merken wir uns die noch zu bearbeitenden Knoten. Wir gehen davon aus, dass in einer Initialisierung alle Zeiger des Vorgängerfeldes `pred` mit None initialisiert worden sind und `C` die leere Liste ist. Bei Rückgabe eines Endknotens, kann man aus diesem durch Rückverfolgen der Vorgänger den augmentierenden Weg konstruieren.

```
for u in U:
    if not M.matches(u):
        Q.Append(u)
        pred[u]=u
while not Q.IsEmpty():
    u=Q.Top()
    for v in G.Neighborhood(u):
        if pred[v]==None:
            pred[v]=u
            if not M.IsMatched(v):
                return v
            else:
                s=M.Partner(v)
                Q.Append(s)
                pred[s]=v
for all u in U:
    if pred[u]==None:
        C.Append(u)
for all v in V:
    if pred[v]!=None:
        C.Append(v)
```

Zunächst initialisieren wir `Q` mit allen ungematchten Knoten `u` in U. Dann untersuchen wir deren Nachbarn `v` und setzen `u` als ihren Vorgänger ein. Finden wir darunter ein ungematchtes `v`, so wurde schon ein augmentierender Weg gefunden. Ansonsten sei `s` sein Matchingpartner. Der Knoten `s` kann bisher noch nicht bearbeitet worden sein, wir hängen ihn an die Warteschlange und setzen seinen Vorgänger auf `v`. So fahren wir fort, bis wir entweder einen ungematchten Knoten in V finden oder die Schlange `Q` leer ist.

Findet das Verfahren keinen augmentierenden Weg mehr, so sammeln wir in `C` den „Beweis" der Maximalität des Matchings. Warum dies ein Beweis der Maximalität ist, werden wir in Lemma 4.8 und Satz 4.33 erfahren.

Beispiel 4.32. Wir starten unseren Algorithmus mit dem Matching in Abbildung 4.7.

Zunächst stellen wir u_1 und u_3 in die Warteschlange und setzen `pred(`u_1`)=`u_1 und `pred(`u_3`)=`u_3 . Ausgehend vom Knoten u_1 finden wir v_2, setzen `pred(`v_2`)=`u_1 und stellen dessen Matchingpartner u_2 in die Schlange mit `pred(`u_2`)=`v_2. Von u_3 aus finden wir keinen neuen Knoten, aber von u_2 aus den ungematchten Knoten v_1, dessen Vorgänger wir auf `pred(`v_1`)=`u_2 setzen und den wir zurückliefern. Durch Rückverfolgen der Vorgängerfunktion finden wir $u_1v_2u_2v_1$ als M-augmentierenden Weg und ersetzen die bisherige Matchingkante durch (u_1v_2) und (u_2v_1).

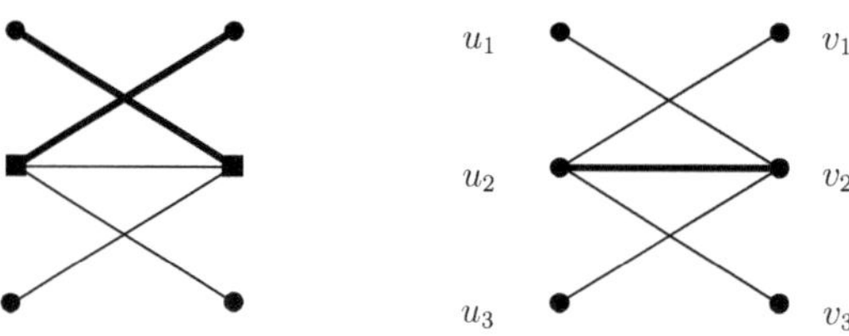

Abb. 4.8 Zwei Durchläufe der Suche nach einem erweiternden Weg

Wir löschen nun wieder alle Vorgänger, d.h. wir setzen `pred` auf `NULL` und stellen u_3 in die Schlange, finden von dort aus v_2, dessen Matchingpartner u_1 in die Schlange aufgenommen wird. Von u_1 aus finden wir nichts Neues und die Warteschlange ist erfolglos abgearbeitet worden. Der einzige Knoten ohne gesetzten Vorgänger in U ist u_2 und der einzige mit gesetztem Vorgänger in V ist v_2. Also ist $\mathtt{C} = \{u_2, v_2\}$.

Proposition 4.4. *Findet die Prozedur „Find Augmenting Path" einen ungematchten Knoten* `v`*, so erhält man durch Rückverfolgen des* `pred`*-Arrays einen* M*-augmentierenden Weg.*

Beweis. Der Knoten `w` wurde von einem Knoten `u` in U aus gelabelt. Dieser ist entweder selber ungematched, also `uw` ein M-augmentierender Weg, oder wir suchen vom Matchingpartner von `u` an Stelle von `w` weiter. Da die Knotenmenge endlich ist und das Verfahren wegen der Vorgängerabfrage in der 8. Zeile nicht zykeln kann, muss es in einem augmentierenden Weg enden. □

Im Folgenden wollen wir klären, inwiefern die Liste `C` ein Beweis dafür ist, dass es keinen augmentierenden Weg mehr gibt. Dafür zunächst noch eine Definition:

Definition 4.11. Sei $G = (V,E)$ ein (nicht notwendig bipartiter) Graph und $C \subseteq V$. Dann heißt C *kantenüberdeckende Knotenmenge* oder kürzer *Knotenüberdeckung (engl. vertex cover)*, wenn für alle $e \in E$ gilt: $C \cap e \neq \emptyset$.

Lemma 4.8. *Liefert das Verfahren eine Knotenliste* `C` *zurück, so ist* $|\mathtt{C}| = |M|$ *und* `C` *ist eine kantenüberdeckende Knotenmenge.*

Beweis. `C` besteht aus allen unerreichten Knoten in U und allen erreichten Knoten in V. Also sind alle Knoten in $\mathtt{C} \cap U$ gematched, da ungematchte Knoten zu Beginn in `Q` aufgenommen werden, und alle Knoten in $\mathtt{C} \cap V$ sind gematched, da kein ungematchter Knoten in V gefunden wurde. Andererseits sind die Matchingpartner von Knoten in $V \cap \mathtt{C}$ nicht in `C`, da diese ja in `Q` aufgenommen wurden. Somit gilt

$$\forall m \in M : |\mathtt{C} \cap m| \leq 1.$$

Da M ein Matching ist und somit kein Knoten zu 2 Kanten in M inzident sein kann, schließen wir hieraus

$$|\texttt{C}| \leq |M|.$$

Wir zeigen nun, dass `C` eine kantenüberdeckende Knotenmenge ist. Angenommen, dies wäre nicht so und $e = (\texttt{u}, \texttt{v})$ eine Kante mit $\{\texttt{u}, \texttt{v}\} \cap \texttt{C} = \emptyset$. Dann ist `pred[v]=None`, aber `pred[u]` $\neq$`None`. Als aber `pred[u]` gesetzt wurde, wurde `u` gleichzeitig in `Q` aufgenommen, also irgendwann auch mal abgearbeitet. Dabei wurde bei allen Nachbarn, die noch keinen Vorgänger hatten, ein solcher gesetzt, insbesondere auch bei `v`, im Widerspruch zu `pred[v]=None`. Also ist `C` eine Knotenüberdeckung.

Schließlich folgt $|\texttt{C}| \geq |M|$ aus der Tatsache, dass kein Knoten zwei Matchingkanten überdecken kann. □

Den folgenden Satz haben wir damit im Wesentlichen schon bewiesen:

Satz 4.33 (Satz von König 1931). *In bipartiten Graphen ist*

$$\max\{|M| \mid M \textit{ ist Matching }\} = \min\{|C| \mid C \textit{ ist Knotenüberdeckung}\}.$$

Beweis. Da jeder Knoten einer Knotenüberdeckung C höchstens eine Matchingkante eines Matchings M überdecken kann, gilt stets $|M| \leq |C|$, also auch im Maximum. Ist nun M ein maximales Matching, so liefert die Anwendung von Algorithmus 4.31 eine Knotenüberdeckung C mit $|C| = |M|$. Also ist eine minimale Knotenüberdeckung höchstens so groß wie ein maximales Matching. □

Bemerkung 4.34. In allgemeinen Graphen ist das Problem der minimalen Knotenüberdeckung **NP**-vollständig.

Wir stellen nun noch zwei Varianten des Satzes von König vor. Dafür führen wir den Begriff der Nachbarschaft von Knoten ein.

Definition 4.12. Ist $G = (V, E)$ ein (nicht notwendig bipartiter) Graph und $H \subseteq V$, so bezeichnen wir mit $N_G(H)$ bzw. $N(H)$ die *Nachbarschaft von H*

$$N(H) := \{v \in V \mid \exists u \in H : (u, v) \in E\}.$$

Korollar 4.35 (Heiratssatz von Frobenius 1917). *Sei $G = (U \dot{\cup} V, E)$ ein bipartiter Graph. Dann hat G genau dann ein perfektes Matching, wenn $|U| = |V|$ und*

$$\forall H \subseteq U : |N(H)| \geq |H|. \tag{4.5}$$

Beweis. Hat G ein perfektes Matching und ist $H \subseteq U$, so liegt der Matchingpartner jedes Knotens in H in der Nachbarschaft von H, die also gewiss mindestens so groß wie H sein muss. Die Bedingung $|U| = |V|$ ist bei Existenz eines perfekten Matchings trivialerweise erfüllt.

Die andere Implikation zeigen wir mittels Kontraposition. Wir nehmen an, dass G keine isolierten Knoten hat, denn sonst ist (4.5) offensichtlich verletzt. Hat G kein perfektes Matching und ist $|U| = |V|$ so hat G nach dem Satz von König eine Knotenüberdeckung C mit $|C| < |U|$. Wir setzen $H = U \setminus C$. Da C eine Knotenüberdeckung ist, ist

$$N(H) \subseteq C \cap V.$$

Also ist

$$|N(H)| \leq |C \cap V| = |C| - |C \cap U| < |U| - |C \cap U| = |U \setminus C| = H.$$

Also verletzt H (4.5). □

Der Name Heiratssatz kommt von der Interpretation wie in Beispiel 4.29. Wenn alle Frauen nur Supermann heiraten wollen, bleiben einige ledig.

Die letzte Variante des Satzes von König ist eine asymmetrische Version des Satzes von Frobenius:

Satz 4.36 (Heiratssatz von Hall). *Sei $G = (U\dot{\cup}V, E)$ ein bipartiter Graph. Dann hat G ein Matching, in dem alle Knoten in U gematched sind, genau dann, wenn*

$$\forall H \subseteq U : |N(H)| \geq |H|. \tag{4.6}$$

Beweis. Wie im Satz von Frobenius ist die Notwendigkeit der Bedingung offensichtlich. Wir können ferner davon ausgehen, dass $|U| \leq |V|$ ist, da ansonsten sowohl die Nichtexistenz eines gewünschten Matchings als auch die Verletzung von (4.6) offensichtlich ist. Wir fügen nun $|V| - |U|$ Dummyknoten zu U hinzu, die alle Knoten in V kennen, und erhalten den bipartiten Graphen $\tilde{G} = (\tilde{U}\dot{\cup}V, \tilde{E})$, der offensichtlich genau dann ein perfektes Matching hat, wenn G ein Matching hat, das alle Knoten in U matched. Hat $\tilde{G}$ kein perfektes Matching, so gibt es nach dem Satz von Frobenius eine Menge $H \subseteq \tilde{U}$ mit $|N_{\tilde{G}}(H)| < |H|$. Da die Dummyknoten alle Knoten in V kennen, muss $H \subseteq U$ sein und also

$$|N_G(H)| = |N_{\tilde{G}}(H)| < |H|.$$

□

Wir wollen diesen Abschnitt beschließen mit dem nun hoffentlich offensichtlichen Algorithmus zur Bestimmung eines maximalen Matchings in einem bipartiten Graphen und der Analyse seiner Laufzeit.

Algorithmus 4.37 (Bipartites Matching). Starte mit einem leeren Matching und setze `C=[]`.

```
while C==[]:
    (C,w)=FindAugmentingPath(M)
    if C==[]:
        P=BackTrackPath(w)
        Augment(M,P)
```

Wir können offensichtlich höchstens $\min\{|U|, |V|\}$ Matchingkanten finden, also wird die while-Schleife $O(\min\{|U|, |V|\})$-mal ausgeführt. Die Prozedur Find-Augmenting-Path besteht im Wesentlichen aus einer Breitensuche in dem Digraphen, der aus G entsteht, wenn Matchingkanten „Rückwärtskanten" und die übrigen Kanten „Vorwärtskanten", also von U nach V orientiert sind. Der Aufwand beträgt also $O(|E|)$. Für das Backtracking und die Augmentierung zahlen wir nochmal je $O(\min\{|U|, |V|\})$, wenn wir davon ausgehen, dass $\min\{|U|, |V|\} = O(|E|)$ ist, geht dieser Term in $O(|E|)$ auf und wir erhalten als Gesamtlaufzeit

$$O(\min\{|U|, |V|\}|E|).$$

Bemerkung 4.38. Mit etwas, aber nicht viel mehr, Aufwand berechnet ein Algorithmus von Hopcroft und Tarjan ein maximales bipartites Matching in $O(\sqrt{|V|}|E|)$.

Aufgabe 4.39. Bestimmen Sie in dem Graphen in Abbildung 4.9 ein maximales Matching und eine minimale Knotenüberdeckung. Lösung siehe Lösung 9.44.

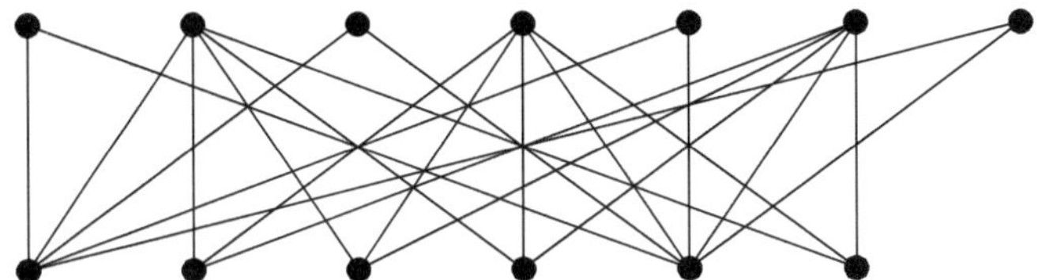

Abb. 4.9 Ein bipartiter Graph

Aufgabe 4.40. Betrachten Sie ein Schachbrett, auf dem einige Felder markiert sind. Auf den markierten Feldern sollen Sie nun möglichst viele Türme platzieren, so dass sich keine zwei davon schlagen können. Zeigen Sie:

Die Maximalzahl der Türme, die man auf den markierten Feldern platzieren kann, ohne dass zwei sich schlagen können ist gleich der minimalen Summe der Anzahl der Zeilen und Spalten, die man auswählen kann, so dass jedes markierte Feld in einer ausgewählten Spalte oder in einer ausgewählten Zeile liegt.
Lösung siehe Lösung 9.45.

Aufgabe 4.41. Eine *Permutationsmatrix* ist eine Matrix $P \in \{0,1\}^{n \times n}$, bei der in jeder Zeile und Spalte jeweils genau eine 1 und sonst nur Nullen stehen.

Eine Matrix $A \in \mathbb{R}^{n \times n}$, bei der für alle Einträge a_{ij} gilt $0 \leq a_{ij} \leq 1$, heißt *doppelt stochastisch*, wenn die Summe aller Einträge in jeder Zeile und Spalte gleich 1 ist.

Zeigen Sie (etwa per Induktion über die Anzahl $k \geq n$ der von Null verschiedenen Einträge in A): Jede doppelt stochastische Matrix ist eine *Konvexkombination* von Permutationsmatrizen, d. h. es gibt $l \in \mathbb{N}$ und Permutationsmatrizen $P_1, \ldots, P_l$ sowie Koeffizienten $\lambda_1, \ldots, \lambda_l$ mit $0 \leq \lambda_i \leq 1$ und $\sum_{i=1}^{l} \lambda_i = 1$ so, dass

$$A = \sum_{i=1}^{l} \lambda_i P_i.$$

Lösung siehe Lösung 9.46.

4.8 Stabile Hochzeiten

Beschließen wollen wir dieses Kapitel mit einer Variante des Matchingproblems, die der Spieltheorie zugeordnet und durch einen einfachen Algorithmus gelöst wird. Es fängt ganz ähnlich wie beim Matching an.

Beispiel 4.42. In einer geschlossenen Gesellschaft gibt es je n heiratsfähige Männer und Frauen. Sowohl Frauen als auch Männer haben Präferenzen, was die Personen des anderen Geschlechts angeht. Aufgabe ist es nun, Männer und Frauen so zu verheiraten, dass es kein Paar aus Mann und Frau gibt, die nicht miteinander verheiratet sind, sich aber gegenseitig Ihren Ehepartnern vorziehen.

Wir werden uns im Folgenden in der Darstellung an diesem Beispiel orientieren. Das liegt einerseits daran, dass es so in den klassischen Arbeiten präsentiert wird und außerdem die Argumentation dadurch anschaulicher wird. Ähnlichkeiten mit Vorkommnissen bei lebenden Personen oder Personen der Zeitgeschichte werden von uns weder behauptet noch gesehen.

Unsere Modellierung sieht wie folgt aus:

Definition 4.13. Seien U, V Mengen mit $|U| = |V|$ und für alle $u \in U$ sei $\prec_u$ eine Totalordnung von V, sowie für alle $v \in V$ sei $\prec_v$ eine Totalordnung von U. Eine bijektive Abbildung von $\tau : U \to V$ heißt *stabile Hochzeit*, wenn für alle $u \in U$ und $v \in V$ gilt,

$$\text{entweder } \tau(u) = v \text{ oder } v \prec_u \tau(u) \text{ oder } u \prec_v \tau^{-1}(v).$$

In Worten: entweder u und v sind miteinander verheiratet oder mindestens einer zieht seinen Ehepartner dem anderen (d.h. u oder v) vor.

Wir nennen U die Menge der Männer und V die Menge der Frauen.

Es ist nun nicht ohne Weiteres klar, dass es für alle Präferenzlisten stets eine stabile Hochzeit gibt. Dass dies so ist, wurde 1962 von den Erfindern dieses „Spiels“ Gale und Shapley algorithmisch gezeigt. Der Algorithmus, mit dem sie eine stabile Hochzeit berechnen, trägt seine Beschreibung schon im Namen: „Men propose – Women dispose“.

Algorithmus 4.43 (Men propose – Women dispose). Eingabedaten wie eben. Zu Anfang ist niemand verlobt. Die verlobten Paare bilden stets ein Matching im vollständigen bipartiten Graphen auf U und V. Der Algorithmus terminiert, wenn das Matching perfekt ist.

- Solange es einen Mann gibt, der noch nicht verlobt ist, macht dieser der besten Frau auf seiner Liste einen Antrag.
- Wenn die Frau nicht verlobt ist oder ihr der Antragsteller besser gefällt als ihr Verlobter, nimmt sie den Antrag an und löst, falls existent, ihre alte Verlobung. Ihr Ex-Verlobter streicht sie von seiner Liste.
- Andernfalls lehnt Sie den Antrag ab, und der Antragsteller streicht sie von seiner Liste.

Zunächst stellen wir fest, dass wir alle soeben aufgeführten Schritte in konstanter Zeit durchführen können, wenn wir davon ausgehen, dass die Präferenzen als Liste gegeben sind und wir zusätzlich zwei Elemente in konstanter Zeit vergleichen können. Die unverlobten Männer können wir in einer Queue verwalten, deren erstes Element wir in konstanter Zeit finden. Ebenso können wir später einen Ex-Verlobten in konstanter Zeit ans Ende der Queue stellen. Der Antragsteller findet seine Favoritin in konstanter Zeit am Anfang seiner Liste und diese braucht nach Annahme auch nicht länger, um ihn mit Ihrem Verlobten zu vergleichen.

Für die Laufzeit des Algorithmus ist also folgende Feststellung ausschlaggebend:

Proposition 4.5. *Kein Mann macht der gleichen Frau zweimal einen Antrag.*

Beweis. Wenn ein Mann beim ersten Antrag abgelehnt wird, streicht er die Frau von seiner Liste. Wird er angenommen, so streicht er sie von seiner Liste, wenn sie ihm den Laufpass gibt. □

Nun überlegen wir uns, dass der Algorithmus zulässig ist, dass also stets ein Mann, der nicht verlobt ist, noch mindestens eine Kandidatin auf seiner Liste hat. Dazu beobachten wir:

Proposition 4.6. *Eine Frau, die einmal verlobt ist, bleibt es und wird zu keinem späteren Zeitpunkt mit einem Antragsteller verlobt sein, der ihr schlechter als ihr derzeitiger Verlobter gefällt.*

Beweis. Eine Frau löst eine Verlobung nur, wenn sie einen besseren Antrag bekommt. Der Rest folgt induktiv, da die Ordnung der Präferenzen transitiv ist. □

Da die Anzahl der verlobten Frauen und Männer stets gleich ist, gibt es mit einem unverlobten Mann auch stets noch mindestens eine unverlobte Frau, die also auch noch auf der Liste unseres Antragstellers stehen muss. Setzen wir nun $|U| = |V| = n$, so haben wir damit fast schon gezeigt:

Satz 4.44. *a) Der Algorithmus „Men propose – Women dispose“ terminiert in* $O(n^2)$.
b) Wenn er terminiert, sind alle verlobt.
c) Die durch die Verlobungen definierte bijektive Abbildung ist eine stabile Hochzeit.

Beweis.

a) Eine Antragstellung können wir in konstanter Zeit abarbeiten. Jeder Mann macht jeder Frau höchstens einen Antrag, also gibt es höchstens n^2 Anträge und somit ist die Laufzeit $O(n^2)$.
b) Da der Algorithmus erst terminiert, wenn jeder Mann verlobt ist und $|U| = |V|$ ist, sind am Ende alle verlobt.
c) Bezeichnen wir die Verlobungsabbildung wieder mit τ. Seien $u \in U$ und $v \in V$ nicht verlobt, aber $\tau(u) \prec_u v$. Als u $\tau(u)$ einen Antrag machte, stand v nicht mehr auf seiner Liste, muss also vorher gestrichen worden sein. Als u v von seiner Liste strich, war sie entweder mit einem Mann verlobt, den sie u vorzog oder hatte soeben von einem entsprechenden Kandidaten einen Antrag bekommen. Nach Proposition 4.6 gilt also auch zum Zeitpunkt der Terminierung $u \prec_v \tau^{-1}(v)$. Also bildet τ eine stabile Hochzeit.

□

Aufgabe 4.45. Zeigen Sie: Der Algorithmus „Men propose – Women dispose“ liefert eine *männeroptimale* stabile Hochzeit, d. h. ist $u \in U$ ein beliebiger Mann und τ das Ergebnis von „Men propose – Women dispose“, so gibt es keine stabile Hochzeit σ, in der u mit einer Frau verheiratet wird, die er seiner gegenwärtigen vorzieht, d. h.

$$\forall \sigma \text{ stabile Hochzeit } \forall u \in U : \sigma(u) \preceq_u \tau(u).$$

Lösung siehe Lösung 9.47.

Selbstverständlich kann man aus Symmetriegründen im gesamten Abschnitt die Rollen von Männern und Frauen vertauschen. Dann liefert „Women propose – Men dispose“ eine frauenoptimale, stabile Hochzeit. Mischformen dieser beiden Ansätze, die eine stabile Hochzeit liefern, sind uns aber nicht bekannt.

Kapitel 5
Numerik und lineare Algebra

Nachdem wir in den bisherigen Kapiteln im Wesentlichen Algorithmen auf Graphen betrachtet haben und insbesondere unsere numerischen Berechnungen sich auf die Addition zweier Zahlen beschränkten, wollen wir uns nun Algorithmen zuwenden, bei denen Zahlen eine größere Rolle spielen. Vorher müssen wir aber noch etwas Notation einführen und diskutieren, wie wir gebrochene oder reelle Zahlen im Rechner darstellen bzw. annähern. In diesem Zusammenhang müssen wir auch ansprechen, wie sich die unvermeidbaren Näherungsrechnungen auf den weiteren Verlauf unserer Berechnungen auswirken.

Im Anschluss daran diskutieren wir die Implementierung des Gaußalgorithmus zur Lösung linearer Gleichungssysteme, den Sie vielleicht in der Schule oder der linearen Algebra bereits kennen gelernt haben.

5.1 Etwas mehr Notation

Zunächst müssen wir die Notation, soweit sie nicht im ersten Kapitel eingeführt wurde, vorstellen. Bei den zugehörigen Begriffen gehen wir davon aus, dass Sie sie in der Schule oder an anderer Stelle bereits kennen gelernt haben.

Mit $\mathbb{Z}_+$, ($\mathbb{Q}_+, \mathbb{R}_+$) bezeichnen wir die nichtnegativen ganzen (rationalen, reellen) Zahlen. Sind $a, b \in \mathbb{R}$, so bezeichnen wir mit

$$[a,b] := \{x \in \mathbb{R} \mid a \leq x \leq b\} \quad \text{das abgeschlossene und mit}$$
$$]a,b[:= \{x \in \mathbb{R} \mid a < x < b\} \quad \text{das offene}$$

Intervall zwischen a und b. Analog sind die halboffenen Intervalle $[a,b[:= \{x \in \mathbb{R} \mid a \leq x < b\}$ bzw. $]a,b] := \{x \in \mathbb{R} \mid a < x \leq b\}$ definiert.

Für $n \in \mathbb{N}$ bezeichnet $\mathbb{N}^n$ ($\mathbb{Z}^n, \mathbb{Q}^n, \mathbb{R}^n$) die Menge der Vektoren mit n Komponenten mit Einträgen in $\mathbb{N}$ ($\mathbb{Z}, \mathbb{Q}, \mathbb{R}$). Sind E und R Mengen, so bezeichnet R^E die Menge aller Abbildungen von E nach R. Wenn E endlich ist, so betrachten wir die Elemente von R^E auch als $|E|$-Vektoren und schreiben

$$x = (x_e)_{e \in E}.$$

W. Hochstättler, *Algorithmische Mathematik*, Springer-Lehrbuch
DOI 10.1007/978-3-642-05422-8_5, © Springer-Verlag Berlin Heidelberg 2010

Soweit nicht explizit anders gesagt, sind Vektoren stets *Spaltenvektoren*. Ein hochgestelltes $\top$ bedeutet Transposition, also ist für $x,y \in \mathbb{R}^n$ $x^\top$ ein Zeilenvektor und als Matrixprodukt ist

$$x^\top y = \sum_{i=1}^{n} x_i y_i.$$

Sind $a,b \in \mathbb{R}^n$, so bedeutet

$$a \leq b \iff \forall i = 1,\ldots,n : a_i \leq b_i.$$

Sind $M,N \subseteq \mathbb{R}^n$ und $\alpha \in \mathbb{R}$, so gelte

$$\begin{aligned}
M+N &:= \{x+y \mid x \in M, y \in N\},\\
M-N &:= \{x-y \mid x \in M, y \in N\},\\
\alpha M &:= \{\alpha x \mid x \in M\},\\
M^\perp &:= \{y \in \mathbb{R}^n \mid \forall x \in M : x^\top y = 0\}.
\end{aligned}$$

Ist R eine Menge, so bezeichnen wir mit $R^{m\times n}$ die Menge der $(m \times n)$-Matrizen mit Einträgen in R, das sind Matrizen mit m Zeilen und n Spalten. Ist $A \in R^{m\times n}$, so heißt der Eintrag in der i-ten Zeile und j-ten Spalte $a_{i,j}$ oder $A_{i,j}$, manchmal auch ohne Komma im Index. Wir schreiben auch $A = (a_{i,j})_{\substack{i=1,\ldots,m\\ j=1,\ldots,n}}$ oder kurz $A = (a_{i,j})$. Sind M,N die Zeilen- bzw. Spaltenindexmenge von A und $I \subseteq M$, $J \subseteq N$, so bezeichnen wir mit $A_{I,J}$ die Matrix $(a_{i,j})_{i\in I, j\in J}$, statt $A_{I,N}$ $(A_{M,J})$ schreiben wir kurz $A_{I.}(A_{.J})$. Mit I_n bezeichnen wir die *Einheitsmatrix*, d. i. die $(n \times n)$-Matrix mit Einsen auf der Diagonale und sonst lauter Nullen.

Allgemein definieren wir für eine $(m \times n)$-Matrix $A = (a_{i,j})$ die *Transponierte* als die $(n \times m)$-Matrix

$$A^\top = (a_{j,i}).$$

Eine quadratische Matrix A heißt *symmetrisch*, wenn $A^\top = A$ ist.

Mit $e_i \in \mathbb{R}^n$ bezeichnen wir den i-ten Einheitsvektor, d. h. $(e_i)_j = 1$ falls $i = j$ und 0 sonst.

Ist $x \in \mathbb{R}^n$, so bezeichnet, falls nicht ausdrücklich anders definiert, $\|x\|$ stets die *euklidische Norm* oder L_2-Norm

$$\|x\|_2 := \sqrt{x^\top x} = \sqrt{\sum_{i=1}^{n} x_i^2}.$$

Manchmal verwenden wir auch andere Normen, wie etwa

die L_1- oder 1-Norm: $\|x\|_1 := \sum_{i=1}^{n} |x_i|$
die L_∞- oder Maximumsnorm: $\|x\|_\infty := \max_{1\leq i\leq n} |x_i|$.

Ist $P \subseteq \mathbb{R}^n$ und $\varepsilon > 0$, so bezeichnen wir mit

$$U_\varepsilon(P) := \{x \in \mathbb{R}^n \mid \exists p \in P : \|x-p\| < \varepsilon\}$$

die offene ε-Umgebung der Menge P. Ist $P = \{p\}$ einelementig, so schreiben wir statt $U_\varepsilon(\{p\})$ kurz $U_\varepsilon(p)$.

Sind $A,B \in \mathbb{N}$ natürliche Zahlen mit $B \neq 0$, so bezeichnen wir mit $A \bmod B$ den Rest, der bei ganzzahliger Division von A durch B bleibt. Diesen können wir mit der Gaußklammer ausdrücken als

$$A \bmod B = A - \left\lfloor \frac{A}{B} \right\rfloor B.$$

5.2 Kodierung von Zahlen

Die Einführung der „Zahlen der Inder", die hier zu Lande als „arabische Zahlen" bekannt sind, ist ein wesentliches Verdienst des Mannes, der unserer Veranstaltung den Namen gab: al-Khwarizmi. Mit römischen Zahlen lässt sich nämlich schlecht rechnen. Was steckt eigentlich genau hinter der Zehnerstellennotation der arabischen Zahlen? Jede Stelle steht für eine Zehnerpotenz, wir haben als Basis Zehn. Also ist etwa 123456.789 eine abkürzende Schreibweise für

$$\begin{aligned}
&123456.789\\
&= 1 \cdot 10^5 + 2 \cdot 10^4 + 3 \cdot 10^3 + 4 \cdot 10^2 + 5 \cdot 10^1 + 6 \cdot 10^0 + 7 \cdot 10^{-1} + 8 \cdot 10^{-2} + 9 \cdot 10^{-3}\\
&= +10^6 \cdot 0.123456789\\
&= +10^6(1 \cdot 10^{-1} + 2 \cdot 10^{-2} + 3 \cdot 10^{-3} + 4 \cdot 10^{-4} + 5 \cdot 10^{-5} + 6 \cdot 10^{-6} +\\
&\quad + 7 \cdot 10^{-7} + 8 \cdot 10^{-8} + 9 \cdot 10^{-9}).
\end{aligned}$$

Dass sich bei dieser Darstellung die 10 als Basis durchgesetzt hat, liegt vielleicht daran, dass wir 10 Finger haben. Vom mathematischen Gesichtspunkt aus ist jede natürliche Zahl verschieden von Null und 1 geeignet dafür. Dies ist der Inhalt des folgenden Satzes.

Satz 5.1. *Sei $B \in \mathbb{N}, B \geq 2$, und sei $x \in \mathbb{R} \setminus \{0\}$. Dann gibt es genau eine Darstellung der Gestalt*

$$x = \sigma B^n \sum_{i=1}^{\infty} x_{-i} B^{-i} \tag{5.1}$$

mit

a) $\sigma \in \{+1, -1\}$
b) $n \in \mathbb{Z}$
c) $x_{-i} \in \{0, 1, \ldots, B-1\}$
d) $x_{-1} \neq 0$ *und zusätzlich*
e) $\forall j \in \mathbb{N} \exists k \geq j : x_{-k} \neq B - 1$.

Mit der letzten Bedingung schließen wir im Zehnersystem Neunerperioden aus. Allgemein würde eine Periode $B-1$ die Eindeutigkeit zerstören, da wir die gleiche Zahl erhalten, wenn wir die letzte Stelle, die verschieden von $B-1$ ist, um eins erhöhen und die nachfolgenden Stellen auf Null setzen.

Der Existenzbeweis, den wir nun führen werden, enthält auch einen Algorithmus, mit dem Sie eine solche Darstellung berechnen können. Im Anschluss werden wir das an einem Beispiel vorführen.

Beweis. Zur Existenz: Das Vorzeichen können wir offensichtlich übernehmen. Als Nächstes bestimmen wir ein $n \in \mathbb{N}$ mit $B^{n-1} \leq |x| < B^n$. Also setzen wir zunächst

$$\sigma := \operatorname{sign}(x) \qquad \text{und} \qquad n := \lfloor \log_B(|x|) \rfloor + 1.$$

Die x_i erhalten wir, indem wir das „Komma geeignet verschieben". Dies leistet die Multiplikation mit einer geeigneten Potenz von B. Zur Bestimmung der führenden Stelle führen wir nun eine Division mit Rest durch B durch, also

$$\begin{aligned} x_{-1} &= \left\lfloor |x|\, B^{1-n} \right\rfloor \bmod B \\ x_{-2} &= \left\lfloor |x|\, B^{2-n} \right\rfloor \bmod B \\ &\vdots \\ x_{-i} &= \left\lfloor |x|\, B^{i-n} \right\rfloor \bmod B. \end{aligned}$$

Zum Beweis der Existenz müssen wir nun zeigen, dass die so definierte *Reihe* gegen x konvergiert.

Dazu zeigen wir mittels vollständiger Induktion über n zunächst:

$$x_{-i} = \left\lfloor \left(|x| - B^n \sum_{j=1}^{i-1} x_{-j} B^{-j} \right) B^{i-n} \right\rfloor. \tag{5.2}$$

Nach Definition von n ist $B^{n-1} \leq |x| < B^n$ also

$$1 \leq |x| B^{1-n} < B$$

und somit zunächst einmal

$$\begin{aligned} x_{-1} &= \left\lfloor |x| B^{1-n} \right\rfloor \bmod B \\ &= \left\lfloor |x| B^{1-n} \right\rfloor \\ &= \left\lfloor \left(|x| - B^n \sum_{j=1}^{1-1} x_{-j} B^{-j} \right) B^{1-n} \right\rfloor \end{aligned}$$

und somit (5.2) gezeigt für $i = 1$. Beachten Sie, dass hier die Summe von 1 bis 0 läuft, also leer ist, die leere Summe aber per Definitionem Null ist.

Sei nun $i_0 \geq 2$ und die Behauptung für alle $i \leq i_0 - 1$ bewiesen. Nach Induktionsvoraussetzung ist dann

$$x_{-(i_0-1)} = \left\lfloor \left(|x| - B^n \sum_{j=1}^{i_0-2} x_{-j} B^{-j} \right) B^{i_0-1-n} \right\rfloor$$

und somit

$$0 \leq \left(|x| - B^n \sum_{j=1}^{i_0-2} x_{-j} B^{-j} \right) B^{i_0-1-n} - x_{-(i_0-1)} < 1.$$

Durch Multiplikation mit B folgt

$$\begin{aligned} 0 &\leq \left(|x| - B^n \sum_{j=1}^{i_0-2} x_{-j} B^{-j} \right) B^{i_0-n} - B^{n-i_0+1+(i_0-n)} x_{-(i_0-1)} \\ &= \left(|x| - B^n \sum_{j=1}^{i_0-1} x_{-j} B^{-j} \right) B^{i_0-n} < B \end{aligned}$$

und somit

$$\begin{aligned} x_{-i_0} &= \lfloor |x| B^{i_0-n} \rfloor \bmod B \\ &= \left\lfloor \left(|x| - B^n \sum_{j=1}^{i_0-1} x_{-j} B^{-j} \right) B^{i_0-n} \right\rfloor \end{aligned}$$

womit (5.2) bewiesen ist.

Für einen Konvergenzbeweis müssen wir, wie wir aus der Analysis wissen, zeigen, dass es zu jedem $\varepsilon > 0$ ein $i_0 \in \mathbb{N}$ gibt mit

$$\forall N \geq i_0 : \left| x - \sigma B^n \sum_{i=1}^{N} x_{-i} B^{-i} \right| < \varepsilon.$$

Sei also $\varepsilon > 0$ vorgegeben und $i_0 = \lceil n + 2 - \log_B \varepsilon \rceil$. Nach dem soeben Bewiesenen ist

$$0 \leq \left(|x| - B^n \sum_{j=1}^{i_0-1} x_{-j} B^{-j} \right) B^{i_0-n} < B \tag{5.3}$$

und somit

$$\begin{aligned} \left| x - \sigma B^n \sum_{j=1}^{N} x_{-j} B^{-j} \right| &= \left| |x| - B^n \sum_{j=1}^{N} x_{-j} B^{-j} \right| \\ &\overset{(1)}{\leq} \left| |x| - B^n \sum_{j=1}^{i_0-1} x_{-j} B^{-j} \right| + \left| B^n \sum_{j=i_0}^{N} |x_{-j}| B^{-j} \right| \\ &\overset{(2)}{\leq} \left| |x| - B^n \sum_{j=1}^{i_0-1} x_{-j} B^{-j} \right| + B^n \sum_{j=i_0}^{\infty} (B-1) B^{-j} \\ &\overset{(3)}{<} \frac{B}{B^{i_0-n}} + B^n (B-1) \frac{1}{B^{i_0}(1-\frac{1}{B})} \\ &= B^{n+1-i_0} + B^n (B-1) \frac{B}{B^{i_0}(B-1)} \\ &= B^{n+1-i_0} + \frac{B^{n+1}}{B^{i_0}} \\ &= 2B^{n+1-i_0} \\ &\overset{(4)}{\leq} B^{n+2-i_0} \\ &= B^{n+2-\lceil n+2-\log_B \varepsilon \rceil} \\ &= B^{n+2-n-2-\lceil -\log_B \varepsilon \rceil} \\ &= B^{\lfloor \log_B \varepsilon \rfloor} \leq \varepsilon. \end{aligned}$$

Dabei haben wir in (1) die Dreiecksungleichung ausgenutzt und in (2) in der rechten Summe die $|x_{-j}|$ alle nach oben durch $B-1$ abgeschätzt. In (3) haben wir (5.3) und die Formel der geometrischen Reihe ($\sum_{i=i_0}^{\infty} q^i = \frac{q^{i_0}}{1-q}$ für $|q| < 1$) ausgenutzt. Schließlich haben wir in (4) ausgenutzt, dass $B \geq 2$ ist.

Wir müssen noch zeigen, dass nicht ab irgendeinem j_0 alle weiteren $x_{-j} = B-1$ sind. Nehmen wir im Gegenteil an, es gäbe ein $j_0 \in \mathbb{N}$ mit $\forall k \geq j_0 : x_{-k} = B-1$. Dann ist

$$
\begin{aligned}
x_{-(j_0-1)} &= \left\lfloor \left(|x| - B^n \sum_{k=1}^{j_0-2} x_{-k} B^{-k} \right) B^{j_0-1-n} \right\rfloor \\
&= \left\lfloor \left(B^n \sum_{i=1}^{\infty} x_{-i} B^{-i} - B^n \sum_{k=1}^{j_0-2} x_{-k} B^{-k} \right) B^{j_0-1-n} \right\rfloor \\
&= \left\lfloor B^{j_0-1} \sum_{i=j_0-1}^{\infty} x_{-i} B^{-i} \right\rfloor \\
&= \left\lfloor x_{-(j_0-1)} + (B-1) \sum_{i=j_0}^{\infty} B^{j_0-1-i} \right\rfloor \\
&= x_{-(j_0-1)} + \left\lfloor (B-1) \sum_{i=1}^{\infty} B^{-i} \right\rfloor
\end{aligned}
$$

Die Reihe in der letzten Zeile ist wieder eine geometrische. Setzen wir deren Wert ein, erhalten wir

$$
\begin{aligned}
x_{-(j_0-1)} = x_{-(j_0-1)} &+ \left\lfloor (B-1) \sum_{i=1}^{\infty} B^{-i} \right\rfloor \\
= x_{-(j_0-1)} &+ \left\lfloor (B-1) \frac{1}{B} \frac{1}{1-\frac{1}{B}} \right\rfloor \\
= x_{-(j_0-1)} &+ 1.
\end{aligned}
$$

Mit diesem Widerspruch ist die Existenz einer Darstellung wie angegeben gezeigt.

Wir kommen nun zur Eindeutigkeit. Seien also $\sigma_2 \in \{1, -1\}$, $n_2 \in \mathbb{N}$ und $y_{-i} \in \{0, 1, \ldots, B-1\}$, $y_{-1} \neq 0$ mit

$$
\sigma_1 B^{n_1} \sum_{i=1}^{\infty} x_{-i} B^{-i} = \sigma_2 B^{n_2} \sum_{i=1}^{\infty} y_{-i} B^{-i}.
$$

Offensichtlich muss wegen $x \neq 0$ dann $\sigma_1 = \sigma_2$ sein. Also ist

$$
x_{-1} B^{n_1-1} + B^{n_1} \sum_{i=2}^{\infty} x_{-i} B^{-i} = y_{-1} B^{n_2-1} + B^{n_2} \sum_{i=2}^{\infty} y_{-i} B^{-i}. \tag{5.4}
$$

Da allgemein gilt

$$
\begin{aligned}
\sum_{i=2}^{\infty} z_{-i} B^{-i} &< \sum_{i=2}^{\infty} (B-1) B^{-i} \\
&= \frac{B-1}{B^2} \frac{1}{1-\frac{1}{B}} \\
&= \frac{1}{B},
\end{aligned}
$$

falls alle $z_{-i} \in \{0, \ldots, B-1\}$ aber nicht alle identisch $B-1$ sind, erhalten wir, wenn wir (5.4) durch B^{n_1-1} dividieren

$$
x_{-1} = \left\lfloor x_{-1} + B \sum_{i=2}^{\infty} x_{-i} B^{-i} \right\rfloor = \left\lfloor y_{-1} B^{n_2-n_1} + B^{n_2+1-n_1} \sum_{i=2}^{\infty} y_{-i} B^{-i} \right\rfloor.
$$

Aus $x_{-1} \neq 0 \neq y_{-1}$, und weil $1 \leq x_{-1} < B$ ist, schließen wir, dass $n_1 = n_2$ sein muss.

Es bleibt zu zeigen $x_{-i} = y_{-i}$ für alle i. Angenommen dies wäre nicht so. Dann betrachten wir $0 = \sum_{i=1}^{\infty}(x_{-i} - y_{-i})B^{-i}$. Nach Annahme gibt es einen kleinsten Index i_0 mit $x_{-i_0} \neq y_{-i_0}$. Für alle $1 \leq i < i_0$ gilt also $x_{-i} - y_{-i} = 0$. Durch eventuelles Vertauschen der Namen können wir o.B.d.A. (ohne Beschränkung der Allgemeinheit) annehmen, dass $x_{-i_0} < y_{-i_0}$. Dann erhalten wir

$$\begin{aligned} 1 \leq y_{-i_0} - x_{-i_0} &= \sum_{i=i_0+1}^{\infty} (x_{-i} - y_{-i})B^{-i+i_0} \\ &= \sum_{i=1}^{\infty}(x_{-i-i_0} - y_{-i-i_0})B^{-i} \\ &\leq \sum_{i=1}^{\infty}(B-1)B^{-i} \\ &\leq (B-1)\frac{1}{B-1} = 1. \end{aligned}$$

Demnach muss in allen Ungleichungen dieser Kette Gleichheit herrschen. Hieraus folgt aber, dass $x_{-i} = B-1$ und $y_{-i} = 0$ für alle $i > i_0$, was wir ausgeschlossen hatten. □

Für allgemeine $B \in \mathbb{N}, B \geq 2$ heißt die Darstellung in (5.1) *B-adische Darstellung von x*.

Bemerkung 5.2. Im Rechner verwenden wir bekanntermaßen $B \in \{2, 8, 16\}$. Die entsprechenden Darstellungen heißen *Binärzahlen, Oktalzahlen* und *Hexadezimalzahlen.*

Beispiel 5.3. a) Sei $B = 7$ und $x = 12345678.9$ (dezimal). Es ist $7^8 = 5764801$ und $7^9 = 40353607$. Also ist $n = 9$. Nun berechnen wir durch Division mit Rest

$$\begin{array}{rrlll}
12345678.9 \div & 5764801 = 2 & \text{Rest } 816076.9 & \\
816076.9 \div & 823543 = 0 & \text{Rest } 816076.9 & \\
816076.9 \div & 117649 = 6 & \text{Rest } 110182.9 & \\
110182.9 \div & 16807 = 6 & \text{Rest } 9340.9 & \\
9340.9 \div & 2401 = 3 & \text{Rest } 2137.9 & \\
2137.9 \div & 343 = 6 & \text{Rest } 79.9 & \\
79.9 \div & 49 = 1 & \text{Rest } 30.9 & \\
30.9 \div & 7 = 4 & \text{Rest } 2.9 & \\
2.9 \div & 1 = 2 & \text{Rest } 0.9 & \\
0.9 \div & 7^{-1} = 6 & \text{Rest } 0.9 - \frac{6}{7} & (= \frac{3}{70}) \\
\frac{3}{70} \div & 7^{-2} = 2 & \text{Rest } \frac{21}{490} - \frac{2}{49} & (= \frac{1}{490}) \\
\frac{1}{490} \div & 7^{-3} = 0 & \text{Rest } \frac{1}{490} & \\
\frac{1}{490} \div & 7^{-4} = 4 & \text{Rest } \frac{49}{490 \cdot 49} - \frac{4}{49^2} & (= \frac{9}{24010}) \\
\frac{9}{24010} \div & 7^{-5} = 6 & \text{Rest } \frac{63}{70 \cdot 49^2} - \frac{6}{7 \cdot 49^2} & (= \frac{3}{168070}) \\
\frac{3}{168070} \div & 7^{-6} = 2 & \text{Rest } \frac{21}{10 \cdot 49^3} - \frac{2}{49^3} &
\end{array}$$

Da scheint sich etwas zu wiederholen und wir vermuten, dass

$$12345678.9 = 206636142.\overline{6204} \text{ in 7-adischer Darstellung}$$

ist. Diese Vermutung bestätigt sich dadurch, dass der Rest $\frac{9}{24010}$ gerade der 7^4-te Teil von $\frac{9}{10}$ ist. Folglich gilt

$$\frac{9}{24010} \div 7^{-5} = \frac{9}{10} \div 7^{-1}$$

und wir müssen nur für unsere weitere Rechnung den Rest wieder durch 7^4 teilen. Also wiederholen sich im Folgenden die Rechnungen und es ergibt sich eine periodische Wiederholung.

b) Wie wirkt es sich aus, wenn wir mehr Dezimalstellen hinter dem Komma haben. Etwas übermütig betrachten wir wieder zur Basis $B = 7$ die Dezimalzahl $x = 12345.6789$. Wir starten wie eben: Es ist $7^4 = 2401$ und $7^5 = 16807$ und somit $n = 5$. Wir rechnen weiter

$$
\begin{aligned}
12345.6789 \div 2401 &= 5 \text{ Rest } 340.6789\\
340.6789 \div 343 &= 0 \text{ Rest } 340.6789\\
340.6789 \div 49 &= 6 \text{ Rest } 46.6789\\
46.6789 \div 7 &= 6 \text{ Rest } 4.6789\\
4.6789 \div 1 &= 4 \text{ Rest } 0.6789\\
0.6789 \div 7^{-1} &= 4 \text{ Rest } 0.6789 - \tfrac{4}{7}\\
0.6789 - \tfrac{4}{7} \div 7^{-2} &= 5 \text{ Rest } 0.6789 - \tfrac{33}{49}\\
0.6789 - \tfrac{33}{49} \div 7^{-3} &= 1 \text{ Rest } 0.6789 - \tfrac{232}{343}\\
0.6789 - \tfrac{232}{343} \div 7^{-4} &= 6 \text{ Rest } 0.6789 - \tfrac{1630}{2401}\\
0.6789 - \tfrac{1630}{2401} \div 7^{-5} &= 0 \text{ Rest } 0.6789 - \tfrac{1630}{2401}\\
0.6789 - \tfrac{1630}{2401} \div 7^{-6} &= 1 \text{ Rest } 0.6789 - \tfrac{79871}{117649}\\
0.6789 - \tfrac{79871}{117649} \div 7^{-7} &= 6 \text{ Rest } 0.6789 - \tfrac{559103}{823543}\\
0.6789 - \tfrac{559103}{823543} \div 7^{-8} &= 2 \text{ Rest } 0.6789 - \tfrac{3913723}{5764801}\\
0.6789 - \tfrac{3913723}{5764801} \div 7^{-9} &= 2 \text{ Rest } 0.6789 - \tfrac{27396063}{40353607}\\
0.6789 - \tfrac{27396063}{40353607} \div 7^{-10} &= 5 \text{ Rest } 0.6789 - \tfrac{191772446}{282475249}
\end{aligned}
$$

Langsam wird das Rechnen etwas mühsam und das Beispiel etwas lang. Anstatt von Hand zu rechnen, wollen wir den Vorgang automatisieren. Schnell übersetzen wir unsere Rechnungen in folgenden Algorithmus:

Wir initialisieren `a=1.0, b=0.0, g=0.6789` und benutzen dann folgenden Code:

```
for i in range(18):          # entspricht for i=0 to 17
    c=(g*a-b)*7
    d=int(c)
    b=b*7+d
    a=a*7
    print d,
```

und erhalten als Output

```
4 5 1 6 0 1 6 2 2 5 3 5 5 2 1 2 0 5
```

was noch nicht sehr periodisch aussieht. Vorsichtig erhöhen wir die Anzahl der Iterationen auf 23 mit folgendem Ergebnis:

```
4 5 1 6 0 1 6 2 2 5 3 5 5 2 1 2 0 5 5 7 -56 -448 0
```

Da ist offensichtlich etwas schief gelaufen. Jede neue Stelle unserer 7-adischen Entwicklung sollte doch zwischen 0 und 6 liegen.

Wir werden später noch einmal auf das letzte Beispiel eingehen. Zunächst wollen wir aber diskutieren, was da wohl falsch gelaufen ist.

Aufgabe 5.4. Entwickeln Sie 10000, $\frac{1}{3}$ und 0.1 als Binärzahlen.
Lösung siehe Lösung 9.48

5.3 Fehlerquellen und Beispiele

Man kann keine Reihen mit unendlich vielen Gliedern bei vorgegebenem endlichen Speicher darstellen. Auch mit unendlich vielen nummerierten Speicherstellen könnten wir nicht alle reellen Zahlen darstellen, da man die reellen Zahlen nicht abzählen kann. Beim praktischen Rechnen ist man deshalb gezwungen zu *runden*.

Es seien $x, \tilde{x} \in \mathbb{R}$, wobei $\tilde{x}$ eine Näherung für x sei. Dann heißen

a) $x - \tilde{x}$ der *absolute Fehler* und
b) für $x \neq 0$, $\frac{x-\tilde{x}}{x}$ der *relative Fehler*.

Beispiel 5.5. Ist $x = \sqrt{2}$ und $\tilde{x} = 1.41$, so ist der absolute Fehler $\sqrt{2} - 1.41 \approx 0.0042136$ und der relative Fehler

$$\frac{\sqrt{2}-1.41}{\sqrt{2}} = \frac{2-1.41\sqrt{2}}{2} = 1 - 0.705\sqrt{2} \approx 0.0029794.$$

Bei der Darstellung von Zahlen bzgl. einer Basis $B \in \mathbb{N}, B \geq 2$ wollen wir folgende Rundungsvorschrift für die t-stellige Darstellung mit $x \in \mathbb{R} \setminus \{0\}$ für $x = \sigma B^n \sum_{i=1}^{\infty} x_{-i} B^{-i}$ benutzen:

$$Rd_t(x) := \begin{cases} \sigma B^n \sum_{i=1}^{t} x_{-i} B^{-i} & \text{falls } x_{-t-1} < \frac{B}{2} \\ \sigma B^n (B^{-t} + \sum_{i=1}^{t} x_{-i} B^{-i}) & \text{falls } x_{-t-1} \geq \frac{B}{2} \end{cases}$$

Sei nun eine *Maschinengenauigkeit* $t \in \mathbb{N}$ vorgegeben. Dann bezeichnen wir Zahlen mit einer Darstellung der Gestalt $\sigma B^n \sum_{i=1}^{t} x_{-i} B^{-i}$ als *Maschinenzahlen* oder *Gleitkommazahlen*. Dabei heißt n der *Exponent*, σ das *Vorzeichen* und $\sum_{i=1}^{t} x_{-i} B^{-i}$ die *Mantisse* der Zahl. Wir sagen auch, die Zahl habe eine *t-stellige Mantisse*.

Beispiel 5.6. a) Bei den Dezimalzahlen bedeutet diese Vereinbarung, dass alle Zahlen, die in der $t+1$-ten Stelle der Mantisse die Ziffern 0,1,2,3 oder 4 haben *abgerundet* und alle übrigen *aufgerundet* werden.
b) Die Zahl $206636142.\overline{6204}$ in 7-adischer Darstellung wird mit 10-stelliger Mantisse zu $7^{10} * 0.2066361426$. Die Ziffer 2 wird abgerundet, da sie kleiner als $\frac{7}{2}$ ist.

Satz 5.7. *Seien $k \in \mathbb{N}$, $B = 2k$, $t \in \mathbb{N}$ und $x = \sigma B^n \sum_{i=1}^{\infty} x_{-i} B^{-i} \neq 0$. Dann gilt:*

a) $Rd_t(x)$ hat eine Darstellung der Gestalt $\sigma B^{n'} \sum_{i=1}^{t} x'_{-i} B^{-i} \neq 0$,
b) der absolute Fehler ist beschränkt durch $|x - Rd_t(x)| < \frac{B^{n-t}}{2}$,
c) der relative Fehler ist beschränkt durch $\left|\frac{x-Rd_t(x)}{x}\right| < \frac{B^{1-t}}{2}$,
d) der relative Fehler bzgl. $Rd_t(x)$ ist beschränkt durch $\left|\frac{x-Rd_t(x)}{Rd_t(x)}\right| \leq \frac{B^{1-t}}{2}$.

Beweis. Übung.

Aufgabe 5.8. Beweisen Sie die Aussage des letzten Satzes.
Lösung siehe Lösung 9.49.

Bei der Verknüpfung zweier Gleitkommazahlen, wie Addition, Subtraktion, Multiplikation und Division werden wir nun zunächst das Ergebnis möglichst genau berechnen und dann auf t Stellen runden. Betrachten wir dies zum Beispiel bei der Addition.

Beispiel 5.9. Wir wollen mit 4-stelliger Arithmetik (d. h. 4-stelliger Mantisse) zur Basis 10 die Zahlen $12,34$ und $-0,09876$ addieren.

$$\begin{array}{ll} +\,.\,1\,2\,3\,4 & 2 \\ -\,.\,9\,8\,7\,6 & \text{-1} \\ & \\ +\,.\,1\,2\,3\,4\,0\,0\,0\,0 & 2 \\ -\,.\,0\,0\,0\,9\,8\,7\,6\,0 & 2 \\ \hline +\,.\,1\,2\,2\,4\,1\,2\,4\,0 & 2 \\ \hline +\,.\,1\,2\,2\,4 & 2 \end{array}$$

Das Runden von Zahlen liefert also ein zusätzliches Fehlerpotential bei der numerischen Lösung eines Problems. Andere Fehlerquellen sind *Datenfehler* oder *Verfahrensfehler*. Letzteres sind etwa Ungenauigkeiten, die dadurch enstehen, dass iterative, konvergente Prozesse nach endlich vielen Schritten abgebrochen werden. Alle diese Fehler können durch *Fehlerfortpflanzung* verstärkt werden.

Beispiel 5.10. Wir berechnen $(9.8765-8.8764)^{10000} \approx e \approx 2.7181459$. Die Potenz berechnen wir aber nicht, indem wir die Differenz zehntausendmal mit sich selbst multiplizieren. Indem wir die Binärdarstellung von 10000 aus Aufgabe 5.4 ausnutzen und iteriert quadrieren, können wir den Rechenaufwand auf $2\lceil\log_2 10000\rceil$ viele Multiplikationen reduzieren.

Ist nämlich ganz allgemein $n=\sum_{i=0}^{t} b_i 2^i$ die binäre Entwicklung einer natürlichen Zahl $n \in \mathbb{N}$, so können wir für eine reelle Zahl x bei der Berechnung von x^n die Potenzgesetze ausnutzen:

$$\begin{aligned} x^n &= x^{\sum_{i=0}^{t} b_i 2^i} \\ &= \prod_{i=0}^{t} x^{b_i 2^i} \\ &= \prod_{\text{alle } i \text{ mit } b_i=1} x^{2^i}. \end{aligned}$$

Durch wiederholtes Quadrieren erhalten wir die Zahlen x^{2^i} und müssen davon dann diejenigen Aufmultiplizieren, bei denen $b_i=1$ ist.

Wenn wir mit vierstelliger Genauigkeit rechnen, also $9.8765-8.8764$ durch $9.877-8.876 = 1.001$ ersetzen, so erhalten wir in unserem Beispiel

$$
\begin{aligned}
1.001 * 1.001 &\approx 1.002 \approx 1.001^{2} \\
1.002 * 1.002 &\approx 1.004 \approx 1.001^{4} \\
1.004 * 1.004 &\approx 1.008 \approx 1.001^{8} \\
1.008 * 1.008 &\approx 1.016 \approx 1.001^{16} \\
1.016 * 1.016 &\approx 1.032 \approx 1.001^{32} \\
1.032 * 1.032 &\approx 1.065 \approx 1.001^{64} \\
1.065 * 1.065 &\approx 1.134 \approx 1.001^{128} \\
1.134 * 1.134 &\approx 1.286 \approx 1.001^{256} \\
1.286 * 1.286 &\approx 1.654 \approx 1.001^{512} \\
1.654 * 1.654 &\approx 2.736 \approx 1.001^{1024} \\
2.736 * 2.736 &\approx 7.486 \approx 1.001^{2048} \\
7.486 * 7.486 &\approx 56.04 \approx 1.001^{4096} \\
56.04 * 56.04 &\approx 3140 \approx 1.001^{8192}
\end{aligned}
$$

Wegen $10000 = 8192 + 1024 + 512 + 256 + 16$ berechnen wir

$$
\begin{aligned}
1.001^{10000} &\approx 3140 * 2.736 * 1.654 * 1.286 * 1.016 \\
&\approx 8591 * 1.654 * 1.286 * 1.016 \\
&\approx 14210 * 1.286 * 1.016 \\
&\approx 18270 * 1.016 \approx 18560.
\end{aligned}
$$

Hier tauchte durch das Runden bei der Differenzenbildung früh ein relativ großer Fehler auf, $9.8765 - 8.8764 = 1.0001$ wird durch Runden vor der Differenzenbildung zu 1.001. Der relative Fehler beträgt aber nur etwa ein Tausendstel. In den Berechnungen schaukelt sich der relative Fehler auf und liegt am Ende etwa bei $18560/e \approx 6828$.

Aufgabe 5.11. Seien $\hat{x}, \hat{y}$ Näherungen von $x, y \in \mathbb{R} \setminus \{0\}$. Bezeichne $\delta_x = x - \hat{x}$ den absoluten und $\varepsilon_x = \frac{\delta_x}{x}$ den relativen Fehler bzgl. x und analog δ_y, ε_y für y. Wir nehmen an, dass $|\delta_x| < \min\{|x|, |\hat{x}|\}$ bzw. analog für y. Schätzen Sie die Beträge der absoluten und relativen Fehler als Funktion von $|\delta_x|, |\delta_y|, |\varepsilon_x|, |\varepsilon_y|, |x|$ und $|y|$ ab, der entsteht, wenn man mit den Näherungen exakt rechnet für $x + y, xy$ und $\frac{x}{y}$, sowie für ax, wenn $a \in \mathbb{R} \setminus \{0\}$ eine fixe Zahl ist.
Lösung siehe Lösung 9.50.

Wir kommen nun noch einmal auf Beispiel 5.3 zurück. Die kritische Zeile im Pythonprogramm ist `c=(g*a-b)*7`. Denn $\frac{b}{a}$ ist eine im Laufe des Verfahrens immer bessere Approximation von g, d.h. $g * a$ und b nähern sich immer stärker an. Wenn ihre Differenz in den Bereich der Maschinengenauigkeit gerät, löschen sie sich im Wesentlichen aus. Manchmal kann man solche Probleme durch andere Formeln vermeiden.

In unserem Beispiel hatten wir g immer besser durch einen Bruch $\frac{b}{a}$ approximiert und die Differenz immer neu ausgewertet. Wenn wir uns statt dessen immer nur die Differenz, also den Rest merken, vermeiden wir das Problem der Auslöschung. Wir fangen also an mit `d=int(7*0.6789)` und erhalten als Rest `r=7*0.6789-d`. Damit berechnen wir nun die nächste Ziffer als `d=int(7*r)` und iterieren dies. Noch besser wird das Resultat, wenn wir uns den Rest als ganze Zahl merken, also wie folgt vorgehen:

```
r=6789
for i in range(500):
    d=int(7*r/10000)
    r=7*r-10000*d
    print d,
```

Die Funktion int() liefert den ganzzahligen Teil einer Zahl. Wir müssten Sie hier nicht verwenden, da Python, wenn man keine Dezimalpunkte schreibt, automatisch in ganzzahliger Arithmetik rechnet. Obige Routine multipliziert also immer den Rest mit 7 und gibt den ganzzahligen Anteil aus, den sie danach abschneidet. Alle Rechnungen benutzen nur ganze Zahlen.

Analysieren wir die Ausgabe, so erkennen wir, dass die 7-adische Darstellung dieser Zahl periodisch mit Periodenlänge 100 ist.

Aufgabe 5.12. Betrachten Sie die Gleichung $ax^2+bx+c=0$ für $a,b,c\in\mathbb{R}$, $a\neq 0$. Bekanntlich hat diese die Lösungen

$$x_1=\frac{-b+\sqrt{b^2-4ac}}{2a}\qquad x_2=\frac{-b-\sqrt{b^2-4ac}}{2a}.$$

Ist nun b^2 deutlich größer als $4ac$, so kommt es für $b>0$ bei x_1 zu Auslöschung und ansonsten bei x_2. Finden Sie äquivalente numerisch stabilere Formeln für x_1, falls $b>0$, und für x_2, falls $b<0$. Lösung siehe Lösung 9.51.

Dies muss hier als Veranschaulichung der Problematik genügen. Im Anhang weisen wir auf weiterführende Literatur zur Numerik hin.

5.4 Gaußelimination und LU-Zerlegung, Pivotstrategien

Eine der wichtigsten numerischen Aufgaben ist das Lösen linearer Gleichungssysteme, denn dieses Problem taucht in vielen numerischen Verfahren als Teilproblem auf. Hierzu gibt es im Wesentlichen zwei Typen von Algorithmen. Die direkten Verfahren, die in endlich vielen Schritten eine Lösung berechnen, die mit Rundungsfehlern und ihren Konsequenzen behaftet ist. Andererseits die indirekten, iterativen Verfahren, die abbrechen, wenn eine „gewisse“ Genauigkeit erreicht ist. Wir werden uns nur mit direkten Verfahren beschäftigen.

Im gesamten Abschnitt werden wir folgende Fragestellung untersuchen: Gegeben seien $A\in\mathbb{R}^{m\times n}$, $b\in\mathbb{R}^m$. Gesucht ist ein Vektor $x\in\mathbb{R}^n$ mit $Ax=b$. Diese Aufgabenstellung haben Sie, vielleicht nicht in Matrizenschreibweise, bereits in der Schule kennen gelernt. Wir wollen das dort vorgestellte Eliminationsverfahren, das auf Gauß zurück geht, etwas implementationsnäher darstellen und untersuchen.

Zunächst einmal stellen wir die Vorgehensweise an Hand eines Beispiels vor.

Beispiel 5.13. Sei folgendes lineare Gleichungssystem gegeben:

$$\begin{aligned} x_1 + x_2 + x_3 + x_4 &= 10\\ -x_1 \qquad\qquad\qquad &= -4\\ - x_2 \qquad\qquad &= -3\\ - x_3 \qquad &= -2\,. \end{aligned}$$

In Matrixschreibweise erhalten wir:

$$A = \begin{pmatrix} 1 & 1 & 1 & 1 \\ -1 & 0 & 0 & 0 \\ 0 & -1 & 0 & 0 \\ 0 & 0 & -1 & 0 \end{pmatrix}, \quad b = \begin{pmatrix} 10 \\ -4 \\ -3 \\ -2 \end{pmatrix}.$$

$$\begin{array}{cccc|c} \boxed{1} & 1 & 1 & 1 & 10 \\ -1 & 0 & 0 & 0 & -4 \\ 0 & -1 & 0 & 0 & -3 \\ 0 & 0 & -1 & 0 & -2 \end{array} \quad \begin{array}{cccc|c} 1 & 1 & 1 & 1 & 10 \\ 0 & \boxed{1} & 1 & 1 & 6 \\ 0 & -1 & 0 & 0 & -3 \\ 0 & 0 & -1 & 0 & -2 \end{array} \quad \begin{array}{cccc|c} 1 & 1 & 1 & 1 & 10 \\ 0 & 1 & 1 & 1 & 6 \\ 0 & 0 & \boxed{1} & 1 & 3 \\ 0 & 0 & -1 & 0 & -2 \end{array},$$

Wir wählen zunächst in der ersten Zeile den ersten Eintrag als *Pivotelement* und erzeugen unter diesem in der ersten Spalte Nullen. Hier genügt es, dafür die erste Zeile zur zweiten zu addieren. Wir wählen im Folgenden hier die Pivotelemente stets auf der Diagonalen und bringen die Matrix durch elementare Zeilenumformungen in Zeilenstufenform, so dass unterhalb dieser „Treppe“ nur noch Nullen stehen. Die transformierte Matrix hat nun die Gestalt

$$\begin{array}{cccc|c} 1 & 1 & 1 & 1 & 10 \\ 0 & 1 & 1 & 1 & 6 \\ 0 & 0 & 1 & 1 & 3 \\ 0 & 0 & 0 & 1 & 1 \end{array}.$$

Nun können wir durch Einsetzen leicht die Lösung ausrechnen:

$$x_4 = 1,\; x_3 = 3-1 = 2,\; x_2 = 6-2-1 = 3,\; x_1 = 10-3-2-1 = 4.$$

Man führt im Allgemeinen von links nach rechts *Gaußeliminationen* durch. Für jeden solchen Schritt wählt man zunächst ein *Pivotelement* aus und sorgt dann durch elementare Zeilenumformungen dafür, dass unter diesem nur noch Nullen stehen.

Notieren wir zunächst den *Gaußeliminationsschritt bzgl. des Elementes* $a_{ij} \neq 0$. Für alle Indizes $k > i$ ziehen wir das $\frac{a_{kj}}{a_{ij}}$-fache der i-ten Zeile von der k-ten ab. Bezeichnen wir die nun entstehende neue k-te Zeile als $\tilde{A}_{k.}$, so notieren wir also

$$\tilde{A}_{k.} = A_{k.} - \frac{a_{kj}}{a_{ij}} A_{i.}$$

oder als Pythoncode, für den Sie im Folgenden stets das Paket NumPy für numerische Berechnungen in Python einbinden müssen, wenn Sie die Algorithmen ausprobieren wollen.

```
def gausselim(A,i,j):
    for k in range(i+1,m):
        A_kj=A[k,j]
        A_ij=A[i,j]
        Q_kj=-A_kj/A_ij
        A[k,:]=A[k,:]+Q_kj*A[i,:]
```

Mit `A[k,:]=A[k,:]+Q_kj*A[i,:]` greifen wir zeilenweise auf die Matrix A zu. Der Befehl ist also eine Abkürzung für

```
for l in range(m):
    A[k,l]=A[k,l]+Q_kj*A[i,l].
```

Bei der Bestimmung des Pivotelementes entlang der Diagonalen kann der Fall eintreten, dass $a_{jj}=0$ ist. Gibt es dann ein a_{kl} mit $k \geq j$ und $l \geq j$, welches verschieden von Null ist, vertauschen wir die k-te und j-te Zeile, sowie l-te und j-te Spalte, merken uns, dass in der Lösung die Indizes l und j vertauscht werden müssen und führen eine Gaußelimination mit a_{jj} durch. Dies geschieht in folgender Pythonroutine

```
def gaussalg(A,b):
    d=min([m,n])
    index=range(0,n)                      # Permutation der Variablen
    C=concatenate((A,b),1)                # Verschmelze A,b nebeneinander
    for k in range(d):
        if C[k,k]==0:
            pivotfound,i,j = findpivot(C,index,k)
            if pivotfound == 0:
                break
            else:
                if i != k:                # vertausche Zeilen i and k
                    swaprows(C,i,k)
                if j != k:                # vertausche Spalten
                    swapcolumns(C,index,j,k)  # und Variablen j and k
        gausselim(C,k,k)
    solvable, x = compute_x(C,index,k)
    return solvable,x
```

Abschließend können wir nun anhand der transformierten Matrix feststellen, ob das Gleichungssystem lösbar ist und, wenn ja, eine spezielle Lösung bestimmen. Wenn wir keine Spaltenvertauschung durchgeführt haben, so setzen wir $x_m = \frac{b_m}{c_{mm}}$ und iterieren rückwärts

$$x_i = b_i - \sum_{j=i+1}^{m} c_{ij} x_j.$$

Das letzte Summationszeichen implementieren wir in einer for-Schleife und erhalten als Code, bei dem wir allerdings den Anfang weglassen, indem wir überprüfen, ob das transformierte Gleichungssystem Nullzeilen hat oder unlösbar ist:

```
def compute_x(C,ind,d):
    # C=[A|b], wobei A eine obere Dreiecksmatrix mit m <= n ist.
    # Wir loesen das System Ax=b unter Beruecksichtigung der
    # Permutation index fuer x.

        .
        if solvable:
            x[ind[d]]=C[d,n]/C[d,d]
            for i in range(1,d+1):
                x[ind[d-i]]=C[d-i,n]
```

```
        for j in range(0,i):
            x[ind[d-i]]=x[ind[d-i]]-C[d-i,d-j]*x[ind[d-j]]
        x[ind[d-i]]=x[ind[d-i]]/C[d-i,d-i]
    return solvable,x
```

Bemerkung 5.14. Grundsätzlich sollte man bei numerischen Berechnungen wegen der Rundungsfehler Abfragen nach Gleichheit vermeiden. So sollte für wirkliche Berechnungen in den oberen Routinen z. B. stets anstatt der Abfrage $x \neq 0$ besser $|x| \geq \varepsilon$ für eine kleine Konstante abgefragt werden. Auch bei der Bestimmung des Pivotelementes ist es numerisch günstig, Elemente zu vermeiden, deren Betrag relativ klein im Vergleich mit den anderen Einträgen der Matrix ist.

Aufgabe 5.15. Lösen Sie das lineare Gleichungssystem

$$\begin{aligned} 10x - \quad 7y \qquad &= \quad 7 \\ -3x + 2.099y + 6z &= 3.901 \\ 5x - \qquad y + 5z &= \quad 6 \end{aligned}$$

mit dem Gaußalgorithmus einmal exakt und einmal in 5-stelliger (dezimaler) Arithmetik.
Lösung siehe Lösung 9.52.

5.5 *LU* -Zerlegung

Wir wollen nun noch etwas detaillierter den Fall untersuchen, dass A eine reguläre Matrix, also eine Matrix, deren Zeilen und Spalten linear unabhängig sind, ist. Speziell ist die Matrix dann quadratisch und wir definieren:

Definition 5.1. Sei A eine $(n \times n)$-Matrix. A heißt *obere Dreiecksmatrix*, wenn unterhalb der Diagonalen nur Nullen stehen, wenn also $A_{ij} = 0$ für alle $i > j$ und $1 \leq i, j \leq n$ ist. Analog definieren wir die *untere Dreiecksmatrix*, bei der oberhalb der Diagonalen nur Nullen stehen dürfen, also $A_{ij} = 0$ für alle $i < j$ und $1 \leq i, j \leq n$ ist.

Die folgenden Überlegungen sind nützlich, wenn das System $Ax = b$ mit festem A, aber variierendem b zu lösen ist. Zunächst halten wir fest, dass wir uns bei regulärem A bei der Suche eines Pivotelementes auf die aktuelle Spalte beschränken können.

Proposition 5.1. *Sei A eine reguläre $(n \times n)$-Matrix und $1 \leq d \leq n$ so, dass für alle $0 < j < d$ und alle $i > j$ die Bedingung $A_{ij} = 0$ erfüllt ist, d. h. A hat in den ersten $d-1$ Spalten die Gestalt einer oberen Dreiecksmatrix. Dann gibt es ein i, $d \leq i \leq n$ mit $A_{id} \neq 0$.*

Beweis. Angenommen die Behauptung wäre falsch und für alle $d \leq i \leq n$: $A_{id} = 0$. Wir betrachten dann die Zeilen d bis n der Matrix A. Die von diesen Zeilen gebildete Matrix hat in den ersten d Spalten nur Nulleinträge, also nur $n-d$ von Null verschiedene Spalten und somit Spaltenrang höchstens $n-d$. Da Spaltenrang gleich Zeilenrang ist und diese Matrix $n-d+1$ Zeilen hat, sind diese Zeilen linear abhängig im Widerspruch zur angenommenen Regularität von A. □

Unter der Annahme, dass nur Zeilentransformationen, also insbesondere keine Spaltenvertauschungen, durchgeführt werden, können wir nun alle Transformationen, die im Gaußalgorithmus durchgeführt werden, als Multiplikation des Systems $[A|b]$ von links mit einer geeigneten Matrix schreiben.

Definition 5.2. Sei $i \neq j$. Eine $(n \times n)$ Matrix der Gestalt

$$P_{ij}^n = \begin{array}{c} \\ \\ i \\ \\ \\ \\ j \\ \\ \\ \\ \end{array} \begin{pmatrix} 1 & & & & & & & & \\ & 1 & & & & & & 0 & \\ & & 0 & \cdots & \cdots & \cdots & 1 & & \\ & & \vdots & \ddots & & & \vdots & & \\ & & \vdots & & 1 & & \vdots & & \\ & & \vdots & & & \ddots & \vdots & & \\ & & 1 & \cdots & \cdots & \cdots & 0 & & \\ & & & & & & & 1 & \\ & 0 & & & & & & & \ddots \\ & & & & & & & & & 1 \end{pmatrix}$$

(Spalten i und j markiert über der Matrix)

also eine symmetrische Matrix mit n Einsen, von denen $n-2$ auf der Diagonalen stehen, und sonst lauter Nulleinträgen, heißt *Transpositionsmatrix*. Ein Produkt von Transpositionsmatrizen nennen wir eine *Permutationsmatrix*.

Bemerkung 5.16. Multipliziert man eine $(m \times n)$-Matrix A von links mit P_{ij}^m, so bewirkt dies die Vertauschung der i-ten mit der j-ten Zeile. Die Rechtsmultiplikation von A mit P_{ij}^n bewirkt die Vertauschung der i-ten mit der j-ten Spalte.

Proposition 5.2. *a)* $P_{ij}^n = I_n - e_i e_i^\top - e_j e_j^\top + e_i e_j^\top + e_j e_i^\top$.
b) Transpositionsmatrizen sind selbstinvers, d.h. $P_{ij}^n P_{ij}^n = I_n$.

Beweis. Übung. □

Bemerkung 5.17. Beachten Sie, dass das Produkt $e_i e_j^\top$ eines Spaltenvektors mit einem Zeilenvektor eine $n \times n$-Matrix ist. Hingegen ist das Produkt eines Zeilenvektors mit einem Spaltenvektor das bekannte Skalarprodukt.

Aufgabe 5.18. . Beweisen Sie Proposition 5.2.
Lösung siehe Lösung 9.53.

Auch ein Gaußeliminationsschritt läßt sich als Linksmultiplikation mit einer geeigneten Matrix schreiben.

Definition 5.3. Eine $(n \times n)$-Matrix der Gestalt

$$G_d = \begin{array}{c} \\ \\ d \\ \\ \\ \\ \end{array} \overset{\qquad\qquad d}{\begin{pmatrix} 1 & \cdots & 0 & \cdots & 0 \\ \vdots & \ddots & \vdots & \ddots & \vdots \\ 0 & \cdots & 1 & \cdots & 0 \\ 0 & \cdots & -g_{d+1,d} & \cdots & 0 \\ \vdots & \ddots & \vdots & \ddots & 0 \\ 0 & \cdots & -g_{n,d} & \cdots & 1 \end{pmatrix}}$$

heißt *Frobeniusmatrix*. Sie unterscheidet sich höchstens in der d-ten Spalte von einer Einheitsmatrix. Wir können also schreiben

$$G_d = I_n - g_d e_d^\top \text{ mit } g_d = (0, \ldots, 0, g_{d+1,d}, \ldots, g_{n,d})^\top.$$

Ein Gaußeliminationsschritt mit dem Pivotelement a_{dd} wird durch Linksmultiplikation mit einer Frobeniusmatrix bewirkt, bei der $g_{id} = \frac{A_{id}}{A_{dd}}$. Denn bei Linksmultiplikation mit G_d bleiben die ersten d Zeilen unverändert und von den folgenden wird das g_{id}-fache der d-ten Zeile abgezogen.

Bemerkung 5.19. Die Frobeniusmatrix G_d ist regulär und man rechnet nach:

$$G_d^{-1} = I_n + g_d e_d^\top = \begin{array}{c} \\ \\ d \\ \\ \\ \\ \end{array} \overset{\qquad\qquad d}{\begin{pmatrix} 1 & \cdots & 0 & \cdots & 0 \\ \vdots & \ddots & \vdots & \ddots & \vdots \\ 0 & \cdots & 1 & \cdots & 0 \\ 0 & \cdots & g_{d+1,d} & \cdots & 0 \\ \vdots & \ddots & \vdots & \ddots & 0 \\ 0 & \cdots & g_{n,d} & \cdots & 1 \end{pmatrix}}.$$

Denn

$$\begin{aligned}(I_n - g_d e_d^\top)(I_n + g_d e_d^\top) &= I_n + g_d e_d^\top - g_d e_d^\top - (g_d e_d^\top)(g_d e_d^\top) \\ &= I_n - g_d(e_d^\top g_d)e_d^\top = I_n.\end{aligned}$$

denn $e_d^\top g_d = (g_d)_d = 0$. Die Umklammerung ist erlaubt, da das Matrixprodukt assoziativ ist.

Wir werden im Beweis von Satz 5.20 von der Dreieckszerlegung das Zusammenspiel von Frobenius- und Transpositionsmatrizen untersuchen müssen. Dafür stellen wir zunächst fest.

Proposition 5.3. *a) Ist P_{ij}^n eine Transpositionsmatrix mit $i, j > d$, so gilt*

$$P_{ij}^n G_d^{-1} P_{ij}^n = P_{ij}^n (I_n + g_d e_d^\top) P_{ij}^n = I_n + (P_{ij}^n g_d) e_d^\top.$$

b) Sind $P_{i_1 j_1}^n, \ldots, P_{i_k j_k}^n$ Transpositionsmatrizen mit $i_l, j_l > d$, so gilt

$$\prod_{l=1}^{k} P_{i_l j_l}^n G_d^{-1} \prod_{l=1}^{k} P_{i_{k+1-l} j_{k+1-l}}^n = I_n + ((\prod_{l=1}^{k} P_{i_l j_l}^n) g_d) e_d^\top.$$

Beweis.

a) Zunächst ist wegen $i,j>d$

$$\begin{aligned}
P_{ij}^n G_d^{-1} P_{ij}^n &= P_{ij}^n(I_n + g_d e_d^\top)P_{ij}^n = I_n + P_{ij}^n g_d e_d^\top P_{ij}^n \\
&= I_n + (I_n - e_i e_i^\top - e_j e_j^\top + e_i e_j^\top + e_j e_i^\top) g_d e_d^\top P_{ij}^n \\
&= I_n + (g_d e_d^\top - g_{i,d} e_i e_d^\top - g_{j,d} e_j e_d^\top + g_{j,d} e_i e_d^\top + g_{i,d} e_j e_d^\top) P_{ij}^n \\
&= I_n + g_d e_d^\top (I_n - e_i e_i^\top - e_j e_j^\top + e_i e_j^\top + e_j e_i^\top) \\
&\quad - g_{i,d} e_i e_d^\top (I_n - e_i e_i^\top - e_j e_j^\top + e_i e_j^\top + e_j e_i^\top) \\
&\quad - g_{j,d} e_j e_d^\top (I_n - e_i e_i^\top - e_j e_j^\top + e_i e_j^\top + e_j e_i^\top) \\
&\quad + g_{j,d} e_i e_d^\top (I_n - e_i e_i^\top - e_j e_j^\top + e_i e_j^\top + e_j e_i^\top) \\
&\quad + g_{i,d} e_j e_d^\top (I_n - e_i e_i^\top - e_j e_j^\top + e_i e_j^\top + e_j e_i^\top) \\
&\overset{i,j>d}{=} I_n + g_d e_d^\top - g_{i,d} e_i e_d^\top - g_{j,d} e_j e_d^\top + g_{j,d} e_i e_d^\top + g_{i,d} e_j e_d^\top \\
&= I_n + (g_d - g_{i,d} e_i - g_{j,d} e_j + g_{j,d} e_i + g_{i,d} e_j) e_d^\top \\
&= I_n + (I_n g_d - e_i e_i^\top g_d - e_j e_j^\top g_d + e_i e_j^\top g_d + e_j e_i^\top g_d) e_d^\top \\
&= I_n + (I_n - e_i e_i^\top - e_j e_j^\top + e_i e_j^\top + e_j e_i^\top) g_d e_d^\top \\
&= I_n + (P_{ij}^n g_d) e_d^\top
\end{aligned}$$

b) Wir führen Induktion über k, den Fall $k=1$ haben wir soeben erledigt. Sei also $k>1$. Nach Induktionsvoraussetzung ist dann

$$\prod_{l=2}^{k} P_{i_l j_l}^n G_d^{-1} \prod_{l=1}^{k-1} P_{i_{k+1-l} j_{k+1-l}}^n = I_n + ((\prod_{l=2}^{k} P_{i_l j_l}^n) g_d) e_d^\top$$

also

$$\begin{aligned}
\prod_{l=1}^{k} P_{i_l j_l}^n G_d^{-1} \prod_{l=1}^{k} P_{i_{k+1-l} j_{k+1-l}}^n &= P_{i_1 j_1}^n (I_n + ((\prod_{l=2}^{k} P_{i_l j_l}^n) g_d) e_d^\top) P_{i_1 j_1}^n \\
&\overset{a)}{=} I_n + ((\prod_{l=1}^{k} P_{i_l j_l}^n) g_d) e_d^\top .
\end{aligned}$$

□

Führen wir den Gaußalgorithmus bei einer regulären Matrix A durch, so können wir dies auch durch eine Multiplikation mit einer Folge von Frobenius- und Transpositionsmatrizen beschreiben. Nach einer Gaußelimination können wir den Speicherplatz unterhalb des Diagonalelementes g_{dd} zur Abspeicherung des Vektors g_d nutzen. Der folgende Satz verdeutlicht, warum es sinnvoll ist, alle weiteren Zeilenvertauschungen auch mit dem g_d-Vektor durchzuführen. Genauer gilt:

Satz 5.20 (Satz von der Dreieckszerlegung). *Sei $A \in \mathbb{R}^{n\times n}$ eine reguläre Matrix und seien $P_{i_1 j_1}^n, \dots P_{i_{n-1} j_{n-1}}^n$ und $G_1, \dots, G_{n-1}$ die benötigten Transpositions-*[1] *bzw. Frobeniusmatrizen. Setzen wir*

$$P = \prod_{k=1}^{n-1} P_{i_{n-k} j_{n-k}}^n \quad \text{und} \quad L = \prod_{k=1}^{n-1} \left(I_n + \left(\prod_{s=1}^{n-k-1} P_{i_{n-s} j_{n-s}}^n \right) g_k e_k^\top \right)$$

[1] genaugenommen müssten wir hier schreiben: Transpositions- oder Einheitsmatrizen

und bezeichnen mit U die Transformierte von A, also die obere Dreiecksmatrix, die das „Ergebnis" unserer Transformationen ist. Dann ist L eine untere Dreiecksmatrix und es gilt

$$PA = LU.$$

Beweis. Zunächst einmal ist für alle k die Matrix $I_n + \left(\prod_{s=1}^{n-k-1} P^n_{i_{n-s}j_{n-s}}\right) g_k e_k^\top$ offensichtlich wieder eine Frobeniusmatrix, denn wir haben nur mehrfach Einträge in der k-ten Spalte unterhalb der Diagonalen vertauscht. Somit ist L das Produkt von Frobeniusmatrizen mit von rechts nach links wachsendem Index. Wir fügen ein Lemma ein:

Lemma 5.1. *Sei für $1 \le r \le n-1$ die Matrix $L = \prod_{k=1}^{r} \left(I_n + g_k e_k^\top\right)$ Produkt von Frobeniusmatrizen mit wachsendem Index. Dann ist*

$$L = I_n + \sum_{k=1}^{r} g_k e_k^\top,$$

also eine untere Dreiecksmatrix mit nur Einsen auf der Diagonale, und die Spalten $r+1,\dots,n$ sind Einheitsvektoren.

Beweis. Wir zeigen dies mittels vollständiger Induktion über r, der Fall $r = 1$ ist trivial. Sei also nun $r > 1$. Dann ist nach Induktionsvoraussetzung

$$\prod_{k=1}^{r-1} \left(I_n + g_k e_k^\top\right) = I_n + \sum_{k=1}^{r-1} g_k e_k^\top$$

und somit

$$\begin{aligned}\prod_{k=1}^{r} \left(I_n + g_k e_k^\top\right) &= \left(I_n + \sum_{k=1}^{r-1} g_k e_k^\top\right)\left(I_n + g_r e_r^\top\right) \\ &= I_n + \sum_{k=1}^{r} g_k e_k^\top + \sum_{k=1}^{r-1} (e_k^\top g_r) g_k e_r^\top \\ &= I_n + \sum_{k=1}^{r} g_k e_k^\top,\end{aligned}$$

denn wegen $k < r$ sind die Skalarprodukte $(e_k^\top g_r)$ alle Null. □

Fortsetzung des Beweises des Satzes von der Dreieckszerlegung. Wir haben soeben bewiesen, dass L eine untere Dreiecksmatrix mit Einsen auf der Diagonale ist. Zu zeigen bleibt nun noch die Gleichung $PA = LU$. Setzen wir ein, so haben wir $U = \prod_{k=1}^{n-1} G_{n-k} P^n_{i_{n-k}j_{n-k}} A$ und

$$LU = \prod_{k=1}^{n-1} \left(I_n + \left(\prod_{s=1}^{n-k-1} P^n_{i_{n-s}j_{n-s}}\right) g_k e_k^\top\right) \left(\prod_{k=1}^{n-1} G_{n-k} P^n_{i_{n-k}j_{n-k}}\right) A$$

Wir müssen also noch zeigen, dass

$$\prod_{k=1}^{n-1} \left(I_n + \left(\prod_{s=1}^{n-k-1} P^n_{i_{n-s}j_{n-s}}\right) g_k e_k^\top\right) \left(\prod_{k=1}^{n-1} G_{n-k} P^n_{i_{n-k}j_{n-k}}\right) = P$$

die im Satz definierte Permutationsmatrix ist.

Betrachten wir den letzten Faktor des ersten Produkts, also für $k = n-1$

$$I_n + \left(\prod_{s=1}^{n-n+1-1} P^n_{i_{n-s}j_{n-s}}\right) g_{n-1} e^\top_{n-1},$$

so ist das Produkt der Transpositionsmatrizen leer – das leere Matrizenprodukt ist die Einheitsmatrix – und der Faktor ist nichts anderes als G^{-1}_{n-1}. Diese Matrix hebt sich gegen G_{n-1} im ersten Faktor des rechten Produkts auf und von dort bleibt $P^n_{i_{n-1}j_{n-1}}$ stehen.

Betrachten wir nun den vorletzten Faktor des ersten Produkts, also

$$I_n + P^n_{i_{n-1}j_{n-1}} g_{n-2} e^\top_{n-2} \overset{5.3a)}{=} P^n_{i_{n-1}j_{n-1}} G^{-1}_{n-2} P^n_{i_{n-1}j_{n-1}}.$$

Die letzte Transpositionsmatrix kürzt sich zunächst gegen das im letzten Ansatz stehengebliebene $P^n_{i_{n-1}j_{n-1}}$ und dann heben sich G^{-1}_{k-2} und G_{k-2} aus dem zweiten Faktor des rechten Produktes auf. Stehen bleiben von links ein $P^n_{i_{n-1}j_{n-1}}$ und von rechts $P^n_{i_{n-2}j_{n-2}}$. Wir zeigen also mittels vollständiger Induktion über l, dass

$$\prod_{k=n-l}^{n-1} \left(I_n + \left(\prod_{s=1}^{n-k-1} P^n_{i_{n-s}j_{n-s}}\right) g_k e^\top_k\right) \left(\prod_{k=1}^{l} G_{n-k} P^n_{i_{n-k}j_{n-k}}\right) = \prod_{k=1}^{l} P_{i_{n-k}j_{n-k}} \tag{5.5}$$

ist, woraus für $l = n-1$ mit $LU = (\prod_{k=1}^{n-1} P_{i_{n-k}j_{n-k}})A = PA$ die Behauptung folgt.

Für $l = 1,2$ haben wir eben die Behauptung nachgerechnet. Sei also nun $2 < l \leq n-1$.

Nach Induktionsvoraussetzung ist dann

$$\prod_{k=n-l+1}^{n-1} \left(I_n + \left(\prod_{s=1}^{n-k-1} P^n_{i_{n-s}j_{n-s}}\right) g_k e^\top_k\right) \left(\prod_{k=1}^{l-1} G_{n-k} P^n_{i_{n-k}j_{n-k}}\right) = \prod_{k=1}^{l-1} P_{i_{n-k}j_{n-k}} \tag{5.6}$$

Spalten wir also in (5.5) links den ersten und rechts den letzten Faktor ab, so können wir für die restlichen Terme die rechte Seite von (5.6) einsetzen und erhalten

$$\begin{aligned}
&\prod_{k=n-l}^{n-1} \left(I_n + \left(\prod_{s=1}^{n-k-1} P^n_{i_{n-s}j_{n-s}}\right) g_k e^\top_k\right) \left(\prod_{k=1}^{l} G_{n-k} P^n_{i_{n-k}j_{n-k}}\right)\\
&= \left(I_n + \left(\prod_{s=1}^{l-1} P^n_{i_{n-s}j_{n-s}}\right) g_{n-l} e^\top_{n-l}\right) \left(\prod_{k=1}^{l-1} P_{i_{n-k}j_{n-k}}\right) G_{n-l} P^n_{i_{n-l}j_{n-l}}\\
&\overset{5.3}{=} \left(\prod_{s=1}^{l-1} P^n_{i_{n-s}j_{n-s}}\right) G^{-1}_{n-l} \left(\prod_{s=1}^{l-1} P^n_{i_{n-l+s}j_{n-l+s}}\right) \left(\prod_{k=1}^{l-1} P_{i_{n-k}j_{n-k}}\right) G_{n-l} P^n_{i_{n-l}j_{n-l}}\\
&= \left(\prod_{s=1}^{l-1} P^n_{i_{n-s}j_{n-s}}\right) G^{-1}_{n-l} G_{n-l} P^n_{i_{n-l}j_{n-l}} = \prod_{s=1}^{l} P^n_{i_{n-s}j_{n-s}}.
\end{aligned}$$

□

Bemerkung 5.21. Wir hatten bereits angedeutet, dass die LU-Zerlegung nützlich ist, wenn man $Ax = b$ für verschiedene Vektoren b lösen muss. Dafür berechnet man zunächst ein $c \in \mathbb{R}^n$ mit $Lc = Pb$. Da L eine untere Dreiecksmatrix ist, lässt sich diese Gleichung durch eine einfache Rekursion lösen. Nun berechnet man ein $x \in \mathbb{R}^n$ mit $Ux = c$. Insgesamt gilt dann $Ax = P^{-1}PAx = P^{-1}LUx = P^{-1}Lc = P^{-1}Pb = b$.

Beispiel 5.22. Wir berechnen die LU -Zerlegung der Matrix

$$A = \begin{pmatrix} 1 & 2 & 3 & 4 \\ 2 & 9 & 12 & 15 \\ 3 & 16 & 29 & 35 \\ 4 & 23 & 46 & 65 \end{pmatrix}.$$

Zunächst ziehen wir das Doppelte der ersten Zeile von der zweiten ab, das Dreifache von der dritten und das Vierfache von der vierten. Dies entspricht der Linksmultiplikation der Matrix mit

$$G_1 = I_4 - \begin{pmatrix} 0 \\ 2 \\ 3 \\ 4 \end{pmatrix} (1,0,0,0) = \begin{pmatrix} 1 & 0 & 0 & 0 \\ -2 & 1 & 0 & 0 \\ -3 & 0 & 1 & 0 \\ -4 & 0 & 0 & 1 \end{pmatrix}.$$

Aus A wird dann die Matrix

$$G_1 A = \begin{pmatrix} 1 & 2 & 3 & 4 \\ 0 & 5 & 6 & 7 \\ 0 & 10 & 20 & 23 \\ 0 & 15 & 34 & 49 \end{pmatrix}.$$

Wir merken uns diesen Zustand und die Transformationsmatrix, indem wir den relevanten Teil des g_1 -Vektors in die erste Spalte unter die Diagonale schreiben. Unsere gespeicherte „Matrix" (dass die Einträge nicht einer einzigen Matrix entsprechen, deuten wir an, indem wir an Stelle der Klammern Striche nehmen) sieht also nun so aus:

$$\left| \begin{array}{c|ccc} 1 & 2 & 3 & 4 \\ \hline 2 & 5 & 6 & 7 \\ 3 & 10 & 20 & 23 \\ 4 & 15 & 34 & 49 \end{array} \right|.$$

Nun ziehen wir das Doppelte der zweiten Zeile von der Dritten und das Dreifache der zweiten von der vierten Zeile ab und erhalten

$$\left| \begin{array}{cc|cc} 1 & 2 & 3 & 4 \\ 2 & 5 & 6 & 7 \\ 3 & 2 & 8 & 9 \\ 4 & 3 & 16 & 28 \end{array} \right|$$

und im letzten Schritt ziehen wir die dritte Zeile zweimal von der vierten ab

$$\left| \begin{array}{ccc|c} 1 & 2 & 3 & 4 \\ 2 & 5 & 6 & 7 \\ 3 & 2 & 8 & 9 \\ 4 & 3 & 2 & 10 \end{array} \right|.$$

Also haben wir die LU-Zerlegung von A berechnet mit

$$L = \begin{pmatrix} 1&0&0&0 \\ 2&1&0&0 \\ 3&2&1&0 \\ 4&3&2&1 \end{pmatrix} \quad \text{und} \quad U = \begin{pmatrix} 1&2&3&4 \\ 0&5&6&7 \\ 0&0&8&9 \\ 0&0&0&10 \end{pmatrix}.$$

Mit dieser Zerlegung wollen wir nun die Gleichung $Ax = b$ für zwei rechte Seiten lösen und zwar $b = (1,13,26,49)^\top$ und $b' = (-2,-1,17,45)^\top$.

Dafür lösen wir zunächst $Lc = b$ und erhalten

$$c_1 = 1, \quad c_2 = 13-2 = 11, \quad c_3 = 26-22-3 = 1, \quad c_4 = 49-2-33-4 = 10$$

also $c = (1,11,1,10)^\top$. Nun lösen wir $Ux = c$ und erhalten

$$x_4 = 1, \quad x_3 = \frac{1-9}{8} = -1, \quad x_2 = \frac{11+6-7}{5} = 2, \quad x_1 = 1-2*2+3-4 = -4.$$

Also löst $x = (-4,2,-1,1)^\top$ die Gleichung $Ax = b$.

Führen wir die analogen Rechnungen mit b' durch, so erhalten wir

$$c' = (-2,3,17,10)^\top \qquad \text{und} \qquad x' = (-5,-2,1,1)^\top.$$

Analysieren wir die Komplexität des Algorithmus, so sind für den d-ten Gaußeliminationsschritt zunächst einmal $n-d$ Divisionen, $(n-d)^2$ Multiplikationen und $(n-d)^2$ Additionen durchzuführen. Wir fassen Divisionen und Multiplikationen zusammen zu $n-d+(n-d)^2$ Multiplikationen. Abgesehen von der Pivotsuche erhält man somit einen Aufwand von

$$\sum_{i=1}^{n-1}(n-i+(n-i)^2) = \sum_{i=1}^{n-1}(i+i^2) = \frac{n(n-1)}{2} + \frac{(n-1)n(2n-1)}{6} = \frac{n^3}{3} - \frac{n}{3}$$

Multiplikationen und

$$\frac{(n-1)n(2n-1)}{6} = \frac{n^3}{3} - \frac{n^2}{2} + \frac{n}{6}$$

Additionen.

Hierbei haben wir die aus der Schule bekannte Formel

$$\sum_{i=1}^{n} i^2 = \frac{n(n+1)(2n+1)}{6}$$

benutzt.

Bei der Lösung von $Lc = Pb$ und $Ux = c$ beträgt der Aufwand jeweils $\binom{n}{2} = \frac{n^2}{2} - \frac{n}{2}$ Additionen und $\binom{n+1}{2} = \frac{n^2}{2} + \frac{n}{2}$ Multiplikationen.

Bemerkung 5.23. Bei der Pivotsuche sollte man aus Gründen der numerischen Stabilität nach möglichst großen Einträgen suchen. Führt man allerdings eine Spaltenpivotsuche durch, so empfiehlt es sich, vorher das Maximum der Zeilen zu skalieren.

Aufgabe 5.24. Führen Sie für die Matrix

$$A = \begin{pmatrix} 1 & 2 & 3 & 4 \\ 4 & 9 & 14 & 19 \\ 5 & 14 & 24 & 34 \\ 6 & 17 & 32 & 48 \end{pmatrix}$$

eine LU-Zerlegung durch und lösen Sie $Ax = b^i$ für $b^1 = (0,3,13,20)^\top$, $b^2 = (-1,2,24,46)^\top$ und $b^3 = (7,32,53,\frac{141}{2})^\top$.
Lösung siehe Lösung 9.54.

5.6 Gauß-Jordan-Algorithmus

Anstatt nur unterhalb des Pivotelementes die Variable zu eliminieren, kann man dies natürlich auch oberhalb der Diagonale tun. Wir erhalten so die Gauß-Jordan-Elimination.

```
def gaussjordanelim(A,i,j):
    A_ij=A[i,j]
    A[i,:]=A[i,:]/A_ij
    for k in range(i)+range(i+1,m):
        A_kj=A[k,j]
        A[k,:]=A[k,:]-A[i,:]*A_kj
```

Dabei erzeugen wir für die for-Schleife mit dem Befehl

```
range(i)+range(i+1,m)
```

eine Liste von 0 bis $m-1$, die das Element i auslässt. Indem wir diese Liste als Laufindex benutzen, können wir den Befehl in einer einzigen for-Schleife kodieren.

Analog zu dem Vorherigen kann man diese Eliminationsschritte zu einem Algorithmus kombinieren, bei dem in A eine Einheitsmatrix übrigbleibt und rechter Hand eine Lösung des Gleichungssystems steht.

Vorteile hat man beim Einsatz von Vektorrechnern, ansonsten ist die Komplexität um einen Faktor drei schlechter als eben. Den Gauß-Jordan-Eliminationsschritt werden wir allerdings in der Linearen Programmierung noch intensiv benutzen.

Auch den Gauß-Jordan-Eliminationsschritt kann man als Linksmultiplikation mit einer Matrix beschreiben. Diese hat bei einem Pivotschritt mit dem Element a_{ij} die Gestalt

$$G_{i,j} = i \begin{pmatrix} 1 & & \overset{i}{\frac{-a_{1j}}{a_{ij}}} & & \\ & \ddots & & 0 & \\ & & \frac{1}{a_{ij}} & & \\ & & \frac{-a_{i+1,j}}{a_{ij}} & & \\ & 0 & \vdots & \ddots & \\ & & \frac{-a_{nj}}{a_{ij}} & & 1 \end{pmatrix}$$

und wird als η-Matrix bezeichnet. Die i-te Spalte wird auch η-Vektor genannt.

Aufgabe 5.25. Lösen Sie die linearen Gleichungssysteme aus Aufgabe 5.24 mit dem Gauß-Jordan-Algorithmus.
Lösung siehe Lösung 9.55.

5.7 Elementares über Eigenwerte

Eigenwerte quadratischer Matrizen haben Sie vielleicht in anderem Zusammenhang schon kennen gelernt. Wir geben hier die Definition und ein paar elementare Fakten an.

Definition 5.4. Sei A eine $(n \times n)$-Matrix über $\mathbb{R}$. Eine Zahl $\lambda \in \mathbb{R}$ heißt *Eigenwert* von A, wenn es ein $x \in \mathbb{R}^n \setminus \{0\}$ gibt mit $Ax = \lambda x$. Jeder solche Vektor $x \neq 0$ heißt *Eigenvektor von A zum Eigenwert λ*.

Definition 5.5. Eine quadratische Matrix Q heißt *orthogonal*, wenn $Q^\top Q = QQ^\top = I$.

Orthogonale Matrizen beschreiben bzgl. der Standardbasen des $\mathbb{R}^n$ lineare Abbildungen, die Längen und Winkel konstant lassen.

Wir übernehmen aus der Linearen Algebra ohne Beweis den Satz von der Hauptachsentransformation. Beachten Sie die Voraussetzung, dass A symmetrisch sein muss.

Satz 5.26. *Ist A eine reellwertige, symmetrische Matrix, dann gibt es eine orthogonale Matrix Q, so dass $QAQ^\top = D$ eine Diagonalmatrix ist. Die Spalten von $Q^\top$ bilden eine* Orthonormalbasis aus Eigenvektoren. □

Wir nennen $A = Q^\top DQ$ die *Hauptachsentransformation* von A, da die Eigenwerte von A die Diagonaleinträge von D sind und zugehörige Eigenvektoren die Zeilen von Q. Ist D eine Diagonalmatrix und y der Vektor der Diagonaleinträge, so schreiben wir auch $D = \operatorname{diag}(y)$.

Der Name dieses Satzes rührt unter anderem daher, dass wenn alle Eigenwerte der symmetrischen Matrix A positiv sind, die Menge der Punkte

$$E := \left\{x \in \mathbb{R}^n \mid x^\top Ax \leq 1\right\}$$

im $\mathbb{R}^n$ ein Ellipsoid ist. Die orthogonale Transformation mit Q „dreht" dann die Achsen des Ellipsoids in die Koordinatenachsen.

Korollar 5.27. *Die Zeilen der Matrix Q bilden eine Orthonormalbasis von $\mathbb{R}^n$ bestehend aus Eigenvektoren von A.*

5.8 Choleskyfaktorisierung

Der Satz über die Hauptachsentransformation besagt, dass man eine symmetrische Matrix A durch Drehung und Spiegelung des Koordinatensystems in eine Diagonalmatrix überführen kann, welche die Eigenwerte von A auf der Diagonalen hat. Sind diese alle nicht-negativ, so kann man aus A die „Wurzel ziehen". Dann ist nämlich $A = Q\,\mathrm{diag}(y)Q^\top$ und y ist in jeder Koordinate positiv. Bezeichnen wir mit $\sqrt{y}$ den Vektor(!), den wir aus y erhalten, wenn wir in jeder Koordinate die Wurzel ziehen, so ist $A = (Q\,\mathrm{diag}(\sqrt{y}))(Q\,\mathrm{diag}(\sqrt{y}))^\top$.

Definition 5.6. Sei $A \in \mathbb{R}^{n\times n}$ eine symmetrische Matrix. Dann heißt A *positiv definit,* falls $x^\top Ax > 0$ für alle $x \in \mathbb{R}^n \setminus \{0\}$. Gilt nur $x^\top Ax \geq 0$ für alle $x \in \mathbb{R}^n$, so heißt die Matrix *positiv semidefinit.*

Positiv definite Matrizen werden beim sogenannten Newtonverfahren in der nichtlinearen Programmierung eine Rolle spielen.

Im Folgenden werden wir zeigen, wie man bei positiv definiten Matrizen das Gleichungssystem $Ax = b$ noch effizienter lösen kann. Dafür werden wir eine „Wurzel" solcher Matrizen bestimmen, allerdings nicht die oben angeführte, sondern eine untere Dreiecksmatrix L mit $A = LL^\top$.

Vorher zum Warmwerden eine Beobachtung:

Proposition 5.4. *Eine reellwertige, symmetrische Matrix ist positiv definit genau dann, wenn der kleinste Eigenwert $\lambda_n > 0$ ist.*

Beweis. Ist $\lambda_n \leq 0$ und x_n ein Eigenvektor zu λ_n, so haben wir sofort

$$x_n^\top Ax_n = x_n^\top \lambda_n x_n = \lambda_n \|x\|^2 \leq 0.$$

Die Bedingung ist also offensichtlich notwendig.

Umgekehrt, sei $b_1, \ldots, b_n$ eine Orthonormalbasis aus Eigenvektoren zu den Eigenwerten $\lambda_1 \geq \ldots \geq \lambda_n > 0$ und $x \in \mathbb{R}^n \setminus \{0\}$. Diese erhalten wir nach Korollar 5.27 aus den Zeilen der Transformationsmatrix in der Hauptachsentransformation. Die Koordinaten von x bzgl. einer Orthonormalbasis erhalten wir durch die Formel

$$x = \sum_{i=1}^{n} (x^\top b_i) b_i,$$

die wir aus der linearen Algebra übernehmen. Dann ist

$$\begin{aligned}
x^\top Ax &= \left(\sum_{i=1}^{n} (x^\top b_i) b_i^\top\right) A \left(\sum_{j=1}^{n} (x^\top b_j) b_j\right) \\
&= \left(\sum_{i=1}^{n} (x^\top b_i) b_i^\top\right) \left(\sum_{j=1}^{n} (x^\top b_j) A b_j\right) \\
&\overset{b_j \text{ sind EV}}{=} \sum_{i,j=1}^{n} (x^\top b_i)(x^\top b_j)\lambda_j b_i^\top b_j \\
&\overset{(b_i) \text{ ist ONB}}{=} \sum_{j=1}^{n} \lambda_j (x^\top b_j)^2 \\
&\overset{x\neq 0, \lambda_j > 0}{>} 0.
\end{aligned}$$

Da x beliebig gewählt war, ist damit die positive Definitheit von A gezeigt. □

So genannte *Hauptuntermatrizen* quadratischer Matrizen erhalten wir, wenn wir einige Zeilen und die Spalten mit dem gleichen Index streichen. Streichen wir nur Zeilen und Spalten mit höchsten Indizes, so erhalten wir eine so genannte *führende Hauptuntermatrix.*

Hauptuntermatrizen positiv definiter Matrizen sind wieder positiv definit, wie die folgende Proposition zeigt.

Proposition 5.5. *Sei $A \in \mathbb{R}^{n\times n}$ symmetrisch und positiv definit und $I \subseteq \{1,\dots,n\}$. Dann ist auch $A_{I,I}$ symmetrisch und positiv definit.*

Beweis. Offensichtlich ist $A_{I,I}$ symmetrisch. Angenommen sie wäre nicht positiv definit, dann gäbe es ein $\tilde{x} \in \mathbb{R}^I \setminus \{0\}$ mit $\tilde{x}^\top A_{I,I}\tilde{x} \leq 0$. Wir definieren $x \in \mathbb{R}^n$ durch

$$x_i := \begin{cases} \tilde{x}_i & \text{falls } i \in I \\ 0 & \text{sonst.} \end{cases}$$

Dann ist $x \neq 0$ und $x^\top Ax = \tilde{x}^\top A_{I,I}\tilde{x} \leq 0$ im Widerspruch zur positiven Definitheit von A. □

Diese Proposition erlaubt es uns, von links oben nach rechts unten positiv definite Matrizen als „Quadrat" einer unteren Dreicksmatrix zu schreiben.

Satz 5.28 (Satz von der Choleskyfaktorisierung). *Sei $A \in \mathbb{R}^{n\times n}$ symmetrisch und positiv definit. Dann existiert eine eindeutig bestimmte, reguläre untere Dreiecksmatrix L mit $A = LL^\top$ und $L_{ii} > 0$ für $i = 1,\dots,n$.*

Beweis. Wir führen vollständige Induktion über n. Im Fall $n = 1$ ist $A = (a_{11})$ mit $a_{11} > 0$ und wir setzen $L = (\sqrt{a_{11}})$. Sei also $n > 1$. Wir zerlegen A als

$$A = \begin{pmatrix} A_{n-1,n-1} & b \\ b^\top & a_{n,n} \end{pmatrix}.$$

Wie oben gezeigt ist $A_{n-1,n-1}$ positiv definit und symmetrisch. Nach Induktionsvoraussetzung gibt es also genau eine reguläre untere Dreiecksmatrix L_{n-1} mit positiven Diagonalelementen und $L_{n-1}L_{n-1}^\top = A_{n-1,n-1}$. Jedes L wie in dem Satz behauptet hat also wegen der Eindeutigkeit von $L_{n-1,n-1}$ notwendig die Form

$$L = \begin{pmatrix} L_{n-1,n-1} & 0 \\ c^\top & l_{n,n} \end{pmatrix}.$$

Setzen wir ein, so erhalten wir

$$A = \begin{pmatrix} A_{n-1,n-1} & b \\ b^\top & a_{n,n} \end{pmatrix} = \begin{pmatrix} L_{n-1} & 0 \\ c^\top & l_{n,n} \end{pmatrix} \begin{pmatrix} L_{n-1}^\top & c \\ 0 & l_{n,n} \end{pmatrix}$$

und somit als notwendige und hinreichende Bedingungen $L_{n-1}c = b$ und $\|c\|^2 + l_{n,n}^2 = a_{n,n}$. Da L_{n-1} regulär ist, können wir $c = L_{n-1}^{-1}b$ setzen. Die Behauptung folgt nun, wenn wir zeigen können, dass $a_{n,n} - \|c\|^2 > 0$ ist. Dafür betrachten wir $x^\top = (c^\top L_{n-1}^{-1}, -1)$. Dann ist $x \neq 0$ und somit

$$\begin{aligned}
0 &< x^\top A x \\
&= x^\top \begin{pmatrix} A_{n-1,n-1} & b \\ b^\top & a_{n,n} \end{pmatrix} \begin{pmatrix} (L_{n-1}^{-1})^\top c \\ -1 \end{pmatrix} \\
&= x^\top \begin{pmatrix} L_{n-1}L_{n-1}^\top (L_{n-1}^{-1})^\top c - b \\ c^\top L_{n-1}^\top (L_{n-1}^{-1})^\top c - a_{n,n} \end{pmatrix} \\
&= (c^\top L_{n-1}^{-1}, -1) \begin{pmatrix} 0 \\ c^\top c - a_{n,n} \end{pmatrix} \\
&= a_{n,n} - \|c\|^2.
\end{aligned}$$

□

Aus diesem Induktionsbeweis erhalten wir direkt einen Algorithmus, indem wir umsetzen, wie wir jeweils die Gleichung $L_{I,I}c_I = b_I$ nach c auflösen (dies ist leicht, da L eine Dreiecksmatrix ist), und dann aus $a_{i+1,i+1} - c_I^\top c_I$ die Wurzel ziehen.

Wir können aber auch einfach von der Gleichung $A = LL^\top$ ausgehen und betrachten für die einzelnen Rechenschritte der *Choleskyfaktorisierung* das Zustandekommen der einzelnen Einträge von A.

$$a_{ij} = L_{i.}L_{.j}^\top = \sum_{k=1}^{n} l_{ik}l_{jk} = \sum_{k=1}^{\min\{i,j\}} l_{ik}l_{jk}.$$

Das Minimum in der Summe können wir einsetzen, da L eine untere Dreiecksmatrix ist. Wir können nun leicht rekursiv die Einträge von L ausrechnen und erhalten folgenden Algorithmus:

$$l_{11} = \sqrt{a_{11}}, \quad l_{i1} = \frac{a_{i1}}{l_{11}}, \quad l_{22} = \sqrt{a_{22} - l_{21}^2}, \quad l_{i2} = \frac{a_{i2} - l_{21}l_{i1}}{l_{22}}$$

und allgemein

$$l_{kk} = \sqrt{a_{kk} - \sum_{i=1}^{k-1} l_{ki}^2}, \quad l_{ik} = \frac{a_{ik} - \sum_{j=1}^{k-1} l_{kj}l_{ij}}{l_{kk}} \text{ für } i = k+1, \ldots, n.$$

Als Pythoncode erhalten wir hieraus:

```
def cholesky(A):
  n=A.shape[0]
  L=zeros((n,n))
  try:
    for k in range(n):
      L[k,k]=sqrt(A[k,k]-dot(L[k,:],L[k,:]))
      for l in range(k+1,n):
        L[l,k]=(A[l,k]-dot(L[l,:],L[k,:]))/L[k,k]
      except:
        print "Matrix nicht positiv definit"
      return L
```

Der Ausdruck `dot(L[k,:],L[k,:])` ist ein Befehl des Paketes NumPy, mit dem man das Skalarprodukt zweier Vektoren berechnet.

Analysieren wir den Rechenaufwand des Verfahrens. Dabei zählen wir den Rechenaufwand nicht spaltenweise, wie es sich an Hand der Implementierung zunächst anbieten würde, sondern zeilenweise. Bei festem Zeilenindex i haben wir für die Spalte k mit $1 \leq k \leq i-1$ für das Element l_{ik} jeweils einen Aufwand von $k-1$ Multiplikationen, $k-1$ Additionen und einer Division. Das Element l_{ii} trägt zusätzlich $i-1$ Multiplikationen und Additionen, sowie eine Quadratwurzel bei. Summieren wir dies auf, so erhalten wir für die i-te Zeile einen Aufwand von $\sum_{k=1}^{i-1} k = \binom{i}{2}$ Additionen, $\binom{i}{2}$ Multiplikationen, $i-1$ Divisionen und einer Quadratwurzel. Über alle Spalten aufsummiert erhalten wir

$$\frac{1}{2}\sum_{i=1}^{n} i^2 - i = \frac{n(n+1)(2n+1) - 3n(n+1)}{12} = \frac{n^3-n}{6}$$

Additionen und Multiplikationen, $\binom{n}{2}$ Divisionen und n Quadratwurzeln. Die Cholesky-Faktorisierung läßt sich analog zur LU-Zerlegung zur Lösung von Gleichungssystemen $Ax = b$ benutzen. Der Aufwand beträgt aber nur etwa die Hälfte des Gaußverfahrens. (Tatsächlich haben wir wegen der Symmetrie eigentlich ja auch nur halb so viele Daten.) Außerdem ist dieser Algorithmus numerisch stabiler.

Beispiel 5.29. Wir betrachten die Matrix

$$A = \begin{pmatrix} 1 & -1 & -1 & -1 \\ -1 & 2 & 0 & 0 \\ -1 & 0 & 3 & 1 \\ -1 & 0 & 1 & 4 \end{pmatrix}$$

und berechnen

$l_{1,1} = \sqrt{1}$, $l_{2,1} = -1$, $l_{3,1} = -1$, $l_{4,1} = -1$,
$l_{2,2} = \sqrt{2-(-1)^2} = 1$, $l_{3,2} = (0-(-1)\cdot(-1))/1 = -1$,
$l_{4,2} = (0-(-1)\cdot(-1))/1 = -1$,
$l_{3,3} = \sqrt{3-1-1} = 1$, $l_{4,3} = (1-(-1)\cdot(-1)-(-1)\cdot(-1))/1 = -1$,
$l_{4,4} = \sqrt{4-1-1-1} = 1$,
also

$$\begin{pmatrix} 1 & -1 & -1 & -1 \\ -1 & 2 & 0 & 0 \\ -1 & 0 & 3 & 1 \\ -1 & 0 & 1 & 4 \end{pmatrix} = \begin{pmatrix} 1 & 0 & 0 & 0 \\ -1 & 1 & 0 & 0 \\ -1 & -1 & 1 & 0 \\ -1 & -1 & -1 & 1 \end{pmatrix} \begin{pmatrix} 1 & -1 & -1 & -1 \\ 0 & 1 & -1 & -1 \\ 0 & 0 & 1 & -1 \\ 0 & 0 & 0 & 1 \end{pmatrix}.$$

Aufgabe 5.30. Sei A eine reguläre symmetrische Matrix. Zeigen Sie:

a) $\lambda \in \mathbb{R}$ ist genau dann ein Eigenwert von A, wenn λ^{-1} Eigenwert von A^{-1} ist.
b) A ist genau dann positiv definit, wenn A^{-1} positiv definit ist.

Aufgabe 5.31. Sei $A \in \mathbb{R}^{n\times n}$ eine symmetrische Matrix. Zeigen Sie: A ist genau dann nicht positiv definit, wenn im Verlauf des Choleskyverfahrens für ein $1 \leq k \leq n$ der Ausdruck

$$a_{kk} - \sum_{i=1}^{k-1} l_{ki}^2 \leq 0$$

ist. Lösung siehe Lösung 9.57.

Aufgabe 5.32. Bestimmen Sie für die Matrizen A_1, A_2, ob Sie positiv definit sind und berechnen Sie gegebenenfalls die Choleskyfaktorisierung.

$$A_1 = \begin{pmatrix} 6 & 0 & 6 & -4 \\ 0 & 6 & -4 & 6 \\ 6 & -4 & 6 & 0 \\ -4 & 6 & 0 & 6 \end{pmatrix} \qquad A_2 = \begin{pmatrix} 16 & 8 & 4 & 16 & 20 \\ 8 & 5 & 4 & 11 & 14 \\ 4 & 4 & 14 & 16 & 22 \\ 16 & 11 & 16 & 30 & 40 \\ 20 & 14 & 22 & 40 & 55 \end{pmatrix}.$$

Lösung siehe Lösung 9.58.

5.9 Matrixnormen

In diesem Abschnitt wollen wir Überlegungen zur numerischen Stabilität von Operationen der Linearen Algebra diskutieren. Sie haben in Aufgabe 5.11 gezeigt, dass der Betrag des absoluten Fehlers bei Multiplikation mit einer Konstanten $a \neq 0$ ebenfalls mit $|a|$ multipliziert wird und der relative Fehler sich betragsmäßig nicht ändert. Wie sieht das im Mehrdimensionalen aus? Zur Untersuchung des relativen Fehlers werden wir Normen von Matrizen studieren. Die reelle Multiplikation können wir auch auffassen als Multiplikation mit einer eindimensionalen Matrix und somit sind Matrizen so etwas wie „lineare Koeffizienten" im Mehrdimensionalen. Dafür benötigen wir aber zunächst Längenmaße in Vektorräumen.

Definition 5.7. Sei X ein Vektorraum über $\mathbb{R}$. Eine Abbildung $\|\cdot\| : X \to \mathbb{R}$ heißt *Norm*, wenn

(N1) $\|x\| = 0 \iff x = 0,$

(N2) $\forall \alpha \in \mathbb{R} : \|\alpha x\| = |\alpha|\|x\|$ *(Homogenität),*

(N3) $\|x+y\| \leq \|x\| + \|y\|$ *(Dreiecksungleichung).*

Ein Vektorraum mit Norm heißt *normierter Vektorraum.*

Wegen $0 = \|x-x\| \leq \|x\| + \|-x\| = 2\|x\|$ gilt stets $\|x\| \geq 0$.

Beispiel 5.33. Für $x \in \mathbb{R}^n$ ist die *euklidische Norm* $\|\cdot\|$ die bekannte Größe

$$\|x\|_2 := \sqrt{x^\top x} = \sqrt{\sum_{i=1}^n x_i^2}.$$

Zu einem normierten n-dimensionalen $\mathbb{R}$-Vektorraum X und einem normierten m-dimensionalen $\mathbb{R}$-Vektorraum Y gibt es eine natürliche Norm auf dem Vektorraum der $(m \times n)$-Matrizen über $\mathbb{R}$. Dafür untersuchen wir, um welchen Faktor A einen Vektor streckt oder staucht und bilden über diese Zahlen das Supremum.

Aufgabe 5.34. Zeigen Sie, dass die zu Anfang dieses Kapitels eingeführten „Normen" $\|\cdot\|_1$ und $\|\cdot\|_\infty$ Normen sind.
Lösung siehe Lösung 9.59.

Proposition 5.6. *Seien $X = \mathbb{R}^n$, $Y = \mathbb{R}^m$ normierte $\mathbb{R}$-Vektorräume der Dimensionen n bzw. m mit Normen $\|\cdot\|_X, \|\cdot\|_Y$. Dann ist die Abbildung $\|\cdot\|_{X\to Y} : \mathbb{R}^{m\times n} \to \mathbb{R}$, definiert durch*

$$\|A\|_{X\to Y} := \sup_{x\in\mathbb{R}^n\setminus\{0\}} \frac{\|Ax\|_Y}{\|x\|_X} \stackrel{!}{=} \max_{\|x\|_X=1} \|Ax\|_Y$$

eine Norm auf dem Vektorraum der $(m\times n)$-Matrizen über $\mathbb{R}$, die natürliche Norm. *(Mit dem Ausrufezeichen über dem letzten Gleichheitszeichen deuten wir an, dass diese Gleichheit nicht a priori klar ist und noch bewiesen werden muss.)*

Beweis. Zunächst zeigen wir die Gleichheit

$$\sup_{x\in\mathbb{R}^n\setminus\{0\}} \frac{\|Ax\|_Y}{\|x\|_X} = \max_{\|x\|_X=1} \|Ax\|_Y .$$

Sei $x\in\mathbb{R}^n\setminus\{0\}$. Dann ist

$$\frac{\|Ax\|_Y}{\|x\|_X} = \left\| A\frac{x}{\|x\|_X}\right\|_Y$$

Da $\left\|\frac{x}{\|x\|_X}\right\|_X = 1$ ist, sind aber die Mengen

$$\left\{ \frac{\|Ax\|_Y}{\|x\|_X} \mid x\in\mathbb{R}^n\setminus\{0\}\right\} = \{\|Ax\|_Y \mid x\in\mathbb{R}^n,\ \|x\|_X = 1\}$$

gleich. In der rechten Menge betrachten wir nur die Vektoren der Standardsphäre. Diese Menge ist beschränkt und abgeschlossen, weshalb das Maximum existiert. Diese Aussage, die Existenz von Extremwerten stetiger Funktionen auf abgeschlossenen, beschränkten Mengen, setzen wir an dieser Stelle ohne Beweis voraus.

ad N1: $\max_{\|x\|_X=1}\|Ax\|_Y = 0$ impliziert mit der Homogenität, dass $Ax = 0$ für alle $x\in\mathbb{R}^n$. Also ist A die Nullmatrix $A = 0$.

ad N2: $\max_{\|x\|_X=1}\|\alpha Ax\|_Y = \max_{\|x\|_X=1}|\alpha|\|Ax\|_Y = |\alpha|\max_{\|x\|_X=1}\|Ax\|_Y$.

ad N3:

$$\begin{aligned}\max_{\|x\|_X=1}\|(A+B)x\|_Y &\le \max_{\|x\|_X=1}(\|Ax\|_Y + \|Bx\|_Y)\\ &\le \max_{\|x\|_X=1}\|Ax\|_Y + \max_{\|y\|_X=1}\|By\|_Y .\end{aligned}$$

Die erste Ungleichung gilt, da $(A+B)x = Ax+Bx$ und $\|\cdot\|_Y$ die Dreiecksungleichung erfüllt. Für die zweite Ungleichung sei $x_0\in\mathbb{R}^n$, $\|x_0\| = 1$ mit

$$\|Ax_0\|_Y + \|Bx_0\|_Y = \max_{\|x\|_X=1}(\|Ax\|_Y + \|Bx\|_Y).$$

Dann ist

$$\|Ax_0\|_Y \le \max_{\|x\|_X=1}\|Ax\|_Y \quad \text{und} \quad \|Bx_0\|_Y \le \max_{\|x\|_X=1}\|Bx\|_Y ,$$

woraus die zweite Ungleichung folgt.

□

Da nun für alle $x \in X \setminus \{0\}$ gilt: $\|Ax\|_Y / \|x\|_X \leq \|A\|_{X \to Y}$, haben wir stets $\|Ax\|_Y \leq \|A\|_{X \to Y} \|x\|_X$.

Für natürliche Matrixnormen für quadratische Matrizen gilt $\|I\| = 1$ und $\|AB\| \leq \|A\| \, \|B\|$. Letzteres folgt aus

$$\|ABx\|_X \leq \|A\|_{X \to X} \|Bx\|_X \leq \|A\|_{X \to X} \|B\|_{X \to X} \|x\|_X.$$

Beispiel 5.35. Wir betrachten die zu Anfang dieses Kapitels bereits eingeführten Normen $\|\cdot\|_1$, $\|\cdot\|_2, \|\cdot\|_\infty$. Sind dann $X = \mathbb{R}^n = Y$, so schreiben wir für die zugehörigen Matrixnormen kurz ebenso $\|A\|_1, \|A\|_2, \|A\|_\infty$. Es gilt:

a) $\|A\|_1 = \max_{j \in \{1,\ldots n\}} \sum_{i=1}^n |a_{ij}|$ (Spaltensummennorm),
b) $\|A\|_\infty = \max_{i \in \{1,\ldots n\}} \sum_{j=1}^n |a_{ij}|$ (Zeilensummennorm),
c) $\|A\|_2 = \max\{\sqrt{\lambda} \mid \lambda$ ist Eigenwert von $A^\top A\}$ (Spektralnorm).

Beweis. Zum Beweis von a). Sei $x \in \mathbb{R}^n$ mit $\|x\|_1 = \sum_{j=1}^n |x_j| = 1$. Dann gilt

$$\begin{aligned}
\|Ax\|_1 &= \sum_{i=1}^n \left| \sum_{j=1}^n a_{ij} x_j \right| \\
&\leq \sum_{i,j=1}^n |a_{ij}| |x_j| \\
&= \sum_{j=1}^n \left(|x_j| \sum_{i=1}^n |a_{ij}| \right) \\
&\leq \sum_{j=1}^n \left(|x_j| \max_{k \in \{1,\ldots,n\}} \sum_{i=1}^n |a_{ik}| \right) \\
&\overset{\|x\|_1 = 1}{=} \max_{j \in \{1,\ldots,n\}} \sum_{i=1}^n |a_{ij}|.
\end{aligned}$$

Also ist schon einmal $\|A\|_1 \leq \max_{j \in \{1,\ldots,n\}} \sum_{i=1}^n |a_{ij}|$. Die Gleichheit folgt nun, da $\|Ae_j\|_1 = \sum_{i=1}^n |a_{ij}|$.

ad b): Sei nun x mit $\|x\|_\infty = \max_{j \in \{1,\ldots,n\}} |x_j| = 1$. Dann gilt

$$\begin{aligned}
\|Ax\|_\infty &= \max_{i \in \{1,\ldots,n\}} \left| \sum_{j=1}^n a_{ij} x_j \right| \\
&\leq \max_{i \in \{1,\ldots,n\}} \left\{ \sum_{j=1}^n |a_{ij}| |x_j| \right\} \\
&\overset{|x_j| \leq 1}{\leq} \max_{i \in \{1,\ldots,n\}} \sum_{j=1}^n |a_{ij}|.
\end{aligned}$$

Damit haben wir gezeigt, dass

$$\|A\|_\infty \leq \max_{i \in \{1,\ldots n\}} \sum_{j=1}^n |a_{ij}|.$$

Die Behauptung folgt somit, wenn wir noch einen Vektor angeben, bei dem

$$\|Ax\|_\infty \geq \max_{i \in \{1,\ldots n\}} \sum_{j=1}^n |a_{ij}|$$

ist. Sei dazu i_0 ein Index, an dem das Maximum angenommen wird, also mit

$$\max_{i\in\{1,\ldots n\}} \sum_{j=1}^{n} |a_{ij}| = \sum_{j=1}^{n} |a_{i_0 j}|$$

und $x \in \mathbb{R}^n$ der Vektor definiert durch

$$x_i := \begin{cases} 1 & \text{falls } a_i > 0 \\ 0 & \text{falls } a_i = 0 \\ -1 & \text{falls } a_i < 0. \end{cases}$$

Dann ist

$$\|Ax\|_\infty \geq |Ax|_{i_0} = \sum_{j=1}^{n} |a_{i_0 j}| = \max_{i\in\{1,\ldots n\}} \sum_{j=1}^{n} |a_{ij}|.$$

Für den Beweis von c) erinnern wir uns zunächst daran, dass es, da $A^\top A$ symmetrisch ist, eine Orthonormalbasis $b_1,\ldots,b_n$ aus Eigenvektoren zu Eigenwerten $\lambda_1 \geq \ldots \geq \lambda_n \overset{!}{\geq} 0$ von $A^\top A$ gibt. (Wegen $x^\top A^\top Ax = \|Ax\|_2^2 \geq 0$ für $x \neq 0$ ist $A^\top A$ positiv semidefinit.) Sei nun $x = \sum_{i=1}^{n} \beta_i b_i$ mit $\|x\|_2 = \sqrt{x^\top x} = \sqrt{\sum_{i=1}^{n} \beta_i^2} = 1$. Dann ist

$$\begin{aligned}
\|Ax\|_2^2 &= x^\top A^\top Ax \\
&= (\sum_{i=1}^{n} \beta_i b_i^\top) A^\top A (\sum_{i=1}^{n} \beta_i b_i^\top) \\
&= (\sum_{i=1}^{n} \beta_i b_i^\top)(\sum_{j=1}^{n} \beta_j A^\top A b_j) \\
&\overset{b_j \text{ sind EV}}{=} (\sum_{i=1}^{n} \beta_i b_i^\top)(\sum_{j=1}^{n} \beta_j \lambda_j b_j) \\
&= \sum_{\substack{i=1\\j=1}}^{n} \beta_i \beta_j \lambda_j b_i^\top b_j \\
&\overset{(b_i) \text{ ist ONB}}{=} \sum_{i=1}^{n} \beta_i^2 \lambda_i \\
&\leq \lambda_1.
\end{aligned}$$

Die Behauptung folgt nun aus $b_1^\top A^\top A b_1 = \lambda_1 b_1^\top b_1 = \lambda_1$. Denn dies impliziert $\|Ab_1\|_2 = \sqrt{\lambda}$. □

5.10 Kondition

Die motivierende Fragestellung dieses Abschnitts ist: Wie wirken sich Datenfehler bei der Aufgabe $Ax = b$ mit einer regulären Matrix A (bei exakter Lösung) auf den Vektor x aus. In diesem Abschnitt gehen wir davon aus, dass eine feste Vektornorm $\|\cdot\|_{\mathbb{R}^n}$ mit zugehöriger Matrixnorm $\|\cdot\|_{\mathbb{R}^n\to\mathbb{R}^n}$ gegeben ist.

Beschränken wir uns zunächst auf eine fehlerbehaftete rechte Seite $\hat{b}$. Bezeichnen wir den absoluten Fehler der rechten Seite mit Δb und den absoluten Fehler des Lösungsvektors mit Δx, so lautet die fehlerbehaftete Gleichung

$$A(x+\Delta x) = b + \Delta b.$$

Hieraus ergibt sich $\Delta x = A^{-1}\Delta b$ und somit

$$||\Delta x|| \leq ||A^{-1}||\,||\Delta b||.$$

Mit $||b|| \leq ||A||\,||x||$ erhalten wir $||x|| \geq \frac{||b||}{||A||}$ und hieraus folgende Abschätzung für den relativen Fehler:

$$\frac{||\Delta x||}{||x||} \leq ||A^{-1}||\,||A||\frac{||\Delta b||}{||b||}. \tag{5.7}$$

Definition 5.8. Sei $A \in \mathbb{R}^{n\times n}$ eine reguläre Matrix. Die Zahl

$$\mathrm{cond}(A) := ||A^{-1}||\,||A||$$

heißt *Kondition* der Matrix A.

Die Kondition ist abhängig von der gewählten Norm. Für die natürliche Matrixnorm eines normierten Raumes gilt

$$\mathrm{cond}(A) = ||A^{-1}||\,||A|| \geq ||A^{-1}A|| = ||I_n|| = 1.$$

Wir nennen eine Matrix *schlecht konditioniert*, wenn die Konditionszahl $\mathrm{cond}(A)$ deutlich größer als 1 ist und gut konditioniert, wenn $\mathrm{cond}(A)$ nahe bei 1 ist.

Um auch Auswirkungen von Störungen von A abschätzen zu können, beweisen wir zunächst ein etwas technisches Lemma:

Lemma 5.2. *Sei $A \in \mathbb{R}^{n\times n}$ und $||A|| < 1$. Dann ist $I_n + A$ regulär und*

$$\frac{1}{1+||A||} \leq ||(I_n + A)^{-1}|| \leq \frac{1}{1-||A||}.$$

Beweis. Wegen

$$||x|| = ||x + Ax - Ax|| \leq ||x + Ax|| + ||Ax|| \leq ||x + Ax|| + ||A||\,||x||$$

gilt:

$$||(I_n + A)x|| = ||x + Ax|| \geq ||x|| - ||A||\,||x|| = (1 - ||A||)||x||.$$

Da nach Voraussetzung $1 - ||A|| > 0$ ist, kann $(I_n + A)x = 0$ nur gelten, wenn $x = 0$ ist. Somit muss $I_n + A$ regulär sein. Ferner haben wir

$$1 \leq ||(I_n + A)^{-1}||\,||I_n + A|| \overset{(N3)}{\leq} ||(I_n + A)^{-1}||(1 + ||A||),$$

also gilt die linke Ungleichung und

$$\begin{aligned}
||(I_n + A)^{-1}|| &= ||(I_n + A)^{-1} + (I_n + A)^{-1}A - (I_n + A)^{-1}A|| \\
&= ||(I_n + A)^{-1}(I_n + A) - (I_n + A)^{-1}A|| \\
&\leq ||(I_n + A)^{-1}(I_n + A)|| + ||(I_n + A)^{-1}A|| \\
&\leq 1 + ||(I_n + A)^{-1}||\,||A||,
\end{aligned}$$

also

$$\|(I_n+A)^{-1}\|(1-\|A\|) \le 1,$$

woraus die rechte Abschätzung folgt. □

Wir sind an den Auswirkungen einer Störung von A bei der Lösung von $Ax=b$ und damit an einer Abschätzung von $\operatorname{cond}(A+\Delta A)$ interessiert. Nennen wir $A+\Delta A$ dann B, so hilft uns folgendes Lemma weiter.

Lemma 5.3 (Störungslemma). *Seien $A,B \in \mathbb{R}^{n\times n}$ quadratisch, A regulär und $\|A^{-1}\|\,\|B-A\| < 1$. Dann ist auch B regulär und*

$$\|B^{-1}\| \le \frac{\|A^{-1}\|}{1-\|A^{-1}\|\,\|B-A\|}.$$

Beweis. Nach Voraussetzung ist $\|A^{-1}(B-A)\| \le \|A^{-1}\|\,\|(B-A)\| < 1$. Nach Lemma 5.2 ist also $I_n+(A^{-1}B-I_n)=A^{-1}B$ regulär, somit auch B regulär, und es gilt

$$\begin{aligned}
\|B^{-1}\| = \|B^{-1}AA^{-1}\| &\le \|B^{-1}A\|\,\|A^{-1}\| \\
&= \|A^{-1}\|\,\|(A^{-1}B)^{-1}\| \\
&= \|A^{-1}\|\,\left\|\left(I_n+(A^{-1}B-I_n)\right)^{-1}\right\| \\
&\overset{5.2}{\le} \|A^{-1}\|\frac{1}{1-\|A^{-1}B-I_n\|} \\
&= \|A^{-1}\|\frac{1}{1-\|A^{-1}(B-A)\|} \\
&\le \|A^{-1}\|\frac{1}{1-\|A^{-1}\|\,\|B-A\|}.
\end{aligned}$$

□

Nun können wir abschließend folgenden Satz beweisen.

Satz 5.36. *Seien $A,\Delta A \in \mathbb{R}^{n\times n}$ und gelte $\|A^{-1}\|\,\|\Delta A\| < 1$. Seien $x\in\mathbb{R}^n$, $x\neq 0$, bzw. $x+\Delta x\in\mathbb{R}^n$ Lösungen des Systems $Ax=b$ bzw. $(A+\Delta A)(x+\Delta x)=b$. Dann lässt sich der relative Fehler in x abschätzen durch den relativen Fehler in A und die Konditionszahl von A zu*

$$\frac{\|\Delta x\|}{\|x\|} \le \frac{\operatorname{cond}(A)}{1-\operatorname{cond}(A)\frac{\|\Delta A\|}{\|A\|}}\frac{\|\Delta A\|}{\|A\|}.$$

Beweis. Nach Voraussetzung ist $\|A^{-1}\|\,\|A+\Delta A-A\| < 1$. Also ist nach dem Störungslemma 5.3 $A+\Delta A$ regulär und

$$\|(A+\Delta A)^{-1}\| \le \frac{\|A^{-1}\|}{1-\|A^{-1}\|\,\|\Delta A\|}.$$

Aus $(A+\Delta A)(x+\Delta x)-Ax=0$ schließen wir $(A+\Delta A)\Delta x=-\Delta Ax$ und somit

$$\Delta x = -(A+\Delta A)^{-1}\Delta Ax.$$

Durch Einsetzen erhalten wir

$$\begin{aligned}
\|\Delta x\| &\leq \frac{\|A^{-1}\|}{1-\|A^{-1}\|\,\|\Delta A\|}\|\Delta A\|\,\|x\| \\
&= \frac{\|A^{-1}\|\,\|A\|}{1-\|A^{-1}\|\,\|A\|\frac{\|\Delta A\|}{\|A\|}}\frac{\|\Delta A\|}{\|A\|}\|x\| \\
&= \frac{\text{cond}(A)}{1-\text{cond}(A)\frac{\|\Delta A\|}{\|A\|}}\frac{\|\Delta A\|}{\|A\|}\|x\|,
\end{aligned}$$

woraus die Behauptung folgt. □

Aufgabe 5.37. Berechnen Sie die Konditionszahlen der Matrizen A_1, A_2 aus Aufgabe 5.32 bezüglich $\|\cdot\|_1$ und $\|\cdot\|_\infty$.
Lösung siehe Lösung 9.60

Kapitel 6
Nichtlineare Optimierung

In den verbleibenden Kapiteln dieses Buches wollen wir uns mit Optimierungsproblemen im $\mathbb{R}^n$ beschäftigen. Wir werden insbesondere in diesem Kapitel Grundkenntnisse in der Differentialrechnung einer Veränderlichen voraussetzen, die manchmal merklich über den üblichen Schulstoff hinausgehen. In die Differentialrechnung mehrerer Veränderlicher werden wir kurz einführen. Hier sind Grundkenntnisse hilfreich, aber nicht unbedingt notwendig.

Das allgemeine Problem lautet

$$\min_{x \in S} f(x),$$

wobei $S \subseteq \mathbb{R}^n$ eine Teilmenge des $\mathbb{R}^n$ und $f : S \to \mathbb{R}$ eine reellwertige Funktion ist. f nennt man auch *Zielfunktion*. Wir können uns auf Minimierungsprobleme beschränken, da sich Maximierungsprobleme wegen

$$\max_{x \in S} f(x) = -\min_{x \in S}(-f)(x)$$

darauf reduzieren lassen.

Bemerkung 6.1. Mathematisch präziser müsste man bei allgemeinen Problemen $\inf_{x \in S} f(x)$ statt $\min_{x \in S} f(x)$ schreiben, da, z. B. bei unbeschränkten Problemen oder wenn das Minimum auf dem Rand einer offenen Menge angenommen wird, ein Minimum nicht immer in S existiert. Es ist aber, insbesondere im angelsächsischen Raum, üblich, diese Feinheit meist zu ignorieren. Sei zum Beispiel $S =]0,1[$ und $f(x) = \frac{1}{x}$. Dann ist $\inf_{x \in S} f(x) = 1$, aber $f(x) > 1$ für alle $x \in S$.

Wir werden im Folgenden ohne weiteren Nachweis benutzen, dass stetige Funktionen auf beschränkten abgeschlossenen Mengen ihre Extremwerte stets annehmen.

Lassen wir beliebige Funktionen zu, so kann man sich leicht vorstellen, dass wir algorithmisch wenig Chancen haben, etwa bei nicht-stetigen Funktionen, ein Minimum zu lokalisieren. Wir werden hier über die Stetigkeit hinaus sogar verlangen, dass f ein- oder zweimal stetig differenzierbar ist. In diesem Kapitel wollen wir theoretische Bedingungen für (lokale) Extremwerte untersuchen.

Zunächst einmal betrachten wir den Fall, dass $S = \mathbb{R}^n$ ist und entwickeln notwendige und hinreichende Kriterien für lokale Extremwerte. Diese sind Verallgemeinerungen der Ihnen aus der Kurvendiskussion im Schulunterricht geläufigen Kriterien für den Fall $n = 1$.

Danach untersuchen wir den Fall, dass die Menge S durch Gleichungen und Ungleichungen $g(x) \leq 0$, $h(x) = 0$ definiert ist, wobei $g : \mathbb{R}^n \to \mathbb{R}^m$ und $h : \mathbb{R}^n \to \mathbb{R}^k$ stetig differenzierbare Funktionen sind. Hier werden wir – ohne Beweis – ein notwendiges Kriterium für lokale Extremwerte angeben, die berühmten Kuhn-Tucker-Bedingungen.

W. Hochstättler, *Algorithmische Mathematik*, Springer-Lehrbuch
DOI 10.1007/978-3-642-05422-8_6,

Im nachfolgenden Kapitel werden wir uns mit allgemeinen Verfahren zur Suche nach lokalen Extremwerten beschäftigen und mit der Gradientensuche, dem Newtonverfahren und mit der Methode der konjugierten Gradienten die prominentesten Beispiele dafür kennen lernen. Im Allgemeinen kann man mit diesen Verfahren nur lokale Extremwerte bestimmen und wenig Aussagen über die Laufzeit machen.

Im letzten Kapitel wenden wir uns deswegen dem Fall zu, dass f, g und h lineare (genauer affin lineare) Abbildungen sind, also von der Form $c^\top x - \alpha$ mit $c \in \mathbb{R}^n$ und $\alpha \in \mathbb{R}$. Probleme dieser Art lassen sich effizient lösen. Wir werden den so genannten *Simplexalgorithmus* vorstellen, der zwar unsere theoretischen Effizienzbedingungen nicht erfüllt, aber in der Praxis bei kleinen bis mittelgroßen Problemen immer noch das Verfahren der Wahl ist. Aus den Kuhn-Tucker-Bedingungen wird hier der Dualitätssatz der Linearen Programmierung.

Doch zurück zu nicht-linearen Problemen. Bei der Minimierung nicht-linearer Funktionen spielt die folgende einfache Strategie eine zentrale Rolle. Ausgehend von einem Punkt x_i suche eine Abstiegsrichtung und gehe in dieser Richtung bestmöglich zu x_{i+1}. Iteriere, bis es keine Abstiegsrichtung mehr gibt. Im Allgemeinen findet man so kein *globales* Minimum, sondern nur *lokale* (oder auch relative) Minima. Die Theorie macht oftmals auch nur Aussagen über *lokale* Minima.

Definieren wir nun einige der oben angesprochenen Begriffe, die wir intuitiv benutzt haben, genauer.

Definition 6.1. Seien $S \subseteq \mathbb{R}^n$, $f : S \to \mathbb{R}$ und $x^* \in S$. Dann sagen wir, f hat an der Stelle x^* ein *lokales Minimum* über S (oder auch *relatives Minimum*), wenn es ein $\varepsilon > 0$ gibt, so dass

$$\forall x \in S \cap U_\varepsilon(x^*) : f(x) \geq f(x^*).$$

Gilt sogar

$$\forall x \in S \cap U_\varepsilon(x^*), x \neq x^* : f(x) > f(x^*),$$

so liegt an der Stelle x^* ein *striktes lokales Minimum* vor.

Falls $\forall x \in S : f(x) \geq f(x^*)$ ist, so hat f an der Stelle x^* ein *globales* Minimum und analog zum Vorigen sprechen wir von einem *strikten globalen* Minimum, falls die letzte Ungleichung stets strikt – außer in x^* selbst – ist.

Eine reellwertige Funktion $f : \mathbb{R}^n \to \mathbb{R}$ heißt *(affin) linear*, wenn es einen Vektor $c \in \mathbb{R}^n$ und einen Skalar $\alpha \in \mathbb{R}$ gibt mit

$$\forall x \in \mathbb{R}^n : f(x) = c^\top x - \alpha.$$

Auch eine Einschränkung einer (affin) linearen Funktion auf einen Bereich $S \subseteq \mathbb{R}^n$ wollen wir als (affin) lineare Funktion bezeichnen.

6.1 Steilkurs mehrdimensionale Differentialrechnung

6.1.1 Kurven

Wie bereits erwähnt haben wir im Wesentlichen nur Mittel zur Bestimmung lokaler Minima zur Hand. Die Werkzeuge dafür liefert die Differentialrechnung mehrerer Veränderlicher. Wir versuchen, uns im Folgenden möglichst nah an als bekannt vorausgesetzten Zusammenhängen der Differentialrechnung einer Veränderlichen zu orientieren und eine kurze Einführung in die Verallgemeinerung auf mehrere Veränderliche zu geben.

Eines der zentralen Anliegen der Analysis ist es, Funktionen lokal durch lineare Funktionen (und evtl. Terme höherer Ordnung) zu approximieren. Dafür muss die Funktion aber lokal „hinreichend dicht" definiert sein. Oftmals betreibt man deshalb Analysis nur auf *offenen Mengen.*

Definition 6.2. Sei $U \subseteq \mathbb{R}^n$. Dann heißt U *offen*, wenn zu jedem $x \in U$ ein $\varepsilon > 0$ mit $U_\varepsilon(x) \subseteq U$ existiert. Eine Menge $A \subseteq \mathbb{R}^n$ heißt *abgeschlossen*, wenn $\mathbb{R}^n \setminus A$ offen ist.

Unsere Mengen S werden im Allgemeinen nicht offen sein, aber wir werden stets annehmen, dass die zu minimierende Zielfunktion auf einer offenen Menge U definiert ist, die S enthält.

Aufgabe 6.2. a) Seien $a, b \in \mathbb{R}$ mit $a < b$. Zeigen Sie, dass $]a,b[$ offen und $[a,b]$ abgeschlossen ist.

b) Sei $B^2 := \{(x,y)^\top \in \mathbb{R}^2 \mid x^2 + y^2 < 1\}$ die offene Einheitskreisscheibe in der Ebene und $S^1 := \{(x,y)^\top \in \mathbb{R}^2 \mid x^2 + y^2 = 1\}$ der Einheitskreis. Zeigen Sie: B^2 ist offen und S^1 abgeschlossen bzgl. der euklidischen Norm $\|\cdot\| = \|\cdot\|_2$.

c) Sei $\|\cdot\|$ eine Norm auf dem $\mathbb{R}^n$ und S^{n-1} die $(n-1)$-dimensionale Standardsphäre bzgl. dieser Norm, also

$$S^{n-1} := \{x \in \mathbb{R}^n \mid \|x\| = 1\}.$$

Zeigen Sie, dass S^{n-1} abgeschlossen ist.

Lösung siehe Lösung 9.61

Mit Hilfe der offenen Mengen können wir auch Stetigkeit definieren. Kurz, aber dennoch mathematisch präzise, ist eine Funktion stetig, wenn das Urbild offener Mengen stets offen ist. Anschaulich ist eine Funktion stetig, wenn sie keinerlei Sprünge hat. Das definieren wir so, dass wir für jedes (noch so kleine) ε-Kügelchen um einen Bildpunkt $f(x^*)$ ein δ-Kügelchen um x^*-finden können, so dass letzteres durch f ganz in das ε-Kügelchen abgebildet wird. Dies wollen wir auch als Definition nehmen und präzisieren:

Definition 6.3. Sei $U \subseteq \mathbb{R}^n$ offen und $f : U \to \mathbb{R}^m$ eine Abbildung, sowie $x^* \in U$. Dann sagen wir f ist *stetig in* x^*, wenn

$$\forall \varepsilon > 0 \; \exists \delta > 0 \; \forall x \in U_\delta(x^*) \cap U : f(x) \in U_\varepsilon(f(x^*)).$$

Ist f stetig in allen $x \in U$, so sagen wir kurz f ist *stetig.*

Aufgabe 6.3. Zeigen Sie, dass $f : \mathbb{R}^2 \to \mathbb{R}$, definiert durch $f(x,y) = x^2 + y^2$, stetig ist.
Lösung siehe Lösung 9.62

Um die Optimierungsstrategie aus der Einleitung dieses Kapitels präzisieren zu können, wiederholen wir nun Wege und Richtungen von Wegen im $\mathbb{R}^n$.

Definition 6.4. Sei $I \subseteq \mathbb{R}$ ein Intervall. Eine *Kurve* oder ein *Weg* im $\mathbb{R}^n$ ist eine stetige Abbildung

$$\begin{aligned} c : I &\to \mathbb{R}^n \\ t &\mapsto c(t) = (c_1(t), \ldots, c_n(t))^\top. \end{aligned}$$

Dann sind insbesondere alle *Komponentenfunktionen* $c_i : I \to \mathbb{R}$ stetige, reellwertige Funktionen, wie Sie sie aus der Schule kennen. Analog nennen wir eine Kurve *k-fach stetig differenzierbar*, wenn alle Komponentenfunktionen k-fach stetig differenzierbar sind, für $k \in \mathbb{N}$.

Ist $t_0 \in I$, so nennen wir $c'(t_0) := (c_1'(t_0), \ldots, c_n'(t_0))^\top$ den *Tangentialvektor an* c in t_0, wobei $c_i'(t_0)$ die Ableitungen der Komponentenfunktionen in t_0 sind.

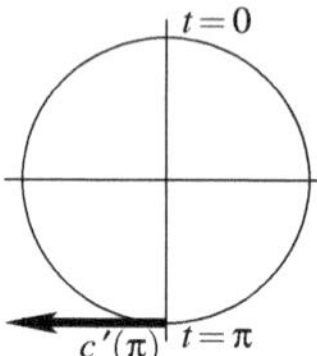

Abb. 6.1 Zu Beispiel 6.4

Beispiel 6.4. Wir betrachten folgende Kurve in der euklidischen Ebene $\mathbb{R}^2$. Dies ist eine Parametrisierung des Einheitskreises S^1.

$$\begin{aligned} c :]0,2\pi] &\to \mathbb{R}^2 \\ t &\mapsto c(t) = \left(\begin{smallmatrix}\sin(t)\\ \cos(t)\end{smallmatrix}\right), \end{aligned}$$

zunächst allgemein in $t_0 \in]0,2\pi]$. Die Ableitung des Sinus ist der Cosinus und die Ableitung des Cosinus das Negative des Sinus. Also ist

$$c'(t_0) = \begin{pmatrix} \cos(t_0) \\ -\sin(t_0) \end{pmatrix}.$$

Betrachten wir die Situation im speziellen Fall $t_0 = \pi$. Dann ist $c(t_0) = (0,-1)^\top$ und $c'(t_0) = (\cos(\pi), -\sin(\pi))^\top = (-1,0)^\top$. Diese Situation haben wir in Abbildung 6.1 graphisch veranschaulicht.

Aufgabe 6.5. Betrachten Sie folgende Umparametrisierung des Einheitskreises

$$\begin{aligned} \tilde{c} :]0,4\pi^2] &\to \mathbb{R}^2 \\ t &\mapsto c(t) = \left(\begin{smallmatrix}\sin(\sqrt{t})\\ \cos(\sqrt{t})\end{smallmatrix}\right) \end{aligned}$$

und berechnen Sie den Tangentialvektor in t_0 sowie für $t_0 = \pi^2$. Skizzieren Sie die Situation.
Lösung siehe Lösung 9.63

Eine Funktion $f : \mathbb{R}^2 \to \mathbb{R}$ kann man sich als Landschaft im dreidimensionalen Raum vorstellen. In Abbildung 6.2 haben wir (x,y,z) abgetragen mit $z = f(x,y) = \sin(x^2 + xy)$, wobei x und y im Intervall $[-2\pi, 2\pi]$ liegen.

Die lokalen Minima sind die „Täler" in dieser Landschaft. Steht man im Tal, so geht es in alle Richtungen bergauf oder zumindest in keine Richtung bergab. Die folgende Proposition formalisiert diese anschaulich einsichtige Tatsache:

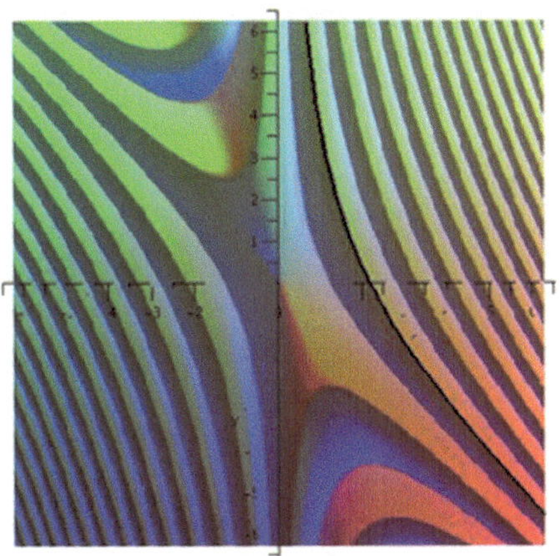

Abb. 6.2 Der Graph der Funktion $\sin(x^2+xy)$ für $-2\pi \le x,y \le 2\pi$

Proposition 6.1. *Sei $S \subseteq \mathbb{R}^n, f : S \to \mathbb{R}$ und $x^* \in S$. Ist x^* ein lokales Minimum (striktes lokales Minimum) von f, so gilt für jedes $\eta > 0$ und jeden stetig differenzierbaren Weg $c : [0,\eta] \to S$ mit $c(0) = x^*$ und $c'(0) \neq 0$:*

$$\exists 0 < \delta \le \eta \ \forall 0 < t \le \delta : (f \circ c)(t) := f(c(t)) \ge f(x^*) \text{ (bzw. } (f(c(t)) > f(x^*)).$$

Mit Worten: Es gibt einen Zeitpunkt $0 < \delta \le \eta$, bis zu dem man entlang c zu keinem tieferen Punkt als x^* gelangt.

Beweis. Ist x ein lokales Minimum, so gibt es nach Definition 6.1 ein $\varepsilon > 0$ mit $f(x) \ge f(x^*)$ für alle $x \in U_\varepsilon(x^*) \cap S$. Sei nun $c : [0,\eta] \to S$ ein Weg mit $c(0) = x^*$. Da c insbesondere stetig ist, gibt es ein $\delta > 0$ mit

$$0 < t \le \delta \Rightarrow c(t) \in U_\varepsilon(x^*).$$

Mit der Eigenschaft von ε haben wir also wie gewünscht

$$0 < t \le \delta \Rightarrow f(c(t)) \ge f(x^*).$$

Ist x ein striktes lokales Minimum, so gibt es ein $\varepsilon > 0$ mit $f(x) > f(x^*)$ für alle $x \in (U_\varepsilon(x^*) \cap S) \setminus \{x^*\}$. Da $c'(0) \neq 0$ ist, verweilt der Weg nicht in x^*. Hieraus und aus der Stetigkeit von c schließen wir auf die Existenz eines $\delta > 0$ mit

$$0 < t \le \delta \Rightarrow c(t) \in (U_\varepsilon(x^*) \cap S) \setminus \{x^*\},$$

woraus die Behauptung wie eben folgt. □

Aufgabe 6.6. Zeigen Sie: Die Funktion $f : \mathbb{R}^2 \to \mathbb{R}$ definiert durch $f(x,y) = \sin(x^2 + xy)$ hat in $(\sqrt{\frac{3\pi}{2}}, 0)$ ein lokales Minimum, aber kein striktes lokales Minimum.
Lösung siehe Lösung 9.64

6.1.2 Partielle Ableitungen

Im letzten Abschnitt haben wir mit den Kurven Abbildungen $\mathbb{R} \to \mathbb{R}^n$ untersucht. In der Optimierung haben wir es bei der Zielfunktion üblicherweise mit Abbildungen $f : \mathbb{R}^n \to \mathbb{R}$ zu tun. Durch das Einführen von Wegen $c : I \to \mathbb{R}^n$ können wir solche Funktionen $f : \mathbb{R}^n \to \mathbb{R}$ auf Funktionen einer Veränderlichen, wie sie aus der Schule bekannt sind, zurückführen. Die Hintereinanderausführung $f \circ c : I \to \mathbb{R}$ ist nämlich eine reelle Funktion in einer Variablen. Diese können wir wie gewohnt ableiten. Dies ist dann die Richtungsableitung entlang des Weges.

Eine besondere Rolle spielen hierbei die Richtungen der Koordinatenachsen.

Definition 6.5. Sei $I \subseteq \mathbb{R}$ ein Intervall, $t_0 \in I$, $S \subseteq \mathbb{R}^n$, $c : I \to \mathbb{R}^n$ eine stetig differenzierbare Kurve und $f : S \to \mathbb{R}$ mit $p = c(t_0) \in S$ und $c'(t_0) = d \neq 0$. Existiert dann $(f \circ c)'(t_0)$, so heißt diese Zahl die *Richtungsableitung* $\frac{\partial f}{\partial d}$ *von* f *in Richtung* d *in* p. Ist $c'(t_0) = e_i$, so heißt

$$\frac{\partial f}{\partial x_i}(p) := (f \circ c)'(t_0)$$

die *i-te partielle Ableitung von f*. Der *Gradient* $\nabla f(p)$ *von* f *in* p ist der Zeilenvektor(!) der partiellen Ableitungen $(\frac{\partial f}{\partial x_1}(p), \dots, \frac{\partial f}{\partial x_n}(p))$. Der Gradient

$$\nabla f : S \to \mathbb{R}^n$$

ist also eine vektorwertige Abbildung.

Bemerkung 6.7. Man beachte, dass der Nullvektor in unserem Sinne keine Richtung ist. Zumindest ist die Richtungsableitung dann nicht definiert.

Genau genommen ist der von uns hier gewählte Zugang nicht ganz sauber, da nicht klar ist, dass die oben eingeführte Richtungsableitung unabhängig von der Wahl des Weges c ist. Dies müssen Sie uns einfach glauben, da die Herleitung der Details hier den Rahmen sprengen würde.

Beispiel 6.8. Wir betrachten $f : \mathbb{R}^2 \to \mathbb{R}$ definiert durch $f(x,y) = \sin(x^2 + xy)$. Die partiellen Ableitungen in (x^*, y^*) bekommen wir etwa durch die Wege $c_x(t) = (x^* + t, y^*)$ bzw. $c_y(t) = (x^*, y^* + t)$, wobei t jeweils in einem Intervall lebt, das die Null enthält. Setzen wir dies ein, so erhalten wir

$$(f \circ c_x)(t) = \sin((x^*)^2 + 2x^*t + t^2 + x^*y^* + ty^*).$$

Leiten wir dies nach t ab, so erhalten wir nach der Kettenregel

$$(f \circ c_x)'(t) = \cos((x^*)^2 + 2x^*t + t^2 + x^*y^* + ty^*)(2x^* + 2t + y^*).$$

Für $t = 0$ ergibt dies als Richtungsableitung an der Stelle (x^*, y^*) in Richtung $(1,0)$ den Wert

$$\frac{\partial f}{\partial x}(x^*, y^*) = \cos((x^*)^2 + x^*y^*)(2x^* + y^*).$$

Führen wir das Gleiche mit c_y durch, so erhalten wir

$$\frac{\partial f}{\partial y}(x^*,y^*) = \cos((x^*)^2 + x^*y^*)x^*.$$

Allgemein erhalten wir die i-te partielle Ableitung, indem wir alle anderen Variablen als Konstante behandeln und nach der i-ten Variablen ableiten. Überzeugen Sie sich, dass dies in unserem Beispiel zum gleichen Ergebnis führt.

Der Gradient von f ist also

$$\nabla f(x^*,y^*) = \cos((x^*)^2 + x^*y^*)(2x^* + y^*, x^*).$$

Schließlich berechnen wir noch die Ableitung in Richtung $d = (1,1)$, zunächst einmal, indem wir den Weg $c_d(t) = (x^* + t, y^* + t)$ verwenden. Dann ist

$$\begin{aligned}(f \circ c_d)(t) &= \sin((x^*)^2 + 2x^*t + t^2 + x^*y^* + ty^* + tx^* + t^2)\\ (f \circ c_d)'(t) &= \cos((x^*)^2 + 2x^*t + t^2 + x^*y^* + ty^* + tx^* + t^2)(2x^* + 2t + y^* + x^* + 2t)\end{aligned}$$

und somit nach Auswertung an der Stelle $t = 0$:

$$\frac{\partial f}{\partial d}(x^*,y^*) = \cos((x^*)^2 + x^*y^*)(3x^* + y^*).$$

Dies werden wir später noch einmal anders verifizieren.

Zunächst überlegen wir, was wohl die „Ableitung" einer vektorwertigen Abbildung für $U \subseteq \mathbb{R}^n$ und $h : U \to \mathbb{R}^\ell$ sein könnte. In der Kurvendiskussion gab die Ableitung die Steigung der Tangente an die Kurve an. Im Allgemeinen versuchen wir, mit dem Differenzieren eine Abbildung lokal möglichst gut durch eine lineare Abbildung zu approximieren. Lineare Abbildungen $L : \mathbb{R}^n \to \mathbb{R}^\ell$ werden (bzgl. der Einheitsvektoren als Standardbasis) durch (ℓ, n)-Matrizen beschrieben. Also erwarten wir als Ableitung von h eine Matrix dieser Größe. Wir erhalten diese, indem wir alle partiellen Ableitungen in einer Matrix vereinen.

Definition 6.6. Ist $h : U \to \mathbb{R}^\ell$ eine vektorwertige Abbildung, so bezeichnen wir mit Jh die *Jacobische* d. i. die Matrix der partiellen Ableitungen

$$Jh(x) := \begin{pmatrix} \frac{\partial h_1}{\partial x_1} & \cdots & \frac{\partial h_1}{\partial x_n} \\ \vdots & \ddots & \vdots \\ \frac{\partial h_\ell}{\partial x_1} & \cdots & \frac{\partial h_\ell}{\partial x_n} \end{pmatrix}.$$

Beispiel 6.9. Sei $f : \mathbb{R}^3 \to \mathbb{R}^2$ definiert durch

$$f\left(\begin{pmatrix} x \\ y \\ z \end{pmatrix}\right) = \begin{pmatrix} f_1(x,y,z) \\ f_2(x,y,z) \end{pmatrix} = \begin{pmatrix} 3x + 5y + 7z \\ 6x + 4y + 2z \end{pmatrix}.$$

Dann berechnen wir die Jacobische zu

$$Jf\left(\begin{pmatrix} x \\ y \\ z \end{pmatrix}\right) = \begin{pmatrix} \frac{\partial f_1}{\partial x} & \frac{\partial f_1}{\partial y} & \frac{\partial f_1}{\partial z} \\ \frac{\partial f_2}{\partial x} & \frac{\partial f_2}{\partial y} & \frac{\partial f_2}{\partial z} \end{pmatrix} = \begin{pmatrix} 3 & 5 & 7 \\ 6 & 4 & 2 \end{pmatrix}.$$

Bei f handelte es sich um die lineare Abbildung definiert durch

$$f\left(\begin{pmatrix} x \\ y \\ z \end{pmatrix}\right) = \begin{pmatrix} 3 & 5 & 7 \\ 6 & 4 & 2 \end{pmatrix} \begin{pmatrix} x \\ y \\ z \end{pmatrix}.$$

Lineare Abbildungen werden also mit Hilfe der Jacobischen durch sich selbst approximiert und das ist auch gut so.

Existieren alle partiellen Ableitungen einer reellwertigen Funktion f und sind stetig, so sagen wir f ist *stetig differenzierbar.* Wir können nun die Definition der Jacobischen auch auf den Gradienten anwenden und erhalten damit so etwas wie die „zweite Ableitung von f". Zunächst definieren wir dafür die *zweiten partiellen Ableitungen*

$$\frac{\partial^2 f}{\partial x_j \partial x_i} := \frac{\partial \left(\frac{\partial f}{\partial x_i}\right)}{\partial x_j} =: \frac{\partial}{\partial x_j}\left(\frac{\partial f}{\partial x_i}\right).$$

Für $\frac{\partial^2 f}{\partial x_i \partial x_i}$ schreiben wir auch kürzer $\frac{\partial^2 f}{\partial x_i^2}$. Existieren alle zweiten partiellen Ableitungen und sind stetig, so heißt f zweimal stetig differenzierbar. Die Jacobische des Gradienten nennen wir *Hessematrix* $\nabla^2 f(x)$. Die Hessematrix ist also die Matrix der zweiten partiellen Ableitungen

$$\nabla^2 f(x) := \begin{pmatrix} \frac{\partial^2 f}{\partial x_1^2} & \cdots & \frac{\partial^2 f}{\partial x_1 \partial x_n} \\ \vdots & \ddots & \vdots \\ \frac{\partial^2 f}{\partial x_n \partial x_1} & \cdots & \frac{\partial^2 f}{\partial x_n^2} \end{pmatrix}.$$

Existieren alle zweiten partiellen Ableitungen einer Funktion $f: S \to \mathbb{R}$ und sind stetig, was in unseren Anwendungen normalerweise der Fall ist, so ist die Hessematrix $\nabla^2 f$ eine symmetrische Matrix, denn es gilt der Satz von Schwarz, den wir hier ohne Beweis angeben:

Satz 6.10 (Satz von Schwarz). *Ist $S \subseteq \mathbb{R}^2$ offen und $f: S \to \mathbb{R}$ stetig differenzierbar. Existiert dann die zweite partielle Ableitung $\frac{\partial^2 f}{\partial x \partial y}$ und ist stetig, so existiert auch die partielle Ableitung $\frac{\partial^2 f}{\partial y \partial x}$ und es gilt*

$$\frac{\partial^2 f}{\partial y \partial x} = \frac{\partial^2 f}{\partial x \partial y}.$$

Beispiel 6.11. a) Wir betrachten die Funktion $g(x,y) = x^4 + y^4 - 5x^2 - 4y^2 + 5x + 2y - 1.5$. Dann ist $\nabla g(x,y) = (4x^3 - 10x + 5, 4y^3 - 8y + 2)$ und

$$\nabla^2 g(x,y) := \begin{pmatrix} 12x^2 - 10 & 0 \\ 0 & 12y^2 - 8 \end{pmatrix}.$$

b) Wir berechnen die Hessematrix der Funktion $f: \mathbb{R}^2 \to \mathbb{R}$ definiert durch $f(x,y) = \sin(x^2 + xy)$. Nach Beispiel 6.8 ist

$$\nabla f(x,y) = \cos(x^2 + xy)(2x + y, x).$$

Hieraus erhalten wir mittels Produktregel und Kettenregel

$$\begin{aligned}
\frac{\partial^2 f}{\partial^2 x} &= -\sin(x^2+xy)(2x+y)^2+\cos(x^2+xy)\cdot 2 \\
&= 2\cos(x^2+xy)-(2x+y)^2\sin(x^2+xy) \\
\frac{\partial^2 f}{\partial y\partial x} &= -\sin(x^2+xy)x(2x+y)+\cos(x^2+xy) \\
&= \cos(x^2+xy)-(2x^2+xy)\sin(x^2+xy) \\
&= \frac{\partial^2 f}{\partial x\partial y} \\
\frac{\partial^2 f}{\partial^2 y} &= -\sin(x^2+xy)x^2.
\end{aligned}$$

Fassen wir dies zusammen, so erhalten wir

$$\nabla^2 f(x,y) = \cos(x^2+xy)\begin{pmatrix} 2 & 1 \\ 1 & 0 \end{pmatrix} - \sin(x^2+xy)\begin{pmatrix} (2x+y)^2 & 2x^2+xy \\ 2x^2+xy & x^2 \end{pmatrix}.$$

Wie oben bereits erwähnt, erhält man durch Differenzieren, so es zulässig ist, lineare Approximationen. In diesen Zusammenhang geben wir ohne Beweis eine mehrdimensionale Version des Satzes von Taylor, die nach dem ersten bzw. zweiten Glied abgebrochen ist. Die nach dem zweiten Glied abgebrochene Taylor-Reihe liefert eine Approximation von g durch eine quadratische Funktion.

Satz 6.12 (Satz von Taylor). *Sei $S \subseteq \mathbb{R}^n$ und $f,g : S \to \mathbb{R}$ Funktionen, dabei seien f,g stetig differenzierbar und bei g sei darüberhinaus der Gradient stetig differenzierbar. Ist dann $x \in S$ und $v \in \mathbb{R}^n$ mit $x+v \in S$, so gilt*

a) $f(x+v) = f(x) + \nabla f(x)\cdot v + o(\|v\|)$,
b) $g(x+v) = g(x) + \nabla g(x)\cdot v + \frac{1}{2}v^\top \nabla^2 g(x)v + o(\|v\|^2)$.

Wir hatten in Beispiel 6.8 die Richtungsableitung in Richtung $(1,1)$ berechnet und gesagt, dass wir das Ergebnis später noch einmal verifizieren wollten. Tatsächlich liefert uns der Satz von Taylor, dass man beliebige Richtungsableitungen als Skalarprodukt der Richtung mit dem Gradienten erhält.

Proposition 6.2. *Ist f stetig differenzierbar, so ist*

$$\frac{\partial f}{\partial d}(p) = \nabla f(p)\cdot d.$$

Beweis. Sei $c_d = x+td$ ein Weg, der an der Stelle $t=0$ den Tangentialvektor d hat. Nach dem Satz von Taylor ist

$$\begin{aligned}
\frac{\partial f}{\partial d}(x) &= (f\circ c_d)'(0) = (f(x+td))'(0) \\
&= (f(x)+\nabla f(x)td + (f(x+td)-f(x)-\nabla f(x)td))'(0) \\
&= (f(x))'(0) + (\nabla f(x)td)'(0) + (f(x+td)-f(x)-\nabla f(x)td)'(0) \\
&\overset{\text{s.u.}}{=} \nabla f(x)d.
\end{aligned}$$

Zunächst einmal ist $f(x)$ als Funktion in Abhängigkeit von t konstant, also die Ableitung 0. Dann haben wir benutzt, dass beim Differenzieren von $\nabla f(x)td = t\sum_{i=1}^n d_i \frac{\partial f}{\partial x_i}$ nach t nur das t verschwindet. Für den letzen Teil setzen wir den Differenzenquotienten ein und erhalten

$$\begin{aligned}
&\frac{1}{\|d\|}\lim_{t\to 0}\frac{(f(x+td)-f(x)-\nabla f(x)td)-(f(x+0\cdot d)-f(x)-\nabla f(x)0\cdot d)}{t}\\
&=\lim_{t\to 0}\frac{f(x+td)-f(x)-\nabla f(x)td}{\|td\|}=0
\end{aligned}$$

da $f(x+td)-f(x)-\nabla f(x)td$ nach dem Satz von Taylor in $o(\|td\|)$ ist. □

Wenn wir Proposition 6.2 auf Beispiel 6.8 anwenden, so können wir die dort berechnete Richtungsableitung verifizieren.

Wir wollen diesen Steilkurs abschließen mit einer Konsequenz aus dem Satz von Taylor für Wege.

Satz 6.13. *Sei $p\in S\subseteq\mathbb{R}^n$ und $f:S\to\mathbb{R}$ zweimal stetig differenzierbar. Sei c ein zweimal stetig differenzierbarer Weg mit $c(t_0)=p$ und $c'(t_0)=d\neq 0$. Dann ist*

$$\begin{aligned}
(f\circ c)(t) &= f(p)+\nabla f(p)d(t-t_0)+\frac{1}{2}\nabla f(p)c''(t_0)(t-t_0)^2\\
&\quad+\frac{1}{2}d^\top\nabla^2 f(p)d(t-t_0)^2+o((t-t_0)^2).
\end{aligned}$$

Beweis. Nach dem Satz von Taylor für Variablen einer Veränderlichen bzw. als Spezialfall von Satz 6.12 ist

$$(f\circ c)(t)=f(p)+(f\circ c)'(t_0)(t-t_0)+\frac{1}{2}(f\circ c)''(t_0)(t-t_0)^2+o((t-t_0)^2).$$

Nach Definition der Richtungsableitung und Proposition 6.2 ist $(f\circ c)'(t_0)=\nabla f(p)d$. Zu zeigen ist also nur

$$(f\circ c)''(t_0)=\left(((\nabla f)\circ c)(t)c'(t)\right)'(t_0)=\nabla f(p)c''(t_0)+d^\top\nabla^2 f(p)d$$

(vgl. Produktregel). Dafür betrachten wir die Funktion

$$\begin{aligned}
(f\circ c)'(t) &\overset{\text{Prop. 6.2}}{=} \nabla f(c(t))c'(t)\\
&= \sum_{i=1}^n c_i'(t)\frac{\partial f}{\partial x_i}(c(t))\\
&= \sum_{i=1}^n c_i'(t)\left(\frac{\partial f}{\partial x_i}\circ c\right)(t).
\end{aligned}$$

Nach Additionsregel dürfen wir summandenweise ableiten und berechnen zunächst mit der Produktregel und Proposition 6.2:

$$\begin{aligned}
\left(c_i'\left(\frac{\partial f}{\partial x_i}\circ c\right)\right)'(t_0) &= c_i''(t_0)\frac{\partial f}{\partial x_i}(c(t_0))+c_i'(t_0)\left(\frac{\partial f}{\partial x_i}\circ c\right)'(t_0)\\
&= c_i''(t_0)\frac{\partial f}{\partial x_i}(c(t_0))+c_i'(t_0)\frac{\partial}{\partial d}\left(\frac{\partial f}{\partial x_i}\right)(t_0)\\
&\overset{\text{Prop. 6.2}}{=} c_i''(t_0)\frac{\partial f}{\partial x_i}(p)+d_i\nabla\frac{\partial f}{\partial x_i}(p)d.
\end{aligned}$$

Fassen wir die Summanden zusammen, so erhalten wir:

$$\begin{aligned}(f\circ c)''(t_0) &= \sum_{i=1}^{n}\left(c_i''(t_0)\frac{\partial f}{\partial x_i}(p)+d_i\nabla\frac{\partial f}{\partial x_i}(p)d\right)\\ &= \nabla f(p)c''(t_0)+d^\top\nabla^2 f(p)d.\end{aligned}$$

□

Aufgabe 6.14. Betrachten Sie die Funktion $f:\mathbb{R}^2\to\mathbb{R}$ definiert durch

$$f(x,y)=x^4+x^2y^2+y^4-\frac{8}{3}x^3-\frac{8}{3}y^3-\frac{8}{3}x^2y-\frac{8}{3}xy^2.$$

Berechnen Sie den Gradienten und die Hessematrix an der Stelle (x^*,y^*). Berechnen Sie weiterhin die Richtungsableitung an der Stelle $(1,1)$ in Richtung $(1,1)$, sowie $\nabla f\left(\frac{8}{3},\frac{8}{3}\right)$.
Lösung siehe Lösung 9.65

6.2 Notwendige und hinreichende Bedingungen für Extremwerte

Wir wollen nun die Informationen über lokale lineare bzw. quadratische Approximationen ausnutzen, um Kriterien für Extremwerte zu entwickeln. Diese sind zunächst direkte Verallgemeinerungen der aus der Schule bekannten hinreichenden und notwendigen Kriterien für Extremwerte in der Kurvendiskussion.

Kommen wir zunächst zurück auf die algorithmische Idee aus der Einleitung dieses Kapitels. Wir müssen irgendwie ausdrücken, was es heißt, dass es in keine Richtung mehr „bergab" geht. Dafür definieren wir zunächst zulässige Richtungen.

Definition 6.7. Ist $U\subseteq\mathbb{R}^n$ offen und f k-fach stetig differenzierbar in U, so schreiben wir kurz dafür $f\in C^k(U)$.

Seien $S\subseteq\mathbb{R}^n, x\in S$ und $d\in\mathbb{R}^n\setminus\{0\}$. Dann heißt d *zulässige Richtung* für x bzgl. S, wenn es ein $\varepsilon>0$ und einen stetig differenzierbaren Weg $c:[0,\varepsilon]\to S$ gibt mit $c(0)=x$ und $c'(0)=d$.

Sei nun zusätzlich $S\subseteq U\subseteq\mathbb{R}^n$, U offen, und $f\in C^1(U)$. Wir nennen d *zulässige Abstiegsrichtung in x bzgl. S*, wenn d zulässige Richtung für x bzgl. S ist und darüber hinaus

$$\nabla f(x)d<0$$

ist.

Notwendig für ein lokales Minimum ist, dass es keine zulässige Abstiegsrichtung gibt.

Proposition 6.3 (Notwendige Bedingung erster Ordnung). *Sei $S\subseteq U\subseteq\mathbb{R}^n$, U offen, $f\in C^1(U)$. Ist dann x^* ein relatives Minimum von f in S, so gilt für jede zulässige Richtung d für x bzgl. S:*

$$\nabla f(x^*)d\geq 0.$$

Beweis. Sei d eine beliebige, fest gewählte, zulässige Richtung. Dann gibt es ein $\varepsilon_1>0$ und einen differenzierbaren Weg $c:[0,\varepsilon_1]\to S$ mit $c(0)=x^*$ und $c'(0)=d$. Wir betrachten wieder die Funktion $f\circ c$. Nach Definition der Ableitung ist

$$(f \circ c)'(0) = \lim_{t \to 0} \frac{(f \circ c)(t) - f(x^*)}{t}.$$

Da f in x^* ein lokales Minimum hat, gibt es ein $\varepsilon_2 > 0$ mit

$$\forall \tilde{x} \in S \cap U_{\varepsilon_2}(x^*) : f(\tilde{x}) \geq f(x^*).$$

Da c stetig ist, gibt es ein $\delta > 0$ mit

$$0 \leq t < \delta \Rightarrow c(t) \in U_{\varepsilon_2}(x).$$

Setzen wir nun $\varepsilon := \min\{\varepsilon_1, \delta\}$, so gilt für alle $t < \varepsilon : (f \circ c)(t) \geq f(x^*)$. Somit

$$\forall 0 < t < \varepsilon : \frac{(f \circ c)(t) - f(x^*)}{t} \geq 0$$

und wir schließen, dass im Grenzübergang $t \longrightarrow 0$ auch

$$\nabla f(x) d \overset{\text{Prop. 6.2}}{=} (f \circ c)'(0) \geq 0$$

gilt. Da $d \neq 0$ als zulässige Richtung beliebig gewählt war, folgt die Behauptung. □

Ist $S \subseteq \mathbb{R}^n$ volldimensional und nimmt f ein lokales Minimum im Innern von S an, erhalten wir folgende Aussage, die ganz analog zur notwendigen Bedingung für ein Extremum aus der Kurvendiskussion ist.

Korollar 6.15. *Ist x^* ein relatives Minimum von f im Innern von S, d. h. es gibt $\varepsilon > 0$ mit $U_\varepsilon(x^*) \subseteq S$, so ist $\nabla f(x^*) = 0$.*

Beweis. Nach Voraussetzung sind alle $d \in \mathbb{R}^n$ zulässige Richtungen. Insbesondere ist also auch $-(\nabla f(x))^\top$ eine zulässige Richtung. Nach Proposition 6.3 gilt $\nabla f(x^*) d \geq 0$ für alle zulässigen Richtungen, also insbesondere auch

$$\nabla f(x^*)(-\nabla f(x^*)^\top) = -\|\nabla f(x^*)\|_2^2 \geq 0.$$

Wir schließen $\|\nabla f(x^*)\|_2 = 0$ und da $\|\cdot\|$ eine Norm ist, folgt $\nabla f(x^*) = 0$ und somit die Behauptung aus (N1). □

Wir entnehmen diesem Beweis darüber hinaus, dass der negative Gradient, falls er nicht verschwindet und zulässige Richtung ist, die „nächstliegende" Abstiegsrichtung ist.

Beispiel 6.16. Wir betrachten das Optimierungsproblem

$$\begin{aligned} &\min f(x_1, x_2) = x_1^2 - x_1 + x_2 + x_1 x_2 \\ &\text{unter } x_1 \geq 0,\ x_2 \geq 0. \end{aligned}$$

Hier ist also

$$S = \left\{ \begin{pmatrix} x_1 \\ x_2 \end{pmatrix} \mid x_1 \geq 0,\ x_2 \geq 0 \right\}.$$

Der Gradient dieser Funktion ist $\nabla f(x_1, x_2) = (2x_1 - 1 + x_2, x_1 + 1)$. Im Innern des zulässigen Bereiches S ist $x_1 > 0$, also kann der Gradient nicht verschwinden, folglich hat die Funktion im Innern kein lokales Minimum.

Am Rand gilt $x_1 = 0$ oder $x_2 = 0$. Im ersten Fall sind die zulässigen Richtungen genau die Vektoren d mit $d_1 \geq 0$ und wir haben als Gradienten $\nabla f(0,x_2) = (x_2 - 1, 1)$. Die Bedingung aus Proposition 6.3 kann hier nicht erfüllt werden, da z. B. $(0,-1)$ stets eine zulässige Abstiegsrichtung ist.

Im zweiten Fall ist der Gradient $\nabla f(x_1,0) = (2x_1 - 1, x_1 + 1)$ und eine Richtung ist zulässig genau dann, wenn $d_2 \geq 0$ gilt. Somit ist insbesondere die Richtung $(1 - 2x_1, 0)$ zulässig im Punkt $(x_1, 0)$ und wir erhalten als notwendige Bedingung für ein Minimum $-(2x_1 - 1)^2 \geq 0$. Wir schließen hieraus, dass der einzige Kandidat für ein lokales Minimum $x^* = (\frac{1}{2}, 0)$ ist. Wir haben $f(x^*) = -\frac{1}{4}$. Dieser Wert ist auch das globale Minimum der Funktion $x_1^2 - x_1$ und wegen $x_1, x_2 \geq 0$ haben wir $f(x_1,x_2) \geq x_1^2 - x_1$, also hat f in x^* sogar ein globales Minimum.

In Abbildung 6.3 haben wir die *Isoquanten*, auch *Höhenlinien* genannt, der Funktion geplottet. Der Gradient steht stets senkrecht auf diesen Isoquanten. Der Gradient im Minimum ist $\nabla f(x^*) = (0, \frac{3}{2})$. Im Minimum ist also die x_1-Achse tangential an die Isoquante.

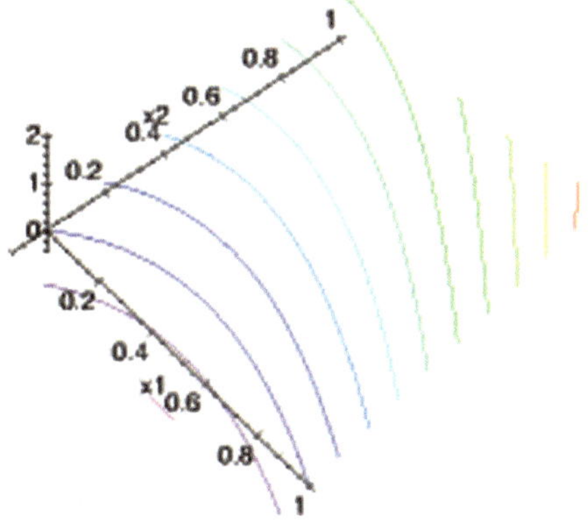

Abb. 6.3 Isoquanten von f in Beispiel 6.16

In der Kurvendiskussion haben Sie gelernt, dass die zweite Ableitung Auskunft über die Krümmung einer Funktion gibt. Auch das letzte Beispiel deutet an, dass die Isokostenhyperfläche sich von der Tangentialhyperebene „wegkrümmen" muss. Die in der Kurvendiskussion kennengelernten notwendigen Bedingungen zweiter Ordnung für lokale Minima gelten nun für alle Richtungen.

Proposition 6.4 (Notwendige Bedingungen zweiter Ordnung). *Sei $U \subseteq \mathbb{R}^n$ offen und $S \subseteq U$ sowie $f \in C^2(U)$. Ist dann x^* ein relatives Minimum von f in S, so gilt für jedes $d \neq 0$, für das es ein ε gibt mit $x^* + \alpha d \in S$ für $0 \leq \alpha \leq \varepsilon$:*

a) $\nabla f(x^*) d \geq 0$,

b) falls $\nabla f(x^*) d = 0$, *so ist* $d^\top \nabla^2 f(x^*) d \geq 0$.

Beweis. Die erste Behauptung haben wir in Proposition 6.3 gezeigt. Für die zweite Behauptung sei also $\nabla f(x^*)d = 0$ und $c : [0,\varepsilon] \to S$ definiert durch $c(t) = x^* + td$. Dann ist d eine zulässige Richtung, $c(0) = x^*$ und $c'(0) = d$. Weil $c'(t) = d$ konstant ist, verschwindet $c''(0)$ und nach Satz 6.13 ist

$$\begin{aligned}(f \circ c)(t) &= f(x^*) + \nabla f(x^*)dt + \frac{1}{2}d^\top \nabla^2 f(x^*)dt^2 + o(t^2)\\ &= f(x^*) + \frac{1}{2}d^\top \nabla^2 f(x^*)dt^2 + o(t^2).\end{aligned}$$

Nach Definition des Landau-Symbols o in Kapitel 2 ist dies gleichbedeutend mit

$$\begin{aligned}&\lim_{t\to 0} \frac{(f \circ c)(t) - f(x^*) - \frac{1}{2}d^\top \nabla^2 f(x^*)dt^2}{t^2}\\ &= \lim_{t\to 0} \frac{(f \circ c)(t) - f(x^*)}{t^2} - \frac{1}{2}d^\top \nabla^2 f(x^*)d = 0.\end{aligned}$$

Da f in x^* ein lokales Minimum hat, ist für hinreichend kleines $\alpha > 0$

$$\frac{(f \circ c)(\alpha) - f(x^*)}{\alpha^2} \geq 0$$

und somit

$$0 = \lim_{\alpha\to 0} \frac{(f \circ c)(\alpha) - f(x^*)}{\alpha^2} - \frac{1}{2}d^\top \nabla^2 f(x^*)d \geq -\frac{1}{2}d^\top \nabla^2 f(x^*)d$$

und nach Multiplikation mit -2 erhalten wir hieraus die Behauptung. □

Auch hier wollen wir wieder den Fall eines inneren Punktes gesondert notieren.

Korollar 6.17. *Ist x^* ein relatives Minimum von c im Innern von S, so gilt für alle $d \in \mathbb{R}^n$:*

a) $\nabla f(x^*) = 0$,
b) $d^\top \nabla^2 f(x^*)d \geq 0$.

Beweis. Nach Korollar 6.15 muss der Gradient verschwinden. Somit folgt die Behauptung aus dem zweiten Teil von Proposition 6.4. □

Die letzte Ungleichung besagt nach Definition 5.6 gerade, dass die Hessematrix positiv semidefinit ist.

Ähnlich wie im Eindimensionalen lassen sich die notwendigen Bedingungen zweiter Ordnung zu hinreichenden verschärfen.

Proposition 6.5 (Hinreichende Bedingungen zweiter Ordnung). *Sei $U \subseteq \mathbb{R}^n$ offen, $S \subseteq U$, $f \in C^2(U)$ und $x^* \in S$. Gilt dann*

a) $\nabla f(x^*) = 0$,
b) und $\nabla^2 f(x^*)$ ist positiv definit,

so ist x^* ein striktes lokales Minimum von f.

Beweis. Wie im Beweis von Proposition 6.4 entwickeln wir für alle Richtungen $d \in \mathbb{R}^n \setminus \{0\}$:

$$f(x^* + \alpha d) = f(x^*) + \alpha^2 \frac{1}{2}d^\top \nabla^2 f(x^*)d + o(\alpha^2).$$

Wie eben benutzen wir die Definition des Landau-Symbols

$$\lim_{\alpha \to 0} \frac{f(x^* + \alpha d) - f(x^*)}{\alpha^2} - \frac{1}{2} d^\top \nabla^2 f(x^*) d = 0.$$

Da $d^\top \nabla^2 f(x^*) d > 0$ ist, muss folglich für hinreichend kleines α stets $f(x^* + \alpha d) - f(x^*) > 0$ und somit $f(x^* + \alpha d) > f(x^*)$ sein. Also liegt in x^* auf jedem Strahl ein striktes lokales Minimum. Man könnte meinen, dass daraus schon die Behauptung folgt. Es gibt aber Funktionen, die eine Stelle haben, die auf jedem Strahl ein lokales Minimum ist, aber kein lokales Minimum der Funktion selber ist. Solche Funktionen gibt es aber nur in unendlich dimensionalen Räumen. Die Behauptung folgt deshalb aus dem folgenden Satz, der besagt, dass dies im $\mathbb{R}^n$ nicht passieren kann, was wir hier ohne Beweis hinnehmen wollen. □

Satz 6.18. *Sei $x^* \in U \subseteq \mathbb{R}^n$ offen und $f \in C^1(U)$ eine Funktion. Gibt es dann für alle $d \in \mathbb{R}^n \setminus \{0\}$ ein $\alpha_d > 0$, so dass 0 striktes lokales Minimum der Funktion $f_d : [0, \alpha_d] \to \mathbb{R}$, definiert durch $f_d(t) := f(x^* + td)$, ist, so ist x^* striktes lokales Minimum von f.*

□

Aufgabe 6.19. Untersuchen Sie die Funktion aus Aufgabe 6.14 an den Stellen $(0,0)$ und $(\frac{8}{3}, \frac{8}{3})$ auf lokale Extremwerte.
Lösung siehe Lösung 9.66

6.3 Exkurs Mannigfaltigkeiten und Tangentialräume

Wir wollen uns nun mit etwas spezielleren zulässigen Bereichen beschäftigen. Und zwar wollen wir hier Teilmengen des $\mathbb{R}^n$ betrachten, die sich durch Ungleichungen $g_1(x) \le 0, \dots, g_l(x) \le 0$ mit differenzierbaren Funktionen $g_1, \dots, g_l : \mathbb{R}^n \to \mathbb{R}$ beschreiben lassen. Wie wir im letzten Kapitel gesehen haben, ist die Situation „im Innern" eines solchen Gebildes relativ einfach. Um die Ränder, wo $g_i(x) = 0$ gilt, genauer zu untersuchen, wollen wir zunächst gleichungsdefinierte Mengen, sogenannte *Mannigfaltigkeiten*, betrachten.

Seien $h_1, \dots, h_k : \mathbb{R}^n \to \mathbb{R}$ differenzierbare Funktionen und $k \le n$. Wir wollen die Lösungsmenge der Gleichung $h(x) = 0$ untersuchen, wobei $h = (h_1, \dots, h_k)^\top$. Betrachten wir hierzu als Beispiel die Funktion $h(x,y) = (x^2 - y^2) - a$ für $a \in \mathbb{R}$. Die betrachtete Menge ist also gerade die Höhenlinie der Funktion $(x^2 - y^2)$ zum Wert a. Diese Höhenlinien haben wir in der untenstehenden Abbildung geplottet.

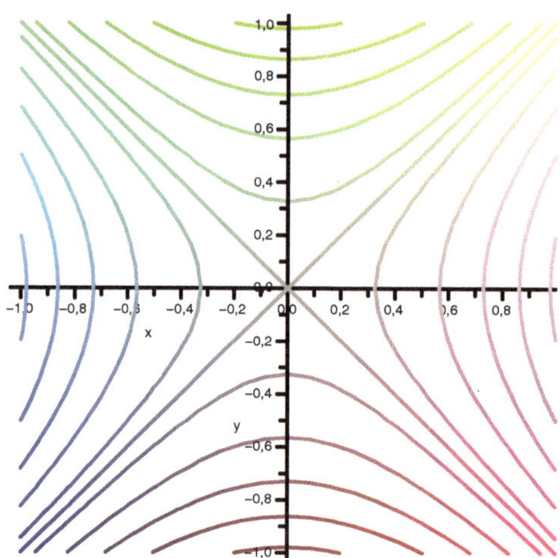

Die Höhenlinien habe eine geringere Dimension als ihr umgebender Raum. Im Allgemeinen können wir erwarten, dass eine Gleichung eine Höhenhyperfläche definiert, da sie einen „Freiheitsgrad einschränkt“. Allerdings möchten wir Zerteilungspunkte, wie in der Abbildung im Ursprung zu sehen, ausschließen. Dort bildet die Lösung von $x^2 - y^2 = 0$ ein Kreuz, ist also lokal um $(0,0)$ nicht als Kurve beschreibbar. Man beachte, dass der Gradient der dargestellten Funktion im Ursprung verschwindet. Bei mehreren Funktionen h_i ist man auf der sicheren Seite, wenn die Gradienten linear unabhängig sind. Wir werden dies im Folgenden normalerweise voraussetzen.

Der Tangentialraum an eine Mannigfaltigkeit in einem Punkt x^*, die durch eine Gleichung definiert wird, steht senkrecht auf dem Gradienten, er bildet das *orthogonale Komplement.* Bei mehreren Gleichungen besteht der Tangentialraum aus den Vektoren, die senkrecht auf allen Gradientenvektoren $\nabla h_1(x^*), \ldots, \nabla h_k(x^*)$ der die Mannigfaltigkeit definierenden Gleichungen $h_1(x) = \ldots = h_k(x) = 0$ in diesem Punkt stehen. In diesem Falle ist also der Tangentialraum das orthogonale Komplement der linearen Hülle von $\nabla h_1(x^*), \ldots, \nabla h_k(x^*)$.

6.4 Bedingungen für Extrema auf gleichungsdefinierten Mengen

Wir wollen hier ohne Beweis eine notwendige Bedingung für einen lokalen Extremwert auf einer gleichungsdefinierten Mannigfaltigkeit formulieren. Geometrisch ist das Kriterium einsichtig und wir haben es schon in Beispiel 6.16 bemerkt: In einem lokalen Extremum muss der Gradient der Zielfunktion, wenn er nicht verschwindet, senkrecht auf der Mannigfaltigkeit, oder genauer auf der Tangentialfläche an die Mannigfaltigkeit, stehen. Ist dies nämlich nicht der Fall, so verschwindet die Projektion des negativen Gradienten auf die Tangentialfläche nicht und liefert eine Abstiegsrichtung.

Bevor wir uns in 6.24 dazu ein Beispiel ansehen, wollen wir die obige Anschauung mathematisch präzisieren. Da der Gradient genau dann senkrecht auf der Tangentialfläche steht, wenn er eine Linearkombination der Gradienten der die Mannigfaltigkeit definierenden Gleichungen ist, gibt folgender Satz die Anschauung wieder:

Satz 6.20. *Seien $h:\mathbb{R}^n \to \mathbb{R}^k$, $f:\mathbb{R}^n \to \mathbb{R}$ zweimal stetig differenzierbare Funktionen, $k \leq n$ und $x^* \in S$ sei ein lokales Minimum der Optimierungsaufgabe*

$$\begin{array}{rl} \min & f(x) \\ \textit{unter} & h(x) = 0. \end{array}$$

Ferner seien $\nabla h_1(x^*), \ldots, \nabla h_k(x^*)$ linear unabhängig. Dann gibt es $\lambda_1, \ldots, \lambda_k \in \mathbb{R}$ mit

$$\nabla f(x^*) = \lambda_1 \nabla h_1(x^*) + \ldots + \lambda_k \nabla h_k(x^*).$$

Die λ_i nennt man Langrange'sche Multiplikatoren.

Auch hier können wir wieder notwendige Bedingungen 2. Ordnung angeben. Nun müssen die Bedingungen an die zweite Ableitung aber nur für zulässige Richtungen, also Vektoren aus dem Tangentialraum erfüllt sein.

Satz 6.21. *Unter den Voraussetzungen des letzten Satzes gilt: Ist $x^* \in S$ ein lokales Minimum der Optimierungsaufgabe, so gibt es $\lambda_1, \ldots, \lambda_k \in \mathbb{R}$ mit*

a) $\nabla f(x^*) = \sum_{i=1}^k \lambda_i \nabla h_i(x^*)$ und
b) die Matrix $L := \nabla^2 f(x^*) - \sum_{i=1}^k \lambda_i \nabla^2 h_i(x^*)$ ist positiv semidefinit auf dem Tangentialraum von $S = \{x \in \mathbb{R}^n \mid h(x) = 0\}$ in x^*, dies ist gerade die Menge aller Vektoren d im Kern der Matrix $Jh(x^*)$. Also gilt für alle d, die senkrecht auf allen $\nabla h_i(x^*)$ stehen, $d^\top L d \geq 0$.

Beweis. Wir haben nur die zweite Bedingung zu zeigen. Sei also $Jh(x^*)d = 0$ und $c:[0,\varepsilon] \to S$ ein zweimal stetig differenzierbarer Weg mit $c(0) = x^*$ und $c'(0) = d$. Da x^* auch lokales Minimum der Funktion $f \circ c$ ist, gilt bekanntlich $(f \circ c)''(0) \geq 0$. Wir hatten bereits für den Taylorschen Satz ausgerechnet

$$(f \circ c)''(0) = \nabla f(x^*) c''(0) + d^\top \nabla^2 f(x^*) d.$$

Genauso erhalten wir durch zweimaliges Differenzieren:

$$(h_i \circ c)''(0) = \nabla h_i(x^*) c''(0) + d^\top \nabla^2 h_i(x^*) d$$

und somit wegen $(h_i \circ c) \equiv 0$:

$$\nabla h_i(x^*) c''(0) = -d^\top \nabla^2 h_i(x^*) d.$$

Wir setzen dies unter Ausnutzung von $\nabla f(x^*) = \sum_{i=1}^k \lambda_i \nabla h_i(x^*)$ zusammen zu

$$\begin{aligned} 0 &\leq (f \circ c)''(0) \\ &= \nabla f(x^*) c''(0) + d^\top \nabla^2 f(x^*) d \\ &= \sum_{i=1}^k \lambda_i \nabla h_i(x^*) c''(0) + d^\top \nabla^2 f(x^*) d \\ &= \sum_{i=1}^k \left(-\lambda_i d^\top \nabla^2 h_i(x^*) d \right) + d^\top \nabla^2 f(x^*) d \\ &= d^\top \left(\nabla^2 f(x^*) - \sum_{i=1}^k \lambda_i \nabla^2 h_i(x^*) \right) d. \end{aligned}$$

Wegen $L := \nabla^2 f(x^*) - \sum_{i=1}^k \lambda_i \nabla^2 h_i(x^*)$ ist das gerade die Behauptung. □

Den Beweis für die hinreichenden Bedingungen zweiter Ordnung wollen wir Ihnen überlassen. Ist $A \in \mathbb{R}^{m\times n}$ eine Matrix, so bezeichnen wir ab jetzt den Kern von A mit $\ker(A)$.

Satz 6.22. *Seien $h : \mathbb{R}^n \to \mathbb{R}^k$, $f : \mathbb{R}^n \to \mathbb{R}$ zweimal stetig differenzierbare Funktionen und $k \leq n$. Gelte $h(x^*) = 0$, $\nabla f(x^*) = \sum_{i=1}^k \lambda_i \nabla h_i(x^*)$ für einen Vektor λ. Sei ferner die Matrix $L := \nabla^2 f(x^*) - \sum_{i=1}^k \lambda_i \nabla^2 h_i(x^*)$ positiv definit auf dem Tangentialraum von $S = \{x \in \mathbb{R}^n \mid h(x) = 0\}$ in x^*. Dann ist x^* striktes lokales Minimum der Optimierungsaufgabe*

$$\begin{array}{rl} \min & f(x) \\ \textit{unter} & h(x) = 0. \end{array}$$

Beweis. Übung.

Aufgabe 6.23. Beweisen Sie Satz 6.22. Dabei dürfen Sie ohne Beweis benutzen, dass, wenn in x^* kein striktes lokales Minimum von f vorliegt, es einen zweimal stetig differenzierbaren Weg

$$c :]-\varepsilon, \varepsilon[\to \mathbb{R}^{k+l}$$

gibt mit $(h_i \circ)c(t) = 0$ für alle $t \in]-\varepsilon, \varepsilon[$ und alle $i = 1, \ldots, k$, $c(0) = x^*$ und $c'(0) = d \neq 0$, so dass 0 keine strikte lokale Minimalstelle von $f \circ c$ ist.
Lösung siehe Lösung 9.67

Beispiel 6.24. a) Folgendes Beispiel kennen Sie vielleicht aus der Schule. Dort wird es aber üblicherweise mittels Variablenelimination gelöst. Man soll mit Hilfe eines Seiles von 12 m Länge ein möglichst großes Rechteck abstecken, wobei man für eine Seite des Rechtecks eine Wand (beliebiger Länge) benutzen darf.

Sind x, y die Seitenlängen des Rechtecks, so ist unsere Zielfunktion also $f(x,y) = xy$. Die Nebenbedingung ist, dass das Seil 12 m lang ist. Da wir für eine Seite die Wand benutzen dürfen, benötigen wir $2x + y$ Meter Seil. Die unsere Mannigfaltigkeit definierende Funktion heißt also

$$h(x,y) = 2x + y - 12.$$

Wir bilden die Gradienten

$$\nabla f(x,y) = (y,x), \qquad \nabla h(x,y) = (2,1).$$

Als notwendige Bedingung für ein Extremum erhalten wir also

$$2x + y = 12 \qquad \text{und} \qquad (y,x) = \lambda(2,1),$$

wobei die erste Bedingung verlangt, dass der Punkt auf der Mannigfaltigkeit liegt und die zweite, dass die Bedingung aus Satz 6.20 erfüllt ist. Eingesetzt erhalten wir

$$2x + y = 2\lambda + 2\lambda = 12,$$

also $\lambda = 3$ und somit einen Kandidaten für ein Extremum in $(x,y) = (3,6)$ mit einem Zielfunktionswert von 18. Überprüfen wir die Bedingungen zweiter Ordnung. Als Hessematrix von f erhalten wir

$$\nabla^2 f(x,y) = \begin{pmatrix} 0 & 1 \\ 1 & 0 \end{pmatrix}.$$

Da die zulässige Menge ein Geradensegment ist, haben wir nur den Richtungsvektor $(1,-2)^\top$ und sein negatives Inverses als zulässige Richtungen. Die zweite Ableitung der Nebenbedingungen ist Null. Wir berechnen

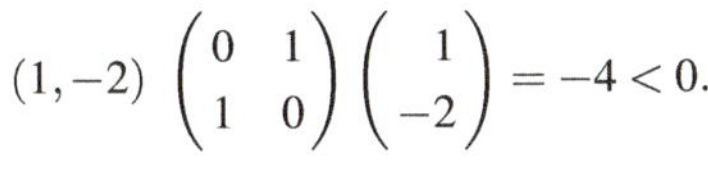

$$(1,-2)\begin{pmatrix} 0 & 1 \\ 1 & 0 \end{pmatrix}\begin{pmatrix} 1 \\ -2 \end{pmatrix} = -4 < 0.$$

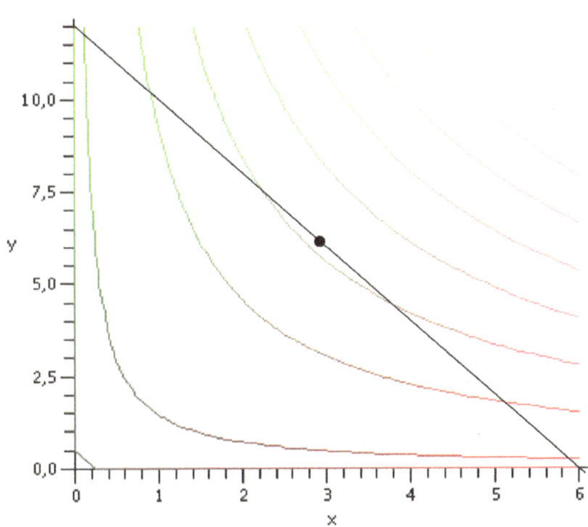

Also erfüllt die Funktion $-f(xy) = -xy$ in $(3,6)$ die hinreichenden Bedingungen zweiter Ordnung aus Satz 6.22 und hat also ein striktes lokales Minimum. Demnach hat f hier ein striktes lokales Maximum. Tatsächlich ist dies auch das globale Maximum der Funktion unter den angegebenen Nebenbedingungen. In der obigen Abbildung haben wir einige Höhenlinien der Funktion, die Nebenbedingung und den ungefähren Ort des Extremums sowie den Gradienten dort geplottet.

b) Wir betrachten eine positiv definite, symmetrische Matrix $Q \in \mathbb{R}^{n \times n}$ und einen Vektor $b \in \mathbb{R}^n$ sowie die quadratische Funktion

$$f(x) = \frac{1}{2} x^\top Q x + b^\top x.$$

Dazu haben wir die linearen Nebenbedingungen $Cx = d$ mit $C \in \mathbb{R}^{k \times n}$, wobei C von vollem Rang $k < n$ sei und $d \in \mathbb{R}^k$. Lesen wir dies zeilenweise, so haben wir, wenn wir mit $c_i^\top$ die i-te Zeile von C bezeichnen, $c_i^\top x = d_i$ bzw. die Nebenbedingungen

$$h_i(x) = c_i^\top x - d_i = 0 \text{ für } i = 1, \ldots, k.$$

Offensichtlich ist

$$\nabla h(x) = c_i^\top \text{ für alle } x \in \mathbb{R}^n \text{ und } 1 \leq i \leq k.$$

Berechnen wir den Gradienten der Zielfunktion, so schreiben wir zunächst aus

$$f(x) = \sum_{i=1}^{n} b_i x_i + \frac{1}{2} \sum_{i=1}^{n} \sum_{j=1}^{n} q_{ij} x_i x_j = \sum_{i=1}^{n} b_i x_i + \frac{1}{2} \sum_{i=1}^{n} q_{ii} x_i^2 + \frac{1}{2} \sum_{i=1}^{n} \sum_{\substack{j=1 \\ j \neq i}}^{n} q_{ij} x_i x_j.$$

Also ist, weil Q symmetrisch ist

$$\frac{\partial f}{\partial x_i}(x) = b_i + q_{ii} x_i + \frac{1}{2} \sum_{\substack{j=1 \\ j \neq i}}^{n} (q_{ji} x_j + q_{ij} x_j) = b_i + \sum_{j=1}^{n} q_{ij} x_j.$$

Da bei uns der Gradient ein Zeilenvektor ist, fassen wir seine Einträge zusammen zu

$$\nabla f(x) = (Qx + b)^\top.$$

Notwendige Bedingung für einen Extremwert ist also, dass

$$Cx = d \text{ und es gibt } \lambda \in \mathbb{R}^k : (Qx + b)^\top = \lambda^\top C.$$

Da Q positiv definit ist, ist damit Q, wie in Aufgabe 5.30 gezeigt wurde, regulär und wir können die zweite Bedingung nach x auflösen:

$$x = Q^{-1}(C^\top \lambda - b).$$

Setzen wir dies in $Cx = d$ ein, so erhalten wir

$$CQ^{-1}(C^\top \lambda - b) = d$$

und somit

$$CQ^{-1}C^\top \lambda = d + CQ^{-1}b.$$

Wir zeigen nun, dass $CQ^{-1}C^\top$ regulär ist. Sei dazu $w \in \ker(CQ^{-1}C^\top)$. Dann ist

$$0 = w^\top (CQ^{-1}C^\top w) = (C^\top w)^\top Q^{-1} (C^\top w).$$

Da Q^{-1} mit Q positiv definit ist, schließen wir hieraus $C^\top w = 0$. Da die Spalten von $C^\top$ nach Voraussetzung linear unabhängig sind, impliziert dies $w = 0$. Also ist $CQ^{-1}C^\top$ invertierbar und wir können für λ die geschlossene Formel

$$\lambda = (CQ^{-1}C^\top)^{-1}(d + CQ^{-1}b)$$

angeben und damit als einzigen Kandidaten für ein Extremum

$$x^* = Q^{-1}(C^\top \lambda - b)$$

bestimmen. Da

$$\nabla^2 f(x) = Q,$$

Q positiv definit ist und die zweite Ableitung der Nebenbedingungen wieder verschwindet, impliziert Satz 6.22, dass in x^* ein striktes lokales Minimum vorliegt. Tatsächlich ist dieses sogar ein globales Minimum.

Aufgabe 6.25. a) Sei $f_1(x,y) := 2 - x^2 - 2y^2$ und $h_1(x,y) = x^2 + y^2 - 1$. Bestimmen Sie das Maximum von f unter der Nebenbedingung $h_1(x,y) = 0$.

b) Sei $f_1(x,y) := 2 - x^2 - 2y^2$ wie eben und $h_2(x,y) = x + y - 1$. Bestimmen Sie das Maximum von f unter der Nebenbedingung $h_2(x,y) = 0$.

c) Sei $f_2(x,y,z) := \|(x,y,z)^\top\|$, $h_3(x,y,z) = y + 1$ und $h_4(x,y,z) = z + 1$. Bestimmen Sie das Minimum von f unter den Bedingungen $h_3(x,y,z) = 0 = h_4(x,y,z)$.

Lösung siehe Lösung 9.68

6.5 Bedingungen für Extrema auf ungleichungsdefinierten Mengen

In diesem letzten Paragraphen dieses Kapitels wollen wir die Ergebnisse des letzten Abschnitts auf Mengen übertragen, die durch Gleichungen und Ungleichungen definiert sind. Bei Gleichungsbedingungen durften wir uns nur orthogonal zu den Gradienten der Bedingungen bewegen. Haben wir nun etwa die Bedingung $g(x) \leq 0$, so liefert diese Bedingung keine Restriktionen an die zulässigen Richtungen in x^*, wenn $g(x^*) < 0$ ist. Erfüllt x^* hingegen $g(x^*) = 0$, so dürfen wir uns in alle Richtungen bewegen, die orthogonal zu $\nabla g(x^*)$ sind oder für g eine Abstiegsrichtung in x^* sind.

Damit kommen wir zu einem der zentralen Sätze dieses Kapitels, den wir hier auch nicht beweisen können. Der Satz besagt, dass in einem relativen Minimum der Gradient $\nabla f(x^*)$ der Zielfunktion f senkrecht auf allen Tangentialräumen von Gleichungs- und mit Gleichheit angenommenen Ungleichungrestriktionen stehen, und im letzten Falle zusätzlich in die zulässige Menge hineinzeigen muss, d. h. die Koeffizienten in der Darstellung von ∇f als Linearkombination in den Gradienten der Ungleichungsnebenbedingungen müssen negativ sein.

Satz 6.26 (Kuhn-Tucker Bedingungen). *Seien $f : \mathbb{R}^n \to \mathbb{R}$, $h : \mathbb{R}^n \to \mathbb{R}^k$ und $g : \mathbb{R}^n \to \mathbb{R}^l$ stetig differenzierbar und x^* ein regulärer Punkt der Nebenbedingungen (Definition siehe unten) und ein relatives Minimum des Problems*

$$\begin{aligned} &\min f(x) \\ \textit{unter } &h(x) = 0, \\ &g(x) \leq 0. \end{aligned}$$

Dann gibt es Koeffizienten $\lambda_1, \dots, \lambda_k \in \mathbb{R}$ und $\mu_1, \dots, \mu_l \in \mathbb{R}$, $\mu_i \leq 0$ mit

$$\nabla f(x^*) = \sum_{i=1}^{k} \lambda_i \nabla h_i(x^*) + \sum_{j=1}^{l} \mu_j \nabla g_j(x^*)$$

und $\sum_{j=1}^{l} \mu_j g_j(x^*) = 0$.

Die letzte Bedingung besagt, dass nur Gradienten von *aktiven*, d. h. mit Gleichheit erfüllten, Ungleichungsbedingungen in der Linearkombination benutzt werden dürfen, denn wegen $g_i(x^*) \leq 0$ und $\mu_i \leq 0$ ist für alle i: $\mu_i g_i(x^*) \geq 0$, also kann $\sum_{j=1}^{l} \mu_j g_j(x^*) = 0$ nur erfüllt sein, wenn $g_i(x^*) < 0$ $\mu_i = 0$ impliziert.

Schließlich noch die für den Satz benötigte Definition eines regulären Punktes: Wir nennen x^* einen *regulären Punkt der Nebenbedingungen* des oben betrachteten Problems, wenn die Gradienten der Gleichungsbedingungen und der aktiven Ungleichungsnebenbedingungen linear unabhängig sind.

Beispiel 6.27. Wir betrachten das Problem

$$\begin{aligned} \max\ f(x,y) &= 14x - x^2 + 6y - y^2 + 7 \\ \text{unter } g_1(x,y) &= x + y - 2 \leq 0, \\ g_2(x,y) &= x + 2y - 3 \leq 0. \end{aligned}$$

Wir haben also keine Gleichungsnebenbedingungen, werden also keine λ_i brauchen. Wir berechnen

$$\begin{aligned} \nabla(-f)(x,y) &= (2x - 14, 2y - 6) \\ \nabla g_1(x,y) &= (1,1) \\ \nabla g_2(x,y) &= (1,2) \end{aligned}$$

und überprüfen zunächst, wo der Gradient von f verschwindet. Dies ist der Fall in $(7,3)$, das nicht im zulässigen Bereich liegt. Also kann kein lokales Minimum im Innern liegen und wir müssen die Ränder untersuchen. Dafür machen wir nun Fallunterscheidungen, welche Ungleichungsbedingungen aktiv sind.

Falls nur die erste Ungleichung aktiv ist, erhalten wir als Bedingungen einerseits die für die Gradienten $(2x-14, 2y-6) = \mu_1(1,1) = (\mu_1, \mu_1)$ und, dass die erste Ungleichung aktiv sein muss, bedeutet $x + y = 2$. Somit haben wir insgesamt das Gleichungssystem

$$\begin{aligned} (2x - 14, 2y - 6) &= \mu_1(1,1) = (\mu_1, \mu_1), \\ x + y &= 2. \end{aligned}$$

Hieraus schließen wir

$$2x - 14 = 2y - 6 \text{ und } x + y = 2 \iff x - y = 4 \text{ und } x + y = 2,$$

woraus wir $x = 3$ und $y = -1$ berechnen. Die Bedingung an die Gradienten ist mit $\mu = -8 \leq 0$ erfüllt, was ein für die Kuhn-Tucker-Bedingungen geeignetes Vorzeichen ist. Außerdem erfüllt $(3,-1)^\top$ auch die zweite Ungleichung mit $3 - 2 - 3 < 0$. Der Punkt ist also zulässig und die zweite Ungleichung ist nicht aktiv.

Kommen wir zum zweiten Fall, dass nur die zweite Ungleichung aktiv ist:

$$\begin{aligned} (2x - 14, 2y - 6) &= (\mu_2, 2\mu_2), \\ x + 2y &= 3, \end{aligned}$$

und somit

$$\begin{aligned} 4x - 2y &= 22 \\ x + 2y &= 3, \end{aligned}$$

und wir berechnen $x = 5$, $y = -1$. Dieser Punkt ist nicht zulässig, da $x + y - 2 = 5 - 1 - 2 = 2 > 0$ ist.

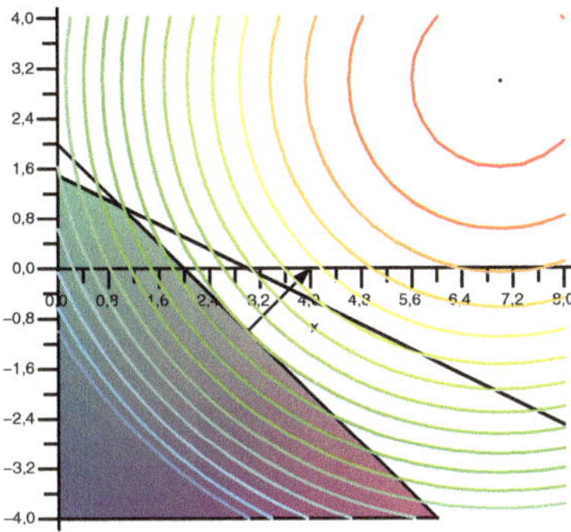

Abb. 6.4 Zu Beispiel 6.27

Schließlich betrachten wir noch den Fall, dass beide Ungleichungen aktiv sind. Dies ist der Fall in $(1,1)$. Als Kuhn-Tuckerbedingung haben wir dann $(-12,-4) = (\mu_1 + \mu_2, \mu_1 + 2\mu_2)$, woraus wir $\mu_2 = 8$, $\mu_1 = -20$ berechnen. Da $\mu_2 > 0$ ist, kann hier auch kein lokales Minimum vorliegen.

Da die Funktion bei betraglich wachsendem x oder y gegen $-\infty$ geht, muss das globale Maximum in einem lokalen Maximum angenommen werden. Da $(3,-1)$ der einzige Kandidat hierfür ist, ist das Maximum der Funktion also $f(3,-1) = 33$.

Auch für ungleichungsdefinierte zulässige Bereiche gibt es wieder Bedingungen zweiter Ordnung.

Satz 6.28. *Unter den Bedingungen des letzten Satzes gilt außerdem: Die Matrix*

$$\nabla^2 f(x^*) - \sum_{i=1}^{k} \lambda_i \nabla^2 h_i^*(x^*) - \sum_{j=1}^{l} \mu_j \nabla^2 g_j(x^*)$$

ist positiv semidefinit auf dem Tangentialraum der aktiven Nebenbedingungen von x^*.

Beweis. Da x^* auch ein relatives Minimum für das entsprechende gleichungsdefinierte Problem ist, folgt die Behauptung sofort aus Satz 6.21. □

Beispiel 6.29. Rechnen wir die Bedingungen zweiter Ordnung für Beispiel 6.27 nach: Die Hessematrix von $-f$ ist

$$\nabla^2(-f)(x^*) = \begin{pmatrix} 2 & 0 \\ 0 & 2 \end{pmatrix}.$$

Diese Matrix ist offensichtlich positiv definit. Da die Nebenbedingungen (affin) lineare Funktionen sind, also deren Hessematrix die Nullmatrix ist, sind die Bedingungen zweiter Ordnung erfüllt.

Das letzte Beispiel erfüllt also sogar die folgenden hinreichenden Bedingungen:

Satz 6.30. *Seien* $f : \mathbb{R}^n \to \mathbb{R}$, $h : \mathbb{R}^n \to \mathbb{R}^k$ *und* $g : \mathbb{R}^n \to \mathbb{R}^l$ *stetig differenzierbar und* x^* *ein regulärer Punkt. Ferner gebe es Koeffizienten* $\lambda_1, \ldots, \lambda_k \in \mathbb{R}$ *und* $\mu_1, \ldots, \mu_l \in \mathbb{R}$, $\mu_i \leq 0$ *mit*

$$\nabla f(x^*) = \sum_{i=1}^{k} \lambda_i \nabla h_i(x^*) + \sum_{j=1}^{l} \mu_j \nabla g_j(x^*) \tag{6.1}$$

und $\sum_{j=1}^{l} \mu_j g_j(x^*) = 0$, *so dass die Matrix*

$$L := \nabla^2 f(x^*) - \sum_{i=1}^{k} \lambda_i \nabla^2 h_i(x^*) - \sum_{j=1}^{l} \mu_j \nabla^2 g_j(x^*)$$

positiv definit auf dem Tangentialraum der aktiven Nebenbedingungen, die in Gleichung (6.1) mit negativem Koeffizienten auftauchen, also auf dem Raum

$$M' := \{y \in \mathbb{R}^n \mid \nabla h_i(x^*)y = 0 \textit{ für alle } i \textit{ und } \nabla g_j(x^*)y = 0, \textit{ falls } \mu_j < 0\}$$

ist.

Dann ist x^* *ein striktes lokales Minimum des Optimierungsproblems*

$$\begin{aligned} \min\ & f(x) \\ \textit{unter}\ & h(x) = 0, \\ & g(x) \leq 0. \end{aligned}$$

Wir geben zunächst ein Beispiel an, das zeigt, dass die Einschränkung auf den Tangentialraum der aktiven Nebenbedingungen, die an der Linearkombination mit negativem Koeffizienten auftauchen, wesentlich ist.

Beispiel 6.31. Sei $f : \mathbb{R}^2 \to \mathbb{R}$ definiert durch $f(x,y) = x^2 + y^2$, und die Nebenbedingungen $g_i : \mathbb{R}^2 \to \mathbb{R}$ durch $g_1(x,y) = x^2 + y^2 - 1$ und $g_2(x,y) = -\frac{\sqrt{2}}{2} - x$. Wir wollen $f(x,y)$ unter den Bedingungen $g_1(x,y) \leq 0$, $g_2(x,y) \leq 0$ maximieren.

Wir betrachten die Stelle $(x^*,y^*)^\top = (-\frac{\sqrt{2}}{2}, -\frac{\sqrt{2}}{2})^\top$. Diese Stelle ist zulässig und beide Nebenbedingungen sind aktiv. Offensichtlich liegt an der Stelle kein striktes lokales Maximum vor, da $1 = f(x^*,y^*) = \mathrm{f}\left(\sin\left(\frac{5}{4}\pi + \mathrm{t}\right), \cos\left(\frac{5}{4}\pi + \mathrm{t}\right)\right)$ und $\left(\sin\left(\frac{5}{4}\pi + \mathrm{t}\right), \cos\left(\frac{5}{4}\pi + \mathrm{t}\right)\right) = x^*$ für t=0 und für $\mathrm{t} \in [0, \frac{\pi}{2}]$ zulässig ist.

Wir untersuchen die Bedingungen erster Ordnung. Wegen $\nabla(-f(x,y)) = (-1) \cdot \nabla g_1(x,y)$, sind diese erfüllt, was auch nicht weiter überrascht, da in (x^*,y^*) ein lokales Maximum vorliegt. Der Tangentialraum der aktiven Nebenbedingungen ist allerdings der Nullraum, da die beiden Gradienten linear unabhängig sind. Auf dem Nullraum ist jede Matrix positiv definit. Also ist die obige Bedingung wesentlich, dass die L-Matrix auf dem Tangentialraum der Nebenbedingungen, die mit nicht verschwindendem Koeffizienten in die Bedingung erster Ordnung eingehen, positiv definit ist. In der Linearkombination von ∇f kommt nur ∇g_1 mit nicht verschwindendem Koeffizienten vor. Wir müssten hier also verlangen, dass die Matrix L aus Satz 6.30 auf dem orthogonalen Komplement U dieses Gradienten positiv definit ist. Dieses ist nicht der Nullraum. Die Matrix L ist aber in diesem Falle die Nullmatrix, diese ist nicht positiv definit auf U. Deswegen sind die hinreichenden Bedingungen nicht erfüllt.

Beispiel 6.32. Lottokönig Kurt aus Westfalen hat den Jackpot im Lotto geknackt und insgesamt 37.7 Millionen € gewonnen. Er plant nun das Geld so auszugeben, dass er den Gesamtspaß am Leben maximiert. Er leitet her, dass, wenn er sein Vermögen zum Beginn des Jahres k mit x_k bezeichnet, die hierdurch definierte Folge in etwa der Rekursiongleichung

$$x_{k+1} = \alpha x_k - y_k \tag{6.2}$$

$$x_0 = F \tag{6.3}$$

genügt, wenn y_k das im Jahr k ausgegebene Geld bezeichnet und er mit einer jährlichen Rendite von $r = \alpha - 1 \geq 0$ auf das verbliebene Kapital rechnen kann.

Der Spaß im Jahr k, wenn er y_k € ausgibt, berechnet er mittels seiner Nutzenfunktion u zu $u(y_k)$, wobei u eine auf den positiven reellen Zahlen zweimal stetig differenzierbare, monoton wachsende Funktion ist, deren zweite Ableitung strikt negativ ist. Der Spaß in der Zukunft wird diskontiert und, vorausgesetzt er lebt noch N Jahre, erhält er als Gesamtspaß im Leben

$$S = \sum_{k=0}^{N} \beta^k u(y_k)$$

mit $0 < \beta < 1$. Zum Lebensende will Kurt alles Geld ausgegeben haben, also soll $x_{N+1} = 0$ sein.

Um hieraus eine Optimierung unter Nebenbedingungen zu machen, müssen wir zunächst einmal 37 700 000 als Linearkombination der y_i ausdrücken. Aus der Rekursion in (6.2) und der Bedingung $x_{N+1} = 0$ berechnen wir zunächst

$$\begin{aligned} x_N &= \frac{y_N}{\alpha} \\ x_{N-1} &= \frac{x_N}{\alpha} + \frac{y_{N-1}}{\alpha} = \frac{y_N}{\alpha^2} + \frac{y_{N-1}}{\alpha} \\ x_{N-2} &= \frac{x_{N-1}}{\alpha} + \frac{y_{N-2}}{\alpha} = \frac{y_N}{\alpha^3} + \frac{y_{N-1}}{\alpha^2} + \frac{y_{N-2}}{\alpha}. \end{aligned}$$

Dies führt uns auf die Hypothese

$$x_{N-j} = \sum_{i=0}^{j} \frac{y_{N-i}}{\alpha^{j+1-i}} \qquad \text{für } 0 \leq j \leq N,$$

die wir zunächst mittels vollständiger Induktion über $j \geq 0$ beweisen, die Verankerung haben wir bereits für $j = 0, 1, 2$ erledigt. Für den Induktionsschritt berechnen wir analog

$$\begin{aligned} x_{N-(j+1)} &= \frac{x_{N-j}}{\alpha} + \frac{y_{N-(j+1)}}{\alpha} \\ &\overset{IV}{=} \frac{\sum_{i=0}^{j} \frac{y_{N-i}}{\alpha^{j+1-i}}}{\alpha} + \frac{y_{N-(j+1)}}{\alpha} \\ &= \sum_{i=0}^{j+1} \frac{y_{N-i}}{\alpha^{(j+1)+1-i}}. \end{aligned}$$

Insbesondere erhalten wir also

$$x_0 = \sum_{i=0}^{N} \frac{y_{N-i}}{\alpha^{N-i+1}} = \sum_{i=0}^{N} \frac{y_i}{\alpha^{i+1}}.$$

In der letzten Gleichung durchlaufen wir die Summanden nur andersherum, wir haben umparametrisiert.

Die Nebenbedingung, dass Lottokönig Kurt sein Vermögen komplett ausgibt, wird also durch die Gleichung

$$h(u) = 37\,700\,000 - \sum_{i=0}^{N} \frac{y_i}{\alpha^{i+1}} = 0$$

ausgedrückt, wobei $y = (y_0, \ldots, y_N)^\top$ der Vektor der jährlichen Ausgaben ist. Diese sollen nicht negativ sein, also haben wir zusätzlich noch die Bedingungen $-y_i \le 0$ für $0 \le i \le N$.

Fassen wir zusammen, so lautet die Optimierungsaufgabe

$$\begin{aligned} \max\ f(y) &= \textstyle\sum_{k=0}^N \beta^k u(y_k) \\ \text{unter}\ h(y) &= 37{,}700{,}000 - \textstyle\sum_{i=0}^N \frac{y_i}{\alpha^{i+1}} = 0 \\ g_i(y) &= -y_i \le 0 \qquad \text{für } 0 \le i \le N. \end{aligned}$$

Als Gradienten berechnen wir

$$\begin{aligned} \nabla(-f)(y) &= -\left(u'(y_0), \beta u'(y_1), \beta^2 u'(y_2), \ldots, \beta^N u'(y_N)\right) \\ \nabla h(y) &= -\left(\frac{1}{\alpha}, \frac{1}{\alpha^2}, \frac{1}{\alpha^3}, \ldots, \frac{1}{\alpha^{N+1}}\right) \\ \nabla g_i(y) &= -e_i^\top. \end{aligned}$$

Die (notwendigen) Kuhn-Tucker-Bedingungen (Satz 6.26) an ein lokales Minimum von $-f$ in $y^* \in \mathbb{R}^{N+1}$ unter den gegebenen Nebenbedingungen lauten dann, dass es ein $\lambda \in \mathbb{R}$ und $\mu_i \le 0$ gibt, so dass

$$-\beta^i u'(y_i^*) = \begin{cases} \frac{-\lambda}{\alpha^{i+1}} & \text{falls } y_i^* > 0 \\ \frac{-\lambda}{\alpha^{i+1}} - \mu_i & \text{falls } y_i^* = 0 \end{cases}$$

Für die Jahre, in denen Kurt Geld ausgibt, erhalten wir demnach als Bedingung

$$u'(y_i^*) = \frac{\lambda}{\alpha}\left(\frac{1}{\beta\alpha}\right)^i, \tag{6.4}$$

und, falls $y_i^* = 0$ ist

$$u'(y_i^*) = \frac{\lambda}{\alpha}\left(\frac{1}{\beta\alpha}\right)^i + \frac{\mu_i}{\beta^i},$$

da $\mu_i \le 0$ gefordert war, ist dies gleichbedeutend mit

$$u'(y_i^*) \le \frac{\lambda}{\alpha}\left(\frac{1}{\beta\alpha}\right)^i.$$

Betrachten wir dies im Spezialfall, dass

$$u(y_i) = \sqrt{y_i},$$

so kann am Rand die Bedingung wegen $\lim_{y \downarrow 0} u'(y) = +\infty$ nicht erfüllt werden, der Extremwert wird also auf jeden Fall im Inneren angenommen. In diesem Spezialfall lautet (6.4):

$$\frac{1}{2\sqrt{y_i^*}} = \frac{\lambda}{\alpha}\left(\frac{1}{\beta\alpha}\right)^i.$$

Durch Umformen ergibt sich

$$y_i^* = \frac{\alpha^{2i+2}\beta^{2i}}{4\lambda^2}.$$

Aus der Nebenbedingung erhalten wir dann

$$37\,700\,000 = \sum_{i=0}^{N} \frac{\alpha^{i+1}\beta^{2i}}{4\lambda^2}$$

woraus wir aus Vorzeichengründen schließen, dass

$$\lambda = \sqrt{\frac{\sum_{i=0}^{N}\alpha^{i+1}\beta^{2i}}{150\,800\,000}}$$

und somit

$$y_i^* = \frac{37\,700\,000 \cdot \alpha^{2i+2}\beta^{2i}}{\sum_{j=0}^{N}\alpha^{j+1}\beta^{2j}}.$$

Da die Hessematrix $\nabla^2(-f)$ eine Diagonalmatrix mit $-u''(y_i^*) > 0$ auf der Diagonalen ist, ist sie positiv definit und somit sind auch die hinreichenden Bedingungen zweiter Ordnung erfüllt. Somit handelt es sich an dieser Stelle um das eindeutige Gesamtlebensspaßmaximum.

Aufgabe 6.33. Sei $f(x,y,z) = 3x - y + z^2$, $g(x,y,z) = x + y + z$ und $h(x,y,z) = -x + 2y + z^2$. Untersuchen Sie f unter den Bedingungen $h(x,y,z) = 0$ und $g(x,y,z) \leq 0$ auf Extremwerte.
Lösung siehe Lösung 9.69

Kapitel 7
Numerische Verfahren zur Nichtlinearen Optimierung

Nachdem wir im letzten Kapitel etwas Theorie betrieben haben, wollen wir uns nun den Algorithmen zuwenden. Die zentralen Stichworte in der Numerik der Nichtlinearen Optimierung sind

- Suchrichtung und
- Schrittweite.

Viele Algorithmen der nichtlinearen Optimierung verfahren im Wesentlichen wie folgt. Ausgehend von einem Iterationspunkt x_k bestimmt man eine Suchrichtung d_k, bestimmt eine Schrittweite λ_k und setzt dann $x_{k+1} = x_k + \lambda_k d_k$.

Im letzten Kapitel haben wir schon eine Charakterisierung von guten Suchrichtungen, nämlich die Abstiegsrichtungen, kennengelernt. Nach Proposition 6.3 gibt es, wenn x^* keine Extremalstelle ist, stets eine Abstiegsrichtung. Unsere Strategie wird nun sein, uns in diese Richtung zu bewegen. Dabei stellt sich die Frage, wie weit man gehen sollte. Dies ist die Frage der *Schrittweitensteuerung*.

Ist die Suchrichtung d_k festgelegt, haben wir es mit einem Suchproblem der Funktion $\tilde{f}(\alpha) = f(p_0 + \alpha d_k)$ zu tun, also mit einem eindimensionalen Problem der Optimierung einer Funktion $\tilde{f} : \mathbb{R}_+ \to \mathbb{R}$.

7.1 Das allgemeine Suchverfahren

Sicherlich ist über eine Suche bei allgemeinen Funktionen $f : \mathbb{R} \to \mathbb{R}$, die uns nur durch eine Unterroutine gegeben sind, selbst bei stetigen Funktionen keine allgemeine Aussage über globale Extremwerte möglich.

Oft begegnet man in der nichtlinearen Optimierung Funktionen, deren Auswertung rechenintensiv ist. Ein „gutes“ Suchverfahren sollte also mit möglichst wenig Funktionsauswertungen auskommen. Wollen wir Suchverfahren nach diesem Kriterium klassifizieren, so ist es zunächst einmal sinnvoll, sich auf deren Verhalten bei gutartigen Funktionen zu beschränken. Gutartig sind in diesem Sinne Funktionen, die stetig sind und ein eindeutiges, globales Minimum haben. Die folgenden Voraussetzungen garantieren dann eine beweisbar richtige Suche.

Die Suchverfahren beziehungsweise eventuelle Modifikationen werden wir später aber selbstverständlich auch dann anwenden, wenn diese Voraussetzungen nicht im strengen Sinne erfüllt sind.

Definition 7.1. Sei $[a,b] \subseteq \mathbb{R}$ ein Intervall und $f : [a,b] \to \mathbb{R}$ eine Funktion. Dann heißt f *strikt unimodal auf* $[a,b]$, wenn f genau ein lokales Minimum in $[a,b]$ hat.

W. Hochstättler, *Algorithmische Mathematik*, Springer-Lehrbuch
DOI 10.1007/978-3-642-05422-8_7, © Springer-Verlag Berlin Heidelberg 2010

Beispiel 7.1. Die Funktion $f : [0,2\pi] \to [-1,1]$, mit $x \mapsto f(x) = \cos(x)$ ist strikt unimodal ebenso wie $g : [0,10\,000] \to \mathbb{R}$ mit $x \mapsto g(x) = x^2$. Hingegen ist die Funktion $h : [0,2\pi] \to [-1,1]$, mit $x \mapsto h(x) = \sin(x)$ nicht strikt unimodal, da in 0 und in $\frac{3}{2}\pi$ lokale Minima vorliegen.

Proposition 7.1. *Sei $[a,b] \subseteq \mathbb{R}$ ein Intervall und $f : [a,b] \to \mathbb{R}$ eine stetige Funktion. Dann ist f strikt unimodal genau dann, wenn für alle $a \leq x < y \leq b$ und $\lambda \in]0,1[$ gilt:*

$$f(\lambda x + (1-\lambda)y) < \max\{f(x), f(y)\}.$$

Beweis. Beweis durch Kontraposition. Wir beweisen also:

> f ist genau dann nicht strikt unimodal, wenn es $a \leq x < y \leq b$ und ein $\lambda \in]0,1[$ gibt mit
>
> $$f(\lambda x + (1-\lambda)y) \geq \max\{f(x), f(y)\}.$$

Sei $x < y$. Wir betrachten zunächst die Einschränkung $f_{|[x,y]} : [x,y] \to \mathbb{R}$ der Funktion und $\lambda \in]0,1[, p = \lambda x + (1-\lambda)y$ mit

$$f(p) \geq \max\{f(x), f(y)\}.$$

Da f nach Annahme stetig ist, können wir folglich ein lokale Minimalstelle z_1 von f verschieden von p in $[x,p]$ wählen. Analog finden wir eine lokale Minimalstelle $z_2 \neq p$ von f in $[p,y]$. Da z_1 und z_2 von p verschieden sind, sind sie lokale Minima von f. Somit ist f nicht strikt unimodal.

Sei nun umgekehrt $f : [a,b] \to \mathbb{R}$ nicht strikt unimodal, und seien $z_1 < z_2$ lokale Minimalstellen. Wir untersuchen zunächst den Fall, dass $f(z_1) \leq f(z_2)$ ist. Da z_2 eine lokale Minimalstelle von f ist, gibt es ein $z_2 - z_1 > \varepsilon > 0$ mit $f(z_2 - \varepsilon) \geq f(z_2)$. Wir setzen nun

$$\lambda := \frac{\varepsilon}{z_2 - z_1} \in]0,1[.$$

Dann ist

$$\begin{aligned}
\lambda z_1 + (1-\lambda)z_2 &= \frac{\varepsilon}{z_2 - z_1} z_1 + z_2 - \frac{\varepsilon}{z_2 - z_1} z_2 \\
&= z_2 + \frac{\varepsilon z_1 - \varepsilon z_2}{z_2 - z_1} \\
&= z_2 + \varepsilon \cdot \frac{z_1 - z_2}{z_2 - z_1} = z_2 - \varepsilon.
\end{aligned}$$

Mit $x = z_1, y = z_2$ und λ wie angegeben haben wir also

$$f(\lambda x + (1-\lambda)y) = f(z_2 - \varepsilon) \geq f(z_2) = \max\{f(x), f(y)\}.$$

Im zweiten Fall, dass $f(z_1) \geq f(z_2)$, finden wir analog ein $z_2 - z_1 > \varepsilon > 0$ mit $f(z_1 + \varepsilon) \geq f(z_1)$, setzen

$$\lambda := 1 - \frac{\varepsilon}{z_2 - z_1} \in]0,1[$$

und berechnen

$$\begin{aligned}\lambda z_1 + (1-\lambda)z_2 &= z_1 - \frac{\varepsilon}{z_2 - z_1} z_1 + \frac{\varepsilon}{z_2 - z_1} z_2 \\ &= z_1 - \frac{\varepsilon z_1 - \varepsilon z_2}{z_2 - z_1} \\ &= z_1 - \varepsilon \cdot \frac{z_1 - z_2}{z_2 - z_1} = z_1 + \varepsilon\end{aligned}$$

und erhalten wiederum

$$f(\lambda x + (1-\lambda)y) = f(z_1 + \varepsilon) \geq f(z_1) = \max\{f(x), f(y)\}.$$

□

Beispiel 7.2 (konvex quadratische Probleme). Sei $Q \in \mathbb{R}^{n \times n}$ eine quadratische, symmetrische, positiv definite Matrix, $b, x_0 \in \mathbb{R}^n$ und $d \in \mathbb{R}^n \setminus \{0\}$. Dann ist die Funktion $f : \mathbb{R} \to \mathbb{R}$ definiert durch

$$f(t) = \frac{1}{2}(x_0 + td)^\top Q(x_0 + td) + b^\top (x_0 + td)$$

strikt unimodal auf $\mathbb{R}$, genauer gilt für $s < t$ und $\lambda \in]0,1[$:

$$f(\lambda s + (1-\lambda)t) < \lambda f(s) + (1-\lambda) f(t) \leq \max\{f(s), f(t)\}.$$

Für die Gültigkeit der ersten Ungleichung in der letzten Zeile sagen wir auch: Die Funktion f ist *strikt konvex*.

Beweis. Seien s und t wie angegeben gewählt. Dann ist

$$\begin{aligned}&\lambda f(s) + (1-\lambda) f(t) - f(\lambda s + (1-\lambda)t) \\ &= \lambda \left(\frac{1}{2}(x_0 + sd)^\top Q(x_0 + sd) + b^\top (x_0 + sd) \right) \\ &\quad + (1-\lambda) \left(\frac{1}{2}(x_0 + td)^\top Q(x_0 + td) + b^\top (x_0 + td) \right) \\ &\quad - \frac{1}{2} \left((x_0 + (\lambda s + (1-\lambda)t)d)^\top Q(x_0 + (\lambda s + (1-\lambda)t)d) \right) \\ &\quad - b^\top (x_0 + (\lambda s + (1-\lambda)t)d) \\ &= \lambda \left(\frac{1}{2}(x_0 + sd)^\top Q(x_0 + sd) \right) + (1-\lambda) \left(\frac{1}{2}(x_0 + td)^\top Q(x_0 + td) \right) \\ &\quad - \frac{1}{2} (\lambda (x_0 + sd) + (1-\lambda)(x_0 + td))^\top Q(\lambda (x_0 + sd) + (1-\lambda)(x_0 + td)) \\ &= \lambda \left(\frac{1}{2}(x_0 + sd)^\top Q(x_0 + sd) \right) + (1-\lambda) \left(\frac{1}{2}(x_0 + td)^\top Q(x_0 + td) \right) \\ &\quad - \lambda^2 \left(\frac{1}{2}(x_0 + sd)^\top Q(x_0 + sd) \right) - \frac{1}{2} \lambda (x_0 + sd)^\top Q(1-\lambda)(x_0 + td) \\ &\quad - \frac{1}{2}(1-\lambda)(x_0 + td)^\top Q \lambda (x_0 + sd) - (1-\lambda)^2 \left(\frac{1}{2}(x_0 + td)^\top Q(x_0 + td) \right)\end{aligned}$$

$$
\begin{aligned}
&= \lambda\left(\frac{1}{2}(x_0+sd)^\top Q(x_0+sd)\right) - \lambda^2\left(\frac{1}{2}(x_0+sd)^\top Q(x_0+sd)\right)\\
&\quad +(1-\lambda)\left(\frac{1}{2}(x_0+td)^\top Q(x_0+td)\right) - (1-\lambda)^2\left(\frac{1}{2}(x_0+td)^\top Q(x_0+td)\right)\\
&\quad -\frac{1}{2}\lambda(x_0+sd)^\top Q(1-\lambda)(x_0+td) - \frac{1}{2}\lambda(x_0+td)^\top Q(1-\lambda)(x_0+sd)\\
&= \frac{1}{2}\lambda(1-\lambda)\Big((x_0+sd)^\top Q(x_0+sd) + (x_0+td)^\top Q(x_0+td)\\
&\quad -(x_0+sd)^\top Q(x_0+td) - (x_0+td)^\top Q(x_0+sd)\Big)\\
&= \frac{1}{2}\lambda(1-\lambda)\Big((x_0+sd)^\top Q(x_0+sd) + (x_0+sd)^\top Q(-x_0-td)\\
&\quad +(-x_0-td)^\top Q(x_0+sd) + (-x_0-td)^\top Q(-x_0-td)\Big)\\
&= \frac{1}{2}\lambda(1-\lambda)(x_0+sd-x_0-td)^\top Q(x_0+sd-x_0-td)\\
&= \frac{1}{2}\underbrace{\lambda}_{>0}\underbrace{(1-\lambda)}_{>0}\underbrace{((s-t)d)}_{\neq 0}{}^\top Q\underbrace{((s-t)d)}_{\neq 0}\\
&\overset{Q \text{ pos. def}}{>} 0.
\end{aligned}
$$

□

Wir hatten im ersten Kapitel konvexe n-Ecke kennengelernt. Allgemein nennt man eine Teilmenge des $\mathbb{R}^n$ konvex, wenn sie mit je zwei Punkten auch ihre Verbindungsstrecke enthält.

Definition 7.2. Sei $S \subseteq \mathbb{R}^n$ und seien $x,y \in S$. Die *abgeschlossene Verbindungsstrecke* $[x,y]$ *zwischen* x *und* y ist dann definiert als

$$[x,y] = \{\lambda x + (1-\lambda)y \mid \lambda \in [0,1]\}.$$

Analog definieren wir die *offene Verbindungsstrecke*

$$]x,y[= \{\lambda x + (1-\lambda)y \mid \lambda \in]0,1[\}.$$

Dann nennen wir S *konvex*, wenn

$$\forall x,y \in S : [x,y] \subseteq S.$$

Eine Funktion $f : S \to \mathbb{R}$ heißt *konvex*, wenn S konvex ist und

$$\forall x,y \in S\, \forall \lambda \in]0,1[: f(\lambda x + (1-\lambda)y) \leq \lambda f(x) + (1-\lambda) f(y).$$

Ist die letzte Ungleichung für $x \neq y$ stets strikt, so heißt f *strikt konvex*.

Bemerkung 7.3. Beachten Sie: Für $x = y$ ist $]x,y[= \{x\}$.

In der Schule haben Sie vielleicht konvexe Funktionen als die Funktionen kennen gelernt, deren zweite Ableitung positiv ist, und bei denen der Funktionsgraph stets oberhalb aller Tangenten verläuft. Gleichwertig damit liegt der Funktionsgraph stets unterhalb der Sekante. Diese Eigenschaften wollen wir in der folgenden Aufgabe für Funktionen mehrerer Variablen verallgemeinern.

Aufgabe 7.4. Sei $S \subseteq \mathbb{R}^n$ eine konvexe Menge. Zeigen Sie:

a) Eine Funktion $f : S \to \mathbb{R}$ ist genau dann konvex, wenn der *Epigraph* der Funktion

$$\operatorname{epi}(f) := \left\{ \begin{pmatrix} x \\ \xi \end{pmatrix} \in \mathbb{R}^{n+1} \mid x \in \mathbb{R}^n,\ \xi \geq f(x) \right\}$$

eine konvexe Menge ist.

b) Sei f zusätzlich stetig differenzierbar. Zeigen Sie: f ist genau dann konvex, wenn für alle $x, y \in S$ gilt:

$$f(y) \geq f(x) + \nabla f(x)(y - x).$$

c) Zeigen Sie zunächst: Eine eindimensionale zweimal stetig differenzierbare Funktion $\tilde{f} :]a,b[\to \mathbb{R}$ ist genau dann konvex, wenn die zweite Ableitung $\tilde{f}''$ überall nicht-negativ ist. Sei $f : S \to \mathbb{R}$ zweimal stetig differenzierbar und S offen. Schließen Sie aus dem eindimensionalen Fall, dass eine Funktion f genau dann konvex ist, wenn die Hessematrix auf ganz S positiv semidefinit ist.

Sie dürfen in c) für den ersten Teil den Mittelwertsatz der Differentialrechnung benutzen:

Ist $\tilde{f} :]a,b[\to \mathbb{R}$ stetig differenzierbar und sind $x, y \in]a,b[$ mit $x < y$, so gibt es ein $x < \xi < y$ mit

$$f(y) - f(x) = (y - x) f'(\xi).$$

Lösung siehe Lösung 9.70.

Kommen wir zurück zu strikt unimodalen Funktionen. Wir zeigen zunächst, dass wir, wenn wir eine solche Funktion an zwei Punkten $x, y \in]a,b[$ auswerten, feststellen können, in welchem der beiden Intervalle $[a,y]$ oder $[x,b]$ das globale Minimum der Funktion f im Intervall $[a,b]$ liegt.

Proposition 7.2. *Sei $f : [a,b] \to \mathbb{R}$ strikt unimodal und $a < x < y < b$. Dann gilt*

a) $f(x) \geq f(y) \Rightarrow \min_{[a,b]} f = \min_{[x,b]} f.$

b) $f(x) \leq f(y) \Rightarrow \min_{[a,b]} f = \min_{[a,y]} f.$

Beweis. Sei zunächst $f(x) \geq f(y)$. Für $z \in [a,x[$ sei $\lambda_z := \frac{y-x}{y-z} \in]0,1[$. Dann ist

$$\begin{aligned}\lambda_z z + (1 - \lambda_z) y &= \frac{y-x}{y-z} \cdot z + y - \frac{y-x}{y-z} \cdot y \\ &= y + \frac{y-x}{y-z} \cdot (z - y) = y - (y - x) = x\end{aligned}$$

und, da f strikt unimodal ist, gilt

$$f(x) = f(\lambda_z z + (1 - \lambda_z) y) < \max\{f(z), f(y)\}.$$

Wegen $f(x) \geq f(y)$ gilt somit für alle $z \in [a,x[: f(z) > f(x)$.

Wir könnten nun eine analoge Rechnung für den Fall $f(x) < f(y)$ durchführen. Diese können wir uns sparen, wenn wir die Symmetrie in der Definition strikt unimodaler Funktionen ausnutzen. Setzen wir nämlich $\tilde{f} : [a,b] \to \mathbb{R}$ als $\tilde{f}(t) = f(b + a - t)$, so ist auch $\tilde{f}$ strikt unimodal. Anschaulich ist dies sofort klar, da wir $[a,b]$ nur von rechts nach links durchlaufen. An der Eindeutigkeit des Minimums ändert sich dadurch sicherlich nichts. Die formale Rechnung überlassen wir Ihnen als Übung. Nun ist $\tilde{f}(b + a - x) = f(x)$ und $b + a - y < b + a - x$ und aus $f(x) < f(y)$ wird

$\tilde{f}(b+a-y) > \tilde{f}(b+a-x)$. Nach dem bereits Gezeigten liegt das Minimum von $\tilde{f}$ im Intervall $[b+a-y,b]$ und somit das von f in $[a,y]$. □

Aus diesem Ergebnis können Sie sich als „Faustregel" merken: Minimieren konvexer Funktionen über konvexen Mengen oder strikt unimodaler Funktionen ist eine gutartige Aufgabenstellung.

Aufgabe 7.5. Zeigen Sie, dass mit f auch $\tilde{f}$ aus dem letzten Beweis strikt unimodal ist.
Lösung siehe Lösung 9.71.

Nach diesen Vorbereitungen sollte unser allgemeines Suchverfahren fast klar sein: Ausgehend von einem Intervall $[a,b]$ wählen wir zwei Testpunkte $a < x < y < b$ und werten die Funktion dort aus. Ist $f(x) \geq f(y)$, so verkleinern wir das Suchintervall zu $[x,b]$ und ansonsten zu $[a,y]$. Wir müssen nun noch überlegen, wann wir die Suche abbrechen wollen. Weil wir in den reellen Zahlen Extremalstellen im Allgemeinen sowieso nur näherungsweise bestimmen können, brechen wir das Verfahren ab, wenn das Suchintervall hinreichend klein geworden ist. „Hinreichend" definieren wir dabei relativ zur Größe der Zahlen im Suchintervall oder zur Länge des Suchintervalls.

Algorithmus 7.6 (Das allgemeine Suchverfahren). Sei $f : [a,b] \to \mathbb{R}$ eine strikt unimodale Funktion und $x \in [a,b]$.

```
def findmin(f,a,x,b):
    laenge=abs(a)+abs(b)
    fx=f(x)
    while (b-a)/laenge >= eps:
        x,y,fx,fy=choosepoint(f,a,x,b,fx)
        if fx >= fy:
            a=x
            x=y
            fx=fy
        else:
            b=y
    return (a+b)/2
```

Die Funktion `findmin` erhält als Parameter die Funktion `f`, die Ränder des Suchintervalls `a,b` und einen ersten Auswertungspunkt `x`. Solange das Suchintervall hinreichend groß ist, wählen wir einen weiteren Punkt `y`, an dem wir die Funktion auswerten. Außerdem vertauschen wir eventuell `x` und `y`, falls der neue Punkt ursprünglich kleiner als `x` war. All dies leistet hier die Funktion `choosepoint`. Mögliche Implementierungen dieser Funktion wollen wir im nächsten Abschnitt diskutieren. Ist `fx`$\geq$`fy`, so liegt das Minimum in `[x,b]`. Also setzen wir `a=x` und `x=y`, da dies unser bereits ausgewerteter Punkt ist. Im anderen Fall wird nur `y` der neue rechte Intervallrand.

Die hier angegebene Formulierung hat den Vorteil, dass die Funktion an jeder Stelle höchstens einmal ausgewertet wird. Wie oben schon erwähnt, wird der Aufwand in der nichtlinearen Optimierung oft mit der Anzahl der Funktionsauswertungen angegeben. So kann die Funktion, auf der wir die Liniensuche durchführen, wie oben angedeutet über eine Suchrichtung und eine mehrdimensionale komplizierte Funktion gegeben sein.

7.2 Spezielle Suchverfahren

In diesem Abschnitt wollen wir zwei spezielle Varianten (Implementierungen) des allgemeinen Suchverfahrens diskutieren. Gütemaß für ein allgemeines Suchverfahren kann nur die Geschwindigkeit der Reduktion der Intervalllänge sein. Ein natürlicher Gedanke ist es, binäre Suche zu implementieren. Dafür würden wir den neuen Iterationspunkt `y` immer in der Mitte des größeren Intervalls `[x,b]` wählen.

Man überlegt sich leicht, dass hierbei in zwei Schritten die Intervalllänge mindestens halbiert wird. Es fällt allerdings direkt ein offensichtliches Ungleichgewicht auf. Wählen wir nämlich z. B. `y` in `[x,b]` und stellen fest, dass `fx`≤`fy`, so ist unser nächstes Suchintervall `[a,y]` unnötig groß. Im nächsten Schritt platzieren wir den neuen Suchpunkt in der Mitte von `[a,x]` und stehen dann wieder vor der gleichen Situation wie am Anfang. In der nachfolgenden Abbildung haben wir diese Situation skizziert. Nach x und y geben wir bei den Punkten nur noch Zahlen an, die andeuten, als wievielter Iterationspunkt die Stelle gewählt wird. Das globale Minimum liege dabei an der Stelle a.

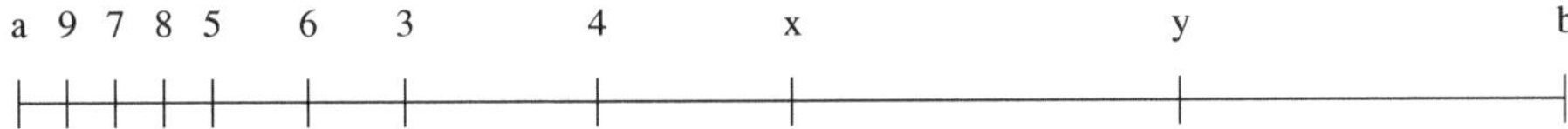

Betrachten wir nun allgemein zwei aufeinanderfolgende Iterationen. Wir versuchen jeweils das Intervall möglichst stark zu verkleinern. Dies soll für beliebige Funktionen f gelten, d.h. wir können in unseren Überlegungen stets annehmen, dass der ungünstigste Fall eintritt.

Sei zum Zeitpunkt k die Intervalllänge I_k. Zunächst haben wir $a < x < y < b$ und entfernen entweder $[a,x]$ oder $[y,b]$. Also ist

$$I_k \leq I_{k+1} + \max\{b-y, x-a\}.$$

Im darauf folgenden Schritt wird ein z in $[x,b]$ bzw. in $[a,y]$ platziert. Platzieren wir z in $[x,b]$ und entfernen das linke Teilstück, also $[x,z]$, falls $z < y$, und $[x,y]$ ansonsten, so bleibt auf jeden Fall mindestens $[y,b]$ übrig. Den Fall, dass das rechte Teilstück entfernt wird, brauchen wir auf Grund der oben aufgeführten Vorüberlegungen nicht zu betrachten. Also ist $I_{k+2} \geq b-y$. Analoge Überlegungen für den Fall, dass wir z in $[a,y]$ platzieren ergeben $I_{k+2} \geq x-a$. Zusammengefasst haben wir also

$$I_{k+2} \geq \max\{b-y, x-a\}.$$

Insgesamt erhalten wir

$$I_k \leq I_{k+1} + I_{k+2}.$$

Wir haben also gezeigt:

Proposition 7.3. *Sei S ein Suchverfahren und für $k \in \mathbb{Z}_+$*

$$S_k := \max\left\{\frac{b_k - a_k}{b-a} \mid a_k, b_k \text{ nach k-ter Iteration bei strikt unimodalem } f\right\},$$

dann gilt

$$S_k \leq S_{k+1} + S_{k+2}.$$

□

Im günstigsten Falle erreichen wir in der letzten Proposition Gleichheit. Dann erfüllen alle Intervalllängen die Rekursion

$$S_k = S_{k+1} + S_{k+2}.$$

Im letzten Iterationsschritt sollten die Intervalle am besten gleich groß und $< \varepsilon$ sein. Rückwärts gesehen erfüllen dann die Intervalle die Rekursionsgleichung der berühmten Fibonaccizahlen.

Definition 7.3. Sei die Folge F_i definiert durch die *Rekursionsgleichung*

$$F_{i+2} = F_{i+1} + F_i \text{ für } i \in \mathbb{N}$$

und die Anfangsbedingungen $F_0 = F_1 = 1$. Dann heißen die F_i *Fibonaccizahlen.*

Bemerkung 7.7. In der Literatur findet man häufig auch die Anfangsbedingungen $F_0 = 0$ und $F_1 = 1$. Dies führt in der Folge offensichtlich nur zu einer Indexverschiebung um 1.

Aufgabe 7.8. Die Zahl

$$\zeta = \frac{1+\sqrt{5}}{2}$$

wird „Goldener Schnitt" genannt.

a) Zeigen Sie: $\zeta^2 = 1 + \zeta$, $\frac{1}{\zeta} = \frac{\sqrt{5}-1}{2}$ und $\frac{1}{\zeta^2} = 1 - \frac{1}{\zeta}$.
b) Zeigen Sie: Für alle $n \in \mathbb{N}$ gilt

$$F_n = \frac{1}{\sqrt{5}}\left(\left(\frac{1+\sqrt{5}}{2}\right)^{n+1} - \left(\frac{1-\sqrt{5}}{2}\right)^{n+1}\right).$$

Lösung siehe Lösung 9.72.

Aus Proposition 7.3 schließen wir, dass sich mittels der Fibonaccizahlen ein beweisbar bestes Suchverfahren konstruieren lässt. Sei dazu F_k die k-te Fibonaccizahl. Sei die Anzahl N der Iterationen des Algorithmus vorgegeben. Für $k \leq N$ definieren wir im k-ten Schritt der Fibonaccisuche x_k, y_k wie folgt:

$$\begin{aligned} x_k &:= a_k + \frac{F_{N+1-k}}{F_{N+3-k}}(b_k - a_k) \\ y_k &:= a_k + \frac{F_{N+2-k}}{F_{N+3-k}}(b_k - a_k). \end{aligned}$$

Beispiel 7.9. Wir untersuchen die Funktion $f(x) = x^2 - 82x + 1681$ im Intervall $[0, 89]$ in 7 Iterationen. Die Fibonaccizahlen bis F_{10} sind

$$1, 1, 2, 3, 5, 8, 13, 21, 34, 55, 89.$$

Wir haben $a_0 = 0, b_0 = 89$ und berechnen $x_0 = 34, y_0 = 55$. Nun ist $f(x_0) = 49 < f(y_0) = 196$. Somit ist $b_1 = 55, a_1 = a_0 = 0, y_1 = x_0 = 34$ und $x_1 = 21$. Die folgenden Werte haben wir in Tabelle 7.1 eingetragen. Das Minimum liegt an der Stelle $x = 41$.

Aufgabe 7.10. Führen Sie 8 Iterationen der Fibonaccisuche im Intervall $[-72, 72]$ für die Funktion $f(x) = \arctan(x)^2$ aus.
Lösung siehe Lösung 9.73.

Iteration	a	b	x	y	$f(x)$	$f(y)$
0	0	89	34	55	49	196
1	0	55	21	34	400	49
2	21	55	34	42	49	1
3	34	55	42	47	1	36
4	34	47	39	42	36	4
5	39	47	42	44	1	9
6	39	44	41	42	0	1
7	39	42	40	41	1	0

Tabelle 7.1 Die Werte zu Beispiel 7.9

Wir haben eigentlich in jeder Iteration der Fibonaccisuche x und y neu gewählt. Dass wir tatsächlich immer nur eine neue Funktionsauswertung benötigen, ist der Inhalt der folgenden Proposition.

Proposition 7.4. *a) Die Fibonaccisuche ist eine Implementierung des allgemeinen Suchverfahrens, d.h. falls*

$$\begin{array}{ll} f(x_k) \geq f(y_k) & \textit{und somit } a_{k+1} = x_k, \textit{ so ist } x_{k+1} = y_k \textit{ und falls} \\ f(x_k) < f(y_k) & \textit{und somit } a_{k+1} = a_k, \textit{ so ist } y_{k+1} = x_k. \end{array}$$

b) Die Fibonaccisuche platziert x und y symmetrisch in $[a,b]$, d.h. für $k < N$ gilt

$$x_k - a_k = b_k - y_k = \frac{F_{N+1-k}}{F_{N+3-k}}(b_k - a_k).$$

c) Für $k \leq N$ ist $b_k - a_k = \dfrac{F_{N+3-k}}{F_{N+3}}(b-a)$.

Beweis. Ist $f(x_k) \geq f(y_k)$, so sind $a_{k+1} = x_k$ und $b_{k+1} = b_k$. Weiter haben wir $a_{k+1} = a_k + \frac{F_{N+1-k}}{F_{N+3-k}}(b_k - a_k)$ und

$$\begin{aligned} x_{k+1} &= a_{k+1} + \frac{F_{N-k}}{F_{N+2-k}}(b_{k+1} - a_{k+1}) \\ &= a_k + \frac{F_{N+1-k}}{F_{N+3-k}}(b_k - a_k) + \frac{F_{N-k}}{F_{N+2-k}}\left(b_k - a_k - \frac{F_{N+1-k}}{F_{N+3-k}}(b_k - a_k)\right) \\ &= a_k + \left(\frac{F_{N+1-k}}{F_{N+3-k}} + \frac{F_{N-k}}{F_{N+2-k}}\left(1 - \frac{F_{N+1-k}}{F_{N+3-k}}\right)\right)(b_k - a_k) \\ &= a_k + \left(\frac{F_{N+1-k}}{F_{N+3-k}} + \frac{F_{N-k}}{F_{N+2-k}}\left(\frac{F_{N+1-k} + F_{N+2-k} - F_{N+1-k}}{F_{N+3-k}}\right)\right)(b_k - a_k) \\ &= a_k + \left(\frac{F_{N+1-k}}{F_{N+3-k}} + \frac{F_{N-k}}{F_{N+2-k}}\left(\frac{F_{N+2-k}}{F_{N+3-k}}\right)\right)(b_k - a_k) \\ &= a_k + \left(\frac{F_{N+1-k}}{F_{N+3-k}} + \frac{F_{N-k}}{F_{N+3-k}}\right)(b_k - a_k) \\ &= a_k + \frac{F_{N+2-k}}{F_{N+3-k}}(a_k - b_k) = y_k. \end{aligned}$$

Im zweiten Fall berechnet man analog $y_{k+1} = x_k$ oder folgert es aus der Symmetrie (siehe b)). Für b) berechnen wir

$$
\begin{aligned}
b_k - y_k &= (b_k - a_k) - \frac{F_{N+2-k}}{F_{N+3-k}}(b_k - a_k) \\
&= (b_k - a_k)\left(1 - \frac{F_{N+2-k}}{F_{N+3-k}}\right) \\
&= (b_k - a_k)\frac{F_{N+1-k}}{F_{N+3-k}} = x_k - a_k.
\end{aligned}
$$

Die Behauptung in c) zeigen wir mittels vollständiger Induktion. Die Verankerung besagt $b_0 - a_0 = b - a$, ist also sicher wahr. Für den Induktionsschritt haben wir zunächst

$$
b_{k+1} - a_{k+1} = \begin{cases} b_k - x_k & \text{falls } f(x_k) \geq f(y_k) \\ y_k - a_k & \text{falls } f(x_k) < f(y_k) \end{cases}
$$

Wegen der eben gezeigten Symmetrie ist $b_k - x_k = y_k - a_k$ und somit gilt nun

$$
\begin{aligned}
b_{k+1} - a_{k+1} &= y_k - a_k \\
&= \frac{F_{N+2-k}}{F_{N+3-k}}(b_k - a_k) \\
&\overset{I.V.}{=} \frac{F_{N+2-k}}{F_{N+3-k}} \frac{F_{N+3-k}}{F_{N+3}}(b - a) \\
&= \frac{F_{N+2-k}}{F_{N+3}}(b - a).
\end{aligned}
$$

□

Satz 7.11. *Seien die S_i wie in Proposition 7.3 definiert und setzen wir $S_{N+1} = y_N - a_N = b_N - x_N$, und*

$$
S_{N+2} = \max\{x_N - a_N, y_N - x_N, b_N - y_N\},
$$

dann gilt:

$$
S_{N+2} \geq \frac{1}{F_{N+3}}.
$$

Also kann kein Suchverfahren bei fest vorgewählter Schrittzahl eine stärkere Reduktion des Suchintervalls garantieren.

Beweis. Offensichtlich ist stets $S_{N+1} \leq 2S_{N+2}$. Da $F_1 = 1$ und $F_2 = 2$ ist, haben wir

$$
\text{für } k = 1,2: \; S_{N+3-k} \leq F_k S_{N+2}.
$$

Wir beweisen nun per Induktion, dass diese Aussage für alle $k \leq N$ gilt. Nach Proposition 7.3 haben wir

$$
\text{für } k \in \{3,\ldots,N+3\}: \; S_{N+3-k} \leq S_{N+3-(k-1)} + S_{N+3-(k-2)}.
$$

Nach Induktionsvoraussetzung sind

$$
S_{N+3-(k-1)} \leq F_{k-1}S_{N+2} \text{ und } S_{N+3-(k-2)} \leq F_{k-2}S_{N+2}.
$$

Setzen wir dies ein, so erhalten wir

$$
S_{N+3-k} \leq F_{k-1}S_{N+2} + F_{k-2}S_{N+2} = (F_{k-1} + F_{k-2})S_{N+2} = F_k S_{N+2}.
$$

Damit folgt die Zwischenbehauptung nach dem Prinzip der vollständigen Induktion.

Setzen wir nun $k = N + 3$ ein, so haben wir

$$1 = S_0 \leq F_{N+3} S_{N+2},$$

woraus die Behauptung folgt. □

Die Fibonaccisuche hat zwei Nachteile:

a) Man muss im Voraus wissen, wieviele Iterationen man machen will, bzw. wie klein das Suchintervall werden soll. Im Allgemeinen wird man jedoch auch die relativen Unterschiede in den Funktionswerten in diese Entscheidung mit einbeziehen.
b) Man muss eine Tabelle der Fibonaccizahlen bereitstellen. Diese sind entweder in Gleitkommadarstellung nur angenähert, oder man muss Langzahlarithmetik verwenden, da z. B. F_{100} bereits 21 Dezimalstellen hat.

Statt dessen betrachtet man direkt das Verhalten des Quotienten benachbarter Fibonaccizahlen (vgl. Aufgabe 7.8):

$$\begin{aligned}
\frac{F_{n+1}}{F_n} &= \frac{\left(\frac{1+\sqrt{5}}{2}\right)^{n+1} - \left(\frac{1-\sqrt{5}}{2}\right)^{n+1}}{\left(\frac{1+\sqrt{5}}{2}\right)^{n} - \left(\frac{1-\sqrt{5}}{2}\right)^{n}} \\
&= \frac{\left(\frac{1+\sqrt{5}}{2}\right)^{n+1} - \left(\frac{1-\sqrt{5}}{2}\right)^{n+1}}{\left(\frac{1+\sqrt{5}}{2}\right)^{n} - \left(\frac{1-\sqrt{5}}{2}\right)^{n}} \cdot \frac{\left(\frac{2}{1+\sqrt{5}}\right)^{n}}{\left(\frac{2}{1+\sqrt{5}}\right)^{n}} \\
&= \frac{\left(\frac{1+\sqrt{5}}{2}\right) - \left(\frac{1-\sqrt{5}}{2}\right)\left(\frac{1-\sqrt{5}}{1+\sqrt{5}}\right)^{n}}{1 - \left(\frac{1-\sqrt{5}}{1+\sqrt{5}}\right)^{n}} \\
&\overset{n\to\infty}{\longrightarrow} \frac{1+\sqrt{5}}{2}.
\end{aligned}$$

Bei der letzten Grenzwertüberlegung haben wir ausgenutzt, dass

$$\left|\frac{1-\sqrt{5}}{1+\sqrt{5}}\right| < 1$$

ist und somit der Ausdruck $\left(\frac{1-\sqrt{5}}{1+\sqrt{5}}\right)^n$ für $n \to \infty$ gegen 0 geht.

Die Zahl $\frac{1+\sqrt{5}}{2}$ hatten wir in Aufgabe 7.8 als *Goldenen Schnitt* kennen gelernt. Man spricht bei der Unterteilung einer Strecke von einem Goldenen Schnitt, wenn sich das kürzere Teilstück zum längeren Teilstück wie das längere Teilstück zur gesamten Strecke verhält.

l_1 l_2

Abb. 7.1 Der Goldene Schnitt

Im Grenzwert wird also aus der Fibonaccisuche die *Goldener-Schnitt-Suche*. Wir platzieren x so, dass x,y symmetrisch in $[a,b]$ liegen und a,x,y ein Goldener Schnitt ist. Setzen wir also $l_1 = y-a$ und $l_2 = b-y$, so haben wir wegen der symmetrischen Platzierung von x und y zunächst:

$$l_1 + l_2 = (y-a)+(b-y) = (b-x)+(x-a) = b-a.$$

Betrachten wir l_1 als das längere Teilstück der Strecke und l_2 als das kürzere, so hat die Gesamtstrecke die Länge l_1+l_2. Damit wir einen Goldenen Schnitt erhalten, müssen also x,y so gewählt werden, dass

$$\frac{l_1}{l_2} = \frac{l_1+l_2}{l_1}.$$

Dies formen wir zunächst um zu

$$\begin{aligned} & l_1^2 = (l_1+l_2)l_2 \\ \Longleftrightarrow\ & l_1^2 = (l_1+l_2)(l_1+l_2-l_1) \\ \Longleftrightarrow\ & l_1^2 + (l_1+l_2)l_1 - (l_1+l_2)^2 = 0 \end{aligned}$$

Setzen wir nun $l_1+l_2 = b-a$ ein, erhalten wir hieraus:

$$l_1^2 + (b-a)l_1 - (b-a)^2 = 0.$$

Diese quadratische Gleichung hat genau eine positive Nullstelle, nämlich

$$-\frac{b-a}{2} + \sqrt{\frac{(b-a)^2}{4} + (b-a)^2} = \frac{\sqrt{5}-1}{2}(b-a) = \left(\frac{1+\sqrt{5}}{2}\right)^{-1}(b-a).$$

Also wird y an der Stelle

$$y = a + \left(\frac{1+\sqrt{5}}{2}\right)^{-1}(b-a) = a + \left(\frac{\sqrt{5}-1}{2}\right)(b-a)$$

platziert und a,y,b ist ein Goldener Schnitt.

Für die Platzierung von x nutzen wir aus, dass $1-\frac{\sqrt{5}-1}{2} = \frac{3-\sqrt{5}}{2}$ ist und berechnen

$$\begin{aligned} x &= b - \left(\frac{\sqrt{5}-1}{2}\right)(b-a) \\ &= a + (b-a) - \left(\frac{\sqrt{5}-1}{2}\right)(b-a) \\ &= a + \left(1 - \frac{\sqrt{5}-1}{2}\right)(b-a) \\ &= a + \frac{3-\sqrt{5}}{2}(b-a). \end{aligned}$$

Somit erhalten wir als Vorschrift für die Goldene-Schnitt-Suche.

$$x_k := a_k + \frac{3-\sqrt{5}}{2}(b_k - a_k)$$
$$y_k := a_k + \frac{\sqrt{5}-1}{2}(b_k - a_k).$$

Als Algorithmus erhalten wir dann:

Algorithmus 7.12.

```
leftfak=(3-sqrt(5))/2
rightfak=(sqrt(5)-1)/2

def choosepoint(f,a,x,b,fx):
    if b-x <= x-a:
        return a+leftfak*(b-a),x,f(a+leftfak*(b-a)),fx
    else:
        return x,a+rightfak*(b-a),fx,f(a+rightfak*(b-a))

def findmin(f,a,x,b):
    fx=f(x)
    while (b-a)/(abs(b)+abs(a)) >= eps:
        x,y,fx,fy=choosepoint(f,a,x,b,fx)
        if fx >= fy:
            a=x
            x=y
            fx=fy
        else:
            b=y
    else:
        return (a+b)/2
```

Bemerkung 7.13. Wir haben hier nur Verfahren angesprochen, welche die Stetigkeit der Funktion ausnutzen. Es gibt einige Verfahren, welche Differenzierbarkeitsinformationen ausnutzen, also etwa lineare oder quadratische Annäherung, auf die wir hier aber nicht näher eingehen wollen. Allerdings kann man die eindimensionale Variante des Newtonverfahrens, das wir im übernächsten Abschnitt diskutieren, als Beispiel heranziehen.

7.3 Koordinatensuche und Methode des steilsten Abstiegs

In diesem Abschnitt wollen wir uns der Frage geeigneter Suchrichtungen zuwenden. Dabei wollen wir in unseren Untersuchungen Nebenbedingungen vernachlässigen. Die hier vorgestellten Algorithmen sind allerdings eher „prinzipiell“ zu verstehen und haben sich in der Praxis als nicht besonders effizient erwiesen. Wir werden auf diese Problematik später noch etwas näher eingehen.

Alle Verfahren benutzen ein allgemeines Suchverfahren, wie wir sie im letzten Abschnitt vorgestellt haben, als Unterroutine. Wir nennen solche Suchverfahren auch *line search*. Bei unseren theoretischen Überlegungen in diesem Abschnitt wollen wir von der idealisierten Vorstellung ausgehen, dass line search stets das Minimum findet. In der Praxis spielt die Schrittweitensteuerung bei line search eine wichtige Rolle.

Das simpelste Verfahren ist die sogenannte *Koordinatenabstiegsmethode*:

Sei $\bar{x} \in \mathbb{R}^n$ gegeben. Wir fixieren alle Koordinaten bis auf die i-te und lösen

$$\min_{x_i \in \mathbb{R}} f(\bar{x}_1, \bar{x}_2, \ldots, \bar{x}_{i-1}, x_i, \bar{x}_{i+1}, \ldots, \bar{x}_n).$$

Ist x_i^* die optimale Lösung dieses Subproblems, so setzen wir $\bar{x}_i = x_i^*$, wählen eine andere Koordinate und fahren fort. Wir erhalten also folgenden Algorithmus (hier enden leider unsere Möglichkeiten, mit Python „ausführbaren Pseudocode" zu erzeugen):

while $\|x - x_{old}\| > \varepsilon$:
 for i in **range(n)**:
  $x_{old} = x$
  $\lambda = \text{argmin}_\lambda\, f(x + \lambda e_i)$ # loese mit line search
  $x = x_{old} + \lambda e_i$

Hierbei ist argmin die Menge aller λ, an denen das Minimum angenommen wird. Da die Auswahl der Koordinaten zyklisch erfolgt, nennt man obige Methode *zyklisches Abstiegsverfahren.* Werden die Koordinaten in der Reihenfolge $1, 2, \ldots, n-1$, $n, n-1, \ldots, 2, 1, 2, \ldots$ abgearbeitet, so trägt das Verfahren den Namen *Aitken double sweep method.* Nutzt man zusätzlich Differenzierbarkeitsinfomationen aus und wählt stets die Koordinate mit dem größten Absolutwert im Gradienten, so erhalten wir das *Gauß-Southwell-Verfahren.*

Die dargestellten Verfahren scheinen sinnvoll. Konvergenz gegen „etwas Sinnvolles" kann man jedoch nur garantieren, wenn f differenzierbar ist. Betrachten wir dazu ein Beispiel.

Beispiel 7.14. Sei die stetige (!) Funktion $f : \mathbb{R}^2 \to \mathbb{R}$ wie folgt definiert:

$$f(x,y) := \begin{cases} (x+y-5)^2 + (x-y-2)^2 & \text{falls } x \le y \\ (x+y-5)^2 + (x-y+2)^2 & \text{falls } x > y. \end{cases}$$

Wir verifizieren zunächst die Stetigkeit. Wir müssen die Stelle $x = y$ untersuchen. In diesem Falle ist der Funktionswert $(2x-5)^2 + 4$. Da mit $x \to y$ auch die Funktionsdefinition für $x > y$ gegen diesen Wert strebt, ist die Funktion an der „Schnittstelle" stetig.

Die nachfolgenden Überlegungen zu den jeweiligen Minimalstellen werden wir in Aufgabe 7.15 detailliert untersuchen. Wir führen eine Koordinatensuche beginnend in $(0,0)$ durch. Suchen wir in x-Richtung, stellen wir fest, dass das Minimum in positiver Richtung zu suchen ist. Wir müssen zunächst die Funktion $(x-5)^2 + (x+2)^2$ minimieren. Diese ist für kleine, positive x kleiner als $(x-5)^2 + (x-2)^2$ für betraglich kleine, negative x. Aus Symmetriegründen $(5 - x = x + 2)$ oder mittels Nachrechnen findet man das Minimum in $x = 1.5$. In y-Richtung minimieren wir also nun die Funktion

$$\begin{aligned} &(y-3.5)^2 + (-y+3.5)^2 = 2(y-3.5)^2 && \text{für } y < 1.5 \text{ und} \\ &(y-3.5)^2 + (-y-0.5)^2 = ((y-1.5)-2)^2 + ((y-1.5)+2)^2 && \text{für } y \ge 1.5. \end{aligned}$$

Die zusammengesetzte Funktion hat ihr Minimum in $y = 1.5$. Wieder in x-Richtung betrachten wir jetzt also die Funktion

$$\begin{array}{ll} (x-3.5)^2+(x-3.5)^2 = 2(x-3.5)^2 & \text{für } x \leq 1.5 \text{ und} \\ (x-3.5)^2+(x+0.5)^2 = ((x-1.5)-2)^2+((x-1.5)+2)^2 & \text{für } x > 1.5. \end{array}$$

Diese ist wiederum minimal in $x = 1.5$. In y-Richtung

$$\begin{array}{ll} (y-3.5)^2+(-y+3.5)^2 & \text{für } y < 1.5 \text{ und} \\ (y-3.5)^2+(-y-0.5)^2 & \text{für } y \geq 1.5 \end{array}$$

erhalten wir die gleiche Funktion, die wir im vorletzten Schritt untersucht haben. Die Koordinatensuche terminiert also mit dem Wert $4+4=8$ an der Stelle $(1.5, 1.5)$, das Minimum liegt aber in $(2.5, 2.5)$ mit dem Wert 4.

Aufgabe 7.15. Verifizieren Sie die Minima in der Koordinatensuche in Beispiel 7.14.
Lösung siehe Lösung 9.74.

Aufgabe 7.16. Führen Sie eine Koordinatensuche für die Funktion

$$f(x,y) = x^2+y^2-3x+5y+10$$

durch. Starten Sie wieder in $(0,0)^\top$.
Lösung siehe Lösung 9.75.

Ist hingegen f differenzierbar, so können wir zeigen, dass jedes Koordinatensuchverfahren, wenn es konvergiert, gegen einen *stationären Punkt*, d. i. ein Punkt, an dem der Gradient verschwindet, konvergiert.

Satz 7.17. *Ist $f : \mathbb{R}^n \to \mathbb{R}$ stetig differenzierbar und ist $(x_i)_{i\in\mathbb{N}}$ eine Folge, die von einem Koordinatensuchverfahren erzeugt wird, das in jede Koordinatenrichtung unendlich oft sucht, so konvergiert jede konvergente Teilfolge $(x_{i_j})_{j\in\mathbb{N}}$ gegen ein x^* mit $\nabla f(x^*) = 0$.*

Beweis. Angenommen $(x_{i_j})_{j\in\mathbb{N}}$ wäre eine Teilfolge mit

$$\lim_{j\to\infty} x_{i_j} = x^* \text{ und } \nabla f(x^*) \neq 0.$$

Wir zeigen zunächst, dass es eine Teilfolge $(y_i)_{i\in\mathbb{N}}$ von $(x_{i_j})_{j\in\mathbb{N}}$ gibt, bei der ausgehend vom jeweiligen Iterationspunkt y_i stets in Richtung e_{i_0} mit $\nabla f(x^*)_{i_0} \neq 0$ gesucht wird. Nehmen wir zur Herleitung eines Widerspruchs an, es gäbe für keine Koordinatenrichtung e_k eine solche Teilfolge. Da $(x_{i_j})_{j\in\mathbb{N}}$ nach Voraussetzung eine Teilfolge $(y_i)_{i\in\mathbb{N}}$ enthält, bei der in Richtung e_k gesucht wird und bis auf endlich viele Stellen dann $(\nabla f(y_i))_k = 0$ ist, gilt insbesondere

$$\lim_{j\to\infty} \nabla f(x_{i_j})_k = \lim_{i\to\infty} (\nabla f(y_i))_k = 0.$$

Wenn dies für beliebige Koordinaten k gilt, muss aber schon $\nabla f(x^*) = 0$ sein, im Widerspruch zur Annahme.

Sei also nun $(y_i)_{i\in\mathbb{N}}$ eine Teilfolge von $(x_{i_j})_{j\in\mathbb{N}}$, bei der ausgehend vom jeweiligen Iterationspunkt y_i stets in Richtung e_{i_0} mit $\nabla f(x^*)_{i_0} \neq 0$ gesucht wird.

Da $f(x^*+te_{i_0})'(0) \overset{6.5}{=} \nabla f(x^*)_{i_0} \neq 0$ ist, hat die Funktion $\tilde{f}(t) := f(x^*+te_{i_0})$ an der Stelle $t=0$ kein lokales Minimum. Also gibt es ein $\alpha > 0$, so dass entweder $f(x^*+te_{i_0}) < f(x^*)$ für alle $t \in]0,\alpha]$ oder $f(x^*+te_{i_0}) < f(x^*)$ gilt für alle $t \in [-\alpha,0[$. Da f stetig ist, gibt es ein ε mit $f(x) < f(x^*)$ für alle $x \in U_\varepsilon(x^*+\alpha e_{i_0})$. Sei nun y_j ein Folgenelement mit $y_j \in U_\varepsilon(x^*)$. Dann ist $y_j+\alpha e_{i_0} \in U_\varepsilon(x^*+\alpha e_{i_0})$ und somit $f(y_j+\alpha e_{i_0}) < f(x^*)$, also gilt auch für den Nachfolger x_{i_k} von y_j in der Folge $(x_{i_j})_{j\in\mathbb{N}}$ $f(x_{i_k}) < f(x^*)$. Da aber die Folge der $(f(x_i))_{i\in\mathbb{N}}$ monoton fallend ist und gegen $f(x^*)$ konvergiert, impliziert dies mit

$$f(x^*) \leq f(x_{i_k}) < f(x^*)$$

einen Widerspruch. □

Koordinatenabstiegsverfahren haben sich in der Praxis nur in ganz wenigen Spezialfällen (z.B. bei Problemen mit Rechtecknebenbedingungen) bewährt. Im Allgemeinen ist ihr Konvergenzverhalten schlecht, so dass selbst Probleme mit geringer Variablenzahl kaum gelöst werden können. Es scheint, dass die einzige einigermaßen erfolgreiche Variante die *Methode von Rosenbrock* ist, bei der in jeder Iteration ein neues „Koordinatensystem" gewählt wird.

Wir hatten in Definition 6.7 eine zulässige Richtung d als Abstiegsrichtung einer Funktion f bezeichnet, wenn $\nabla f(x)d < 0$. Ist $\|d\| = 1$, so wird diese Zahl vom Betrag her am größten, wenn

$$-d = \frac{\nabla f(x)^\top}{\|\nabla f(x)\|}$$

ist. (Offensichtlich impliziert $\nabla f(x)d < 0$, dass $\|\nabla f(x)\| \neq 0$ ist.) Es liegt also nahe, in Richtung des Negativen des Gradienten zu suchen.

Methode des steilsten Abstiegs:

while $\|\nabla f(x)\| > \varepsilon$:
  $\lambda^* = \operatorname{argmin}_\lambda f(x-\lambda\nabla f(x)^\top)$ # loese mit line search
  $x = x - \lambda^*\nabla f(x)^\top$.

Auch hier weisen wir nach, dass jede konvergente Teilfolge gegen einen stationären Punkt konvergiert:

Satz 7.18. *Sei $f : \mathbb{R}^n \to \mathbb{R}$ stetig differenzierbar und sei $(x_i)_{i\in\mathbb{N}}$ eine konvergente Teilfolge einer von der Methode des steilsten Abstiegs erzeugten Punktfolge. Dann konvergiert $(x_i)_{i\in\mathbb{N}}$ gegen einen stationären Punkt x^*, d. h. $\nabla f(x^*) = 0$.*

Beweis. Sei x^* Grenzwert der Folge $(x_i)_{i\in\mathbb{N}}$. Angenommen $\nabla f(x^*) \neq 0$. Da $-\nabla f(x^*)$ dann eine Abstiegsrichtung ist, gibt es ein $\alpha > 0$ mit $f(x^*-\alpha\nabla f(x^*)) < f(x^*)$. Da f stetig ist, gibt es ein $\varepsilon > 0$ mit

$$f(x) < f(x^*) \text{ für alle } x \in U_\varepsilon(x^*-\alpha\nabla f(x^*)). \tag{7.1}$$

Da f stetig differenzierbar ist, gilt $\lim_{i\to\infty} \nabla f(x_i) = \nabla f(x^*)$. Nach Definition der Konvergenz gibt es also ein $N_1 \in \mathbb{N}$ mit

$$\|\nabla f(x_n) - \nabla f(x^*)\| < \frac{\varepsilon}{2|\alpha|} \text{ für alle } n \geq N_1.$$

Da die Folge $(x_i)_{i\in\mathbb{N}}$ gegen x^* konvergiert, gibt es ferner ein N_2, so dass

$$\|x_n - x^*\| < \frac{\varepsilon}{2} \text{ für alle } n \geq N_2.$$

Setzen wir also $N_0 = \max\{N_1, N_2\}$, so ergibt das zusammen

$$\|x_{N_0} - x^*\| < \frac{\varepsilon}{2} \text{ und } \|\nabla f(x_{N_0}) - \nabla f(x^*)\| < \frac{\varepsilon}{2|\alpha|}.$$

Dann ist aber

$$\begin{aligned}
\|x_{N_0} - \alpha\nabla f(x_{N_0}) - (x^* - \alpha\nabla f(x^*))\| &= \|x_{N_0} - x^* - (\alpha\nabla f(x_{N_0}) - \alpha\nabla f(x^*))\| \\
&\leq \|x_{N_0} - x^*\| + \|\alpha\nabla f(x_{N_0}) - \alpha\nabla f(x^*))\| \\
&= \|x_{N_0} - x^*\| + |\alpha|\|\nabla f(x_{N_0}) - \nabla f(x^*))\| \\
&< \frac{\varepsilon}{2} + |\alpha|\frac{\varepsilon}{2|\alpha|} = \varepsilon.
\end{aligned}$$

Da also $x_{N_0} - \alpha\nabla f(x_{N_0}) \in U_\varepsilon(x^* - \alpha\nabla f(x^*))$, gilt somit wegen (7.1)

$$f(x_{N_0} - \alpha\nabla f(x_{N_0})) < f(x^*).$$

Nun ist aber x_{N_0+1} Minimalstelle der Liniensuche auf

$$\{x_{N_0} - t\nabla f(x_{N_0}) \mid t \in \mathbb{R}\},$$

also ist insbesondere $f(x_{N_0+1}) \leq f(x_{N_0} - \alpha\nabla f(x_{N_0}))$. Insgesamt haben wir also

$$f(x_{N_0+1}) \leq f(x_{N_0} - \alpha\nabla f(x_{N_0})) < f(x^*).$$

Wie eben liefert dies einen Widerspruch, da die Folge $(f(x_i))_{i\in\mathbb{N}}$ monoton fallend mit Grenzwert $f(x^*)$ ist. □

Obwohl dieses Verfahren lokal die „beste“ Richtung benutzt, ist sein Konvergenzverhalten eher mäßig.

Zur qualitativen Bewertung des Konvergenzverhalten definieren wir zunächst:

Definition 7.4. Sei $(a_i)_{i\in\mathbb{N}}$ eine konvergente Folge reeller Zahlen mit $\lim_{i\to\infty} a_i = a$. Die *Konvergenzrate* ist dann das Supremum der nicht negativen Zahlen $p \in \mathbb{R}_+$ mit

$$0 \leq \limsup_{i\to\infty} \frac{|a_{i+1} - a|}{|a_i - a|^p} < \infty.$$

Ist p die Konvergenzrate und $1 \leq q \leq p$, so sagen wir auch, die Folge *konvergiert von der Ordnung* q.

Ist die Konvergenzrate mindestens 2, so sagen wir die Folge konvergiert quadratisch. Ist die Konvergenzrate mindestens 1, so sagen wir die Folge konvergiert *linear mit Konvergenzfaktor* κ, wenn

$$\lim_{i\to\infty} \frac{|a_{i+1} - a|}{|a_i - a|} = \kappa < 1.$$

Gilt dies sogar mit $\kappa = 0$, so sprechen wir von *superlinearer* Konvergenz.

Bemerkung 7.19. In der obigen Definition können undefinierte Ausdrücke auftreten, wenn einige Folgenglieder gleich dem Grenzwert sind. Gibt es unendlich viele Folgenglieder, die vom

Grenzwert verschieden sind, so kann man diese undefinierten Ausdrücke bei der Berechnung des Limes Superior ignorieren. Sind nur endlich viele Glieder verschieden vom Grenzwert, so legen wir die Konvergenzrate auf 0 fest.

Kommen wir zurück zum Konvergenzverhalten der Methode des steilsten Abstiegs. Die Analyse ist aufwändig, deshalb geben wir das folgende Resultat ohne Beweis an. Für eine Herleitung im Falle eines quadratischen, positiv definiten Problems vergleiche [22] Seiten 149–154.

Satz 7.20. *Sei $f : \mathbb{R}^n \to R$ zweimal stetig differenzierbar und x^* ein relatives Minimum von f. Sei ferner die Hessematrix $\nabla^2 f(x^*)$ positiv definit mit größtem Eigenwert $\lambda_1 > 0$ und kleinstem Eigenwert $\lambda_n > 0$. Ist dann $(x_i)_{i\in\mathbb{N}}$ eine von dem Gradientenabstiegsverfahren erzeugte, gegen x^* konvergente Folge, dann konvergiert die Folge der Zielfunktionswerte $(f(x_i))_{i\in\mathbb{N}}$ linear gegen $f(x^*)$ mit einem Konvergenzfaktor von höchstens $\left(\frac{\lambda_1-\lambda_n}{\lambda_1+\lambda_n}\right)$.*

□

Bemerkung 7.21. Die Gradienten aufeinanderfolgender Iterationspunkte stehen beim Gradientensuchverfahren senkrecht aufeinander, d. h. es gilt stets:

$$\nabla f(x_k)\nabla f(x_{k+1})^\top = 0.$$

Beweis. Im Minimum bei line search ist die Ableitung 0. Wird also das Minimum in $x_{k+1} = x_k + \lambda_k \nabla f(x_k)$ angenommen, so gilt

$$f(x_k + t\nabla f(x_k))'(\lambda_k) = 0.$$

Mit der Kettenregel berechnen wir somit

$$f(x_k + t\nabla f(x_k))'(\lambda_k) = \nabla f(x_k + \lambda_k \nabla f(x_k))\nabla f(x_k)^\top = \nabla f(x_{k+1})\nabla f(x_k)^\top = 0.$$

□

Bemerkung 7.22. Bei der Benutzung von Ableitungen in numerischen Algorithmen nähert man diese üblicherweise nur an, d. h. der Gradient $\nabla f(x^*)$ wird etwa angenähert durch den Ausdruck

$$\frac{1}{h}(f(x^* + he_1) - f(x^*), \ldots, f(x^* + he_n) - f(x^*)).$$

7.4 Newtonverfahren

Der Hauptvorteil des Newtonverfahrens ist, dass das lokale Konvergenzverhalten deutlich besser als bei der Gradientensuche ist. Vielleicht kennen Sie das Newtonverfahren zur Bestimmung einer Nullstelle einer Funktion noch aus der Schule:

$$x_{k+1} = x_k - \frac{f(x_k)}{f'(x_k)}.$$

Hierbei wird iterativ die Funktion $y = f(x)$ lokal durch eine lineare Funktion

$$\tilde{y}(x) = f(x_k) + (x - x_k)f'(x_k)$$

angenähert. Von dieser wird als nächster Iterationspunkt x_{k+1} die Nullstelle bestimmt, also

$$\begin{aligned} 0 &= f(x_k) + xf'(x_k) - x_k f'(x_k) \\ \iff x &= x_k - \frac{f(x_k)}{f'(x_k)}. \end{aligned}$$

Wir wählen also als nächsten Punkt

$$x_{k+1} = x_k - \frac{f(x_k)}{f'(x_k)}.$$

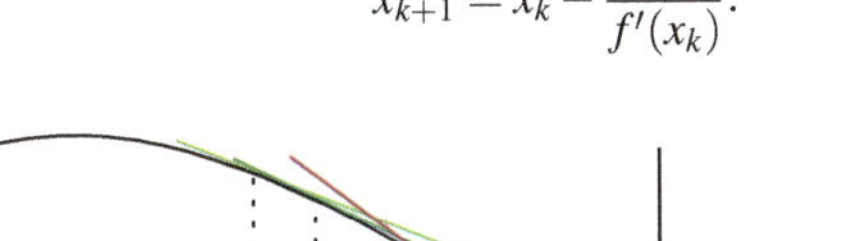

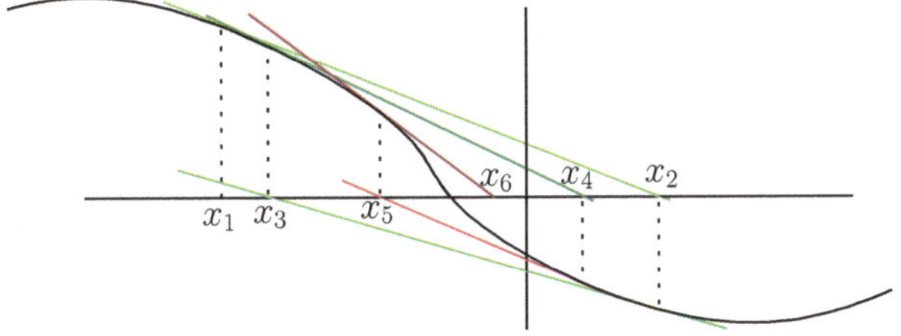

Aufgabe 7.23. Bestimmen Sie, ausgehend von $x = 0$ und $x = -2$, mit dem Newtonverfahren approximativ zwei Nullstellen der Funktion

$$f(x) = x^4 - 5x^2 + 5x - 2.5.$$

Iterieren Sie, bis $|f(x)| \leq 10^{-5}$ ist.
Lösung siehe Lösung 9.76.

Wenn wir statt nach einem lokalen Minimum nur nach einem stationären Punkt suchen, so erhalten wir durch Betrachten von f' an Stelle von f aus dem obigen Vorgehen die Vorschrift:

$$x_{k+1} = x_k - \frac{f'(x_k)}{f''(x_k)}.$$

Hier können wir dies so interpretieren, dass die Funktion f lokal durch die quadratische Funktion $q(x) = f(x_k) + f'(x_k)(x - x_k) + \frac{1}{2}f''(x_k)(x - x_k)^2$ approximiert wird, und für den nächsten Iterationspunkt der eindeutige stationäre Punkt dieser quadratischen Funktion berechnet wird.

Aufgabe 7.24. Bestimmen Sie, ausgehend von $x = 0$, mit dem Newtonverfahren approximativ einen stationären Punkt der Funktion

$$f(x) = x^4 - 5x^2 + 5x - 2.5.$$

Iterieren Sie, bis $|f'(x)| \leq 10^{-5}$ ist.
Lösung siehe Lösung 9.77.

In dieser Form und Interpretation können wir das Newtonverfahren direkt auf die Situation einer Funktion $f : \mathbb{R}^n \to \mathbb{R}$ übertragen. Wir erhalten dann das folgende *Newtonverfahren zur nichtlinearen Optimierung*:

while $\|x - x_{old}\| > \varepsilon$:
 $x_{old} = x$
 $x = x_{old} - \left(\nabla^2 f(x_{old})\right)^{-1} \nabla f(x_{old})^\top$

Aufgabe 7.25. Führen Sie ausgehend von $(0,0)$ fünf Iterationen des Newtonverfahrens für die Funktion $f(x,y) = x^2 + y^2 + xy - 3x$ durch und bestimmen Sie das unrestringierte globale Minimum. Lösung siehe Lösung 9.78.

Im Allgemeinen können beim Newtonverfahren schon bei der Bestimmung einer Nullstelle im Eindimensionalen Schwierigkeiten auftreten, nämlich, dass die Ableitung Null wird, weil man sich einem stationären Punkt nähert. Im Allgemeinen können folgende Probleme auftreten:

a) Im Laufe des Verfahrens kann die Hessematrix singulär oder schlecht konditioniert werden.
b) Es kann passieren, dass $f(x_{k+1}) > f(x_k)$ ist.
c) Die Folge der generierten Punkte kann gegen einen Sattelpunkt konvergieren.

Wir werden nun aber nachweisen, dass lokal das Konvergenzverhalten sehr gut ist.

Satz 7.26. *Sei* $f : \mathbb{R}^n \to \mathbb{R}$ *zweimal stetig differenzierbar und* $\nabla f(x^*) = 0$. *Sei ferner* $\nabla^2 f(x^*)$ *regulär und* x_1 *ein Startpunkt, so dass es* $\delta_1, \delta_2 > 0$ *gibt mit* $\delta_1 \delta_2 < 1$ *und für alle* x *mit* $\|x - x^*\| < \|x_1 - x^*\|$ *gelte:*

a) $\|\left(\nabla^2 f(x)\right)^{-1}\|_2 \leq \delta_1$,
b) $\|\nabla f(x^*) - \nabla f(x) - \nabla^2 f(x)(x^*) - x\| \leq \delta_2 \|x^* - x\|$.

Dann konvergiert das Newtonverfahren gegen x^*.

Beweis.

$$\begin{aligned}
\|x_{k+1} - x^*\| &= \|x_k - \left(\nabla^2 f(x_k)\right)^{-1} \nabla f(x_k) - x^*\| \\
&\overset{\nabla f(x^*)=0}{=} \|(x_k - x^*) - \left(\nabla^2 f(x_k)\right)^{-1} \left(\nabla f(x_k) - \nabla f(x^*)\right)\| \\
&= \|\left(\nabla^2 f(x_k)\right)^{-1} \left(\nabla f(x^*) - \nabla f(x_k) - \left(\nabla^2 f(x_k)\right)(x^* - x_k)\right)\| \\
&\leq \|\left(\nabla^2 f(x_k)\right)^{-1}\|_2 \\
&\qquad \cdot \|\nabla f(x^*) - \nabla f(x) - \left(\nabla^2 f(x_k)\right)(x^* - x_k)\| \\
&\leq \delta_1 \delta_2 \|x^* - x_k\| < \|x^* - x_k\|.
\end{aligned}$$

Wir sagen, die Methode ist kontraktiv. Also bildet $(\|x^* - x_k\|)_{k \in \mathbb{N}}$ eine streng monoton fallende, nichtnegative Folge, die somit konvergieren muss. Mittels vollständiger Induktion folgt aus der obigen Rechnung sofort

$$\|x_k - x^*\| \leq (\delta_1 \delta_2)^{k-1} \|x_1 - x^*\|.$$

Da $\delta_1 \delta_2 < 1$ ist, folgt somit

$$\lim_{k \to \infty} \|x_k - x^*\| \leq \lim_{k \to \infty} (\delta_1 \delta_2)^{k-1} \|x_1 - x^*\| = 0.$$

Also konvergiert die Folge der x_i gegen x^*. □

Da das Newtonverfahren aus einer quadratischen Annäherung an die Funktion abgeleitet ist, erwarten wir lokal quadratische Konvergenz. Dies gilt ganz allgemein. Wir rechnen es aber nur im Eindimensionalen nach.

Satz 7.27. *Sei* $f:\mathbb{R}\to\mathbb{R}$ *viermal stetig differenzierbar,* x^* *ein* stationärer Punkt, *also mit* $f'(x^*)=0$ *und* $f''(x^*)\neq 0$. *Sei* $(x_k)_{k\in N}$ *eine vom Newtonverfahren erzeugte, gegen* x^* *konvergente Folge, also*

$$x_{k+1}=N(x_k):=x_k-\frac{f'(x_k)}{f''(x_k)}.$$

Dann konvergiert die Folge quadratisch, d. h. mit Konvergenzrate 2.

Beweis. Sei $N:S\to\mathbb{R}$ die auf einer Umgebung von x^*, in der $f''(x)\neq 0$ ist, durch

$$N(x):=x-\frac{f'(x)}{f''(x)}$$

definierte Funktion. Dann ist N als Verknüpfung zweimal stetig differenzierbarer Funktionen zweimal stetig differenzierbar. Wir berechnen mit der Quotientenregel den Eintrag $N'(x)$.

$$\begin{aligned}N'(x)&=1-\frac{(f''(x_k))^2-f'(x_k)f'''(x_k)}{(f''(x_k))^2}\\&=\frac{f'(x_k)f'''(x_k)}{(f''(x_k))^2}.\end{aligned}$$

Da nach Annahme $f'(x^*)=0$ ist, gilt auch $N'(x^*)=0$ und wir erhalten aus dem Satz von Taylor 6.12 b):

$$\begin{aligned}|x_{k+1}-x^*|&=|N(x_k)-N(x^*)|\\&=|N'(x^*)(x_k-x^*)|+\frac{1}{2}|N''(x^*)||x_k-x^*|^2+o(|x_k-x^*|^2)\\&=\frac{1}{2}|N''(x^*)||x_k-x^*|^2+o(|x_k-x^*|^2).\end{aligned}$$

Also ist

$$\frac{|x_{k+1}-x^*|}{|x_k-x^*|^2}=\frac{1}{2}|N''(x^*)|+\frac{o(|x_k-x^*|)^2}{|x_k-x^*|^2}=\frac{1}{2}|N''(x^*)|+o(1).$$

Vergleichen wir dies mit der Definition der Konvergenzrate und der des Landau-Symbols in Kapitel 2, so folgt die Behauptung. □

Leider konvergiert dieses Verfahren nicht unbedingt. Man kann es auf verschiedene Arten modifizieren, um Konvergenz zu erzwingen. Wir wollen hier eine Möglichkeit kurz skizzieren.

Dazu betrachten wir allgemein Verfahren, bei denen die Iterationsvorschrift gegeben ist durch

$$x_{k+1}=x_k-\alpha_k M_k\nabla f(x_k)^\top$$

mit einem Suchparameter α_k und einer positiv definiten Matrix M_k. Dann ist in erster Näherung (bei der Entwicklung in erster Näherung bleiben quadratische und höhere Terme „übrig")

$$\begin{aligned}f(x_{k+1})&=f(x_k)+\nabla f(x_k)(x_{k+1}-x_k)+o(|x_{k+1}-x_k|^2)\\&=f(x_k)-\alpha_k\nabla f(x_k)M_k\nabla f(x_k)^\top+o(\alpha_k^2).\end{aligned}$$

Nahe bei Null dominiert der in α_k lineare Term, also garantiert die positive Definitheit von M_k, dass $M_k \nabla f(x_k)^\top$ eine Abstiegsrichtung ist. Für $M_k = I$ erhalten wir das Gradientensuchverfahren. Genauso wie dort kann man unter geeigneten Voraussetzungen auch allgemein globale Konvergenz nachweisen. Nahe bei einem lokalen Minimum mit positiv definiter Hessematrix erhalten wir ein parametrisiertes Newtonverfahren.

Nun ist die Hessematrix bei zweimal stetig differenzierbaren Funktionen stets symmetrisch, also gibt es nach Satz 5.26 eine orthogonale Matrix Q und eine Diagonalmatrix D mit $\nabla^2 f(x_k) = Q^\top DQ$, wobei auf der Diagonale von D die Eigenwerte von $\nabla^2 f(x_k)$ stehen. Die Diagonaleinträge d_{ii} ersetzt man nun durch $\max\{\delta, d_{ii}\}$, wobei $\delta > 0$ ein Steuerungsparameter ist. Nahe bei einem strikten lokalen Minimum sind alle Eigenwerte $\geq \delta$ und die Methode wird zum Newtonverfahren.

7.5 Verfahren der konjugierten Richtungen

Der Ansatz der konjugierten Richtungen ist ein weiterer Versuch, die Vorteile des steilsten Abstiegsverfahrens (globale Konvergenz unter geeigneten Voraussetzungen) mit denen des Newtonverfahrens (Ausnutzung von Information zweiter Ordnung) zu verknüpfen. Wir studieren zunächst Ideen und Eigenschaften am Spezialfall eines quadratischen Programms, im Gegensatz zu Beispiel 6.24 b) diesmal ohne Nebenbedingungen.

Sei also wieder $Q \in \mathbb{R}^{n \times n}$ eine quadratische, symmetrische, positiv definite Matrix und $b \in \mathbb{R}^n$. Wir betrachten das Minimierungsproblem

$$\min f(x), \qquad \text{wobei } f(x) = \frac{1}{2} x^\top Qx - b^\top x.$$

Abweichend von Beispiel 6.24 b) ziehen wir hier den linearen Term ab. Das erspart uns im Folgenden einige Vorzeichen.

Eine Möglichkeit dieses Problem zu lösen, wäre es, die notwendigen Bedingungen aus Proposition 6.4 zu betrachten und

$$\nabla f(x)^\top = Qx - b = 0 \tag{7.2}$$

zu lösen. Dies führt, da Q positiv definit, also regulär, ist, zu der Lösung $x^* = Q^{-1}b$. Wir wollen hier aber näher an einer Richtungssuche bleiben und das aufwändige Lösen des Gleichungssystems $Qx = b$ umgehen. Allerdings wird der hier vorgestellte Ansatz in diesem Falle nicht zu einer Kostenersparnis führen. Er erläutert vielmehr die prinzipielle Idee, dort wo sie exakt funktioniert, nämlich für konvexe, quadratische Programme. Danach werden wir kurz skizzieren, wie man diese Ideen auf die allgemeine Situation übertragen kann.

Im ersten line search löst man die Optimierungsaufgabe optimal auf einem eindimensionalen affinen Teilraum des Lösungsraumes. Wir werden nun iterativ Suchrichtungen konstruieren, so dass die Dimension des Teilraumes, auf dem das Problem optimal gelöst ist, stets um eins wächst. Dafür definieren wir zunächst:

Definition 7.5. Sei $Q \in \mathbb{R}^{n \times n}$ eine quadratische, symmetrische Matrix. Dann heißen zwei Vektoren $d_1, d_2 \in \mathbb{R}^n$ *Q-orthogonal*, *Q-konjugiert* oder auch kurz *konjugiert*, wenn $d_1^\top Qd_2 = 0$ gilt. Eine endliche Menge von Vektoren $d_1, \ldots, d_k \in \mathbb{R}^n$ heißt *Q-orthogonal*, wenn sie paarweise konjugiert sind.

Bilden $d_1,\dots,d_n$ eine Orthonormalbasis von Eigenvektoren einer symmetrischen Matrix Q, so sind sie Q-orthogonal und orthogonal im euklidischen Sinne. Im Allgemeinen fallen die Begriffe nicht zusammen. Für den positiv definiten Fall sind Q-orthogonale Vektoren aber stets zumindest linear unabhängig:

Proposition 7.5. *Sei $Q \in \mathbb{R}^{n\times n}$ eine quadratische, symmetrische, positiv definite Matrix und seien $d_1,\dots,d_k \in \mathbb{R}^n \setminus \{0\}$ Q-orthogonal. Dann sind diese Vektoren linear unabhängig.*

Beweis. Wir haben zu zeigen, dass es nur die triviale Linearkombination der Null gibt. Sei also $\sum_{i=1}^k \lambda_i d_i = 0$ und $j \in \{1,\dots,k\}$ beliebig, aber fest, gewählt. Dann ist auch

$$0 = d_j^\top Q0 = d_j^\top Q\left(\sum_{i=1}^k \lambda_i d_i\right) = \sum_{i=1}^k \lambda_i \left(d_j^\top Q d_i\right) \overset{(d_i)\text{ ist } Q\text{-orth.}}{=} \lambda_j d_j^\top Q d_j.$$

Da Q positiv definit ist und j beliebig gewählt war, schließen wir, dass $\lambda_j = 0$ für $j = 1,\dots,k$ gelten muss. Also sind die Vektoren linear unabhängig. □

Haben wir also in unserer Aufgabenstellung der quadratischen Optimierung konjugierte Richtungen $d_1,\dots,d_n$ gegeben, so bilden diese eine Basis des $\mathbb{R}^n$, und die Optimallösung x^* ist eine Linearkombination dieser Vektoren:

$$x^* = \sum_{i=1}^n \alpha_i d_i.$$

Hieraus erhalten wir zunächst

$$\forall j = 1,\dots,n : d_j^\top Q x^* = d_j^\top Q\left(\sum_{i=1}^n \alpha_i d_i\right) = \alpha_j d_j^\top Q d_j.$$

Aus dieser Gleichung können wir unter Berücksichtigung von Gleichung (7.2) herleiten:

$$\alpha_j = \frac{d_j^\top Q x^*}{d_j^\top Q d_j} = \frac{d_j^\top b}{d_j^\top Q d_j}. \tag{7.3}$$

Somit können wir x^* durch Skalar- und Matrixprodukte ausrechnen:

$$x^* = \sum_{i=1}^n \frac{d_i^\top b}{d_i^\top Q d_i} d_i. \tag{7.4}$$

Wir können diese Linearkombination erst berechnen, wenn wir eine konjugierte Basis haben.

Mit einer solchen Basis ist es allerdings immer leicht, auf einem von einer Teilmenge der d_i aufgespannten Unterraum das quadratische Problem zu lösen:

Satz 7.28. *Seien Q,b wie eben, $d_1,\dots,d_n$ Q-orthogonal und $x_0 \in \mathbb{R}^n$. Bezeichne B_k den von $d_1,\dots,d_k$ an x_0 aufgespannten affinen Unterraum*

$$B_k := \{x_0 + \sum_{j=1}^k \lambda_j d_j \mid \lambda_j \in \mathbb{R}\} = \{y \in \mathbb{R}^n \mid d_i^\top Q(y - x_0) = 0,\ i = k+1,\dots,n\} \tag{7.5}$$

von $\mathbb{R}^n$. Seien nun $x_1,\dots,x_n$ definiert durch

$$x_k := x_{k-1} - \frac{x_{k-1}^\top Q d_k - b^\top d_k}{d_k^\top Q d_k} d_k. \tag{7.6}$$

Dann ist x_k die Optimallösung des Problems

$$\min_{x \in B_k} \frac{1}{2} x^\top Q x - b^\top x.$$

Insbesondere löst x_n das volle quadratische Problem.

Beweis. Wir zeigen dies mittels vollständiger Induktion. Für $k = 0$ ist die Behauptung, dass x_0 die Optimallösung des Problems auf dem affinen Unterraum $x_0 + \{0\}$ ist. Dies ist trivialerweise richtig. Sei also $k > 0$. Da man die Bedingungen, dass die Lösungen in dem angegebenen affinen Unterraum leben, als lineare Nebenbedingungen wie in (7.5) formulieren kann, erhalten wir aus den Kuhn-Tucker Bedingungen in Satz 6.26 als notwendige Bedingung an ein Minimum, dass es $\lambda_i \in \mathbb{R}$ gibt mit

$$\nabla f(x_k) = x_k^\top Q - b^\top = \sum_{i=k+1}^{n} \lambda_i d_i^\top Q. \tag{7.7}$$

Dies ist aber, da $d_1, \ldots, d_n$ eine Q-orthogonale Basis bilden, äquivalent dazu, dass $Qx_k - b$ senkrecht (im klassischen Sinne) auf $d_1, \ldots, d_k$ steht. An dieser Stelle wollen wir auch wieder an die geometrische Anschauung appellieren. Steht ∇f nicht senkrecht auf den Richtungen, die den affinen Unterraum in x_0 aufspannen, so liefert das Negative seiner Projektion eine Abstiegsrichtung.

Wir setzen also nun per Induktion voraus, dass x_{k-1} eine Optimallösung des Problems auf B_{k-1} ist und weisen nach, dass die Kuhn-Tucker Bedingungen in x_k erfüllt sind, d. h. dass $d_j^\top (Qx_k - b) = 0$ für $j = 1, \ldots, k$ gilt. Zunächst berechnen wir dafür direkt

$$\begin{aligned} d_k^\top Q x_k - d_k^\top b &= d_k^\top Q x_{k-1} - d_k^\top Q \left(\frac{x_{k-1}^\top Q d_k - b^\top d_k}{d_k^\top Q d_k} \right) d_k - d_k^\top b \\ &= d_k^\top Q x_{k-1} - \frac{x_{k-1}^\top Q d_k - b^\top d_k}{d_k^\top Q d_k} d_k^\top Q d_k - d_k^\top b \\ &= d_k^\top Q x_{k-1} - x_{k-1}^\top Q d_k + b^\top d_k - d_k^\top b = 0. \end{aligned}$$

Die letzte Gleichung gilt, da Q symmetrisch ist.

Für $j < k$ erhalten wir unter Ausnutzung der Induktionsvoraussetzung:

$$\begin{aligned} d_j^\top Q x_k - d_j^\top b &= d_j^\top Q x_{k-1} - d_j^\top Q \left(\frac{x_{k-1}^\top Q d_k - b^\top d_k}{d_k^\top Q d_k} \right) d_k - d_j^\top b \\ &= d_j^\top Q x_{k-1} - \left(\frac{x_{k-1}^\top Q d_k - b^\top d_k}{d_k^\top Q d_k} \right) d_j^\top Q d_k - d_j^\top b \\ &\overset{d_j^\top Q d_k = 0}{=} d_j^\top Q x_{k-1} - d_j^\top b \\ &\overset{Q \text{ symmetrisch}}{=} x_{k-1}^\top Q d_j - b^\top d_j \\ &= \nabla f(x_{k-1}) d_j \overset{I.V.}{=} 0. \end{aligned}$$

□

Ein großer Nachteil der bisherigen Überlegungen ist, dass sie stets davon ausgehen, dass eine konjugierte Basis bekannt ist. Im Folgenden werden wir diese dynamisch erzeugen. Dazu berechnen wir analog zum Gram-Schmidtschen Orthogonalisierungsverfahren, das man in der linearen Algebra kennen lernt, zu einer Menge orthogonaler Vektoren aus einer neuen, linear unabhängigen Richtung einen weiteren orthogonalen Vektor.

Im Detail benutzen wir die folgenden Formeln.

Methode der konjugierten Gradienten Sei $x_0 \in \mathbb{R}^n$ und $d_1 = -g_0 = b - Qx_0$. Iterativ berechnen wir

$$x_k = x_{k-1} - \frac{g_{k-1}^\top d_k}{d_k^\top Q d_k} d_k \tag{7.8}$$

$$g_k = Qx_k - b \tag{7.9}$$

$$d_{k+1} = -g_k + \frac{g_k^\top Q d_k}{d_k^\top Q d_k} d_k. \tag{7.10}$$

Wir werden nachweisen, dass $d_1, \ldots, d_n$ Q-konjugiert sind. Dann handelt es sich bei dem Verfahren um eine Implementierung der Methode aus Satz 7.28, denn

$$x_k = x_{k-1} - \frac{g_{k-1}^\top d_k}{d_k^\top Q d_k} d_k = x_{k-1} - \frac{(Qx_{k-1} - b)^\top d_k}{d_k^\top Q d_k} d_k = x_{k-1} - \frac{x_{k-1}^\top Q d_k - b^\top d_k}{d_k^\top Q d_k} d_k.$$

Aufgabe 7.29. Sei

$$f(x,y,z,w) := \frac{1}{2}x^2 + y^2 + \frac{3}{2}z^2 + 2w^2 - xy - xz - xw + zw + 2y - 2z - 4w.$$

Berechnen Sie mit der Methode der konjugierten Gradienten ausgehend vom Punkt $(0,0,0,0)$ das globale Minimum von $f(x,y,z,w)$ auf $\mathbb{R}^4$.
Lösung siehe Lösung 9.79.

Mit dem folgenden Satz liefern wir den versprochenen Nachweis, dass es sich bei dem Verfahren um eine Implementierung der Methode aus Satz 7.28 handelt. Zunächst einmal führen wir dafür folgende Abkürzung für den von einer Menge von Vektoren aufgespannten Untervektorraums des $\mathbb{R}^n$ ein:

Definition 7.6. Sei $S \subseteq \mathbb{R}^n$. Mit $\mathrm{lin}(S)$ bezeichnen wir dann die Menge aller Linearkombinationen, die aus Vektoren von S gebildet werden:

$$\mathrm{lin}(S) := \left\{ \sum_{s \in S} \lambda_s s \mid \lambda_s \in \mathbb{R}, \text{ nur endlich viele } \lambda_s \neq 0. \right\}.$$

Wir nennen $\mathrm{lin}(S)$ die *lineare Hülle von S*.

Satz 7.30. *Die in (7.8), (7.9), (7.10) definierte Methode der konjugierten Gradienten erfüllt die Voraussetzungen von Satz 7.28. Insbesondere gilt, falls das Verfahren nicht in x_k terminiert, dass*

a) für $k = 0, \ldots, n-1$: $\mathrm{lin}(\{g_0, g_1, \ldots, g_k\}) = \mathrm{lin}(\{g_0, Qg_0, Q^2 g_0, \ldots, Q^k g_0\})$,
b) für $k = 0, \ldots, n-1$: $\mathrm{lin}(\{d_1, \ldots, d_{k+1}\}) = \mathrm{lin}(\{g_0, Qg_0, Q^2 g_0, \ldots, Q^k g_0\})$,
c) $d_{k+1}^\top Q d_i = 0$ für $1 \leq i \leq k < n$,
d) $-\dfrac{g_{k-1}^\top d_k}{d_k^\top Q d_k} = \dfrac{g_{k-1}^\top g_{k-1}}{d_k^\top Q d_k}$,
e) $\dfrac{g_k^\top Q d_k}{d_k^\top Q d_k} = \dfrac{g_k^\top g_k}{g_{k-1}^\top g_{k-1}}$.

Beweis. Wir zeigen zunächst die ersten drei Behauptungen mittels vollständiger Induktion, wobei die Verankerung für $k=1$ klar sein sollte, denn in a) steht eine Tautologie $(\mathrm{lin}(\{g_0\}) = \mathrm{lin}(\{g_0\}))$, b) ist nach Definition von d_1 klar. In c) haben wir

$$d_2^\top Q d_1 = -g_1^\top Q d_1 + \frac{g_1^\top Q d_1}{d_1^\top Q d_1} d_1^\top Q d_1 = 0,$$

was offensichtlich richtig ist.

Sei also nun $k > 1$. Dann ist

$$g_k = Qx_k - b = Qx_{k-1} - \frac{g_{k-1}^\top d_k}{d_k^\top Q d_k} Q d_k - b = g_{k-1} - \frac{g_{k-1}^\top d_k}{d_k^\top Q d_k} Q d_k.$$

Nach Induktionsvoraussetzung sind

$$g_{k-1}, d_k \in \mathrm{lin}\left(\{g_0, Qg_0, Q^2 g_0, \ldots, Q^{k-1} g_0\}\right).$$

Somit sind

$$g_{k-1}, Qd_k \in \mathrm{lin}\left(\{g_0, Qg_0, Q^2 g_0, \ldots, Q^k g_0\}\right),$$

und also auch

$$g_k \in \mathrm{lin}\left(\{g_0, Qg_0, Q^2 g_0, \ldots, Q^k g_0\}\right).$$

Angenommen, $g_k \in \mathrm{lin}\left(\{g_0, Qg_0, Q^2 g_0, \ldots, Q^{k-1} g_0\}\right) = \mathrm{lin}(\{d_1, \ldots, d_k\})$. Da nach Induktionsvoraussetzung $d_1, \ldots, d_k$ Q-konjugiert sind, ist

$$x_k = x_{k-1} - \frac{g_{k-1}^\top d_k}{d_k^\top Q d_k} d_k = x_{k-1} - \frac{x_{k-1}^\top Q d_k - b^\top d_k}{d_k^\top Q d_k} d_k$$

nach Satz 7.28 eine Optimallösung für das Minimierungsproblem von $f(x)$ auf B_k. Da aber wegen $g_k \in \mathrm{lin}(\{d_1, \ldots, d_k\})$ nun $B_{k-1} = B_k$ gilt und somit schon x_{k-1}, wiederum nach Satz 7.28, eine Optimallösung des Minimierungsproblems auf $B_k = B_{k-1}$ ist, muss $g_k = 0$ sein, also der Algorithmus in x_{k-1} terminieren. Da dies nach Voraussetzung nicht der Fall ist, war die Annahme falsch. Also ist $g_k \notin \mathrm{lin}\left(\{g_0, Qg_0, Q^2 g_0, \ldots, Q^{k-1} g_0\}\right)$ und aus Dimensionsgründen also

$$\mathrm{lin}(\{g_0, g_1, \ldots, g_k\}) = \mathrm{lin}(\{g_0, Qg_0, Q^2 g_0, \ldots, Q^k g_0\}).$$

Der Induktionsschritt für b) gelingt nun sofort mit Formel (7.10) und a).

Für c) berechnen wir

$$d_{k+1}^\top Q d_i = -g_k^\top Q d_i + \frac{g_k^\top Q d_k}{d_k^\top Q d_k} d_k^\top Q d_i.$$

Für $i = k$ evaluiert man den Ausdruck zu Null, für $i < k$ sind beide Summanden Null, der zweite nach Induktionsvoraussetzung und der erste, weil

$$Qd_i \in \mathrm{lin}(d_1, \ldots, d_{i+1})$$

und g_k nach Satz 7.28 senkrecht auf diesem Raum steht. Also ist auch c) mittels Induktion gezeigt.

Für d) berechnen wir

$$-g_{k-1}^\top d_k = g_{k-1}^\top g_{k-1} - \frac{g_{k-1}^\top Q d_{k-1}}{d_{k-1}^\top Q d_{k-1}} g_{k-1}^\top d_{k-1}.$$

Da $d_1, \dots, d_k$, wie bereits bewiesen, eine Q-orthogonale Basis bilden und x_{k-1} Optimallösung des Problems auf dem affinen Unterraum ist, steht $g_{k-1} = Qx_{k-1} - b = (\nabla f(x_k))^\top$ senkrecht auf B_{k-1}. Somit verschwindet in obiger Summe der zweite Summand und d) folgt.

Wir zeigen nun e). Aus (7.8) und (7.9) schließen wir

$$\begin{aligned} Qd_k &\overset{(7.8)}{=} Q(x_{k-1} - x_k) \cdot \frac{d_k^\top Q d_k}{g_{k-1}^\top d_k} \\ &= ((Qx_{k-1} - b) - (Qx_k - b)) \cdot \frac{d_k^\top Q d_k}{g_{k-1}^\top d_k} \\ &\overset{(7.9)}{=} (g_{k-1} - g_k) \cdot \frac{d_k^\top Q d_k}{g_{k-1}^\top d_k} \end{aligned}$$

Wegen $a), b)$ und (7.7) ist $g_{k-1}^\top g_k = 0$ und somit

$$g_k^\top Q d_k = -\frac{d_k^\top Q d_k}{g_{k-1}^\top d_k} g_k^\top g_k.$$

Da nun

$$d_k = -g_{k-1} + \frac{g_{k-1}^\top Q d_{k-1}}{d_{k-1}^\top Q d_{k-1}} d_{k-1}$$

und g_{k-1} orthogonal zu d_{k-1} ist, folgt

$$g_k^\top Q d_k = \frac{d_k^\top Q d_k}{g_{k-1}^\top g_{k-1}} g_k^\top g_k$$

und damit auch e). □

Aufgabe 7.31. Bestimmen Sie den Rechenaufwand zur Lösung eines strikt konvexen quadratischen Programms, wenn Sie

a) die Gleichung $Qx = b$ mittels LU-Zerlegung lösen,
b) die Gleichung $Qx = b$ mittels Cholesky-Faktorisierung lösen,
c) das Optimum mittels der Methode der konjugierten Gradienten bestimmen.

Lösung siehe Lösung 9.80.

Zum Abschluss dieses Kapitels wollen wir zwei mögliche Erweiterungen auf nichtquadratische Probleme anreißen. Eine naheliegende ist die Methode der quadratischen Approximation, bei der wir stets die Matrix Q durch die momentan aktuelle Hessematrix ersetzen.

Wir betrachten also nun wieder ein nichtlineares Optimierungsproblem

$$\min f(x).$$

Quadratische Approximation: Sei $x_0 \in \mathbb{R}^n$ und $d_1 = -g_0 = -(\nabla f(x_0))^\top$.

while Abbruchbedingung noch nicht erfüllt:
for $k = 1, \dots, n$:

$$x_k = x_{k-1} - \frac{g_{k-1}^\top d_k}{d_k^\top \nabla^2 f(x_{k-1}) d_k} d_k$$
$$g_k = (\nabla f(x_k))^\top$$

if $k \neq n$:

$$d_{k+1} = -g_k + \frac{g_k^\top \nabla^2 f(x_k) d_k}{d_k^\top \nabla^2 f(x_k) d_k} d_k$$

else:

$$x_0 = x_n, \; d_1 = -g_0 = -(\nabla f(x_0))^\top .$$

Der Vorteil dieser Methode ist, dass man keinen expliziten line search durchführen muss. Dennoch hat dieser Ansatz zwei gravierende Nachteile. Zum einen ist die ständige Neuberechnung der Hessematrix sehr aufwändig, zum anderen ist die Methode in dieser Form im Allgemeinen nicht global konvergent.

Der folgende Ansatz von Fletcher und Reeves berücksichtigt diese Nachteile, indem er einerseits in jedem Schritt einen line search durchführt und andererseits die Hessematrix durch die Identität abschätzt.

Methode nach Fletcher-Reeves: Sei $x_0 \in \mathbb{R}^n$ und $d_1 = -g_0 = -(\nabla f(x_0))^\top$.

while Abbruchbedingung noch nicht erfüllt:

for $k = 1, \ldots, n$:

$\alpha_k = \operatorname{argmin} f(x_{k-1} + \alpha d_k)$ # löse mit line search

$x_k = x_{k-1} + \alpha_k d_k$

$g_k = (\nabla f(x_k))^\top$

if $k \neq n$:

$$d_{k+1} = -g_k + \frac{g_k^\top g_k}{g_{k-1}^\top g_{k-1}} d_k$$

else:

$$x_0 = x_n, \; d_1 = -g_0 = -(\nabla f(x_0))^\top .$$

Die globale Konvergenz dieses Verfahrens (wie immer auch hier nur unter geeigneten Voraussetzungen) wird dadurch sichergestellt, dass einerseits der Wert der Zielfunktion nie steigt, da ein line search durchgeführt wird, und andererseits alle n Schritte ein Gradientenabstiegsschritt durchgeführt wird. Dies ist ein Beispiel für einen sogenannten *Spacer Step*. Ganz allgemein kann man in Abstiegsverfahren durch „Untermischen“ von unendlich vielen Schritten eines global konvergenten Algorithmus globale Konvergenz erzwingen. Genauer gilt:

Satz 7.32 (Spacer Step Theorem). *Seien $X \subseteq \mathbb{R}^n$, $A : X \to X$ eine Funktion und $B : X \to X$ eine stetige Funktion. Sei ferner $f : \mathbb{R}^n \to \mathbb{R}$ eine stetige Funktion und Γ die Menge der stationären Punkte von f. Ferner gelte*

$$f(B(x)) < f(x) \text{ für alle } x \in X \setminus \Gamma. \tag{7.11}$$

Sei nun $(y_n)_{n\in\mathbb{N}}$ eine konvergente Folge mit $y_0 \in X$, $y_{n+1} = A(y_n)$ und

$$\lim_{n\to\infty} y_n = x^*.$$

Sei ferner $\mathcal{K} \subseteq \mathbb{N}$ eine unendliche Indexmenge mit $y_{n+1} = B(y_n)$ falls $n \in \mathcal{K}$. Dann gilt $x^* \in \Gamma$.

Beweis. Wir haben

$$\begin{aligned}
f(x^*) &= \lim_{n\to\infty} f(y_n) \\
&= \lim_{n\to\infty} f(y_{n+1}) \\
&= \lim_{\substack{n\to\infty \\ n\in\mathscr{K}}} f(y_{n+1}) \\
&= \lim_{\substack{n\to\infty \\ n\in\mathscr{K}}} f(B(y_n)) \\
&= f(B(x^*)).
\end{aligned}$$

Dabei gilt die letze Gleichung wegen der Stetigkeit von $f \circ B$. Also ist x^* nach (7.11) ein stationärer Punkt von f. □

Kapitel 8
Lineare Optimierung

Wenn Ihnen die Verfahren des letzten Kapitels ein wenig wie „Stochern im Nebel“ vorkamen, so können wir Ihnen da nicht völlig widersprechen. Im Allgemeinen sind nicht-lineare Minimierungsprobleme am ehesten auf konvexen Mengen und für konvexe Zielfunktionen effizient lösbar. Sogar ein quadratisches Optimierungsproblem wie in Beispiel 6.24 b) wird, wenn die Matrix nicht mehr positiv definit ist, NP-vollständig [25].

Anders liegt der Fall, wenn wir lineare Nebenbedingungen und eine lineare Zielfunktion haben. Wir beschränken uns also in diesem letzten Kapitel auf den Fall, dass in unserem allgemeinen Optimierungsproblem

$$\min_{x \in S} c(x)$$

$c(x) = c^\top x = \sum_{i=1}^n c_i x_i$ eine lineare Funktion und S eine Teilmenge des $\mathbb{R}^n$ ist, die durch eine Menge linearer Gleichungen oder Ungleichungen der Form

$$\sum_{i=1}^n a_i x_i = a^\top x \leq \beta$$
$$\sum_{i=1}^n a_i x_i = a^\top x \geq \beta \text{ bzw.}$$
$$\sum_{i=1}^n a_i x_i = a^\top x = \beta$$

gegeben ist.

Damit können wir nun auch erklären, warum wir in den letzten beiden Kapiteln von nichtlinearer Optimierung gesprochen haben. Hier in diesem Kapitel, in der Linearen Optimierung, werden sowohl die Nebenbedingungen als auch die Zielfunktion ausschließlich als lineare Funktionen gegeben sein. Ist eins von beidem nicht der Fall, spricht man von nichtlinearer Optimierung.

8.1 Modellbildung

Sie haben mit Beispiel 6.32 in Kapitel 6 bereits ein etwas komplexeres Optimierungsproblem inklusive seiner Modellierung kennengelernt. Die Modellierung praktischer Aufgaben in mathematische

W. Hochstättler, *Algorithmische Mathematik*, Springer-Lehrbuch
DOI 10.1007/978-3-642-05422-8_8,

Aufgaben ist ein weites Feld. Für die lineare Optimierung wollen wir sie hier an zwei Beispielen vorstellen.

Lineare Programmierungsaufgaben aus der industriellen Praxis sind üblicherweise groß (Tausende bis zu mehrere Millionen Variablen und Ungleichungen). Wir können hier selbstverständlich nur „Spielzeugprobleme“ behandeln.

Beispiel 8.1. Eine Ölraffinerie hat vier verschiedene Sorten Rohbenzin zur Verfügung und mischt daraus Benzin in drei verschiedenen Oktanstärken. Dafür sind folgende Daten gegeben:

Rohstoffsorte	Oktanzahl	Fässer verfügbar	Preis pro Fass	Benzinsorte	Mindestoktanzahl	Nachfrage	Preis pro Fass
1	68	4000	€ 62.04	1	85	$\geq 15\,000$	€ 81.98
2	86	5050	€ 66.30	2	90	beliebig	€ 85.90
3	91	7100	€ 72.70	3	95	$\leq 10\,000$	€ 90.30
4	99	4300	€ 77.50				

Gesucht ist ein Produktionsprozess, der den Gewinn maximiert.

Bei der Modellierung müssen wir zunächst überlegen, welche Größen wir durch Variablen ausdrücken. Wenn wir festlegen, wieviel von jedem Rohstoff in jedes Endprodukt geht, können wir sowohl den Gesamtrohstoffverbrauch als auch die erzeugte Menge jedes Produkts als Summe ausdrücken. Also setzen wir

$$x_{ij} := \text{Anzahl Fässer des Rohstoffs } i\text{, die zur Produktion von Sorte } j \text{ benutzt werden.}$$

Betrachten wir die Mengenbeschränkung bei der Rohstoffsorte 1 mit 68 Oktan. Der Gesamtverbrauch dieser Sorte ist $x_{11} + x_{12} + x_{13}$. Also wird aus der Mengenbeschränkung die lineare Ungleichung

$$x_{11} + x_{12} + x_{13} \leq 4000.$$

Betrachten wir analog die anderen Rohstoffsorten, so liefern die Daten aus der ersten Tabelle insgesamt folgende Restriktionen:

$$\begin{aligned} x_{11} + x_{12} + x_{13} &\leq 4000 \\ x_{21} + x_{22} + x_{23} &\leq 5050 \\ x_{31} + x_{32} + x_{33} &\leq 7100 \\ x_{41} + x_{42} + x_{43} &\leq 4300. \end{aligned}$$

Wie stellen wir nun sicher, dass die Mischungen die entsprechende Qualität haben? Zunächst einmal ist die Gesamtmenge, die etwa von der Mischung 1 hergestellt wird, $x_{11} + x_{21} + x_{31} + x_{41}$. Die Oktanzahl ist der Volumenprozentanteil Isooktan in der Mischung. Somit ergibt die Anforderung an die Qualität der ersten Mischung folgende lineare Bedingung:

$$0.68x_{11} + 0.86x_{21} + 0.91x_{31} + 0.99x_{41} \geq 0.85(x_{11} + x_{21} + x_{31} + x_{41}).$$

Der Einfachheit halber multiplizieren wir diese Bedingung noch mit 100 und bringen alle Variablen auf die linke Seite. Wenn wir bei den übrigen Sorten analog verfahren, erhalten wir insgesamt die folgenden drei Ungleichungen

$$68x_{11}+86x_{21}+91x_{31}+99x_{41}-85(x_{11}+x_{21}+x_{31}+x_{41}) \geq 0$$
$$68x_{12}+86x_{22}+91x_{32}+99x_{42}-90(x_{12}+x_{22}+x_{32}+x_{42}) \geq 0$$
$$68x_{13}+86x_{23}+91x_{33}+99x_{43}-95(x_{13}+x_{23}+x_{33}+x_{43}) \geq 0,$$

die wir umformen zu

$$\begin{aligned} -17x_{11} + x_{21} + 6x_{31} + 14x_{41} &\geq 0 \\ -22x_{12} - 4x_{22} + x_{32} + 9x_{42} &\geq 0 \\ -27x_{13} - 9x_{23} - 4x_{33} + 4x_{43} &\geq 0. \end{aligned}$$

Die zwei Bedingungen an Mindest- und Höchstabsatz ergeben sofort:

$$x_{11}+x_{21}+x_{31}+x_{41} \geq 15000$$
$$x_{13}+x_{23}+x_{33}+x_{43} \leq 10000.$$

Wir wollen den Gewinn maximieren, den wir hier als Differenz von Erlös und Kosten erhalten. Der Erlös etwa für Sorte 1

$$81.98(x_{11}+x_{21}+x_{31}+x_{41}),$$

analog für die übrigen Sorten. Die Kosten etwa für Rohstoffsorte 1 betragen

$$62.04(x_{11}+x_{12}+x_{13}).$$

Als Gewinn erhalten wir damit

$$\begin{aligned} c(x) &= 81.98(x_{11}+x_{21}+x_{31}+x_{41})+85.90(x_{12}+x_{22}+x_{32}+x_{42}) \\ &+ 90.30(x_{13}+x_{23}+x_{33}+x_{43})-62.04(x_{11}+x_{12}+x_{13}) \\ &- 66.30(x_{21}+x_{22}+x_{23})-72.70(x_{31}+x_{32}+x_{33})-77.50(x_{41}+x_{42}+x_{43}) \\ &= 19.94x_{11}+15.68x_{21}+9.28x_{31}+4.48x_{41}+23.86x_{12}+19.6x_{22}+13.2x_{32} \\ &+ 8.4x_{42}+28.26x_{13}+24x_{23}+17.6x_{33}+12.8x_{43}. \end{aligned}$$

Da negative Größen hier keinen Sinn ergeben, müssen wir zusätzlich noch die Bedingung, dass alle $x_{ij} \geq 0$ sein sollten, hinzufügen.

In Tabellenform erhalten wir, ohne die Nichtnegativitätsbedingungen an die Variablen, zunächst folgende Aufgabenstellung:

x_{11}	x_{21}	x_{31}	x_{41}	x_{12}	x_{22}	x_{32}	x_{42}	x_{13}	x_{23}	x_{33}	x_{43}		
19.94	15.68	9.28	4.48	23.86	19.60	13.20	8.40	28.26	24.00	17.60	12.80		
1	0	0	0	1	0	0	0	1	0	0	0	$\leq$	4000
0	1	0	0	0	1	0	0	0	1	0	0	$\leq$	5050
0	0	1	0	0	0	1	0	0	0	1	0	$\leq$	7100
0	0	0	1	0	0	0	1	0	0	0	1	$\leq$	4300
–17	1	6	14	0	0	0	0	0	0	0	0	$\geq$	0
0	0	0	0	–22	–4	1	9	0	0	0	0	$\geq$	0
0	0	0	0	0	0	0	0	–27	–9	–4	4	$\geq$	0
1	1	1	1	0	0	0	0	0	0	0	0	$\geq$	15000
0	0	0	0	0	0	0	0	1	1	1	1	$\leq$	10000

Bemerkung 8.2. Bei richtigen Problemen ist die Modellbildung natürlich nicht so eindeutig wie in diesem Beispiel. Dabei können verschiedene Probleme auftauchen.

Zunächst liegt ein realistisches Problem nicht in einer klar fassbaren mathematischen Form vor. Oft hat man konkurrierende Optimierungsziele und weiche Nebenbedingungen, die man vom Anwender oft nur erfährt, wenn er mitteilt, warum ihm eine Lösung, die man für eine vereinbarte Modellierung gefunden hat, nicht gefällt.

Zum anderen kann man mögliche Lösungsmengen durch unterschiedliche Ungleichungssysteme beschreiben, etwa indem man zusätzliche Variablen einführt. Je nach Formulierung sind die Probleme schwerer oder leichter lösbar. Insbesondere kann es sein, dass unterschiedliche Softwarepakete mit unterschiedlichen Formulierungen besser umgehen können.

Aufgabe 8.3. Eine Zulieferfirma der Automobilindustrie stellt drei Kleinteile X,Y und Z auf zwei Maschinen A und B her. Gehen Sie davon aus, dass man ohne Umrüstkosten und Zeitverlust ein Kleinteil erst auf Maschine A produzieren und auf Maschine B fertigstellen kann. Ebensogut soll man aber auch die Reihenfolgen der Maschinen bei der Produktion vertauschen können.

Die Herstellung von Teil X benötigt auf Maschine A 36 Sekunden und auf Maschine B 180 Sekunden, wie gesagt in beliebiger Reihenfolge. Teil Y benötigt 72 Sekunden auf A und ebenso lange auf B, Teil Z 180 Sekunden auf A und 144 Sekunden auf B. Die maximale Maschinenlaufzeit beträgt pro Woche 80 Stunden. Der Abnehmer zahlt für die Teile X,Y bzw. Z jeweils $5,4$ bzw. 3 € pro Stück. Modellieren Sie die Aufgabe, den Erlös pro Woche zu maximieren.
Lösung siehe Lösung 9.81.

Zur allgemeinen Behandlung eines Optimierungsproblems, insbesondere in Algorithmen, ist es ungünstig, eine Mischung aus $\leq$-, $\geq$- und $=$-Restriktionen zu haben. Außerdem wollen wir im Falle der Linearen Optimierung – wie im vorliegenden Beispiel – lieber Maximierungsprobleme als, wie bisher, Minimierungsprobleme betrachten. Das macht aber, wie bereits bemerkt, keinen Unterschied, da

$$\max_{x\in S} c(x) = -\left(\min_{x\in S} -c(x)\right).$$

Wir definieren deswegen folgende Standardaufgabe:

Definition 8.1. Sei $A \in \mathbb{R}^{m\times n}$, $b \in \mathbb{R}^m$, $b \geq 0$ und $c \in \mathbb{R}^n$. Die Aufgabenstellung

$$\begin{aligned} &\max\ c^\top x \\ &\text{unter } Ax = b \\ &\qquad x \geq 0 \end{aligned}$$

nennen wir *Lineares Optimierungsproblem in Standardform* oder auch *Lineares Programm in Standardform.* Ist $x \geq 0$ mit $Ax = b$, so sagen wir, x ist *zulässig* für das Problem. Ein Lineares Optimierungsproblem heißt *zulässig*, wenn es einen zulässigen Punkt x gibt. Die Menge aller zulässigen Punkte nennen wir den *zulässigen Bereich* und ein Lineares Problem heißt beschränkt, wenn sein zulässiger Bereich eine beschränkte Menge ist.

Wie bringen wir nun beliebige Modelle in Standardform? Zunächst einmal können wir $b \geq 0$ immer erreichen, indem wir die entsprechende Nebenbedingung mit -1 durchmultiplizieren. Haben wir eine Ungleichung

$$\sum_{i=1}^{n} a_i x_i = a^\top x \leq \beta,$$

so führen wir eine neue, nichtnegative Variable, etwa z_1 ein, die wir auf den Wert

$$z_1 = \beta - \sum_{i=1}^{n} a_i x_i = \beta - a^\top x \geq 0$$

setzen. Da z_1 den *Schlupf* zwischen der rechten und der linken Seite füllt, nennen wir z_1 eine *Schlupfvariable*. Die Ungleichung wird damit zu

$$\sum_{i=1}^{n} a_i x_i + z_1 = a^\top x + z_1 = \beta,\, z_1 \geq 0$$

und somit zu einer Gleichung. Analog ersetzen wir $\sum_{i=1}^{n} a_i x_i = a^\top x \geq \beta$ durch $\sum_{i=1}^{n} a_i x_i = a^\top x - z_2 = \beta$ und $z_2 \geq 0$.

Um Beispiel 8.1 in Standardform zu bringen, führen wir also für die neun Ungleichungen *Schlupfvariablen* $y_1, \ldots, y_9$ ein und erhalten so neben der geforderten Nichtnegativität als Nebenbedingungen

$$\begin{aligned}
x_{11} + x_{12} + x_{13} + y_1 &= 4000 \\
x_{21} + x_{22} + x_{23} + y_2 &= 5050 \\
x_{31} + x_{32} + x_{33} + y_3 &= 7100 \\
x_{41} + x_{42} + x_{43} + y_4 &= 4300 \\
-17x_{11} + x_{21} + 6x_{31} + 14x_{41} - y_5 &= 0 \\
-22x_{12} - 4x_{22} + x_{32} + 9x_{42} - y_6 &= 0 \\
-27x_{13} - 9x_{23} - 4x_{33} + 4x_{43} - y_7 &= 0 \\
x_{11} + x_{21} + x_{31} + x_{41} - y_8 &= 15000 \\
x_{13} + x_{23} + x_{33} + x_{43} + y_9 &= 10000.
\end{aligned}$$

Diese Nebenbedingungen haben die Form $Ax = b$ mit der Matrix

$$A = \left(\begin{array}{cccc|cccc|cccc|ccccccccc}
1&0&0&0&1&0&0&0&1&0&0&0&1&0&0&0&0&0&0&0&0 \\
0&1&0&0&0&1&0&0&0&1&0&0&0&1&0&0&0&0&0&0&0 \\
0&0&1&0&0&0&1&0&0&0&1&0&0&0&1&0&0&0&0&0&0 \\
0&0&0&1&0&0&0&1&0&0&0&1&0&0&0&1&0&0&0&0&0 \\
\hline
-17&1&6&14&0&0&0&0&0&0&0&0&0&0&0&0&-1&0&0&0&0 \\
0&0&0&0&-22&-4&1&9&0&0&0&0&0&0&0&0&0&-1&0&0&0 \\
0&0&0&0&0&0&0&0&-27&-9&-4&4&0&0&0&0&0&0&-1&0&0 \\
\hline
1&1&1&1&0&0&0&0&0&0&0&0&0&0&0&0&0&0&0&-1&0 \\
0&0&0&0&0&0&0&0&1&1&1&1&0&0&0&0&0&0&0&0&1
\end{array}\right)$$

und dem Vektor

$$b^\top = (4000, 5050, 7100, 4300, 0, 0, 0, 15000, 10000)\,.$$

In die Zielfunktion müssen wir nun noch für die neuen Variablen, die für den Zielfunktionswert keine Rolle spielen, Nullen eintragen, erhalten also den Vektor

$$c^\top = (19.94, 15.68, 9.28, 4.48, 23.86, 19.6, 13.2, 8.4, 28.26, 24, 17.6, 12.8, 0, 0, 0, 0, 0, 0, 0, 0, 0)\,.$$

In unserem Standardprogramm verlangen wir, dass alle Variablen nicht-negativ sind. Ist dies in unserer Modellierung nicht der Fall, so können wir dies durch *Aufsplitten der Variablen* erreichen. Ist etwa u eine nicht vorzeichenbeschränkte Variable, so setzen wir $u = u^+ - u^-$ mit $u^+, u^- \geq 0$ und ersetzen bei jedem Vorkommen von u in den Restriktionen und der Zielfunktion etwa $c_i u$ durch $c_i u^+ - c_i u^-$. Auf diese Weise können wir alle nicht vorzeichenbeschränkten Variablen behandeln und so die Standardform herstellen.

Aufgabe 8.4. Bringen Sie die folgenden linearen Optimierungsprobleme in Standardform:

a) $\max c^\top x$ unter $Ax \leq b$, $x \geq 0$

b) $\max c^\top x$ unter $Ax = b$

c) $\min b^\top u$ unter $A^\top u = c$

d) $\max b^\top u$ unter $A^\top u = c$, $u \geq 0$

Lösung siehe Lösung 9.82.

Der älteste und immer noch praktisch wichtigste Algorithmus zur Lösung linearer Programme ist der Simplexalgorithmus. Seit den 90er Jahren haben die so genannten Innere-Punkt-Verfahren, die Ideen aus der Nichtlinearen Optimierung benutzen, an Bedeutung gewonnen. Bei hoch strukturierten Problemen mit vielen Variablen sind sie inzwischen überlegen. Es wird auch über Hybridverfahren berichtet, bei denen man beide Ansätze kombiniert. Wir werden uns hier aber auf den Simplexalgorithmus beschränken.

Die Numerik der linearen Optimierung ist nicht-trivial. Für ernsthafte Anwendungen sollte man nicht versuchen, einen eigenen Code zu entwickeln, sondern lieber auf Standardpakete zurückgreifen. Kommerzielle Produkte sind etwa CPLEX und Xpress-MP. Für nichtkommerzielle Belange gibt es auch hinreichend gute Software in der Public Domain. Wir werden für die folgende Diskussionen zunächst QSopt verwenden, den Sie unter http://www2.isye.gatech.edu/ wcook/qsopt finden können.

Als Eingabeformat nutzen wir das sogenannte LP-Format.

```
Problem
  Refinery

Maximize
  value: 19.94x11 + 15.68x21 + 9.28x31 + 4.48x41 + 23.86x12 +19.6x22
       + 13.2x32 + 8.4x42 + 28.26x13 + 24.0x23 +17.6x33 + 12.8x43

Subject To
res1:   x11 + x12 + x13  <= 4000
res2:   x21 + x22 + x23  <= 5050
res3:   x31 + x32 + x33  <= 7100
res4:   x41 + x42 + x43  <= 4300
okt85:  -17x11 + x21 + 6x31 +14x41 >= 0
okt90:  -22x12 -4x22 +  x32 + 9x42 >= 0
okt95:  -27x13 -9x23 - 4x33 + 4x43 >= 0
dem1:    x11 + x21 + x31 + x41 >= 15000
dem2:    x13 + x23 + x33 + x43 <= 10000
```

```
End
```

Wir rufen `qsopt` mit der Option `-O` und erhalten

```
ILLlp_add_logicals ...
Time for SOLVER_READ: 0.00 seconds.
starting ILLsimplex on scaled_lp...
Problem has 9 rows and 21 cols
starting primal phase I
(0): primal infeas = 15000.000000
starting primal phase II
completed ILLsimplex
scaled_lp: time = -0.000, pI = 4, pII = 6, dI = 0, dII = 0, opt = -277251.2
starting ILLsimplex on Refinery...
Problem has 9 rows and 21 cols
completed ILLsimplex
Refinery: time = 0.001, pI = 0, pII = 0, dI = 0, dII = 0, opt = -277251.2
LP Value: 277251.200000
Time for SOLVER: 0.00 seconds.
Solution Values
x11 = 3485.806452
x21 = 5050.000000
x31 = 7100.000000
x41 = 829.193548
x13 = 514.193548
x43 = 3470.806452
```

Alle anderen Werte sind Null. Tatsächlich ist das Optimum nicht eindeutig. Wenn Ihre Software eine andere Lösung aber mit dem gleichen Zielfunktionswert liefert, wird das auch in Ordnung sein.

Die algorithmische Idee des Simplexverfahrens und die Geometrie der Aufgabenstellung erkennt man am leichtesten an zweidimensionalen Beispielen, die man mit der so genannten *graphischen Methode* lösen kann.

Beispiel 8.5 (Graphische Lösung von Problemen mit zwei Variablen). Eine Düngemittelfabrik stellt zwei Sorten Dünger A und B aus drei Ausgangsstoffen D, E, F her. Vom Ausgangstoff D stehen pro Periode 1500 Tonnen zur Verfügung, von E 1200t und von F 500t. Zur Produktion einer Tonne A werden 2 Tonnen D und jeweils 1 Tonne E und F benötigt, für B jeweils eine Tonne D und E. Der Gewinn pro Tonne A beträgt 30 €, pro Tonne B 20 €.

Als Variablen wählen wir diesmal die Produktionsmengen von A und B in Tonnen. Die Mengenbeschränkungen ergeben dann die Ungleichungen:

$$\begin{aligned} 2x_1 + x_2 &\leq 1500 \\ x_1 + x_2 &\leq 1200 \\ x_1 &\leq 500. \end{aligned}$$

Wir erhalten also das Programm

$$\begin{array}{lrcrcr} \max & 30x_1 & + & 20x_2 & & \\ \text{unter} & 2x_1 & + & x_2 & \leq & 1500 \\ & x_1 & + & x_2 & \leq & 1200 \\ & x_1 & & & \leq & 500 \\ & & & x_1,x_2 & \geq & 0. \end{array}$$

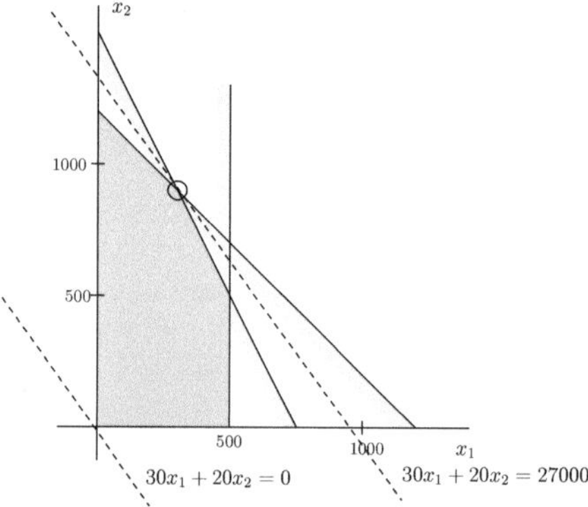

Abb. 8.1 Graphische Lösung von Beispiel 8.5

Die Lösungsmenge einer nichttrivialen Gleichung im $\mathbb{R}^n$ ist eine Hyperebene, in der Ebene bekanntlich eine Gerade. Die Ungleichungen definieren dann jeweils einen abgeschlossenen Halbraum, der von so einer Hyperebene berandet wird. Der zulässige Bereich ist also Schnitt von abgeschlossenen Halbräumen. So etwas nennen wir ein *Polyeder*. Wir haben den zulässigen Bereich für unser Düngemittelproblem in Abbildung 8.1 grau eingefärbt. Die Isoerlösflächen, also die Orte zu Parametern, bei denen ein fester Erlös erzielt wird, sind wiederum Lösungsmengen einer linearen Gleichung also Hyperebenen (in der Ebene Geraden).

Bei der graphischen Methode erhält man die Optimallösung, indem man die Isoerlösfläche so weit wie möglich in Richtung wachsender Erlöse verschiebt, bis sie das Polyeder nur noch berührt.

Betrachten wir die Ecken des Polyeders etwas genauer. Sie sind dadurch definiert, dass zwei Ungleichungen nicht strikt sind, sondern mit Gleichheit angenommen werden. Dies ist zunächst $x_1 = 0, x_2 = 0$. Wenn wir die Isogewinnfläche in Richtung wachsender Erlöse verschieben, passieren wir $(x_1 = 500, x_2 = 0)$, $(x_1 = 500, 2x_1 + x_2 = 1500)$, $(x_1 + x_2 = 1200, 2x_1 + x_2 = 1500)$. Aus letzterem erhalten wir $x_1 = 300, x_2 = 900$, wo wir den maximalen Erlös mit 27 000 € erzielen.

Aufgabe 8.6. Eine Raffinerie betreibt Anlagen verschiedener technischer Spezifikationen. Die Anlage 1 hat eine Kapazität von 2 Tonnen pro Tag, Anlage 2 eine von 3 Tonnen pro Tag. Mit Anlage 1 kann man in 10 Stunden aus einer Tonne Rohöl eine 3/4 Tonne Benzin und 1/4 Tonne Heizöl gewinnen. Anlage 2 produziert in 5 Stunden aus einer Tonne Rohöl 1/4 Tonne Benzin und eine 3/4 Tonne Heizöl. Die Verarbeitungskosten für eine Tonne Rohöl liegen für Anlage 1 bei 360 €, für Anlage 2 bei 180 €. Die Anlagen können maximal 20 Stunden pro Tag betrieben werden und vom Zulieferer erhält man pro Tag 4 Tonnen Rohöl. Der Verkaufspreis für Benzin beträgt 1710 € pro Tonne und für Heizöl 630 €.

a) Formulieren Sie ein mathematisches Modell zur Maximierung des Nettogewinns an einem Tag.
b) Lösen Sie das Problem mit der graphischen Methode.

Lösung siehe Lösung 9.83.

Bevor wir in Abschnitt 8.3 auf diese Idee zurückkommen und daraus den Simplexalgorithmus herleiten, müssen wir dessen Korrektheitsbeweis mit etwas Theorie vorbereiten. Zusätzlich definieren wir auch noch Polyeder formal.

Definition 8.2. Eine Menge $P \subseteq \mathbb{R}^n$ heißt *Polyeder*, wenn es ein $m \in \mathbb{N}$, eine Matrix $A \in \mathbb{R}^{m \times n}$ und ein $b \in \mathbb{R}^m$ gibt mit

$$P = \{x \in \mathbb{R}^n \mid Ax \leq b\}.$$

Aufgabe 8.7. Zeigen Sie: Der zulässige Bereich eines linearen Programms in Standardform ist ein Polyeder.
Lösung siehe Lösung 9.84.

8.2 Der Dualitätssatz der Linearen Optimierung

Wir wollen hier die Resultate aus Kapitel 6 auf die Lineare Optimierung anwenden. Satz 6.26, die Kuhn-Tucker-Bedigungen, benötigt zusätzlich die Voraussetzung, dass die Restriktionsmatrix A vollen Zeilenrang m hat. Genau dann ist nämlich jeder Punkt ein regulärer Punkt der Nebenbedingungen. Satz 6.26 liefert nun notwendige Bedingungen dafür, dass x^* Optimallösung des linearen Optimierungsproblems

$$\begin{aligned} -\min\ &(-c)^\top x \\ \text{unter } Ax &= b \\ -x &\leq 0 \end{aligned}$$

ist. Wir haben dabei m Gleichungsbedingungen, deren Gradienten die Zeilen $A_{i.}$ von A sind und n Ungleichungsbedingungen, deren Gradienten die negativen Einheitsvektoren sind.

Satz 6.26 besagt nun, dass, wenn x^* Optimallösung ist, es $\lambda_1, \dots, \lambda_m \in \mathbb{R}$ und $\mu_1, \dots, \mu_n \in \mathbb{R}$ mit $\mu_i \leq 0$ gibt mit

$$(-c^\top) = \sum_{i=1}^{m} \lambda_i A_{i.} + \sum_{j=1}^{n} \mu_i(-e_i^\top)$$

und $\sum_{j=1}^{n} \mu_i x_i^* = 0$.

Wir ersetzen nun λ_i durch $-y_i$ und multiplizieren die Gleichung mit -1. Dann erhalten wir

$$c^\top = \sum_{i=1}^{m} y_i A_{i.} + \sum_{j=1}^{n} \mu_i e_i^\top$$

und $\sum_{j=1}^{n} \mu_i x_i^* = 0$.

Da die $\mu_i \leq 0$ sind, wirkt der Term $\sum_{j=1}^{n} \mu_i e_i^\top$ als nicht-positiver in jeder Komponente. Wir können also auch schreiben

$$c^\top \leq y^\top A \text{ und } (x_i^* > 0 \Rightarrow c_i = (y^\top A)_i).$$

Dies motiviert folgende Definition

Definition 8.3. Das Lineare Programm

$$\begin{aligned}(D) \qquad &\min y^\top b\\ &\text{unter } y^\top A \geq c^\top\end{aligned}$$

heißt das *duale Programm* zum Linearen Programm in Standardform.

Wir werden im Folgenden zeigen, dass im Wesentlichen das duale Programm (D) und das *primale Programm*

$$\begin{aligned}(P) \qquad &\max c^\top x\\ &\text{unter } Ax = b\\ &x \geq 0\end{aligned}$$

den gleichen Zielfunktionswert haben.

Lemma 8.1 (Schwache Dualität). *Ist $x \geq 0$ zulässig für das primale Programm und y zulässig für das duale Programm, so gilt $c^\top x \leq y^\top b$.*

Beweis.

$$c^\top x \overset{x \geq 0}{\leq} y^\top A x = y^\top b. \tag{8.1}$$

□

Vergleichen wir diesen Beweis mit unserer Bedingung, die wir aus Satz 6.26 hergeleitet hatten, so lieferte dieser zu einer Optimallösung x^* des primalen Programms ein y^*, bei dem die Ungleichung in (8.1) eine Gleichung wird, denn wenn $x_i^* > 0$ ist, so haben wir schon $c_i = (y^\top A)_i$ und falls $x_i^* = 0$ ist, gilt sicherlich auch $c_i x_i^* = (y^\top A)_i x_i^*$.

Wie schon in vorangegangenen Kapiteln wollen wir auch an dieser Stelle ohne Beweis voraussetzen, dass für stetige Funktionen auf beschränkten und abgeschlossenen Mengen Minimum und Maximum existieren. Da Polyeder abgeschlossenene Mengen und lineare Abbildungen stetige Funktionen sind, und somit ein beschränktes lineares Programm eine Optimallösung hat – sofern der zulässige Bereich nicht leer ist, haben wir damit bewiesen:

Satz 8.8 (Dualitätssatz der Linearen Programmierung). *Seien $A \in \mathbb{R}^{m \times n}, b \in \mathbb{R}^m$ und $c \in \mathbb{R}^n$ und A von vollem Zeilenrang m. Dann gilt:*

Ist das primale Programm zulässig und beschränkt, so ist auch das duale Programm zulässig und beschränkt und es gibt Optimallösungen x^* des primalen bzw. y^* des dualen Programms mit

$$c^\top x^* = y^{*\top} b.$$

□

Ist das primale Programm hingegen zulässig und unbeschränkt, so darf es wegen Lemma 8.1 keine zulässige Lösung für das duale Programm geben. Gleiches gilt, wenn das duale Programm unbeschränkt ist. Also haben wir

Satz 8.9. *Seien $A \in \mathbb{R}^{m \times n}$, $b \in \mathbb{R}^m$ und $c \in \mathbb{R}^n$ und A von vollem Zeilenrang. Dann gilt genau eine der folgenden vier Alternativen:*

a) Das primale und das duale Programm sind zulässig und beschränkt und ihre Zielfunktionswerte sind gleich.
b) Das primale Programm ist unbeschränkt, d. h. es gibt ein $x_0 \geq 0$ *mit* $Ax_0 = b$ *und ein* $x_1 \geq 0$ *mit* $Ax_1 = 0$ *und* $c^\top x_1 > 0$.
c) Das duale Programm ist unbeschränkt, d. h. es gibt ein y_0 *mit* $y_0^\top A \geq c^\top$ *und ein* y_1 *mit* $y_1^\top A \geq 0$ *und* $y_1^\top b < 0$.
d) Beide Programme sind unzulässig, d. h. es gibt weder ein $x \geq 0$ *mit* $Ax = b$ *noch ein* $y \in \mathbb{R}^m$ *mit* $y^\top A \geq c^\top$.

Beweis. Nach dem bereits Gezeigten müssen wir nur nachweisen, dass unsere Charakterisierung von Unbeschränktheit richtig ist. Zunächst einmal bedeutet Unbeschränktheit nur, dass es eine Folge zulässiger Punkte x^j gibt, so dass $c^\top x^j$ über alle Schranken wächst. Ist etwa in b) die angegebene Bedingung erfüllt, so leisten die Punkte auf dem Strahl $x_0 + \lambda x_1$ für $\lambda \geq 0$ offensichtlich das Gewünschte. Die umgekehrte Richtung, dass ein unbeschränktes Programm einen verbessernden Strahl hat, beweisen wir hier nicht. Ein Beweis wird aus der Korrektheit des Simplexalgorithmus folgen. Wir werden an den entsprechenden Stellen darauf noch einmal eingehen. Allerdings wollen wir an dieser Stelle die Aussage über den Strahl im dualen Programm, also in c), auf b) zurückführen. Ist nämlich das Programm

$$(D) \qquad \begin{array}{c} \min y^\top b \\ \text{unter } y^\top A \geq c^\top \end{array}$$

unbeschränkt, so auch das Programm

$$(D') \qquad \begin{array}{c} -\max -b^\top y^+ + b^\top y^- \\ \text{unter } A^\top y^+ - A^\top y^- - z = c \\ y^+, y^-, z \geq 0. \end{array}$$

Die Aussage in $b)$ liefert uns dann

$$y_0^+, y_0^-, z_0 \geq 0 \quad \text{mit} \quad A^\top y_0^+ - A^\top y_0^- - z_0 = c$$

und

$$y_1^+, y_1^-, z_1 \geq 0 \quad \text{mit} \quad A^\top y_1^+ - A^\top y_1^- - z_1 = 0 \quad \text{und} \quad -b^\top y_1^+ + b^\top y_1^- > 0.$$

Setzen wir also $y_0 = y_0^+ - y_0^-$ und $y_1 = y_1^+ - y_1^-$, so haben wir

$$y_0^\top A = c^\top + z_0^\top \geq c^\top \quad \text{und} \quad y_1^\top A = z_1^\top \geq 0 \quad \text{sowie} \quad y_1^\top b < 0.$$

□

Aufgabe 8.10. Zeigen Sie, dass der Dualitätssatz 8.8 der linearen Optimierung auch gilt, wenn A nicht vollen Zeilenrang hat und $Ax = b$ lösbar ist.
Lösung siehe Lösung 9.85.

Dass auch die letzte Alternative in Satz 8.9 eintreten kann, zeigt folgendes Beispiel:

Beispiel 8.11.

$$
\begin{array}{rl}
 & \max \quad x_1 + x_2 \\
(P) & \text{unter} \quad x_1 - x_2 = 1 \\
 & \qquad -x_1 + x_2 = 1 \\
 & \qquad\quad x_1, x_2 \geq 0
\end{array}
$$

$$
\begin{array}{rl}
 & \min \quad y_1 + y_2 \\
(D) & \text{unter} \quad y_1 - y_2 \geq 1 \\
 & \qquad -y_1 + y_2 \geq 1
\end{array}
$$

Beide Programme sind unzulässig. In (P) ist das Gleichungssystem nicht lösbar und in (D) liefert die Summe der Ungleichungen die Bedingung $0 \geq 2$. Also kann es auch hier keinen zulässigen Wert geben.

Aufgabe 8.12. Zeigen Sie: Das duale Programm des dualen Programms ist das primale Programm. (Bringen Sie das duale Programm in Standardform und dualisieren Sie.)
Lösung siehe Lösung 9.86.

Die Bedingung aus Satz 6.26, dass $\sum_{j=1}^{n} \mu_i x_i^* = 0$ ist, wird in der linearen Optimierung zum Satz vom komplementären Schlupf. Haben wir nämlich ein duales Paar linearer Programme, bei der die erste Alternative von Satz 8.9 gilt, und ein duales Paar von Optimallösungen x^*, y^*, so ist

$$(y^*)^\top b - c^\top x^* = (y^{*\top} A - c^\top) x^* = 0.$$

Da $x^* \geq 0$ und $y^{*\top} A - c^\top \geq 0$, folgt also:

Satz 8.13 (Satz vom komplementären Schlupf). *Seien $x^* \in \mathbb{R}_+^n$ mit $Ax^* = b$ und $y^* \in \mathbb{R}^m$ mit $y^{*\top} A \geq c^\top$. Dann sind x^*, y^* genau dann ein Paar von Optimallösungen des primalen bzw. dualen Programmes, wenn gilt:*

a) $x_i^* \neq 0 \Rightarrow (c^\top = y^{*\top} A)_i$ *und*
b) $(c^\top < y^{*\top} A)_i \Rightarrow x_i^* = 0$.

Beweis. Die Notwendigkeit der Bedingung hatten wir vor Formulierung des Satzes hergeleitet. Aus den Bedingungen folgt nun

$$c^\top x^* = \sum_{i=1}^{n} c_i x_i^* = \sum_{i=1}^{n} (y^{*\top} A)_i x_i^* = y^{*\top} A x^* = y^{*\top} b$$

also folgt aus Satz 8.8 die Behauptung. □

Aufgabe 8.14. Betrachten Sie die beiden linearen Programme

$$
\begin{array}{llll}
(P) & \max c^\top x & (D) & \min y^\top b \\
 & \text{unter } Ax \leq b & & \text{unter } y^\top A \geq c^\top \\
 & x \geq 0 & & y \geq 0.
\end{array}
$$

Zeigen Sie: Haben beide Programme zulässige Lösungen, so sind die Optimalwerte beider Programme gleich.
Lösung siehe Lösung 9.87.

8.3 Das Simplexverfahren

Die geometrische Idee des Simplexverfahrens hatten wir im zweidimensionalen Fall schon erläutert. Wir gehen so lange von einer Ecke zu einer besseren Ecke, bis es nicht mehr besser geht. Im Allgemeinen müssen wir uns überlegen, wie wir an Ecken des Polyeders – Polyeder heißt Vieleck – kommen, und wie wir uns von einer Ecke zur nächsten bewegen können. Zunächst einmal definieren wir Ecken als die Punkte eines Polyeders, die nicht auf der Verbindungsstrecke zweier anderer Punkte des Polyeders liegen, die also *extremal* sind:

Definition 8.4. Sei P ein Polyeder. Dann heißt $x \in P$ *Ecke von* P, wenn x nicht echte Konvexkombination verschiedener Elemente in P ist, d. h. wenn aus $y,z \in P$ und $x \in]y,z[$ notwendig folgt, dass $x = y = z$ ist.

In unseren zweidimensionalen Aufgaben, die wir mit der graphischen Methode lösen konnten, erhielten wir Ecken, indem wir aus zwei Ungleichungen Gleichungen machten. Aus der linearen Algebra wissen Sie, dass ein Gleichungssystem genau dann für beliebige rechte Seiten eindeutig lösbar ist, wenn die zugehörige Matrix quadratisch und von vollem Rang ist.

Ist unser Polyeder also gegeben durch eine reelle $m \times n$ Matrix A von vollem Zeilenrang m (d. h. insbesondere $m \leq n$) und einen Vektor $b \in \mathbb{R}^m$ als

$$P = \{x \in \mathbb{R}^n \mid Ax = b, x \geq 0\}$$

(laut Aufgabe 8.7 ist dies ein Polyeder), so benötigen wir für eine Ecke n Gleichungen. Die ersten m davon liefert $Ax = b$. Also müssen wir noch $n - m$ der Nichtnegativitätsbedingungen zu Gleichungen machen, um Kandidaten für eine Ecke zu bekommen. Mit anderen Worten: Wir fixieren $n - m$ Koordinaten zu Null und rechnen die übrigen mit $Ax = b$ aus. Wenn der so enthaltene Punkt alle Ungleichungen erfüllt, also keine negative Koordinate hat, so ist er eine Ecke. Dies werden wir nun formal in einem Lemma zeigen. Wie bereits vereinbart bezeichnen wir für eine Indexmenge I und eine Matrix $A \in \mathbb{R}^{m \times n}$ mit $A_{.I}$ die Spalten von A mit Index in I und mit $A_{I.}$ die Zeilen von A mit Index in I. Entsprechend ist für ein $x \in \mathbb{R}^n$ x_I der Vektor mit den Einträgen mit Indizes I in x.

Lemma 8.2. *Habe* $A \in \mathbb{R}^{m \times n}$ *vollen Zeilenrang* m *und seien* $b \in \mathbb{R}^m, x \in \mathbb{R}^n, x \geq 0$. *Dann ist* x *Ecke von*

$$P := \{x \in \mathbb{R}^n \mid Ax = b, x \geq 0\}$$

genau dann, wenn es $B \subseteq \{1, \ldots, n\}$ *gibt, mit* $A_{.B}$ *regulär,* $x_B = A_{.B}^{-1} b \geq 0$ *und mit* $N := \{1, \ldots, n\} \setminus B$ *gilt* $x_N = 0$.

Beweis. Sei zunächst einmal x durch $x_B = A_{.B}^{-1} b \geq 0$ und $x_N = 0$ gegeben und seien $y,z \in P$ sowie $t \in]0,1[$ mit $x = ty + (1-t)z$. Da die $y,z \in P$ sind, gilt insbesondere $y \geq 0$ und $z \geq 0$. Da t und $(1-t)$ nichtnegativ sind, schließen wir, dass

$$y_N = z_N = x_N = 0$$

ist. Da die Nullen keinen Beitrag zu b leisten können, ist aber auch

$$Ay = A_{.B} y_B = b \quad \text{und } Az = A_{.B} z_B = b.$$

Also haben wir auch

$$y_B = z_B = x_B = A_{.B}^{-1}b$$

und somit $y = z = x$. Also ist x eine Ecke.

Die andere Richtung der Aussage zeigen wir mittels Kontraposition. Wir nehmen an, dass es ein solches B nicht gibt. Sei C die Menge der Indizes mit $x_C > 0$. Da C nicht zu einem B ergänzt werden kann, hat die Matrix $A_{.C}$ nicht vollen Spaltenrang. Der Kern der Matrix A besteht also nicht nur aus dem Nullvektor. Also gibt es $0 \neq y_C \in \ker(A_{.C})$. Da x auf C echt positiv ist, können wir uns sowohl in Richtung y_C als auch in Richtung $-y_C$ ein wenig bewegen ohne die Polyederbedingungen zu verletzen. Mit anderen Worten, es gibt ein $\varepsilon > 0$ mit

$$x_C^1 := x_C + \varepsilon y_C > 0 \quad \text{und} \quad x_C^2 := x_C - \varepsilon y_C > 0.$$

Wir setzen die x_i in den übrigen Koordinaten auf Null, also $x^1_{\{1,\dots,n\}\setminus C} = 0 = x^2_{\{1,\dots,n\}\setminus C}$. Dann gilt für $i = 1,2$ $x^i \geq 0$ und

$$Ax^i = A_{.C}x_C \pm \varepsilon A_{.C}y_C = A_{.C}x_C = b.$$

Also sind die $x^i \in P$ und sicherlich von x verschieden. Da nun aber

$$x = \frac{1}{2}x^1 + \frac{1}{2}x^2$$

gilt, ist x keine Ecke. □

Wir erhalten also unsere Ecken, indem wir maximal viele linear unabhängige Spalten von A wählen. Dann ist $A_{.B}$ regulär.

Definition 8.5. Habe $A \in \mathbb{R}^{m \times n}$ vollen Zeilenrang m und sei $b \in \mathbb{R}^m$. Wir sagen $B \subseteq \{1,\dots,n\}$ ist eine *Basis* von A, falls $A_{.B}$ regulär ist. Eine Basis B heißt *zulässige Basis*, wenn darüber hinaus $A_{.B}^{-1}b \geq 0$ ist. Ist B eine (zulässige) Basis, so heißt $N := \{1,\dots,n\} \setminus B$ *(zulässige) Nichtbasis* und der Vektor $x \in \mathbb{R}^n$ mit $x_B = A_{.B}^{-1}b, x_N = 0$ *(zulässige) Basislösung*.

Aufgabe 8.15. Sei $A \in \mathbb{R}^{m \times n}$, $b \in \mathbb{R}^m$, $n \leq m$ und

$$P = \{x \in \mathbb{R}^n \mid Ax \leq b\} \neq \emptyset.$$

Zeigen Sie: x ist genau dann Ecke von P, wenn es $B \subseteq \{1,\dots,m\}$ gibt, so dass $A_{B.}$ vollen Rang hat, $|B| = n$ und $x = A_{B.}^{-1}b$.
Lösung siehe Lösung 9.88.

Als Nächstes werden wir untersuchen, wie man von einer Ecke eine benachbarte bessere findet oder feststellt, dass die Ecke eine Optimallösung darstellt. Zunächst halten wir für Letzteres fest:

Proposition 8.1 (Optimalitätskriterium). *Habe $A \in \mathbb{R}^{m \times n}$ vollen Zeilenrang m und sei $b \in \mathbb{R}^m$. Sei B eine zulässige Basis. Dann ist die zulässige Basislösung x eine Optimallösung des linearen Programms, wenn*

$$c^\top - c_B^\top A_{.B}^{-1} A \leq 0.$$

Beweis. Wir setzen $y^\top = c_B^\top A_{.B}^{-1}$. Dann ist $y^\top A \geq c^\top$ und

$$y^\top b = c_B^\top A_{.B}^{-1} b = c_B^\top x_B = c^\top x.$$

Nach dem Lemma 8.1 von der schwachen Dualität sind $(x_B, x_N)^\top$ und y also Optimallösungen des primalen bzw. des dualen Programms. □

Aufgabe 8.16. Zeigen Sie, dass die Optimallösung der Aufgabenstellung in Aufgabe 8.3 $(0,4000,0)$ ist!
Lösung siehe Lösung 9.89.

Der Term $c^\top - c_B^\top A_{.B}^{-1} A$ liefert nicht nur ein Optimalitätskriterium, sondern, wie wir gleich sehen werden, auch Information darüber, welche Nachbarecken lohnend sind. Er trägt den folgenden Namen:

Definition 8.6. Ist B eine zulässige Basis, so heißen $c^\top - c_B^\top A_{.B}^{-1} A$ *die reduzierten Kosten* oder auch *Schattenpreise* bzgl. der Basis B.

Der Begriff reduzierte Kosten kommt daher, dass man früher zuerst Minimierungsprobleme eingeführt hat. In unserem Falle spräche man vielleicht besser von reduzierten Gewinnen. Die ökonomische Interpretation werden wir gleich noch diskutieren.

Kommen wir zunächst einmal zu unserer Idee zurück, von Ecke zu Ecke zu wandern. Benachbarte Ecken besitzen benachbarte Basen, was meinen wir damit?

Definition 8.7. Zwei Basen B_1, B_2 heißen *benachbart*, wenn $|B_1 \cap B_2| = m - 1$.

Zwei benachbarte Basen unterscheiden sich also nur in einem Element. Leider liefern benachbarte Basen nicht immer benachbarte Ecken. Es kann sein, dass benachbarte Basen zur gleichen Ecke gehören. Wir werden das im nächsten Abschnitt unter dem Thema Entartung etwas ausführlicher diskutieren.

Wir wollen ein Kriterium finden, das uns angibt, ob der Basiswechsel lohnend ist. Haben zwei Ecken x, x' benachbarte Basen, so sind sie durch die *Kante* $[x, x']$ des Polyeders verbunden. Wir wollen untersuchen, ob diese Kante eine Abstiegsrichtung von $-c$ ist. Dafür müssen wir das Vorzeichen von $c^\top(x' - x)$ untersuchen. Wir formulieren unser Lemma aber vorsichtshalber mit Basen und nicht mit Ecken.

Lemma 8.3. *Seien B und $B' = (B \cup \{j\}) \setminus \{i\}$ mit $i \in B$, $j \notin B$ zwei benachbarte zulässige Basen mit zugehörigen Basislösungen x und x'. Dann ist*

$$c^\top x' - c^\top x = x'_j (c_j - c_B^\top A_{.B}^{-1} A_{.j}).$$

Beweis. Da B und B' benachbart sind, hat $x' - x$ höchstens an den $m+1$ Indizes $B \cup B'$ von Null verschiedene Werte. Andererseits ist $A(x' - x) = b - b = 0$. Also liegen die Nichtnulleinträge von $x' - x$ im Kern von $A_{.,B' \cup B}$, wobei $(x' - x)_j = x'_j$ und $(x' - x)_i = -x_i$ ist. Wir haben also

$$0 = A_{.,B' \cup B}(x' - x)_{.,B' \cup B} = x'_j A_{.j} + A_{.B}(x' - x)_B$$

also

$$-x'_j A_{.j} = A_{.B}(x' - x)_B$$

und somit

$$(x' - x)_B = -x'_j A_{.B}^{-1} A_{.j}.$$

Setzen wir dies ein, erhalten wir

$$\begin{aligned}c^\top x' - c^\top x &= c_{B'\cup B}^\top (x'-x)_{B'\cup B}\\ &= c_j x'_j + c_B^\top (x'-x)_B\\ &= x'_j c_j - x'_j c_B^\top A_{.B}^{-1} A_{.j}\\ &= x'_j (c_j - c_B^\top A_{.B}^{-1} A_{.j}).\end{aligned}$$

□

Wenn x'_j und die j-ten reduzierten Kosten beide echt positiv sind, verbessern wir uns beim Wechsel von x nach x'. Haben wir also eine Basis B gegeben, so berechnen wir dazu die reduzierten Kosten. Haben die reduzierten Kosten noch einen positiven Eintrag, so wollen wir den zugehörigen Index, etwa j, einer solchen Variablen in die Basis B aufnehmen. Die Frage ist nun, wie man das $i \in B$ bestimmt, das die Basis verlassen muss.

Im Kern der Matrix $A_{.,B\cup\{j\}}$ gibt es genau eine vom Nullvektor verschiedene Richtung, die wir eben berechnet haben. Wir erhalten diese, wenn wir auf $B\cup\{j\}$ jeweils $e_j - A_{.B}^{-1}A_{.j}$ an der richtigen Position eintragen und die restlichen Koordinaten mit Nullen auffüllen. Wir bewegen uns so von der Basislösung x_B in Richtung einer *Kante* des Polyeders. In dieser Richtung wird die Variable x_j von Null auf einen positiven Wert gehoben, bis eine Bedingung $x_i \geq 0$ ein weiteres Fortschreiten verbietet. Da x_i im Folgenden auf 0 gesetzt wird, nennen wir i das *basisverlassende Element*. Dies ist also der Index, bei dem bei Erhöhungen der neuen Basisvariablen der zugehörige x-Wert als erstes auf Null fällt. In der folgenden Proposition geben wir nun an, wie wir diesen Index mit dem *Minimum-Ratio-Test* finden:

Proposition 8.2. *Ist B eine zulässige Basis, $i \in B$, $j \notin B$ und*

$$i \in \operatorname{argmin}\left\{ \frac{(A_{.B}^{-1}b)_i}{(A_{.B}^{-1}A_{.j})_i} \mid (A_{.B}^{-1}A_{.j})_i > 0 \right\},$$

wobei argmin *die Menge aller Indizes ist, an denen das Minimum angenommen wird, so ist $B' := (B\cup\{j\})\setminus\{i\}$ eine zulässige Basis.*

Beweis. Ist $x = (x_B, x_N)^\top = (x_B, 0)^\top$ zulässige Basislösung, $j \notin B$ und $d \in \mathbb{R}^n$ definiert durch

$$d_k := \begin{cases} -(A_{.B}^{-1}A_{.j})_k & \text{falls } k \in B\\ 1 & \text{falls } k = j\\ 0 & \text{sonst,}\end{cases}$$

so gilt für alle $\lambda \in \mathbb{R}$:

$$A(x+\lambda d) = b + \lambda(Ae_j - A_{.j}) = b.$$

Ist nun

$$\lambda_0 = \min\left\{ \frac{(A_{.B}^{-1}b)_i}{(A_{.B}^{-1}A_{.j})_i} \mid (A_{.B}^{-1}A_{.j})_i > 0 \right\},$$

so gilt außerdem für alle $k \in B$ mit $(A_{.B}^{-1}A_{.j})_k > 0$ zunächst einmal:

$$-\lambda_0 (A_{.B}^{-1}A_{.j})_k \geq \frac{-(A_{.B}^{-1}b)_k}{(A_{.B}^{-1}A_{.j})_k}(A_{.B}^{-1}A_{.j})_k$$

und damit auch

$$\begin{aligned}(x+\lambda_0 d)_k &= (A_{.B}^{-1}b)_k + \lambda_0(-A_{.B}^{-1}A_{.j})_k \\ &= (A_{.B}^{-1}b)_k - \lambda_0(A_{.B}^{-1}A_{.j})_k \\ &\geq (A_{.B}^{-1}b)_k - \frac{(A_{.B}^{-1}b)_k}{(A_{.B}^{-1}A_{.j})_k}(A_{.B}^{-1}A_{.j})_k = 0.\end{aligned}$$

Ist hingegen $k \in B$ mit $(A_{.B}^{-1}A_{.j})_k \leq 0$, so haben wir sogar

$$(x+\lambda_0 d)_k = (A_{.B}^{-1}b)_k + \lambda_0(-A_{.B}^{-1}A_{.j})_k \geq (A_{.B}^{-1}b)_k \geq 0.$$

Also ist $x' := x+\lambda_0 d$ zulässig. Wir müssen noch zeigen, dass x' Basislösung zur Basis $(B \cup \{j\}) \setminus \{i\}$ ist. Zunächst zeigen wir, dass $A_{.B'}$ vollen Rang hat. Angenommen dies wäre nicht der Fall und $\tilde{z} \neq 0$ mit $A_{.B'}\tilde{z} = 0$. Sei dann z definiert durch $z_{B'} = \tilde{z}$ und $z_{N'} = 0$. Da $B' \setminus \{j\}$ als Teilmenge von B linear unabhängig ist, muss $z_j \neq 0$ sein. Dann ist aber auch $w := z - z_j d \neq 0$, denn $(A_{.B}^{-1}A_{.j})_i > 0$ und $w_i = -z_j(A_{.B}^{-1}A_{.j})_i \neq 0$. Ferner ist $w_j = 0$. Also ist $w \neq 0$ und hat Nichtnulleinträge nur auf B. Da aber

$$Aw = A(z - z_j d) = Az - z_j Ad = 0 - z_j 0 = 0$$

ist, definieren die Nichtnulleinträge von w ein nichttriviales Element im Kern von $A_{.B}$ im Widerspruch dazu, dass B eine Basis ist. Also ist B' eine Basis. Da x' außerhalb von B' gleich Null ist und $Ax' = b$ gilt, muss es sich bei x' um die Basislösung zu B' handeln. □

Bevor wir den Simplexalgorithmus formulieren, überlegen wir zunächst, was passiert, wenn die Menge, über die wir durch diese Minimumbildung das basisverlassende Element finden wollen, leer ist. Wir hatten oben bereits berechnet, dass für $(A_{.B}^{-1}A_{.j})_k \leq 0$ die Zulässigkeit von $x+\lambda d$ für jedes nicht-negative λ sichergestellt ist. Anschaulich heißt das, dass nie mehr eine Bedingung $x \geq 0$ greift, wir also beliebig viel weiteren Profit einstreichen können.

Lemma 8.4. *Ist B eine zulässige Basis mit Basislösung x, $c_j - c_B^\top A_{.B}^{-1}A_{.j} > 0$ und $(A_{.B}^{-1}A_{.j})_i \leq 0$ für alle i, so ist das lineare Programm unbeschränkt.*

Beweis. Sei $d \in \mathbb{R}^n$ mit $d_j = 1, d_B = -A_{.B}^{-1}A_{.j}$ und $d_k = 0$ für $k \notin B \cup \{j\}$. Dann ist für $\lambda \geq 0$, da d im Kern von A ist, $A(x+\lambda d) = b$. Außerdem hatten wir eben berechnet, dass für alle $k \in B$ mit $(A_{.B}^{-1}A_{.j})_i \leq 0$ gilt, dass $(x-\lambda d)_k \geq 0$ für beliebiges $\lambda \geq 0$ gilt. Da hier nach Voraussetzung dies für alle Indizes in B gilt, ist $x+\lambda d \geq 0$. Da wir j so gewählt hatten, dass $c_j - c_B^\top A_{.B}^{-1}A_{.j} > 0$ ist, haben wir darüber hinaus

$$c^\top(x+\lambda d) = c^\top x + \lambda\underbrace{(c_j - c_B^\top A_{.B}^{-1}A_{.j})}_{>0} \overset{\lambda\to\infty}{\longrightarrow} \infty.$$

Also ist der Halbstrahl $S := \{x+\lambda d \mid \lambda \geq 0\}$ ganz in unserem zulässigen Bereich enthalten und die Zielfunktion wächst auf S über alle Grenzen. □

Wir wollen hier daran erinnern, dass wir in Satz 8.9 nicht explizit bewiesen hatten, dass ein unbeschränktes lineares Programm einen Strahl hat, auf dem die Zielfunktion über alle Schranken wächst. In Lemma 8.4 haben wir einen solchen Strahl gefunden. Der Beweis von Satz 8.9 gelingt nun, wenn wir nachweisen können, dass in einem unbeschränkten Programm stets eine Basis existiert, die die Voraussetzungen von Lemma 8.4 erfüllt.

Wir haben jetzt fast alle Fakten beisammen, um den Simplexalgorithmus skizzieren und seine Korrektheit beweisen zu können. Von den Eingabedaten setzen wir zunächst voraus, dass A vollen

Zeilenrang hat. Darüber hinaus gehört zu den Eingabedaten eine zulässige *Startbasis* B. Wie man im allgemeinen Fall diese Voraussetzungen herstellt, werden wir später diskutieren.

Algorithmus 8.17 (Schematische Skizze des Simplexalgorithmus). Eingabedaten sind $A \in \mathbb{R}^{m\times n}$ mit vollem Zeilenrang, $b \in \mathbb{R}^m, b \geq 0$, eine zulässige Basis B, $c \in \mathbb{R}^n$.

While $c^\top - c_B^\top A_{.B}^{-1} A \not\leq 0$:

Spaltenwahl: Wähle j mit $c_j - c_B^\top A_{.B}^{-1} A_{.j} > 0$.

Zeilenwahl: Berechne $i \in \operatorname{argmin}\left\{ \frac{(A_{.B}^{-1} b)_i}{(A_{.B}^{-1} A_{.j})_i} \mid (A_{.B}^{-1} A_{.j})_i > 0 \right\}$.

Falls diese Menge leer ist: STOP. Das Programm ist unbeschränkt.

Basiswechsel: Sei k der Spaltenindex, in dem in $A_{.B}^{-1} A$ der i-te Einheitsvektor steht.

Setze $B = (B \cup \{j\}) \setminus \{k\}$.

8.4 Tableauform des Simplexalgorithmus

Alle oben aufgeführten Operationen lassen sich mit Hilfe des Gauß-Jordan-Eliminationsschrittes aus Abschnitt 5.6 sehr leicht in einer Tableauform formalisieren. Wir nehmen wieder an, dass A vollen Zeilenrang hat und eine zulässige *Startbasis* B gegeben ist. Dann lautet das Tableau zur Basis B:

$$\begin{array}{c|c} c^\top - c_B^\top A_{.B}^{-1} A & -c_B^\top A_{.B}^{-1} b \\ \hline A_{.B}^{-1} A & A_{.B}^{-1} b \end{array}$$

Sei k der Spaltenindex, in dem in $A_{.B}^{-1} A$ der i-te Einheitsvektor steht. Der Basiswechsel von B nach $(B \cup \{j\}) \setminus \{k\}$ wird nun mittels eines Gauß-Jordan-Eliminationsschrittes mit Pivotelement $(A_{.B}^{-1} A)_{ij}$ durchgeführt. Als Beispiel wollen wir die Düngemittelfabrik durchrechnen.

Beispiel 8.18. Zur Erinnerung: Das Problem lautete:

$$\begin{array}{rrrl} \max & 30x_1 & + 20x_2 & \\ \text{unter} & 2x_1 & + \quad x_2 & \leq 1500 \\ & x_1 & + \quad x_2 & \leq 1200 \\ & x_1 & & \leq \ \ 500 \\ & & x_1, x_2 & \geq \quad\ 0 \end{array}$$

Wir bringen dies mit Schlupfvariablen y_1, y_2, y_3 in Standardform:

$$\begin{array}{rrrrrrl} \max & 30x_1 & + 20x_2 & & & & \\ \text{unter} & 2x_1 & + \quad x_2 & + y_1 & & & = 1500 \\ & x_1 & + \quad x_2 & & + y_2 & & = 1200 \\ & x_1 & & & & + y_3 & = \ \ 500 \\ & & & & & x_1, x_2, y_1, y_2, y_3 & \geq \quad\ 0 \end{array}$$

Offensichtlich bilden die Indizes der drei Schlupfvariablen eine zulässige Startbasis B mit $A_{.B} = I_3$. Also lautet unser erstes Tableau einfach nur

x_1	x_2	$\underline{y_1}$	$\underline{y_2}$	$\underline{y_3}$	$-ZF$
30	20	0	0	0	0
2	1	1	0	0	1500
1	1	0	1	0	1200
$\boxed{1}$	0	0	0	1	500,

wobei unter $-ZF$ der negative aktuelle Zielfunktionswert steht. Die ersten beiden Einträge in den reduzierten Kosten sind positiv, wir sind also noch nicht fertig. Wir wählen hier die erste Spalte als Pivotspalte. Nun müssen wir die Werte auf der rechten Seite durch die zugehörigen positiven Einträge in der Pivotspalte dividieren („außen durch innen") und davon das Minimum suchen. $1500/2 = 750$, $1200/1 = 1200$ und $500/1 = 500$. Also wird das Minimum in der dritten Zeile angenommen. Somit muss y_3 die Basis verlassen und x_1 wird aufgenommen. Dafür finden wir das bereits eingerahmte Element als Pivotelement. Wenn wir mit diesem Pivotelement einen Gauß-Jordan-Schritt durchführen, erhalten wir folgendes neues Tableau:

$\underline{x_1}$	x_2	$\underline{y_1}$	$\underline{y_2}$	y_3	$-ZF$
0	20	0	0	-30	-15000
0	$\boxed{1}$	1	0	-2	500
0	1	0	1	-1	700
1	0	0	0	1	500

Wir haben oben die Basiselemente jeweils unterstrichen. Als Pivotspalte bleibt uns nur die zweite, da in allen anderen die reduzierten Kosten nicht positiv sind. Den Minimalquotiententest müssen wir nur für die ersten zwei Zeilen durchführen und finden das Minimum in der ersten Zeile. Ein Pivotschritt auf dem eben eingerahmten Element liefert das folgende Tableau. In diesem finden wir in der letzten Spalte das eingerahmte Pivotelement und schließlich ein Tableau, in dem die reduzierten Kosten nirgendwo positiv sind.

$\underline{x_1}$	$\underline{x_2}$	y_1	$\underline{y_2}$	y_3	$-ZF$
0	0	-20	0	10	-25000
0	1	1	0	-2	500
0	0	-1	1	$\boxed{1}$	200
1	0	0	0	1	500

$\underline{x_1}$	$\underline{x_2}$	y_1	y_2	$\underline{y_3}$	$-ZF$
0	0	-10	-10	0	-27000
0	1	-1	2	0	900
0	0	-1	1	1	200
1	0	1	-1	0	300

Unsere optimale Basis ist also $B = \{x_1, x_2, y_3\}$ und als Werte der Optimallösung lesen wir ab: $x_1 = 300, x_2 = 900$ und den optimalen Zielfunktionswert haben wir praktischerweise oben rechts berechnet. Er ist 27000.

Bemerkung 8.19. In einigen Lehrbüchern wird das Tableau für Minimierungsprobleme eingeführt, dann wählt man Spalten mit negativen reduzierten Kosten, bis alle positiv sind. Auch wird oft die Zielfunktion unter die Matrix geschrieben. Das sind aber nur kosmetische Unterschiede.

8.5 Pivotwahl, Entartung, Endlichkeit

Die oben angegebene Skizze ist streng genommen noch kein Algorithmus, da, insbesondere bei der Spaltenwahl noch viel Freiheit herrscht. Auch bei der Zeilenwahl gibt es bei nicht eindeutigem Minimum Zweideutigkeiten.

Eine feste Vorschrift der Auswahl der Pivotspalte bezeichnet man als *Pivotregel*. Wir wollen hier drei erwähnen.

Steilster Anstieg: Wähle die Spalte mit den größten reduzierten Kosten.

Größter Fortschritt: Wähle die Spalte, deren Aufnahme in die Basis die größte Verbesserung in der Zielfunktion liefert.

Bland's rule: Wähle stets die Variable mit dem kleinsten Index (sowohl bei Spalten- als auch bei Zeilenwahl). Also wählt man in der Kopfzeile die erste Spalte mit positiven reduzierten Kosten. Falls man bei der Zeilenwahl Alternativen hat, so wählt man diejenige Zeile, bei der das zugehörige (die Basis verlassende) Basiselement den kleinsten Spaltenindex hat.

Beispiel 8.20.

$$\begin{array}{ccccc|c} \underline{x_1} & \underline{x_2} & y_1 & \underline{y_2} & y_3 & -ZF \\ 0 & 0 & -20 & 0 & 10 & -25000 \\ \hline 0 & 1 & 1 & 0 & -2 & 1 \\ 0 & 0 & -1 & 1 & 1 & 0 \\ 1 & 0 & 0 & 0 & \boxed{1} & 0 \end{array}$$

In diesem Tableau haben wir für die Auswahl der Spalte keine Alternative. Als basisverlassendes Element kommen x_1 und y_2 in Frage. Nach Bland's rule muss das Element mit kleinerem Index die Basis verlassen, dies ist x_1. Also wird die dritte Zeile zur Pivotzeile.

Die Steilster-Anstieg-Regel ist billig zu implementieren mit zufriedenstellendem Ergebnis. Sie ist die intuitivste Pivotregel, die häufig verwendet wird. Diese Wahl kann jedoch zu Endlosschleifen führen, wenn man in einer entarteten Ecke zykelt.

Die zweite Regel ist numerisch aufwändig und wird deshalb kaum verwendet.

Von der dritten meinte man früher, dass sie praktisch fast bedeutungslos sei. Sie hat aber ein wesentliches theoretisches Feature. Das liegt daran, dass ein Basiswechsel nicht notwendig zu einem Wechsel der Ecke führt und man deswegen in Ecken zykeln kann. Bei Bland's rule geschieht dies nicht. Dies wollen wir im Folgenden nachweisen.

Definition 8.8. Eine Ecke x eines LP in Standardform heißt *entartet*, wenn es mindestens zwei Basen $B \neq B'$ gibt mit $x_B = A_{.B}^{-1}b$ und $x_{B'} = A_{.B'}^{-1}b$, d. h. die zugehörigen Basislösungen zu B und B' sind gleich. Ebenso nennen wir einen Pivotschritt *entartet*, der die Basislösung nicht verändert.

Geometrisch liegt eine entartete Ecke auf mehr Hyperebenen „als nötig". Im Zweidimensionalen kann man Entartung nur durch überflüssige Ungleichungen erzeugen. Im Dreidimensionalen ist z. B. schon die Spitze einer Viereckspyramide entartet. Durch die Spitze gehen vier zweidimensionale Seitenflächen, für eine Basis benötigen wir aber nur drei.

Proposition 8.3. *Ist x eine entartete Ecke, so hat x weniger als m Nichtnulleinträge.*

Beweis. x kann nur auf $B \cap B'$ von Null verschieden sein. □

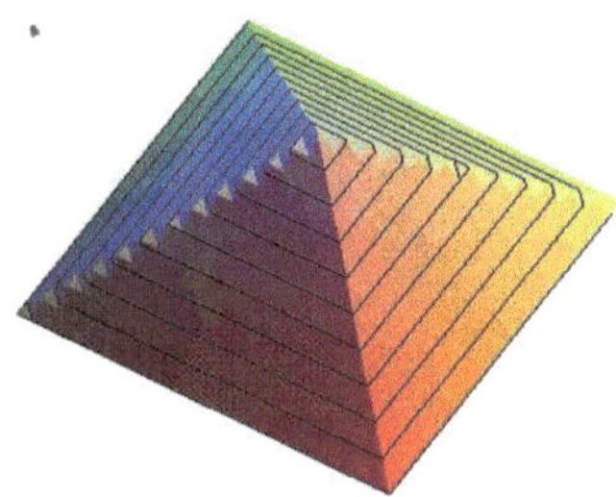

Abb. 8.2 Die Spitze der Pyramide ist eine entartete Ecke

Proposition 8.4. *a) Ein Pivotschritt von der Basis B nach B' mit Pivotelement a_{ij} ist genau dann entartet, wenn $(A_{.B}^{-1}b)_i = 0 = (A_{.B'}^{-1}b)_i$ ist.*

b) Ist ein Pivotschritt von Basis B zu B' nicht entartet, so ist

$$c^\top x' = c_{B'}^\top A_{.B'}^{-1} b > c_B^\top A_{.B}^{-1} b = c^\top x.$$

Beweis. Wir betrachten $A_{.B'}^{-1}b - A_{.B}^{-1}b = (\eta - I_n)A_{.B}^{-1}b$ mit einer η-Matrix wie in Abschnitt 5.6 angegeben, die den Gauß-Jordan-Schritt beschreibt. Die Matrix $(\eta - I_n)$ hat genau eine von Null verschiedene Spalte, nämlich die i-te. Folglich ist

$$A_{.B'}^{-1}b = A_{.B}^{-1}b \iff (A_{.B}^{-1}b)_i = 0.$$

Die zweite Behauptung folgt nun mit Lemma 8.3. Dort hatten wir nämlich gezeigt, dass

$$c^\top x' - c^\top x = \underbrace{x'_j}_{>0} \underbrace{(c_j - c_B^\top A_{.B}^{-1} A_{.j})}_{>0} > 0.$$

□

In der folgenden Aufgabe sehen wir an einem schon relativ kleinen Beispiel, dass man unter Anwendung der Steilster-Anstieg-Regel in einer entarteten Ecke hängenbleiben und *zykeln* kann, d. h. es gibt eine Folge von Basen $B_1, \ldots, B_k = B_1$, so dass der Simplexalgorithmus unter Anwendung dieser Pivotregel von B_i nach B_{i+1} wechselt.

Aufgabe 8.21. Betrachten Sie folgendes lineare Programm:

$$\begin{array}{rrcrcrcrcl}
\max & \frac{3}{4}x_1 & - & 150x_2 & + & \frac{1}{50}x_3 & - & 6x_4 & & \\
\text{unter} & \frac{1}{4}x_1 & - & 60x_2 & - & \frac{1}{25}x_3 & + & 9x_4 & \leq & 0 \\
& \frac{1}{2}x_1 & - & 90x_2 & - & \frac{1}{50}x_3 & + & 3x_4 & \leq & 0 \\
& & & & & x_3 & & & \leq & 1 \\
& & & & & & & x_1, x_2, x_3, x_4 & \geq & 0.
\end{array}$$

Starten Sie mit den Schlupfvariablen als Basis und zeigen Sie, dass der Simplex-Algorithmus unter Anwendung der Steilster-Anstieg-Regel, wobei bei der Zeilenwahl im Zweifelsfall die mit kleinerem Index genommen wird, zykelt.
Lösung siehe Lösung 9.90.

Früher, als die Probleme, die man mit dem Rechner bearbeiten konnte, weniger strukturiert waren und die numerische Präzision noch kleiner als heute war, hoben Rundungsfehler die Entartung auf. Es war lange Zeit Lehrmeinung, dass in der Praxis Zykeln nicht auftritt. In letzter Zeit häufen sich aber Berichte über Zykeln bei sehr großen, strukturierten Probleminstanzen. In einem großen kommerziellen Code macht man normalerweise nur „partial pivoting“, d. h. man berechnet die reduzierten Kosten nur teilweise. Gleichzeitig protokolliert man den Fortschritt. Hegt man den Verdacht, dass man in einen Zykel geraten sein könnte, wechselt man auf Bland's rule. Von dieser werden wir nun zeigen, dass sie nicht zykelt:

Satz 8.22. *Bei Anwendung von Bland's rule zykelt das Simplexverfahren nicht.*

Beweis. Angenommen $B_1,\dots,B_k = B_1$ wäre ein Zykel und $B_{i+1} = (B_i \cup \{f_i\}) \setminus \{e_i\}$. Da alle Elemente, die aus B_1 im Laufe des Zykels als e_i entfernt wurden, bis $B_k = B_1$ als f_j wieder hinzugefügt werden müssen, haben wir

$$J = \bigcup_{i=1}^{k} \{e_i\} = \bigcup_{i=1}^{k} \{f_i\}.$$

Sei $t = e_i = f_j$ der größte Index in J. Wenn $t = f_j$ in die Basis B_j aufgenommen wird, müssen wegen Bland's rule die reduzierten Kosten aller weiteren Elemente in J nicht-positiv sein, denn t ist der größte Index in J. Speziell gilt dies für das Element $s := f_i$, welches in die Basis aufgenommen wird, wenn t die Basis verlässt. Wir haben also

$$c_s - c_{B_j}^\top A_{.B_j}^{-1} A_{.s} \le 0. \tag{8.2}$$

Als s in die Basis B_i aufgenommen wurde, waren seine reduzierten Kosten natürlich positiv, also

$$c_s - c_{B_i}^\top A_{.B_i}^{-1} A_{.s} > 0. \tag{8.3}$$

Subtrahieren wir (8.3) von (8.2) erhalten wir

$$c_{B_i}^\top A_{.B_i}^{-1} A_{.s} - c_{B_j}^\top A_{.B_j}^{-1} A_{.s} < 0. \tag{8.4}$$

Bei der Wahl des basisverlassenden Elementes kommen jeweils nur die Elemente k mit $(A_{.B}^{-1} b)_k = 0$ in Betracht. Dies ist insbesondere für alle $k \in J$ erfüllt. Wenn $t = e_i$ die Basis verlässt, muss also wegen Anwendung von Bland's rule $(A_{.B_i}^{-1} A_{.s})_k \le 0$ für alle $k \in B_i \cap (J \setminus \{t\})$ sein. In der folgenden Rechnung teilen wir B_i auf in $\{t\} \cup (B_i \cap (J \setminus \{t\})) \cup (B_i \setminus J)$. Da ferner $B_i \setminus J \subseteq B_j$ und somit $B_i \setminus J = B_i \cap B_j$ ist, also diese Elemente in beiden Fällen Basiselemente sind, erhalten wir folgende Rechnung. Der Übersichtlichkeit wegen listen wir die Argumente für die Ungleichungen hinterher nochmal auf.

$$\begin{aligned}
c_{B_i}^\top A_{.B_i}^{-1} A_{.s} - c_{B_j}^\top A_{.B_j}^{-1} A_{.s} &= (c_{B_i}^\top - c_{B_j}^\top A_{.B_j}^{-1} A_{.B_i}) A_{.B_i}^{-1} A_{.s} \\
&= \underbrace{(c_t - c_{B_j}^\top A_{.B_j}^{-1} A_t)}_{>0} \underbrace{(A_{.B_i}^{-1} A_{.s})_t}_{>0} && (8.5) \\
&+ \underbrace{(c_{B_i \cap (J \setminus \{t\})}^\top - c_{B_j}^\top A_{.B_j}^{-1} A_{.,B_i \cap (J \setminus \{t\})})}_{\leq 0} \underbrace{(A_{.B_i}^{-1} A_{.s})_{B_i \cap (J \setminus \{t\})}}_{\leq 0} && (8.6) \\
&+ \underbrace{(c_{B_i \cap B_j}^\top - c_{B_j}^\top A_{.B_j}^{-1} A_{.,B_i \cap B_j})}_{=0} (A_{.B_i} A_{.s})_{B_i \cap B_j} && (8.7) \\
&> 0 && (8.8)
\end{aligned}$$

In (8.5) gilt die linke Ungleichung, weil $t = f_j$ positive reduzierte Kosten hat und die rechte, weil $t = e_i$ am Minimum-Ratio-Test teilgenommen hat. In (8.6) gilt die linke Ungleichung, weil $t = f_j$ als größtes Element in J gewählt wurde und die rechte, nach der Wahl der Zeile, wenn $t = e_i$ die Basis verlässt. In (8.7) gilt die Gleichung, weil die reduzierten Kosten von Basiselementen Null sind. Dieses Ergebnis steht aber im Widerspruch zu (8.4), also war unsere Annahme falsch, dass es einen Zykel geben kann und der Satz ist bewiesen.

□

Damit können wir nun Endlichkeit und Korrektheit des Simplexverfahrens beweisen:

Satz 8.23 (Korrektheit des Simplexverfahrens).

a) Bei Anwendung von Bland's rule stoppt das Simplexverfahren nach endlich vielen Schritten.
b) Wenn das Simplexverfahren stoppt, und $c^\top - c_B^\top A_{.B}^{-1} A \not\leq 0$ ist, so ist das Problem unbeschränkt, andernfalls ist B eine optimale Basis.

Beweis. Es gibt nur endlich viele Basen, nämlich nach Proposition 2.5 höchstens $\binom{n}{m}$ viele. Wegen Satz 8.22 und Lemma 8.3 wird jede Basis höchstens einmal besucht. Die **while**-Schleife wird also höchstens $\binom{n}{m}$-mal durchlaufen, also terminiert das Verfahren nach endlich vielen Schritten.

Wenn das Simplexverfahren stoppt und $c^\top - c_B^\top A_{.B}^{-1} A \not\leq 0$ ist, so war in der Zeilenwahl bei der Minimumbestimmung die Menge leer. Dann aber ist das Problem nach Lemma 8.4 unbeschränkt. Andernfalls ist die gegenwärtige zulässige Basislösung x nach dem Optimalitätskriterium in Proposition 8.1 eine Optimallösung des linearen Programms. □

Für den Beweis von Satz 8.9 fehlt nun nur noch die Aussage, dass ein zulässiges Programm auch stets eine zulässige Basis hat. Denn dann folgt, dass es entweder eine optimale Basis besitzt oder, dass im zulässigen Bereich ein Strahl existiert, der über alle Grenzen wächst.

8.6 Bemerkungen zur Numerik

Wie wir bereits zu Beginn dieses Kapitels erwähnt hatten, ist es nicht-trivial, einen numerisch stabilen LP-Code zu schreiben (LP steht hier für Lineare Programmierung). Es gibt im Netz eine lange Liste von Standardbeispielen, die gängige numerische Schwächen von Codes testen. Wir wollen hier mit ein paar Bemerkungen Probleme und Möglichkeiten der LP-Numerik anreißen.

Bei einer Implementierung wird man natürlich nicht das ganze Tableau abspeichern. Für die Basisspalten genügt es, ihre Nummern zu kennen, da sie nur die Einheitsmatrix enthalten (genauer sollte man sich die zugehörige Permutation merken). Das ergibt allerdings zusätzlichen Buchhaltungsaufwand, den wir uns hier sparen.

In der Praxis hat man es häufig mit dünnbesetzten Matrizen zu tun, das sind solche, bei denen die meisten Einträge Null sind. Hier setzt man (wie auch schon in der numerischen linearen Algebra) „sparse matrix"-Techniken ein.

Üblicherweise wird man auch weder stets neu $A_{.B}^{-1}$ noch das Tableau berechnen. Beim Basiswechsel von B nach B' geht nach Abschnitt 5.6 $A_{.B'}^{-1}$ durch Multiplikation mit einer η-Matrix aus $A_{.B'}^{-1}$ hervor. Außerdem benötigt man zur Auswahl der nächsten Basis nur die reduzierten Kosten und die Daten der Pivotspalte. Also genügt es z. B., solange Einträge der reduzierten Kosten zu berechnen, bis man einen positiven Eintrag gefunden hat. Dieses *partial pivoting* hatten wir im Zusammenhang mit den Pivotregeln schon mal erwähnt. Dann berechnet man die Einträge in der Pivotspalte zur Wahl der Pivotzeile, ändert die Basis und die Inverse. Dieses Vorgehen ist auch als *revidierter Simplex-Algorithmus* bekannt. Es empfiehlt sich, wegen der Fehlerfortpflanzung bei der Matrixmultiplikation hin und wieder eine volle Matrixinversion durchzuführen.

8.7 Die Zweiphasenmethode

Wir haben beim Simplexverfahren vorausgesetzt, dass A vollen Rang hat und dass wir eine zulässige Startbasis kennen. Dies wird im Allgemeinen nicht der Fall sein. Wir können aber ein Hilfsproblem formulieren, das diese Voraussetzung erfüllt und dessen Optimallösung entweder beweist, dass das Ausgangsproblem keine zulässige Basis hat, oder eine solche liefert.

Unser Standardproblem lautet

$$(P) \qquad \begin{aligned} \max\ & c^\top x \\ \text{unter } & Ax = b \\ & x \geq 0 \end{aligned}$$

mit einer beliebigen Matrix $A \in \mathbb{R}^{m \times n}$ und $b \in \mathbb{R}^m$. Zunächst einmal können wir davon ausgehen, dass $b \geq 0$ ist. Dies können wir stets erreichen, indem wir Gleichungen, in denen diese Bedingung verletzt ist, mit -1 multiplizieren. Wenn wir nun jeder Gleichung eine *künstliche Schlupfvariable* spendieren, erhalten wir sofort eine zulässige Basis, denn unsere Bedingung lautet nun

$$Ax + y = (A, I_m)\begin{pmatrix} x \\ y \end{pmatrix} = b.$$

Die Matrix (A, I_m) hat offensichtlich vollen Rang und die Spalten der Einheitsmatrix beim künstlichen Schlupf liefern eine zulässige Basis. Die Idee des Hilfsproblems ist es nun, die Summe der Werte der künstlichen Schlupfvariablen zu minimieren. Wenn das Ausgangsprogramm eine zulässige Lösung besitzt, wird dieses Minimum Null sein. Umgekehrt liefert uns eine Lösung des Hilfsproblems, wenn der Optimalwert des Hilfsproblems Null ist und wir die künstlichen Schlupfvariablen vergessen, eine zulässige Lösung des Ausgangsproblems.

Das zugehörige Hilfsproblem lautet also:

$$(H)\quad \begin{array}{l} \max -\sum_{i=1}^{m} y_i \\ \text{unter } Ax+y=b \\ x,y\geq 0 \end{array}$$

mit Startbasis $B=\{n+1,\ldots,m+n\}$.

Unsere Vorüberlegungen fassen wir in der folgenden Proposition zusammen:

Proposition 8.5. *a)* (A,I_m) *hat vollen Rang und* B *ist zulässige Startbasis.*

b) Ist der optimale Zielfunktionswert von (H) *ungleich* 0*, so ist* (P) *unzulässig.*

c) Ist $(x,0)$ *eine optimale Basislösung zur Basis* $B'\subseteq\{1,\ldots,n\}$ *für* (H)*, so ist* x *zulässige Basislösung zur Basis* B' *für* (P) *und* A *hat vollen Rang.*

Beweis.

a) Da (A,I_m) eine Einheitsmatrix enthält, hat die Matrix vollen Rang und die Einheitsmatrix liefert eine Basis, die zulässig ist, da wir $b\geq 0$ vorausgesetzt hatten.

b) Wenn x zulässig für (P) ist, so ist $(x,0)$ sicherlich zulässig für (H). Da der Zielfunktionswert von $(x,0)$ bzgl. (H) 0 ist, kann das Maximum nicht kleiner als Null sein. Da andererseits aber auch $y\geq 0$ gilt, kann das Maximum auch nicht größer sein.

c) Da wir eine Basis in den Indizes der echten Variablen gefunden haben, hatte die Ausgangsmatrix vollen Rang und B' ist eine ihrer Basen. Da alle künstlichen Variablen als Nichtbasiselemente auf Null gesetzt werden, erfüllt die zugehörige Basislösung $Ax=b$. Da $(x,0)$ zulässig für das Hilfsproblem ist, ist $x\geq 0$, also ist B' zulässige Basis des Ausgangsproblems.

□

Wenn man nun nach Lösen des Hilfsproblems (wir sprechen von *Phase I*) einen Zielfunktionswert 0 erreicht hat, aber noch eine künstliche Schlupfvariable y_i in der Basis ist, so können wir diese gegen ein beliebiges Element $x_k, k\in\{1,\ldots,n\}$ mit $(A_{.B'}^{-1}A_{.k})_i\neq 0$ austauschen, denn mit $B'':=(B'\cup\{k\})\setminus\{n+i\}$ haben wir, wenn wir $\tilde{A}:=A_{.B'}^{-1}A$ setzen

$$A_{.B''}^{-1}=\eta A_{.B'}^{-1}$$

mit

$$\eta=\begin{array}{c} \\ \\ \\ i \\ \\ \\ \end{array}\!\!\begin{pmatrix} 1 & 0 & \ldots & -\frac{\tilde{a}_{1k}}{\tilde{a}_{ik}} & \ldots & 0\\ 0 & 1 & \ldots & -\frac{\tilde{a}_{2k}}{\tilde{a}_{ik}} & \ldots & 0\\ \vdots & \vdots & \ddots & \vdots & & \vdots\\ 0 & 0 & \ldots & \frac{1}{\tilde{a}_{ik}} & \ldots & 0\\ \vdots & \vdots & & \vdots & \ddots & \vdots\\ 0 & 0 & \ldots & -\frac{\tilde{a}_{mk}}{\tilde{a}_{ik}} & \ldots & 1 \end{pmatrix}.$$

(Die Spalte mit den Brüchen ist oben mit i markiert.)

Also ist auch B'' eine Basis. Außerdem ist $(A_{.B'}^{-1}b)_i=0$, also $A_{.B''}^{-1}b=\eta A_{.B'}^{-1}b=A_{.B'}^{-1}b$. Die Basislösung ändert sich also nicht.

Im Tableau sieht das so aus: Da im Optimum der Zielfunktionswert Null ist, aber noch eine künstliche Variable in der Basis ist, hat diese in der Basislösung den Wert Null. Wenn wir nun in den echten Variablen in der zugehörigen Zeile einen Eintrag verschieden von Null finden, so können wir auf diesem pivotieren, ohne die Basislösung zu verändern.

Abschließend müssen wir noch den Fall untersuchen, dass wir noch eine künstliche Variable y_j in der Basis haben, aber in der entsprechenden Zeile i im Tableau alle Einträge zu echten Variablen Null sind. Wir haben also in den echten Variablen die Zeile

$$(A_{.B'}^{-1})_{i.}(A,b) = (0,\dots,0).$$

Diese Zeile kann dann gestrichen werden. Da wir soeben eine nicht-triviale Linearkombination der Null angegeben haben, sind die Zeilen von (A,b) linear abhängig. Wir werden nun noch nachrechnen, dass die j-te Zeile redundant war. Sei dazu die künstliche Schlupfvariable y_j das i-te Basiselement. Im Ausgangstableau gehörte dann zu der Variable y_j der Spaltenvektor e_j und im gegenwärtigen Tableau die Spalte e_i. Also haben wir

$$(A_{.B'}^{-1})e_j = e_i.$$

Hieraus schließen wir

$$(A_{.B'}^{-1})_{ij} = 1.$$

Da

$$(A_{.B'}^{-1})_{i.}(A,b) = (0,\dots,0)$$

eine nicht-triviale Linearkombination der Null ist, in der der Koeffizient der j-ten Zeile verschieden von Null ist, ist die j-te Zeile von (A,b) eine Linearkombination der übrigen Zeilen. Da nur Äquivalenzumformungen durchgeführt wurden, hat die transformierte Matrix, aus der die Nullzeile gestrichen wurde, den gleichen Rang, definiert also ein äquivalentes Gleichungssystem.

Iteriert man diese Vorgehensweise, so endet man mit einer regulären Matrix $\hat{A}$ und einer Basis, die keine künstliche Variable mehr enthält. Nun kann man die künstlichen Variablen mit ihren Spalten streichen und den Simplexalgorithmus bzgl. der Originalzielfunktion starten.

Wir erhalten also folgenden schematischen Ablauf:

Eingabedaten: $A \in \mathbb{R}^{m\times n}$, $b \in \mathbb{R}^m$, $b \geq 0$, partielle zulässige Basis B (eventuell leer), $c \in \mathbb{R}^n$.

Phase 1a: Ergänze B durch künstliche Schlupfvariablen zu einer vollen Basis, und minimiere die Summe der künstlichen Schlupfvariablen mit dem Simplexalgorithmus. Falls der Optimalwert nicht Null ist: STOP. Das Problem ist unzulässig. Ansonsten:

Phase 1b: Enthält die optimale Basis noch künstliche Variablen, pivotiere sie hinaus. Ist dies nicht möglich, streiche die zugehörige Zeile, Spalte und das Basiselement.

Phase 1c: Streiche alle Spalten künstlicher Schlupfvariablen.

Phase 2: Optimiere das Originalproblem mit dem Simplexverfahren.

Beispiel 8.24. Wir betrachten folgendes Lineare Programm

$$\begin{array}{rrrrrrl}
\max & -3x_1 + & 2x_2 + & 2x_3 - & 4x_4 - & 2x_5 & \\
\text{unter} & -2x_1 + & x_2 + & x_3 & & + \; x_5 & = 3 \\
& -2x_1 + & x_2 & & + \; x_4 & & = 2 \\
& x_1 + & x_2 & & + \; x_4 & & = 7 \\
& & & & & x_1,x_2,x_3,x_4,x_5 & \geq 0
\end{array}$$

Als erste Basisvariable können wir x_3 oder x_5 wählen. Für die zweite und dritte Gleichung brauchen wir *künstliche Schlupfvariablen*. Das Hilfsproblem lautet dann:

$$
\begin{array}{lrrrrrrrrl}
\max & & & & & & -y_1 & - \; y_2 & & \\
\text{unter} & -2x_1 & + \; x_2 & + \; x_3 & & + \; x_5 & & & = & 3 \\
& -2x_1 & + \; x_2 & & + \; x_4 & & + \; y_1 & & = & 2 \\
& x_1 & + \; x_2 & & + \; x_4 & & & + \; y_2 & = & 7 \\
& & & & & & & x_1,x_2,x_3,x_4,x_5,y_1,y_2 & \geq & 0
\end{array}
$$

Wir erhalten also zunächst folgendes Tableau:

$$
\begin{array}{rrrrrrr|r}
0 & 0 & 0 & 0 & 0 & -1 & -1 & 0 \\
\hline
-3 & 2 & 2 & -4 & -2 & 0 & 0 & 0 \\
\hline
-2 & 1 & 1 & 0 & 1 & 0 & 0 & 3 \\
-2 & 1 & 0 & 1 & 0 & 1 & 0 & 2 \\
1 & 1 & 0 & 1 & 0 & 0 & 1 & 7.
\end{array}
$$

In der Kopfzeile stehen noch nicht die reduzierten Kosten. Diese erhalten wir durch Pivotoperationen auf den Spalten der Basis, d. h. wir addieren die letzten beiden Zeilen zur Kopfzeile. Mit den richtigen reduzierten Kosten lautet unser Starttableau:

$$
\begin{array}{rrrrrrr|r}
-1 & 2 & 0 & 2 & 0 & 0 & 0 & 9 \\
\hline
-7 & 4 & 4 & -4 & 0 & 0 & 0 & 6 \\
\hline
-2 & 1 & 1 & 0 & 1 & 0 & 0 & 3 \\
-2 & \boxed{1} & 0 & 1 & 0 & 1 & 0 & 2 \\
1 & 1 & 0 & 1 & 0 & 0 & 1 & 7.
\end{array}
$$

Als Pivotspalte bezüglich unserer Hilfszielfunktion wählen wir die zweite – eine Alternative wäre die vierte. Der Minimum-Ratio-Test liefert als Pivotzeile die zweite. Indem wir also den Simplexalgorithmus bzgl. der Hilfszielfunktion durchführen, erhalten wir die folgenden Tableaus. Dabei transformieren wir die echte Zielfunktion immer direkt mit, damit wir später deren reduzierte Kosten nicht neu berechnen müssen.

$$
\begin{array}{rrrrrrr|r}
3 & 0 & 0 & 0 & 0 & -2 & 0 & 5 \\
\hline
1 & 0 & 4 & -8 & 0 & -4 & 0 & -2 \\
\hline
0 & 0 & 1 & -1 & 1 & -1 & 0 & 1 \\
-2 & 1 & 0 & 1 & 0 & 1 & 0 & 2 \\
\boxed{3} & 0 & 0 & 0 & 0 & -1 & 1 & 5
\end{array}
\qquad
\begin{array}{rrrrrrr|r}
0 & 0 & 0 & 0 & 0 & -1 & -1 & 0 \\
\hline
0 & 0 & 4 & -8 & 0 & -\frac{11}{3} & -\frac{1}{3} & -\frac{11}{3} \\
\hline
0 & 0 & \boxed{1} & -1 & 1 & -1 & 0 & 1 \\
0 & 1 & 0 & 1 & 0 & \frac{1}{3} & \frac{2}{3} & \frac{16}{3} \\
1 & 0 & 0 & 0 & 0 & -\frac{1}{3} & \frac{1}{3} & \frac{5}{3}.
\end{array}
$$

Beim letzten Tableau hat die künstliche Zielfunktion den Wert Null und man hat mit $(\frac{5}{3}, \frac{16}{3}, 1, 0, 0)$ eine zulässige Basislösung zur Basis $B = \{1,2,3\}$ gefunden. Nun kann man die künstliche Zielfunktion sowie die künstlichen Variablen streichen und erhält nach einer weiteren Pivotoperation das Tableau

$$
\begin{array}{rrrrr|r}
0 & 0 & 0 & -4 & -4 & -\frac{23}{3} \\
\hline
0 & 0 & 1 & -1 & 1 & 1 \\
0 & 1 & 0 & 1 & 0 & \frac{16}{3} \\
1 & 0 & 0 & 0 & 0 & \frac{5}{3},
\end{array}
$$

welches hier zufälligerweise auch schon gleich ein optimales Tableau bzgl. unserer eigentlichen Aufgabenstellung ist.

Wir haben nebenbei in diesem Kapitel insgesamt auch noch folgenden Satz gezeigt:

Satz 8.25. *Wenn ein lineares Programm in Standardform zulässig und beschränkt ist, so wird das Optimum an einer Ecke angenommen.*

Beweis. Ist das Programm zulässig, so findet man in Phase 1 eine zulässige Ecke. In Phase 2 terminiert der Simplexalgorithmus, da das Programm beschränkt ist, in einer optimalen Ecke. Also wird das Optimum an einer Ecke angenommen. □

Darüber hinaus haben wir auch endlich den Beweis von Satz 8.9 komplettiert, da wir gezeigt haben, dass ein zulässiges Programm stets eine zulässige Ecke besitzt.

Aufgabe 8.26. Lösen Sie das folgende lineare Optimierungsproblem mit dem Simplexalgorithmus:

$$\begin{array}{rl} \max & x_1 \\ \text{unter} & 3x_1 + 5x_2 + 3x_3 + 2x_4 + x_5 + 2x_6 + x_7 = 3 \\ & 4x_1 + 6x_2 + 5x_3 + 3x_4 + 5x_5 + 5x_6 + 6x_7 = 11 \\ & 2x_1 + 4x_2 + x_3 + x_4 - 3x_5 - x_6 - 4x_7 = 1 \\ & x_1 + x_2 + 2x_3 + x_4 + 4x_5 + 3x_6 + 5x_7 = 5 \\ & x_1,x_2,x_3,x_4,x_5,x_6,x_7 \geq 0. \end{array}$$

Lösung siehe Lösung 9.91.

8.8 Sensitivitätsanalyse

Anhand des optimalen Tableaus kann man verschiedene Informationen über Änderungen der Lösung bei Änderung der Eingangsdaten herleiten. In der Planung ist es oft hilfreich, in „Was-wäre-wenn"-Szenarien diese Informationen zu berücksichtigen. Wir wollen dies anhand zweier Beispiele diskutieren.

Beispiel 8.27. Angenommen in dem Beispiel der Düngemittelfabrik (8.5) erfände ein Chemiker eine neue Formel für einen Dünger C, der als Rohstoffvektor $A_{.3} = (3,2,2)^\top$ pro Tonne benötigt. Wie teuer muss das Unternehmen das Produkt absetzen können, damit die Produktion nach dieser Formel sich lohnt? Dann ändert sich unser lineares Programm, abgesehen von dem unbekannten Verkaufspreis, zu

$$\begin{array}{rl} \max & 30x_1 + 20x_2 + ??x_3 \\ \text{unter} & 2x_1 + x_2 + 3x_3 \leq 1500 \\ & x_1 + x_2 + 2x_3 \leq 1200 \\ & x_1 + 2x_3 \leq 500 \\ & x_1,x_2,x_3 \geq 0. \end{array}$$

Anstatt das lineare Programm von vorne zu lösen, können wir einfach ausnutzen, dass die reduzierten Kosten bzgl. der optimalen Basis des Originalproblems $\{x_1,x_2,y_3\}$ auch für die neue

Variable leicht zu berechnen sind, nämlich $c_3 - c_B^\top A_{.B}^{-1} A_{.3}$ sind. Damit eine Aufnahme dieses Vektors in die Basis eine echte Verbesserung bringt, muss also

$$\begin{aligned} c_3 &> (10,10,0) \begin{pmatrix} 3 \\ 2 \\ 2 \end{pmatrix} \\ &= 50 \end{aligned}$$

sein (siehe auch letztes Tableau von Beispiel 8.18). Anhand der reduzierten Kosten kann man also Auswirkungen bei Einführung einer neuen Variablen studieren. Außerdem ist offensichtlich die Optimallösung bei Änderungen der Kostenfunktion in der Nichtbasis desto sensibler, je geringer die reduzierten Kosten sind.

Als Zweites wollen wir noch kurz die Sensitivität gegenüber Änderungen der rechten Seite anreißen. Offensichtlich bleibt, da sich die reduzierten Kosten nicht ändern, eine Basis optimal gegen Änderungen der rechten Seite um einen Vektor ε, solange $A_{.B}^{-1}(b+\varepsilon) \geq 0$ ist. Aus dieser Beziehung kann man für die rechte Seite obere und untere Schranken ausrechnen. Standardpakete für die lineare Programmierung bieten oft Werkzeuge für eine Sensitivitätsanalyse an.

Kapitel 9
Lösungsvorschläge zu den Übungen

9.1 Lösungsvorschläge zu den Übungen aus Kapitel 1

Lösung 9.1 (zu Aufgabe 1.1). Die Zuordnungsvorschriften f_1 und f_4 sind nicht definiert, da etwa $f_1(-1) = -2 \notin \mathbb{N}$ und $f_4(-1) = -\frac{1}{2} \notin \mathbb{Z}$. Hingegen sind f_2, f_3, f_5 Abbildungen.

f_2 ist injektiv, da $2k = 2k' \Rightarrow k = k'$, aber nicht surjektiv, da etwa 1 kein Urbild hat.

f_3 und f_5 sind injektiv (analog zu eben) und surjektiv, also bijektiv, und sogar zueinander invers, d. h. es gilt $f_5 = f_3^{-1}$.

Lösung 9.2 (zu Aufgabe 1.2).

a) Wir haben zu zeigen, dass f surjektiv ist, also $\forall n \in N\ \exists m \in M : f(m) = n$. Sei dazu $n \in N$ beliebig, aber fest vorgegeben. Nach Voraussetzung ist $f \circ g$ surjektiv, d. h. es gibt ein $l \in L$ mit $(f \circ g)(l) = n$. Setzen wir dann $m = g(l) \in M$, so ist $f(m) = n$, also ein Urbild für n unter f gefunden.
b) Wir haben zu zeigen, dass g injektiv ist, also $\forall l, l' \in L : g(l) = g(l') \Rightarrow l = l'$. Ist nun $g(l) = g(l')$, so folgt aus der Abbildungseigenschaft von f, dass auch $f(g(l)) = f(g(l'))$, also $(f \circ g)(l) = (f \circ g)(l')$. Da nach Voraussetzung $f \circ g$ injektiv ist, impliziert dies $l = l'$.
c) Sei $g_1 : \{1,2\} \to \{1,2\}$ die Abbildung konstant 1, also $g_1(1) = g_1(2) = 1$ und $f_1 : \{1,2\} \to \{1\}$ ebenfalls die Abbildung konstant 1, dann sind $f_1 \circ g_1$ und f_1 surjektiv, aber g_1 ist nicht surjektiv. Sei $g_2 : \{1\} \to \{1\}$ die identische Abbildung und $f_2 = f_1 : \{1,2\} \to \{1\}$ die Abbildung konstant 1. Dann sind g_2 und $f_2 \circ g_2$ injektiv, aber f_2 nicht.

Lösung 9.3 (zu Aufgabe 1.3).

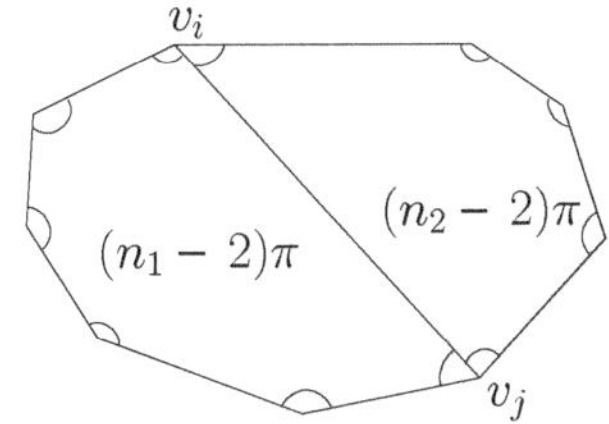

W. Hochstättler, *Algorithmische Mathematik*, Springer-Lehrbuch
DOI 10.1007/978-3-642-05422-8_9, © Springer-Verlag Berlin Heidelberg 2010

Wir führen vollständige Induktion über $n \geq 3$. Dass die Winkelsumme im Dreieck $180° \hat{=} \pi$ ist, setzen wir als bekannt voraus. Sei also $n \geq 4$. Dann gibt es zwei Ecken v_i, v_j, die nicht benachbart sind. Die Verbindungsstrecke von v_1 nach v_2 zerlegt das n-Eck in ein n_1- und ein n_2-Eck, wobei ohne Einschränkung $n_1 \leq n_2$ sei, mit $3 \leq n_1 \leq n_2 \leq n-1$, so dass

$$n = n_1 + n_2 - 2$$

ist. Die Winkelsumme des n-Ecks ist dann die Summe der Winkelsummen des n_1- und des n_2-Ecks. Nach Induktionsvoraussetzung erhalten wir also als Winkelsumme

$$(n_1 - 2)\pi + (n_2 - 2)\pi = ((n_1 + n_2 - 2) - 2)\pi = (n-2)\pi \hat{=} (n-2)180°.$$

Lösung 9.4 (zu Aufgabe 1.4).

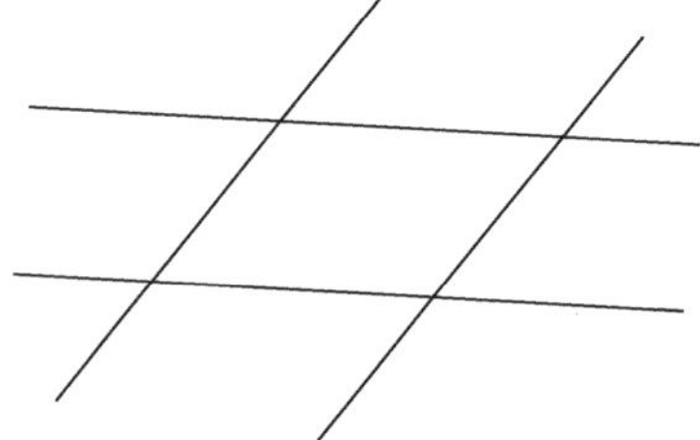

9.2 Lösungsvorschläge zu den Übungen aus Kapitel 2

Lösung 9.5 (zu Aufgabe 2.5). Ist (C_1, C_2) eine signierte Teilmenge, so definiert diese eindeutig eine signierte charakteristische Funktion. Umgekehrt haben wir für jede Abbildung $f : X \to \{0, 1, -1\}$ genau eine signierte Teilmenge, deren signierte charakteristische Funktion gleich f ist. Die Anzahl der signierten Teilmengen von X ist also gleich der Anzahl der Abbildungen von X in eine 3-elementige Menge, also nach Proposition 2.1 gleich $3^{|X|}$.

Lösung 9.6 (zu Aufgabe 2.6). Nach Proposition 2.4 lässt sich jede Permutation in paarweise disjunkte Zyklen zerlegen. Es genügt also, die Aufgabe für Permutationen zu zeigen, die bis auf Fixpunkte nur einen Zyklus $\langle a_1 a_2 \dots a_k \rangle$ haben. Wir identifizieren im Folgenden diesen Zyklus mit der zugehörigen Permutation.

Sei dann τ_i für $i = 2, \dots, k$ die Transposition, welche a_1 mit a_i vertauscht, also $\tau_i = \langle a_1 a_i \rangle$. Wir zeigen nun mittels vollständiger Induktion über $k \geq l \geq 2$:

$$\tau_l \circ \tau_{l-1} \circ \dots \circ \tau_2 = \langle a_1 a_2 \dots a_l \rangle.$$

Dies ist offensichtlich richtig für $l = 2$. Sei also nun $k \geq l > 2$. Induktionsvoraussetzung ist dann

$$\tau_{l-1} \circ \tau_{l-2} \circ \dots \circ \tau_2 = \langle a_1 a_2 \dots a_{l-1} \rangle.$$

Wir haben also noch zu zeigen, dass

$$\langle a_1 a_l \rangle \circ \langle a_1 a_2 \dots a_{l-1} \rangle = \langle a_1 a_2 \dots a_l \rangle.$$

Ist $a \notin \{a_1, \dots, a_l\}$, so ist a offensichtlich sowohl ein Fixpunkt der Abbildung auf der linken als auch ein Fixpunkt der Abbildung auf der rechten Seite. Es genügt also die Wirkung der Abbildung auf $a_j, 1 \leq j \leq l$ zu betrachten.

$$\langle a_1 a_l \rangle \circ \langle a_1 a_2 \dots a_{l-1} \rangle (a_j) = \begin{cases} \langle a_1 a_l \rangle (a_{j+1}) = a_{j+1} & \text{falls } 1 \leq j \leq l-2 \\ \langle a_1 a_l \rangle (a_1) = a_l = a_{j+1} & \text{falls } j = l-1 \\ \langle a_1 a_l \rangle (a_l) = a_1 & \text{falls } j = l. \end{cases}$$

In allen drei Fällen ist dies aber gleich $\langle a_1 a_2 \dots a_l \rangle (a_j)$.

Lösung 9.7 (zu Aufgabe 2.13). Ist $b = 0$, so ist der einzige von Null verschiedene Summand $\binom{n}{n} a^n 0^{n-n} = a^n$. Sei also $b \neq 0$. Dann berechnen wir

$$\begin{aligned} (a+b)^n &= \left(b\left(\frac{a}{b}+1\right)\right)^n \\ &= b^n \left(1 + \frac{a}{b}\right)^n \\ &\overset{\text{Satz 2.9}}{=} b^n \sum_{k=0}^{n} \binom{n}{k} \left(\frac{a}{b}\right)^k \\ &= \sum_{k=0}^{n} \binom{n}{k} \frac{a^k}{b^k} b^n \\ &= \sum_{k=0}^{n} \binom{n}{k} a^k b^{n-k}. \end{aligned}$$

Lösung 9.8 (zu Aufgabe 2.14).

a) Wir geben hier sowohl eine numerische als auch eine kombinatorische Lösung an. Zunächst berechnen wir

$$\begin{aligned}\binom{n}{k}\binom{k}{i} &= \frac{n!}{k!(n-k)!}\cdot\frac{k!}{i!(k-i)!}\\ &= \frac{n!}{i!(n-k)!(k-i)!}\\ &= \frac{n!}{(n-i)!i!}\cdot\frac{(n-i)!}{(n-k)!(k-i)!}\\ &= \frac{n!}{(n-i)!i!}\cdot\frac{(n-i)!}{(n-i-(k-i))!(k-i)!}\\ &= \binom{n}{i}\binom{n-i}{k-i}.\end{aligned}$$

Kombinatorisch ziehen wir auf der linken Seite k Kugeln aus n, von denen wir wiederum i auswählen und besonders markieren. Rechts ziehen wir erst die i zu markierenden aus der Urne und wählen dann aus den übrigen $n-i$ Kugeln die $k-i$ unmarkierten aus.

b) Ist $n=0$, so behauptet die Formel $0=0$, ist also richtig, sei also $n\geq 1$. Sei X eine n-elementige Menge. Wir betrachten die Summe auf der linken Seite als Addition gewichteter Teilmengen von X, wobei jede Teilmenge mit der Anzahl ihrer Elemente gezählt wird. Wir paaren in der Menge der Teilmengen nun jeweils eine Teilmenge $Y\subseteq X$ mit ihrem Komplement $X\setminus Y$. So erhalten wir insgesamt $2^n/2=2^{n-1}$ Paare. Jedes Paar trägt nun das Gewicht $|Y|+|X\setminus Y|=|X|=n$, woraus die Behauptung folgt.
Auch hier wollen wir zusätzlich einen Induktionsbeweis durchführen. Der Rechenaufwand ist aber nicht unbeträchtlich. Die einzelnen Umformungen erläutern wir hinterher noch einmal.

$$\begin{aligned}
\sum_{j=1}^{n} j\binom{n}{j} &= n+\sum_{j=1}^{n-1} j\binom{n}{j} \\
&\overset{(2.9)}{=} n+\sum_{j=1}^{n-1} j\left(\binom{n-1}{j-1}+\binom{n-1}{j}\right) \\
&= n+\sum_{j=1}^{n-1}\binom{n-1}{j-1}+\sum_{j=1}^{n-1}(j-1)\binom{n-1}{j-1}+\sum_{j=1}^{n-1} j\binom{n-1}{j} \\
&= n+\sum_{j=0}^{n-2}\binom{n-1}{j}+\sum_{j=1}^{n-2} j\binom{n-1}{j}+\sum_{j=1}^{n-1} j\binom{n-1}{j} \\
&= n-1+\sum_{j=0}^{n-1}\binom{n-1}{j}+\sum_{j=1}^{n-2} j\binom{n-1}{j-1}+\sum_{j=1}^{n-1} j\binom{n-1}{j} \\
&\overset{(2.11)}{=} n-1+2^{n-1}+\sum_{j=1}^{n-2} j\binom{n-1}{j}+\sum_{j=1}^{n-1} j\binom{n-1}{j} \\
&= n-1+2^{n-1}+\sum_{j=1}^{n-1} j\binom{n-1}{j}-(n-1)+\sum_{j=1}^{n-1} j\binom{n-1}{j} \\
&= 2^{n-1}+2\sum_{j=1}^{n-1} j\binom{n-1}{j} \\
&\overset{IV}{=} 2^{n-1}+2(n-1)2^{n-2} \\
&= 2^{n-1}+(n-1)2^{n-1}=n2^{n-1}.
\end{aligned}$$

In der ersten Gleichung haben wir nur den obersten Summanden abgespalten, in der zweiten benutzen wir Gleichung (2.9) aus Proposition 2.6. Für die dritte Gleichung multiplizieren wir aus und spalten auf $j\binom{n-1}{j-1}=\binom{n-1}{j-1}+(j-1)\binom{n-1}{j-1}$. Die nächste Gleichung beinhaltet zwei Indexverschiebungen. In der fünften Gleichung ergänzen wir den obersten Summanden der ersten Summe, welcher gleich 1 ist, und ziehen ihn direkt wieder ab. Als nächstes benutzen wir Korollar 2.11. Die nächste verbleibende Summe wird nun um ein oberstes Element ergänzt, das wir sofort wieder abziehen. In der achten Gleichung heben sich die $n-1$ weg, und wir fassen die beiden Summen zusammen. Nun wenden wir die Induktionsvoraussetzung an und sind nach zwei weiteren Termumformungen fertig.

Lösung 9.9 (zu Aufgabe 2.15). Für (2.13) berechnen wir

$$\begin{aligned}
\sum_{i=1}^{m}\binom{n-1}{k_1,\ldots,k_{i-1},k_i-1,k_{i+1},\ldots,k_m} &= \sum_{i=1}^{m}\frac{(n-1)!}{k_1!\ldots k_{i-1}!(k_i-1)!k_{i+1}!\ldots k_m!} \\
&= \sum_{i=1}^{m}\frac{(n-1)!k_i}{k_1!\ldots k_{i-1}!k_i!k_{i+1}!\ldots k_m!} \\
&= \frac{(n-1)!}{k_1!\ldots k_m!}\sum_{i=1}^{m}k_i \\
&= \frac{n(n-1)!}{k_1!\ldots k_m!} \\
&= \binom{n}{k_1,\ldots,k_m}.
\end{aligned}$$

Kommen wir also nun zu (2.14)

$$(x_1+x_2+\ldots+x_m)^n = \sum_{\substack{k_1+\ldots+k_m=n \\ k_1,\ldots,k_m\geq 0}} \binom{n}{k_1,k_2,\ldots,k_m} x_1^{k_1}x_2^{k_2}\ldots x_m^{k_m}.$$

Wir beweisen den Satz mittels vollständiger Induktion über n analog zum Beweis des Binomialsatzes.

$$\begin{aligned}(x_1+x_2+\ldots+x_m)^n &= (x_1+x_2+\ldots+x_m)(x_1+x_2+\ldots+x_m)^{n-1} \\ &\overset{IV}{=} \left(\sum_{i=1}^m x_i\right) \sum_{\substack{k_1+\ldots+k_m=n-1 \\ k_1,\ldots,k_m\geq 0}} \binom{n-1}{k_1,k_2,\ldots,k_m} x_1^{k_1}x_2^{k_2}\ldots x_m^{k_m} \\ &= \sum_{i=1}^m \sum_{\substack{k_1+\ldots+k_m=n-1 \\ k_1,\ldots,k_m\geq 0}} x_i \binom{n-1}{k_1,k_2,\ldots,k_m} x_1^{k_1}x_2^{k_2}\ldots x_m^{k_m}.\end{aligned}$$

Für festes $(k_1,\ldots,k_m)\in\mathbb{N}^m$ mit $\sum_{i=1}^m k_i = n$ untersuchen wir nun den Koeffizienten von $x_1^{k_1}x_2^{k_2}\ldots x_m^{k_m}$. Dieser Ausdruck entsteht in der obigen Summe für festes i aus

$$x_i\binom{n-1}{k_1,\ldots,k_{i-1},k_i-1,k_{i+1}\ldots k_m} x_1^{k_1}\ldots x_{i-1}^{k_{i-1}}x_i^{k_i-1}x_{i+1}^{k_{i+1}}\ldots x_m^{k_m}.$$

Also erhalten wir als Gesamtkoeffizienten für $x_1^{k_1}x_2^{k_2}\ldots x_m^{k_m}$

$$\sum_{i=1}^m \binom{n-1}{k_1,\ldots,k_{i-1},k_i-1,k_{i+1}\ldots k_m} \overset{(2.13)}{=} \binom{n}{k_1,\ldots,k_m}$$

und somit ingesamt (2.14).

Lösung 9.10 (zu Aufgabe 2.20). Die Anzahl der Lottokombinationen in Italien wäre dann

$$\binom{90}{5} = \frac{90\cdot 89\cdot 88\cdot 87\cdot 86}{5!}$$

und in Deutschland

$$\binom{49}{6} = \frac{49\cdot 48\cdot 47\cdot 46\cdot 45\cdot 44}{6!}.$$

Also wollen wir folgende Größe abschätzen

$$\begin{aligned}\frac{\binom{90}{5}}{\binom{49}{6}} &= \frac{6\cdot 90\cdot 89\cdot 88\cdot 87\cdot 86}{49\cdot 48\cdot 47\cdot 46\cdot 45\cdot 44} \\ &= \frac{6\cdot 2\cdot 89\cdot 2\cdot 87\cdot 86}{49\cdot 48\cdot 47\cdot 46} \\ &= \frac{89\cdot 87\cdot 86}{49\cdot 2\cdot 47\cdot 46} \\ &> \frac{1}{2}\left(\frac{9}{5}\right)^3 = \frac{729}{250} = 2.916.\end{aligned}$$

Als obere Abschätzung erhalten wir

$$\frac{89\cdot 87\cdot 86}{2\cdot 49\cdot 47\cdot 46} \leq \frac{85\cdot 85\cdot 85}{2\cdot 45\cdot 45\cdot 45} = \frac{17^3}{2\cdot 729} = \frac{17^3}{1458} \leq \frac{17\cdot 289}{1445} = \frac{17}{5} = 3.4\,.$$

Also ist die Anzahl etwa dreimal so hoch.

Der Einsatz eines Taschenrechners liefert:

$$\frac{\binom{90}{5}}{\binom{49}{6}} \approx 3.1428665823406141.$$

Lösung 9.11 (zu Aufgabe 2.26). Wir bezeichnen mit A_2,A_3,A_5 die Menge der durch 2,3 bzw. 5 teilbaren Zahlen zwischen 1 und 100. Die gesuchte Zahl ist dann $|A_2 \cup A_3 \cup A_5|$. Zunächst ist offensichtlich

$$|A_2| = 50, \qquad |A_3| = 33, \qquad |A_5| = 20.$$

Zur Anwendung der Siebformel benötigen wir ferner

$$|A_6| = |A_2 \cap A_3| = 16 \qquad |A_{10}| = |A_2 \cap A_5| = 10 \qquad |A_{15}| = |A_3 \cap A_5| = 6$$

sowie

$$|A_{30}| = |A_2 \cap A_3 \cap A_5| = 3.$$

Eingesetzt in die Siebformel erhalten wir dann

$$|A_2 \cup A_3 \cup A_5| = 50 + 33 + 20 - 16 - 10 - 6 + 3 = 74.$$

Lösung 9.12 (zu Aufgabe 2.35).

a) $p(B) \overset{K3}{=} p(A) + p(B \setminus A) \overset{K1}{\geq} p(A)$.

b) Wir führen vollständige Induktion über $k \geq 1$. Der Fall $k = 1$ ist offensichtlich richtig, der Fall $k = 2$ ist das Axiom $K3$. Sei nun $k \geq 3$. Dann ist

$$\begin{aligned} p(A_1 \dot\cup \ldots \dot\cup A_k) &= p((A_1 \dot\cup \ldots \dot\cup A_{k-1}) \dot\cup A_k)) \\ &\overset{K3}{=} p(A_1 \dot\cup \ldots \dot\cup A_{k-1}) + p(A_k) \\ &\overset{IV}{=} \sum_{i=1}^{k-1} p(A_i) + p(A_k) = \sum_{i=1}^{k} p(A_i). \end{aligned}$$

d) $1 \overset{K2}{=} p(\Omega) \overset{K3}{=} p(A) + p(\Omega \setminus A) \Rightarrow p(A) = 1 - p(\Omega \setminus A)$.

e) Wir setzen $B_1 := A_1$ und $B_i = A_i \setminus \left(\bigcup_{j=1}^{i-1} A_j \right)$ für $i = 2, \ldots, k$. Dann ist nach Konstruktion

$$\bigcup_{i=1}^{k} A_i = \bigcup_{i=1}^{k} B_i$$

und die B_i partitionieren $\bigcup_{i=1}^{k} A_i$. Außerdem ist

$$B_i \subseteq A_i \text{ für } i = 1, \ldots, k,$$

also nach a) auch $p(B_i) \leq p(A_i)$.
Damit berechnen wir

$$p\left(\bigcup_{i=1}^{k} A_i \right) \overset{b)}{=} \sum_{i=1}^{k} p(B_i) \leq \sum_{i=1}^{k} p(A_i).$$

Lösung 9.13 (zu Aufgabe 2.36). Gehen wir davon aus, dass die Krankheit nicht von Baum zu Baum übertragen wird, so können wir ein Zufallsexperiment annehmen, bei dem zufällig (gleichverteilt) 10 Bäume erkranken. Wir bestimmen nun die Wahrscheinlichkeit, dass diese nebeneinander stehen. Wir haben insgesamt $\binom{50}{10}$ mögliche Erkrankungsmuster. Davon bestehen $2 \cdot 16 = 32$ aus nebeneinander stehenden Bäumen.

Unter Einsatz eines Taschenrechners finden wir

$$\frac{\binom{50}{10}}{32} = \frac{50 \cdot 49 \cdot 48 \cdot 47 \cdot 46 \cdot 45 \cdot 44 \cdot 43 \cdot 42 \cdot 41}{32 \cdot 2 \cdot 3 \cdot 4 \cdot 5 \cdot 6 \cdot 7 \cdot 8 \cdot 9 \cdot 10} = \frac{5 \cdot 49 \cdot 47 \cdot 23 \cdot 11 \cdot 43 \cdot 41}{16}$$
$$\approx 3.21 \cdot 10^8.$$

Die Wahrscheinlichkeit, dass zufällig 10 Bäume nebeneinander erkranken, beträgt also $\approx 3.12 \cdot 10^{-9}$, was als äußerst unwahrscheinlich angesehen werden kann.

Lösung 9.14 (zu Aufgabe 2.37). Wir zählen unter allen Ereignissen von $2m$ Münzwürfen diejenigen, bei denen genau m-mal Zahl geworfen wird, dafür gibt es $\binom{2m}{m}$ Möglichkeiten. Wir interessieren uns also für den Quotienten

$$p(A_m) = \frac{\binom{2m}{m}}{2^{2m}}.$$

Aus (2.29) wissen wir

$$\frac{1}{2\sqrt{m}} \leq p(A_m) \leq \frac{1}{\sqrt{2m}}.$$

Also ist

$$p(A_m) = \Theta\left(\frac{1}{\sqrt{m}}\right).$$

Für eine genauere Analyse der Asymptotik benutzen wir die Stirlingsche Formel (2.26)

$$\frac{\binom{2m}{m}}{2^{2m}} = \frac{(2m)!}{(m!)^2 2^{2m}} \sim \frac{\sqrt{2\pi 2m}\left(\frac{2m}{e}\right)^{2m}}{2\pi m \left(\frac{m}{e}\right)^{2m} 2^{2m}} = \frac{1}{\sqrt{\pi m}}.$$

Also ist

$$p(A_m) \sim \frac{1}{\sqrt{\pi m}}.$$

Lösung 9.15 (zu Aufgabe 2.38). Als Erwartungswert haben wir

$$\frac{2+2\cdot 3+3\cdot 4+4\cdot 5+5\cdot 6+6\cdot 7+5\cdot 8+4\cdot 9+3\cdot 10+2\cdot 11+12}{36} = \frac{252}{36} = 7$$

und als Varianz (beachte $(x-7)^2 = (7-x)^2$)

$$\frac{2(25+2\cdot 16+3\cdot 9+4\cdot 4+5\cdot 1)}{36} = \frac{210}{36} = \frac{35}{6} = 5\frac{5}{6}.$$

Lösung 9.16 (zu Aufgabe 2.39). Hier können wir den ersten Beweis der Siebformel im Wesentlichen abschreiben.

Wir führen vollständige Induktion über $m \geq 1$: Im Falle $m = 1$ ist die Aussage trivial, nämlich $p(A_1) = p(A_1)$. Für $n = 2$ fällt die Siebformel mit Proposition 2.11 c) zusammen. Sei also $n \geq 3$. Dann ist

$$p\left(\bigcup_{i=1}^{n}A_i\right)=p\left(A_n\cup\bigcup_{i=1}^{n-1}A_i\right)=p\left(\bigcup_{i=1}^{n-1}A_i\right)+p(A_n)-p\left(\left(\bigcup_{i=1}^{n-1}A_i\right)\cap A_n\right).$$

In der letzten Gleichung haben wir Proposition 2.11 c) benutzt. Nun wenden wir die Induktionsvoraussetzung an und erhalten:

$$\begin{aligned}
p\left(\bigcup_{i=1}^{n}A_i\right) &= p\left(\bigcup_{i=1}^{n-1}A_i\right)+p(A_n)-p\left(\bigcup_{i=1}^{n-1}(A_i\cap A_n)\right)\\
&\overset{IV}{=} \left(\sum_{k=1}^{n-1}(-1)^{k-1}\sum_{I\in\binom{\{1,2,\ldots,n-1\}}{k}}p\left(\bigcap_{i\in I}A_i\right)\right)+p(A_n)\\
&\quad -\sum_{k=1}^{n-1}(-1)^{k-1}\sum_{I\in\binom{\{1,2,\ldots,n-1\}}{k}}p\left(\bigcap_{i\in I\cup\{n\}}A_i\right)\\
&= \left(\sum_{k=1}^{n-1}(-1)^{k-1}\sum_{I\in\binom{\{1,2,\ldots,n-1\}}{k}}p\left(\bigcap_{i\in I}A_i\right)\right)+p(A_n)\\
&\quad +\sum_{k=2}^{n}(-1)^{k-1}\sum_{n\in I\in\binom{\{1,2,\ldots,n-1,n\}}{k}}p\left(\bigcap_{i\in I}A_i\right).
\end{aligned}$$

In der ersten Summe treten alle Teilmengen von $\{1,\ldots,n\}$ auf, die n nicht enthalten, dahinter alle, die n enthalten. Die Vorzeichen sind richtig, also ist die Behauptung bewiesen.

9.3 Lösungsvorschläge zu den Übungen aus Kapitel 3

Lösung 9.17 (zu Aufgabe 3.4). Wir haben zu zeigen, dass die Relation transitiv, symmetrisch und reflexiv ist.

Reflexivität: Wir setzen $Q = I_n$ als Einheitsmatrix. Dann ist Q regulär, $Q^{-1} = I_n$ und für jede $n \times n$-Matrix A gilt

$$A = I_n A I_n = Q^{-1} A Q.$$

Also gilt für alle $A \in M$: ARA. Somit ist die Relation reflexiv.

Symmetrie: Seien also $A, B \in M$ mit ARB und Q eine reguläre Matrix mit $A = Q^{-1}BQ$. Wir setzen $\tilde{Q} = Q^{-1}$. Dann ist $\tilde{Q}^{-1}$ regulär mit $\tilde{Q}^{-1} = (Q^{-1})^{-1} = Q$ und

$$\tilde{Q}^{-1} A \tilde{Q} = QAQ^{-1} = Q(Q^{-1}BQ)Q^{-1} = (QQ^{-1})B(QQ^{-1}) = B,$$

woraus BRA und insgesamt die Symmetrie der Relation folgt.

Transitivität: Seien $A, B, C \in M$ mit ARB, BRC und Q_1, Q_2 reguläre Matrizen mit $A = Q_1^{-1}BQ_1, B = Q_2^{-1}CQ_2$. Dann ist

$$A = Q_1^{-1}BQ_1 = Q_1^{-1}(Q_2^{-1}CQ_2)Q_1 = (Q_1^{-1}Q_2^{-1})C(Q_2Q_1).$$

Setzen wir also $Q_3 = Q_2Q_1$, so ist Q_3 eine reguläre Matrix mit $Q_3^{-1} = Q_1^{-1}Q_2^{-1}$, sowie $A = Q_3^{-1}CQ_3$, also gilt auch ARC und die Transitivität der Relation ist gezeigt.

Lösung 9.18 (zu Aufgabe 3.5). Wir haben wieder zu zeigen, dass die Relation transitiv, symmetrisch und reflexiv ist.

Reflexivität: Da $M = M_1 \cup \ldots \cup M_k$ ist, gibt es für jedes $x \in M$ ein i mit $\{x\} \subseteq M_i$. Also gilt für alle $x \in M$: xRx und die Relation ist reflexiv.

Symmetrie: Seien also $x, y \in M$ mit xRy und $1 \leq i \leq k$ mit $\{x, y\} \subseteq M_i$. Dann ist offensichtlich auch $\{y, x\} = \{x, y\} \subseteq M_i$, also yRx, und die Relation ist symmetrisch.

Transitivität: Seien $x, y, z \in M$ mit xRy, yRz und $i_1, i_2 \in \{1, \ldots, k\}$ mit $\{x, y\} \subseteq M_{i_1}$ und $\{y, z\} \subseteq M_{i_2}$. Da die M_i paarweise disjunkt sind und $y \in M_{i_1} \cap M_{i_2}$ ist, muss $i_1 = i_2$ sein, also $\{x, y, z\} \subseteq M_{i_1}$, also auch $\{x, z\} \subseteq M_{i_1}$ und somit xRz.

Lösung 9.19 (zu Aufgabe 3.10). Wir haben zu zeigen, dass die Relation reflexiv, antisymmetrisch und transitiv ist und, dass je zwei Elemente in Relation miteinander stehen.

Reflexivität: Sei $w = (w_1, \ldots, w_k) \in \Sigma^k$. Dann ist $w_i = w_i$ für $1 \leq i \leq k$ und $w \in \Sigma^k$ also $w \preceq w$.

Antisymmetrie: Seien $w = (w_1, \ldots, w_n) \in \Sigma^n$ und $u = (u_1, \ldots, u_m) \in \Sigma^m$ mit $w \preceq u$ und $u \preceq w$. Da $w \preceq u$ ist, gibt es zunächst ein $k \in \mathbb{N}$ mit

$$\begin{aligned} &w_i = u_i \text{ für } 1 \leq i \leq k \\ &\text{und } (n = k \leq m \text{ oder } w_{k+1} < u_{k+1}). \end{aligned}$$

Analog erhalten wir wegen $u \preceq w$ ein $l \in \mathbb{N}$ mit

$$\begin{aligned} &u_i = w_i \text{ für } 1 \leq i \leq l \\ &\text{und } (m = l \leq n \text{ oder } u_{l+1} < w_{l+1}). \end{aligned}$$

Wir zeigen zunächst, dass $k = l$ gelten muss. Angenommen dies wäre nicht so. Aus Symmetriegründen können wir dann annehmen, dass $k < l$ ist (ansonsten vertauschen wir k und l). Falls $n = k$ und $m = l$ gilt, so haben wir sofort den Widerspruch $n = k < l = m \leq n$. Ist $k < n$, so erhalten wir zunächst $w_{k+1} < u_{k+1}$, aber auch $u_{k+1} = w_{k+1}$, also wiederum einen Widerspruch. Also ist $k = l$. Angenommen $w_{k+1} < u_{k+1}$, so ist $m \geq k+1 = l+1$ und somit erhalten wir auch $u_{k+1} < w_{k+1}$ und wieder einen Widerspruch. Analoge Widersprüche erhalten wir für die Fälle $u_{k+1} < w_{k+1}$, $k < m$ bzw. $l < n$. Folglich muss $n = m = k = l$ und somit $u = w$ sein.

Transitivität: Seien $u, v, w \in \Sigma^*$ mit $u \preceq v$ und $v \preceq w$. Also gibt es $k, l \in \mathbb{N}$ mit

$$\begin{array}{l} u_i = v_i \text{ für } 1 \leq i \leq k \\ u \in \Sigma^k \text{ oder } u_{k+1} < v_{k+1} \end{array} \quad \text{bzw.} \quad \begin{array}{l} v_i = w_i \text{ für } 1 \leq i \leq l \text{ und} \\ v \in \Sigma^l \text{ oder } v_{l+1} < w_{l+1}. \end{array}$$

Ist $l \leq k$, so ist $u_i = w_i$ für $1 \leq i \leq l$ und $u_{l+1} \leq v_{l+1} < w_{l+1}$, also $u \prec w$ oder $v \in \Sigma^l$ und damit $k = l$, also auch wieder $u \preceq w$.

Ist $k < l$, so ist $u_i = w_i$ für $1 \leq i \leq k$ und $u \in \Sigma^k$ oder $u_{k+1} < v_{k+1} \leq w_{k+1}$. In beiden Fällen ist $u \preceq w$.

Totalität: Seien $u, w \in \Sigma^*$. Da die Relation reflexiv ist, können wir annehmen, dass $u \neq w$. Sei $k+1$ der erste Index, an dem die beiden Wörter nicht übereinstimmen. Falls $w \in \Sigma^k$, so ist dann $w \preceq u$, analog $u \preceq w$, falls $u \in \Sigma^k$. Es bleibt der Fall, dass beide Wörter länger als k sind. Dann gilt aber entweder $u_{k+1} < w_{k+1}$ oder $w_{k+1} < u_{k+1}$. In jedem Fall sind die beiden Wörter miteinander vergleichbar.

Lösung 9.20 (zu Aufgabe 3.14).

Reflexivität: Die identische Abbildung $\mathrm{id}_V : V \to V$ ist eine Bijektion und für alle $u, v \in V$ gilt:

$$\{u,v\} \in E \iff \{\mathrm{id}_V(u), \mathrm{id}_V(v)\} = \{u,v\} \in E,$$

also ist die Relation reflexiv.

Symmetrie: Seien $G = (V,E)$ und $G' = (V',E')$ isomorph und f die Isomorphie vermittelnde Bijektion. Dann ist $f^{-1} : V' \to V$ eine Bijektion und für alle $u', v' \in V'$ gilt

$$\{u',v'\} = \{f(u), f(v)\} \in E' \iff \{u,v\} = \{f^{-1}(u'), f^{-1}(v')\} \in E.$$

Transitivität: Seien $G_i = (V_i, E_i)$ Graphen für $i \in \{1,2,3\}$ und $f_1 : V_1 \to V_2$, $f_2 : V_2 \to V_3$ Bijektionen, die Isomorphie zwischen G_1 und G_2 bzw. zwischen G_2 und G_3 vermitteln. Dann ist $f_2 \circ f_1 : V_1 \to V_3$ eine Bijektion und für alle $u, v \in V_1$ gilt

$$\{u,v\} \in E_1 \iff \{f_1(u), f_1(v)\} \in E_2 \iff \{f_2(f_1(u)), f_2(f_1(v))\} \in E_3.$$

Also vermittelt $f_2 \circ f_1$ Isomorphie zwischen G_1 und G_3 und die Relation ist transitiv.

Lösung 9.21 (zu Aufgabe 3.15).

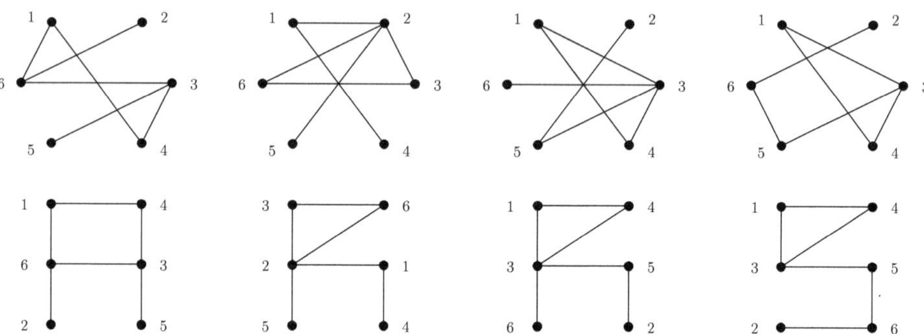

Zunächst einmal haben wir G_1, G_2, G_3 und G_4 von links nach rechts gezeichnet und darunter übersichtlicher dargestellt. Anhand dieser Zeichnungen erkennen wir, dass G_1 der einzige Graph ist, der einen Kreis der Länge 4 enthält. G_1 kann also zu keinem der anderen Graphen isomorph sein. G_4 hat als einziger Graph genau einen Knoten, der nur eine Kante kennt, nämlich den mit der Nummer 2. Wir werden dafür später sagen: Der Graph G_4 unterscheidet sich von den übrigen Graphen in der Anzahl der Knoten vom Grad 1. Also ist auch G_4 zu keinem der übrigen Graphen isomorph. Zwischen G_2 und G_3 lesen wir hingegen als eine Isomorphie vermittelnde Bijektion $f: V_2 \to V_3$ mit

$$f(1) = 5, f(2) = 3, f(3) = 1, f(4) = 2, f(5) = 6, f(6) = 4$$

ab, wobei $f(3)$ und $f(6)$ auch vertauscht werden dürften.

Lösung 9.22 (zu Aufgabe 3.18). Als Knotennamen vergeben wir Zahlen von 1 bis 8 wie in nebenstehender Skizze und als Kantennamen Kleinbuchstaben von a bis o. Also ist $V = \{1,2,3,4,5,6,7,8\}$ und $E = \{a,b,c,d,e,f,g,h,i,j,k,l,m,n,o\}$. Die Adjazenzfunktion verursacht nun etwas Schreibarbeit:

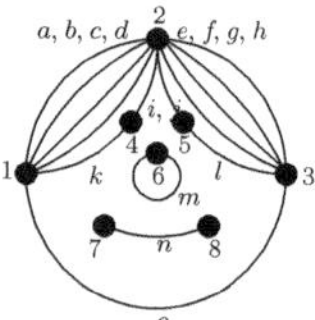

$$\begin{aligned} &ad(a) = ad(b) = ad(c) = ad(d) = \{1,2\}, \\ &ad(e) = ad(f) = ad(g) = ad(h) = \{2,3\}, \\ &ad(i) = \{2,4\}, \quad ad(j) = \{2,5\}, \quad ad(k) = \{1,4\}, \quad ad(l) = \{3,5\}, \\ &ad(m) = \{6\}, \quad ad(n) = \{7,8\}, \quad ad(o) = \{1,3\}. \end{aligned}$$

Lösung 9.23 (zu Aufgabe 3.21).

Reflexivität: Ist a ein Knoten, so ist (a) ein Spaziergang der Länge 0 von a nach a, also gilt stets aRa.

Symmetrie: Ist $(a = v_0, e_1, v_1, e_2, \ldots, e_k, v_k = b)$ ein Spaziergang von a nach b, so ist $(b = v_k, e_k, v_{k-1}, e_{k-1}, \ldots, e_1, v_0 = a)$ ein Spaziergang von b nach a, also ist die Relation symmetrisch.

Transitivität: Sind

$$(a = v_0, e_1, v_1, e_2, \ldots, e_k, v_k = b)$$

und

$$(b = w_0, e_{k+1}, w_1, e_{k+2}, \ldots, e_{k+k'}, w_{k'} = c)$$

Spaziergänge von a nach b bzw. von b nach c, so ist

$$(a = v_0, e_1, v_1, e_2, \ldots, e_k, v_k = b = w_0, e_{k+1}, w_1, e_{k+2}, \ldots, e_{k+k'}, w_{k'} = c)$$

ein Spaziergang von a nach c, also ist die Relation transitiv.

Lösung 9.24 (zu Aufgabe 3.31).

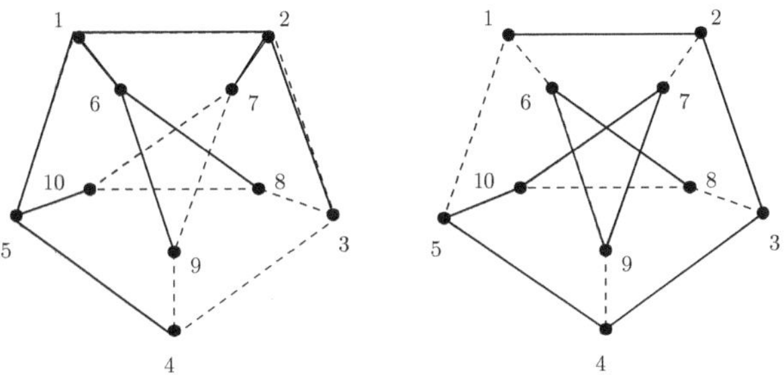

In obiger Abbildung sehen sie links den Breitensuchbaum durch die dicker gezeichneten Kanten markiert. Die Reihenfolge, in der die Knoten abgearbeitet werden, ist $(1,2,5,6,3,7,4,10,8,9)$. Die rechte Grafik zeigt den Tiefensuchbaum, der der Pfad $(1,2,3,4,5,10,7,9,6,8)$ ist.

Lösung 9.25 (zu Aufgabe 3.32). Der erste Versuch, bei dem einfach nur die Queue `Q` durch einen Stack `S` ersetzt wird und die Methoden `S.Push()`, die ein Element auf den Stack legt und `S.Pop()`, die das oberste Element vom Stack nimmt, benutzt werden, ergibt leider nicht das erwünschte Resultat:

```
pred[r]= r
S.Push(r)
while S.IsNotEmpty():
  v = S.Pop()
  for w in Neighborhood(v):
    if pred[w] == None:
      pred[w] = v
      S.Push(w)
```

Betrachtet man etwa den K_4, so liefert dies das gleiche Ergebnis wie die Breitensuche, während ein Tiefensuchbaum ein Pfad ist. Betrachtet man die Situation etwas genauer, so fällt auf, dass im ersten Schritt die ganze Nachbarschaft des ersten Knotens gefunden wird, während zum Tiefensuchbaum nur eine Kante gehören darf.

Wir lösen dieses Problem, indem wir die Vorgängerrelation später wieder ändern, wenn etwa Knoten 3 auch von der 2 gefunden wird. Der Vorgänger wird erst fixiert, wenn der Knoten zum ersten Mal vom Stapel genommen wird. Die Existenz eines Vorgängers ist aber nun ein ungeeignetes Kriterium, um zu testen, ob der Knoten bereits abgearbeitet wurde. Deswegen führen wir für die Knoten noch ein `label` ein.

So können wir es nun aber nicht vermeiden, dass Knoten mehrfach auf den Stapel getan werden. Also müssen wir bei der Entnahme vom Stapel prüfen, ob der Knoten bereits abgearbeitet wurde.

```
pred[r]= r
S.Push(r)
while S.IsNotEmpty():
  v = S.Pop()
  if not label[v]:
    label[v] = TRUE
    for w in Neighborhood(v):
      if not label[w]:
        pred[w] = v
        S.Push(w)
```

Bei der Laufzeitanalyse können wir fast wie bei der Breitensuche verfahren. Der einzige Unterschied ist, dass das **while**-Statement mehr als $O(|V|)$-mal ausgeführt werden muss, da ein Knoten mehrfach im Stack liegen kann. Allerdings kann ein Knoten v höchstens $\deg_G(v)$ mal auf den Stack gelegt werden (zur Definition von $\deg_G(v)$ siehe Abschnitt 3.9), die Gesamtarbeit im **while**-Statement ist also $O(|E|)$. Insgesamt erhalten wir also eine Laufzeit von $O(|E|)$.

Lösung 9.26 (zu Aufgabe 3.33). Ist $e = (u,v)$ eine Baumkante, so ist offensichtlich `pred[v]=u`. Sei also nun $e = (u,v)$ keine Baumkante. Angenommen u wäre kein Vorfahre von v. Da r Vorgänger aller Knoten ist, die ein Label tragen, haben u und v gemeinsame Vorgänger. Sei w der Vorgänger von u und v mit der größten Nummer. Dann liegen u und v in verschiedenen Teilbäumen von w, d. h. die ersten Kanten auf den Pfaden von w nach u bzw. von w nach v in T sind verschieden. Da `label[u]` < `label[v]`, wurde der Teilbaum, in dem u liegt, zuerst abgearbeitet, insbesondere war u komplett abgearbeitet, bevor der Teilbaum von v zum ersten Mal betreten wurde. Also hatte v noch kein Label, als u abgearbeitet wurde, und u hätte Vorgänger von v werden müssen. Widerspruch.

Lösung 9.27 (zu Aufgabe 3.36). Sei also $d_1 \geq d_2 \geq \ldots \geq d_n \geq 0$ eine Folge natürlicher Zahlen und $\sum_{i=1}^{n} d_i$ gerade. Wir betrachten den Multigraphen mit Knotenmenge $V = \{1,\ldots,n\}$ und folgender Kantenmenge: An jedem Knoten i gibt es zunächst $\lfloor \frac{d_i}{2} \rfloor$ Schleifen. Die gerade vielen Knoten mit ungeraden Knotengrad paaren wir und spendieren jedem Paar eine Kante. Offensichtlich hat dieser Multigraph die gewünschte Gradsequenz. Als Beispiel zeigen wir noch eine Visualisierung des so zu der Folge $(8,7,6,5,4,3,2,1)$ entstehenden Multigraphen.

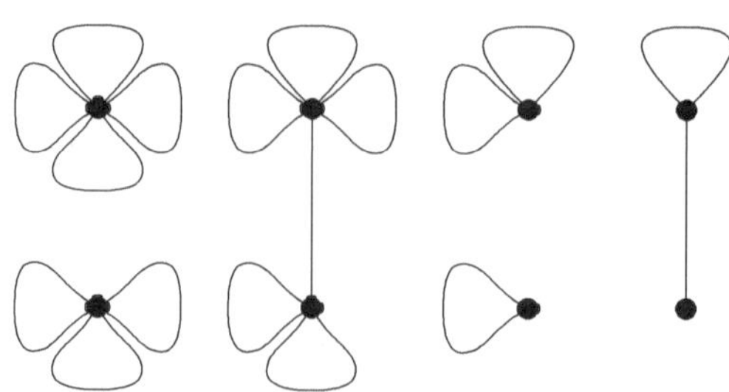

Lösung 9.28 (zu Aufgabe 3.39).

a) Wir berechnen

$$10+9=19>2\cdot 1+\sum_{j=3}^{11}\min\{2,d_j\}=2+7\cdot 2+2\cdot 1=18.$$

Also verletzt die Folge das Kriterium von Erdös und Gallai und ist also keine Valenzsequenz.

b) Wir berechnen mit dem Verfahren nach Havel und Hakimi die Sequenzen $(8,7,6,5,4,3,2,2,2,1)$. Als nächste berechnen wir $(6,5,4,3,2,1,1,1,1)$ sowie $(4,3,2,1,0,0,1,1)$, nach Umnummerierung

$$\begin{pmatrix} 5 & 6 & 7 & 10 & 11 & 8 & 9 \\ 2 & 1 & 0 & 0 & 1 & 0 & 0 \end{pmatrix}$$

und erhalten, wenn wir rückwärts die entsprechenden Graphen konstruieren, den in folgender Abbildung dargestellten Graphen mit der angegebenen Valenzsequenz. Mit den beiden kleineren Graphen deuten wir dabei zwei Zwischenschritte an.

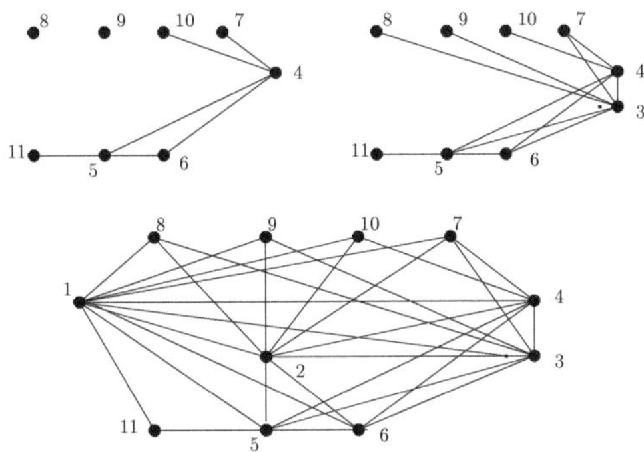

c) Die Summe der Einträge ist ungerade. Also ist die Sequenz keine Valenzsequenz.

Lösung 9.29 (zu Aufgabe 3.44). Wir gehen nach dem Algorithmus Eulertour vor und finden zunächst die Teiltour

$$(1,3),(3,2),(2,4),(4,1),(1,5),(5,2),(2,6),(6,1).$$

An 1 sind alle Valenzen aufgebraucht, also fahren wir am nächsten Knoten auf der bisherigen Tour, also der 3, fort mit

$$(3,5),(5,4),(4,6),(6,3)$$

und erhalten nach Einhängen die Eulertour

$$(1,3),(3,5),(5,4),(4,6),(6,3),(3,2),(2,4),(4,1),(1,5),(5,2),(2,6),(6,1).$$

Lösung 9.30 (zu Aufgabe 3.46). Man kann den Beweis von Satz 3.40 im Wesentlichen abschreiben. An einigen Stellen muss man leichte Modifikationen vornehmen. Wir erhalten dann:

a) $\Rightarrow$ *b)* Die erste Implikation ist offensichtlich, da eine Eulertour alle Kanten genau einmal benutzt und geschlossen ist, man also in jeden Knoten genauso oft ein- wie auslaufen muss. Also muss der Graph zusammenhängend sein, und alle Knoten müssen gleichen Innengrad wie Außengrad haben.

b) $\Rightarrow$ *c)* Die zweite Implikation zeigen wir mittels vollständiger Induktion über die Kardinalität der Kantenmenge. Sei also G ein zusammenhängender Graph, bei dem alle Knoten gleichen Innen- wie Außengrad haben. Ist $|E| = 0$, so ist $G = K_1$ und die leere Menge ist die disjunkte Vereinigung von null gerichteten Kreisen. Sei also $|E| > 0$. Wir starten bei einem beliebigen Knoten v_0 und wählen einen Bogen $e = (v_0, v_1)$. Ist dieser eine Schleife, so haben wir einen gerichteten Kreis C_1 gefunden. Ansonsten gibt es, da $\deg^-(v_1) = \deg^+(v_1) \geq 1$ ist, einen Bogen (v_1, v_2). Wir fahren so fort. Da V endlich ist, muss sich irgendwann ein Knoten w zum ersten Mal wiederholen. Der Teil des gerichteten Spaziergangs von w nach w ist dann geschlossen und wiederholt weder Kanten noch Knoten, bildet also einen gerichteten Kreis C_1. Diesen entfernen wir. Jede Zusammenhangskomponente des resultierenden Graphen hat wiederum nur Knoten mit gleichem Innen- wie Außengrad, ist also nach Induktionsvoraussetzung disjunkte Vereinigung gerichteter Kreise.

c) $\Rightarrow$ *a)* Sei schließlich G zusammenhängend und $E = C_1 \dot{\cup} \ldots \dot{\cup} C_k$ disjunkte Vereinigung gerichteter Kreise. Wir gehen wieder mit Induktion, diesmal über k, vor. Ist $k = 0$, so ist nichts zu zeigen. Andernfalls ist jede Komponente von $G \setminus C_1$ eulersch nach Induktionsvoraussetzung. Seien die Knoten von $C_1 = (v_1, \ldots, v_l)$ durchnummeriert. Dann enthält jede Komponente von $G \setminus C_1$ auf Grund des Zusammenhangs von G einen Knoten von C_1 mit kleinstem Index und diese „Kontaktknoten" sind paarweise verschieden. Wir durchlaufen nun C_1 und, wenn wir an einen solchen Kontaktknoten kommen, durchlaufen wir die Eulertour seiner Komponente, bevor wir auf C_1 fortfahren.

Lösung 9.31 (zu Aufgabe 3.48). Sie können beide Aufgabenteile mit ad-hoc Argumenten lösen. Vielleicht haben Sie aber auch den folgenden allgemeineren Satz „gesehen", mit dem beide Aufgabenteile dann leicht zu lösen sind:

Sei $G = (V,E)$ ein Graph. Ein Spaziergang in G, der jede Kante genau einmal benutzt und in s beginnt und in $t \neq s$ endet, heißt *Eulerpfad (von s nach t)*. Wir zeigen: Ein Graph hat genau dann einen Eulerpfad, wenn er zusammenhängend ist und genau zwei Knoten mit ungeradem Knotengrad hat.

Sei dazu $G = (V,E)$ ein Graph, der einen Eulerpfad von s nach t hat. Sei $e = (s,t)$. Dann ist $G+e$ ein Graph, der eine Eulertour hat, also zusammenhängend ist und nur gerade Knotengrade hat. Also ist G ein Graph, der zusammenhängend ist und genau zwei Knoten mit ungeradem Knotengrad, nämlich $\deg_G(s)$ und $\deg_G(t)$ hat. Für die Rückrichtung der Behauptung lese man die Implikationen rückwärts.

a) Als Graph betrachtet hat das Haus vom Nikolaus genau zwei Knoten mit ungeradem Knotengrad, nämlich die beiden unteren Ecken.
b) Das Doppelhaus vom Nikolaus hat 4 Knoten mit ungeradem Knotengrad, gestattet also weder eine Eulertour noch einen Eulerpfad.

Lösung 9.32 (zu Aufgabe 3.55).

a) Hat r in T nur einen Nachfolger, so ist $T \setminus r$ zusammenhängend. Da T ein Teilgraph von G ist, ist dann sicherlich auch $G \setminus r$ zusammenhängend. Hat r hingegen mehrere Nachfolger, so gibt es zwischen diesen verschiedenen Teilbäumen nach Aufgabe 3.33 keine Kanten in G, also ist $G \setminus r$ unzusammenhängend.

b) Ist v ein Blatt des Baumes, d. h. ein Knoten ohne Nachfolger, so ist die Bedingung stets erfüllt und $T \setminus v$ zusammenhängend. Die Aussage ist also für v richtig. Hat v nun Nachfolger und führt aus allen Teilbäumen von v eine Nichtbaumkante zu einem Vorfahren von v, so ist $G \setminus \{v\}$ zusammenhängend, denn man hat immer noch von allen Knoten ausgehend einen Spaziergang zur Wurzel und deswegen sind je zwei Knoten durch einen Spaziergang verbunden. Hat man hingegen einen Teilbaum, aus dem keine Nichtbaumkante zu einem Vorgänger von v führt, so führt nach Aufgabe 3.33 aus diesem Teilgraph überhaupt keine Kante hinaus. Alle Spaziergänge von einem Knoten außerhalb des Teilbaums in den Teilbaum müssen also über v führen und $G \setminus v$ ist unzusammenhängend.

9.4 Lösungsvorschläge zu den Übungen aus Kapitel 4

Lösung 9.33 (zu Aufgabe 4.2).

a) Nach Satz 4.1 d) enthält $T+\bar{e}$ einen Kreis, es bleibt also nur die Eindeutigkeit des Kreises zu zeigen. Ist aber C ein Kreis in $T+\bar{e}$ und $\bar{e}=(u,v)$, so ist $C\setminus\bar{e}$ ein uv-Weg in T. Nach Satz 4.1 b) gibt es in T genau einen uv-Weg P. Also ist $C=P+\bar{e}$ und damit eindeutig.
b) Sei $e\in C(T,\bar{e})\setminus\bar{e}$. Da $T+\bar{e}$ nur den Kreis $C(T,\bar{e})$ enthält, ist $\tilde{T}=(T+\bar{e})\setminus e$ kreisfrei. Da nach Satz 4.1 f) $|T|=|V|-1$ und offensichtlich $|\tilde{T}|=|T|$ gilt, ist auch $\tilde{T}$ nach Satz 4.1 f) ein Baum.

Lösung 9.34 (zu Aufgabe 4.3). Sei zunächst (T,r) ein Wurzelbaum mit $T=(V,E)$ und die Kanten wie in der Definition angegeben orientiert. Da es zu jedem Knoten v einen gerichteten rv-Weg gibt, muss in alle $v\in V\setminus\{r\}$ mindestens eine Kante hineinführen, es gilt also

$$\forall v\in V\setminus\{r\}:\deg^+(v)\geq 1. \tag{9.1}$$

Andererseits ist nach Satz 4.1 $|E|=|V|-1$ und somit

$$\sum_{v\in V}\deg^+(v)=|V|-1,$$

also muss in (9.1) überall Gleichheit gelten und $\deg^+(r)=0$ sein.

Sei nun umgekehrt $\mathbf{T}=(V,A)$ ein zusammenhängender Digraph mit den angegebenen Innengraden und $r\in V$ der eindeutige Knoten mit $\deg^+(v)=0$. Da $\mathbf{T}$ als zusammenhängend vorausgesetzt wurde, ist der $\mathbf{T}$ zu Grunde liegende ungerichtete Graph $T=(V,E)$ wegen

$$|E|=|A|=\sum_{v\in V}\deg^+(v)=|V|-1$$

nach Satz 4.1 ein Baum. Wir haben noch zu zeigen, dass die Kanten wie in der Definition angegeben bzgl. r als Wurzel orientiert sind. Sei dazu $v\in V$ und $P=rv_1v_2\dots v_{k-1}v$ der nach Satz 4.1 eindeutige rv-Weg in T. Da $\deg^+(r)=0$ ist, muss (rv_1) von r nach v_1 orientiert sein. Da v_1 schon eine eingehende Kante hat, muss (v_1,v_2) von v_1 nach v_2 orientiert sein, und wir schließen induktiv, dass P ein gerichteter Weg von r nach v ist.

Lösung 9.35 (zu Aufgabe 4.5). Wir führen Induktion über die Anzahl der Knoten von T. Besteht T aus nur einem Knoten, so ist sein Code $()$, also wohlgeklammert. Sei nun (T,r,ρ) ein gepflanzter Baum mit mindestens zwei Knoten. Die Codes $C_1,\dots,C_k$ der Söhne von r sind nach Induktionsvoraussetzung wohlgeklammerte Ausdrücke. Der Code von T ist $C=(C_1\dots C_k)$. Mit den C_i hat also auch C gleich viele öffnende wie schließende Klammern. C beginnt mit einer öffnenden Klammer. Angenommen, diese würde etwa durch eine Klammer in C_i geschlossen. Da die C_j mit $j<i$ wohlgeklammert sind, ist nach der letzten schließenden Klammer von C_{i-1} noch genau die erste Klammer von C offen. Wird diese in C_i geschlossen, so wird in C_i selber eine Klammer geschlossen, zu der es vorher keine öffnende gab im Widerspruch dazu, dass C_i wohlgeklammert ist.

Lösung 9.36 (zu Aufgabe 4.6). Wir führen wieder Induktion über die Anzahl Knoten in (T,r,ρ). Sei (T',r',ρ') der durch obige rekursive Prozedur bestimmte gepflanzte Baum. Hat T' nur einen Knoten, so galt dies auch für T und die Bijektion zwischen diesen beiden Knoten ist ein Isomorphismus der gepflanzten Bäume. Habe nun T mindestens zwei Knoten und seien $y_1,\dots,y_k$ die direkten

Nachfahren von r und $C_1,\dots,C_k$ die zugehörigen Codes der gepflanzten Bäume $T_1,\dots,T_k$, die in den y_i gewurzelt sind. Seien $y'_1,\dots,y'_k$ die Wurzeln der in der rekursiven Prozedur zu $C_1,\dots,C_k$ definierten gepflanzten Wurzelbäume T'_i. Nach Induktionsvoraussetzung gibt es Isomorphismen $\phi_i : (T_i, y_i, \rho_i) \to (T'_i, y'_i, \rho'_i)$. Indem wir diese Abbildungen vereinigen und r auf r' abbilden, erhalten wir eine Bijektion ϕ der Knoten von T und T'. Da die in r ausgehenden Kanten berücksichtigt werden und die ϕ_i Isomorphismen der gepflanzten Bäume sind, ist ϕ schon mal ein Isomorphismus der zugrundeliegenden Bäume. Da die Wurzel auf die Wurzel abgebildet wird, an der Wurzel die Reihenfolge nach Konstruktion und ansonsten nach Induktionsvoraussetzung berücksichtigt wird, ist ϕ ein Isomorphismus der gepflanzten Bäume.

Lösung 9.37 (zu Aufgabe 4.7). Seien (T,r) und (T,r') Wurzelbäume und ϕ ein Isomorphismus. Wir führen wieder Induktion über die Anzahl der Knoten in T und T'. Haben die Bäume nur einen Knoten, so erhalten sie den gleichen Code. Sei also nun die Anzahl der Knoten in T und T' mindestens zwei. Seien $y_1,\dots,y_k$ die Söhne von r und $y'_i = \phi(y_i)$. Die Restriktionen ϕ_i von ϕ auf die in y_i gewurzelten Teilbäume von T sind offensichtlich Isomorphismen, also sind die zugehörigen Codes gleich nach Induktionsvoraussetzung. Da die Codes von T und T' durch Ordnen und Einklammern dieser Codes entstehen, erhalten sie den gleichen Code.

Lösung 9.38 (zu Aufgabe 4.15). Sei zunächst T ein minimaler G aufspannender Baum und $\bar{e} \in E \setminus T$. Sei $e \in C(T,\bar{e})$ beliebig. Nach Aufgabe 4.2 ist dann $\tilde{T} := (T+\bar{e}) \setminus e$ wieder ein Baum und damit wieder ein G aufspannender Baum. Da T minimal ist, schließen wir

$$\begin{aligned} w(T) = \sum_{f\in T} w(f) \leq w(\hat{T}) &= w(T) - w(e) + w(\bar{e}) \\ \iff \qquad w(e) &\leq w(\bar{e}). \end{aligned}$$

Sei nun umgekehrt T ein G aufspannender Baum, der das Kreiskriterium erfüllt und $\bar{T}$ ein minimaler G aufspannender Baum mit $|T \cap \bar{T}|$ maximal. Wir zeigen $T = \bar{T}$. Angenommen $T \setminus \bar{T} \neq \emptyset$. Sei dann $e \in T \setminus \bar{T} \neq \emptyset$ von kleinstem Gewicht gewählt. Da $\bar{T}$ nach dem bereits Gezeigten das Kreiskriterium erfüllt, gilt für alle $f \in C(\bar{T},e) : w(f) \leq w(e)$. Da T kreisfrei ist, gibt es $f \in C(\bar{T},e) \setminus T$. Da man bei $w(f) = w(e)$ mit $(\bar{T}+e) \setminus f$ einen weiteren minimalen G aufspannenden Baum erhalten würde, der aber einen größeren Schnitt mit T hat als $\bar{T}$, muss $w(f) < w(e)$ sein. Für alle $g \in C(T,f)$ gilt nun wiederum

$$w(g) \leq w(f) < w(e).$$

Insbesondere gibt es ein $g \in C(T,f) \setminus \bar{T}$ mit $w(g) < w(e)$ im Widerspruch zur Wahl von e.

Da nach Satz 4.1 alle Bäume auf der gleichen Knotenmenge gleich viele Kanten haben, folgt die Behauptung.

Lösung 9.39 (zu Aufgabe 4.19).

a) Sei $e = (u,v) \in T$. Nach Satz 4.1 ist $T \setminus e$ unzusammenhängend. Da T zusammenhängend ist, hat $T \setminus e$ genau zwei Zusammenhangskomponenten. Sei S die Knotenmenge der einen. Wir behaupten

$$D(T,e) = \partial_G(S).$$

$\subseteq$ Sei $\bar{e} \in D(T,e)$. Da die Komponenten von $T \setminus e$ wieder Bäume sind und $(T \setminus e) + \bar{e}$ als Baum kreisfrei ist, können nicht beide Endknoten von $\bar{e}$ in der gleichen Komponente von $T \setminus e$ liegen. Somit gilt $|\bar{e} \cap S| = 1$, also auch $\bar{e} \in \partial(S)$.

$\supseteq$ Sei $(w,x) = \bar{e} \in \partial S$ und $\bar{e} \cap S = \{w\}$. Wir haben zu zeigen, dass $\tilde{T} := (T \setminus e) + \bar{e}$ wieder ein Baum ist. Da $\tilde{T}$ ebenso viele Kanten wie T hat, genügt es nach Satz 4.1 zu zeigen, dass $\tilde{T}$ zusammenhängend ist. Da T zusammenhängend ist, genügt es, einen uv-Weg in $\tilde{T}$ zu finden. Da die S-Komponente von $T \setminus e$ ein Baum ist, gibt es darin einen uw-Weg P_1. Analog erhalten wir in der anderen Komponente einen xv-Weg P_2. Dann ist aber $P_1\bar{e}P_2$ ein uv-Weg in $\tilde{T}$, das somit ein Baum ist.

b) Sei T ein minimaler aufspannender Baum, $e \in T$ und $\bar{e} \in D(T,e)$. Auf Grund der Minimalität von T ist
$$w(T) = \sum_{e \in T} w(e) \le w((T \setminus e) + \bar{e}) = w(T) - w(e) + w(\bar{e}),$$
also auch $w(e) \le w(\bar{e})$.
Sei umgekehrt T ein aufspannender Baum, der das Schnittkriterium erfüllt und $\tilde{T}$ ein minimaler aufspannender Baum mit $|T \cap \tilde{T}|$ maximal. Angenommen $T \setminus \tilde{T} \neq \emptyset$. Sei dann $(u,v) = e \in T \setminus \tilde{T}$ von maximalem Gewicht. Da $\tilde{T}$ zusammenhängend ist, enthält er mindestens eine Kante $\bar{e}$, die die beiden Komponenten von $T \setminus e$ verbindet. Ist S die Knotenmenge der einen Komponente von $T \setminus e$, so ist also $\bar{e} \in \partial_G(S) = D(T,e)$. Nach Teil a) ist $(T \setminus e) + \bar{e}$ wieder ein Baum und damit $w(\bar{e}) \ge w(e)$. Da T zusammenhängend ist, enthält es ein $g \in D(\tilde{T}, \bar{e})$. Da $\tilde{T}$ als minimaler aufspannender Baum nach dem bereits Gezeigten das Schnittkriterium erfüllt, ist $w(g) \ge w(\bar{e})$. Da $|T \cap \tilde{T}|$ maximal gewählt worden war, muss sogar gelten $w(g) > w(\bar{e})$. Dann ist aber $g \in T \setminus \tilde{T}$ mit
$$w(g) > w(\bar{e}) \ge w(e)$$
im Widerspruch zur Wahl von e.

Lösung 9.40 (zu Aufgabe 4.20). Sei S eine nicht leere Menge natürlicher Zahlen, v darin die kleinste. Wir betrachten den vollständigen Graphen auf S und für $e = (i,j)$ sei
$$w(e) = \max\{i,j\}.$$
Offensichtlich nehmen wir in Prims Algorithmus die Elemente von S in aufsteigender Reihenfolge in T auf, sortieren also die Menge. Damit ist die Laufzeit von unten durch
$$\Omega(|S| \log |S|)$$
beschränkt. Bekanntlich ist Sortieren nämlich $\Omega(|S| \log |S|)$, siehe etwa [13].

Lösung 9.41 (zu Aufgabe 4.21).

a) Offensichtlich ist der kontrahierte Graph T/S zusammenhängend. Dieser Graph ist aber gleich dem von der Kantenmenge $E(T) \setminus S$ in G/S induzierten Graphen. Da man ferner bei jeder Kontraktion einer Kante, die nicht Schleife ist, einen Knoten verliert und also
$$|T \setminus S| = |T| - |S| = |V| - 1 - |S| = |V(G/S)| - 1$$
gilt, ist T/S nach Satz 4.1 ein aufspannender Baum von G/S. Wir zeigen: T/S erfüllt das Schnittkriterium. Sei also $e \in E(T) \setminus S$ und $\bar{e} \in D_{G/S}(T \setminus S, e)$. Wir zeigen
$$D_{G/S}(T \setminus S, e) = D_G(T,e),$$

woraus die Behauptung folgt, da T als minimaler aufspannender Baum das Schnittkriterium erfüllt. Seien dazu V_1, V_2 die Knotenmengen der Komponenten von $T \setminus e$. Dann ist $D_G(T,e) = \partial_G(V_1)$. Die Komponenten von $T \setminus (S \cup \{e\})$ in G/S entstehen aus den Komponenten von $T \setminus e$, indem in den Teilbäumen Kanten kontrahiert werden. Seien die Knoten der Komponenten $\tilde{V}_1, \tilde{V}_2$. Dann ist $D_{G/S}(T \setminus S, e) = \partial_{G/S}(\tilde{V}_1)$. Ist nun $e' \in \partial_G(V_1)$ so ist in G/S ein Endknoten von e' in $\tilde{V}_1$ und der andere in $\tilde{V}_2$, also auch $e' \in \partial_{G/S}(\tilde{V}_1)$. Umgekehrt muss die Kante in G, aus der eine Kante in $\partial_{G/S}(\tilde{V}_1)$ entstanden ist, in $\partial_G(V_1)$ gewesen sein.

b) Sei T ein minimaler aufspannender Baum, $v \in V$ und e die eindeutige Kante kleinsten Gewichts inzident mit v. Angenommen $e \notin T$. Da sicherlich $e \in C(T,e)$ liegt, hat v in diesem Kreis den Knotengrad 2. Sei $f \in C(T,e)$ die andere Kante inzident mit v. Nach dem Kreiskriterium ist $w(f) \le w(e)$. Da w injektiv ist, gilt sogar $w(f) < w(e)$ im Widerspruch zur Wahl von e. Also ist die Kantenmenge S in jedem minimalen aufspannenden Baum enthalten.
Es bleibt zu zeigen, dass der minimale aufspannende Baum eindeutig ist. Angenommen $\tilde{T}$ wäre ein weiterer minimaler aufspannender Baum und $e \in T \setminus \tilde{T}$ von minimalem Gewicht. Sei v der Knoten, an dem e die kleinste Kante ist. Dann verletzt die andere Kante an v in $C(\tilde{T},e)$ das Kreiskriterium. Widerspruch.

Lösung 9.42 (zu Aufgabe 4.26). Der Algorithmus von Kruskal betrachtet zunächst die Kanten mit dem Gewicht 2, also $(i,2i)$ mit $i = 1,\dots,15$ in dieser Reihenfolge. Als nächstes wird die Kante $(1,3)$ hinzugefügt. Die Kante $(2,6)$ wird verworfen, da sie mit $(1,2),(3,6)$ und $(1,3)$ einen Kreis schließt. Aufgenommen von den Kanten mit Gewicht 3 werden $(3,9),(5,15),(7,21),(9,27)$. Die Kanten mit Gewicht 4 brauchen wir nicht zu betrachten, da sie mit zwei Kanten vom Gewicht 2 einen Kreis schließen. Analoges gilt für alle Gewichte, die keine Primzahlen sind. Kanten vom Gewicht 5 im Baum sind $(1,5),(5,25)$. Schließlich werden aufgenommen

$$(1,7),(1,11),(1,13),(1,17),(1,19),(1,23),(1,29).$$

Der Algorithmus von Prim wählt die Kanten $(1,2),(2,4),(4,8),(8,16)$. Dann eine vom Gewicht drei und weitere vom Gewicht zwei nämlich $(1,3),(3,6),(6,12)$, $(12,24)$. Dann $(3,9),(9,18),(9,27)$. Die übrigen Kanten werden in folgender Reihenfolge gewählt

$$(1,5),(5,10),(10,20),(5,15),(15,30),(5,25),(1,7),(7,14),(14,28),(7,21)$$

und weiter

$$(1,11),(11,22),(1,13),(13,26),(1,17),(1,19),(1,23),(1,29).$$

Für den Algorithmus von Borůvka erstellen wir zunächst eine Tabelle der beliebtesten Nachbarn. Die zugehörigen Kanten haben wir in Abbildung 9.1 fett eingezeichnet. Der zugehörige Wald

1	2	3	4	5	6	7	8	9	10	11	12	13	14	15
2	1	6	2	10	3	14	4	18	5	22	6	26	7	30

16	17	18	19	20	21	22	23	24	25	26	27	28	29	30
8	1	9	1	10	7	11	1	12	5	13	9	14	1	15

Tabelle 9.1 Die beliebtesten Nachbarn

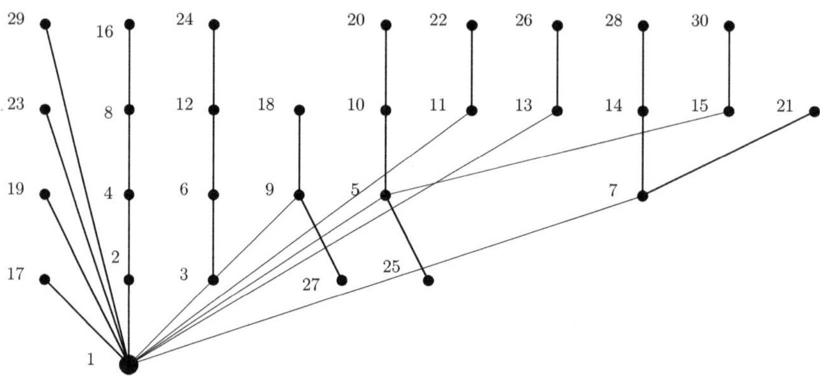

Abb. 9.1 Der minimale aufspannende Baum

hat acht Komponenten. Wir schreiben für Repräsentanten wieder die beliebtesten Nachbarn auf: Dadurch kommen sechs neue Kanten hinzu und die letzte, nämlich $(1,5)$ in der dritten Iteration.

1	3	5	7	9	11	13	15
3	1	15	1	3	1	1	5

Tabelle 9.2 Die beliebtesten Nachbarn der verbleibenden Komponenten

Der minimale aufspannende Baum ist ohne unsere Vereinbarung zum „Tiebreaking" nicht eindeutig. Z. B. kann man die Kante $(1,3)$ durch $(2,6)$ ersetzen.

Lösung 9.43 (zu Aufgabe 4.28). Sei X die Anzahl der aufspannenden Bäume, welche die Kante e enthalten. Aus Symmetriegründen ist beim vollständigen Graphen X unabhängig von der Wahl von e. Wenn wir nun für alle Kanten e in G jeweils die aufspannenden Bäume, die e enthalten, zählen, haben wir jeden Baum so oft gezählt, wie er Kanten enthält, also $n-1$ mal. Da G $\binom{n}{2}$ Kanten hat, folgt also aus der Cayley Formel

$$\begin{aligned} & \binom{n}{2} X = (n-1)n^{n-2} \\ \iff \quad & \frac{n(n-1)}{2} X = (n-1)n^{n-2} \\ \iff \quad & X = 2n^{n-3}. \end{aligned}$$

Lösung 9.44 (zu Aufgabe 4.39). Wir betrachten die oberen Knoten als U und die unteren als V. In den ersten vier Schleifendurchläufen finden wir an den ersten vier Knoten jeweils erweiternde Wege der Länge 1 also Matchingkanten. Diese sind in Abbildung 9.2 fett gezeichnet. Im fünften Durchlauf finden wir am fünften Knoten keine Matchingkante, aber am sechsten. Für die nächste Iteration haben wir Durchläufe der while-Schleife, in der die Knoten gefunden werden, an diesen angedeutet. Dabei nehmen wir passenderweise für U-Knoten ungerade Nummern und für V-Knoten gerade. In einem Durchlauf der while-Schleife werden also eigentlich zwei verschiedene Nummern abgetragen.

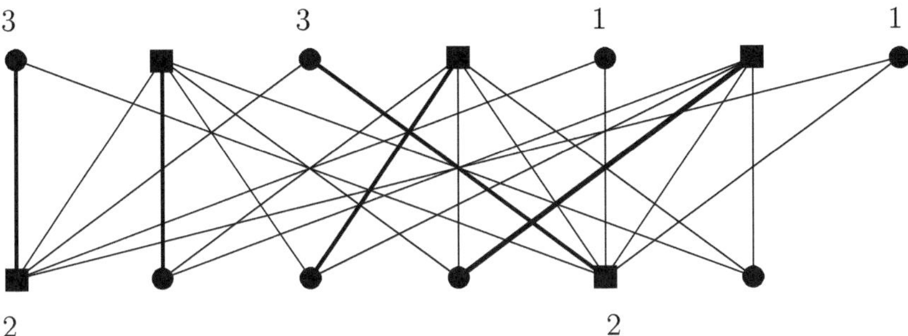

Abb. 9.2 Ein maximales Matching und eine minimale Knotenüberdeckung

Als erstes markieren wir die beiden ungematchten Knoten mit 1, dann deren Nachbarn mit 2. Da diese beide gematcht sind, markieren wir ihre Matchingpartner mit 3. Die mit 3 markierten Knoten kennen nun keine unmarkierten Knoten mehr. Das Matching ist maximal, und die markierten V-Knoten und die unmarkierten U-Knoten, die wir durch Quadrate angedeutet haben, bilden eine minimale Knotenüberdeckung.

Lösung 9.45 (zu Aufgabe 4.40). Seien die Zeilen des Schachbrettes wie allgemein üblich $Z := \{1,2,3,4,5,6,7,8\}$ und die Spalten $S := \{a,b,c,d,e,f,g,h\}$. Wir betrachten den bipartiten G Graphen auf $S\dot{\cup}Z$, bei dem (i,x) eine Kante ist, wenn das Feld ix markiert ist, für $i \in S$ und $x \in Z$.

Zwei Türme können sich genau dann schlagen, wenn sie entweder in der gleichen Zeile oder in der gleichen Spalte stehen. Die entsprechenden Kanten der zugehörigen markierten Felder inzidieren also mit einem gemeinsamen Knoten in G. Mittels Kontraposition stellen wir fest, dass eine Platzierung von Türmen auf einer Teilmenge der markierten Felder genau dann zulässig ist, wenn die entsprechenden Kanten in G ein Matching bilden. Gesucht ist also die Kardinalität eines maximalen Matchings.

Nach dem Satz von König ist diese gleich der minimalen Kardinalität einer Knotenüberdeckung. Eine Menge von Zeilen und Spalten entspricht aber genau dann einer kantenüberdeckenden Knotenmenge in G, wenn jedes markierte Feld in einer solchen Zeile oder Spalte liegt.

Lösung 9.46 (zu Aufgabe 4.41). Wie vorgeschlagen, führen wir Induktion über die Anzahl $k \geq n$ der von Null verschiedenen Einträge in P. Ist $k = n$, so ist in jeder Zeile und Spalte höchstens ein Eintrag von Null verschieden. Da die Matrix doppelt stochastisch ist, schließen wir, dass in jeder Zeile und Spalte genau ein Eintrag von Null verschieden und genauer gleich 1 ist. Also ist die Matrix eine Permutationsmatrix. Wir setzen also $l = 1, \lambda_1 = 1$ und $P_1 = A$.

Sei nun $k > n$. Wir betrachten den bipartiten Graphen G auf der Menge der Zeilen und Spalten, bei der eine Zeile mit einer Spalte genau dann adjazent ist, wenn der entsprechende Eintrag in der Matrix von Null verschieden ist.

Wir zeigen nun, dass G die Bedingung des Heiratssatzes von Frobenius erfüllt. Nach Annahme ist die Matrix quadratisch, die beiden Farbklassen von G sind also gleich groß. Sei nun H eine Menge von Zeilen von A und $N(H)$ die Menge der Spalten, die zu H in G benachbart sind. Da die Matrix doppelt stochastisch ist, erhalten wir

$$|N(H)| = \sum_{j \in N(H)} \sum_{i=1}^{n} a_{ij} \geq \sum_{\substack{j \in N(H) \\ i \in H}} a_{ij} = \sum_{i \in H} \sum_{j=1}^{n} a_{ij} = |H|.$$

Beachten Sie, dass das Ungleichheitszeichen daher rührt, dass in den Spalten von $N(H)$ Nichtnulleinträge in Spalten außerhalb von H vorkommen können. Die vorletzte Gleichung folgt, da $a_{ij} = 0$ für alle $j \notin N(H)$, $i \in H$ ist.

Also hat G ein perfektes Matching M. Sei P die Permutationsmatrix, die in (i,j) genau dann eine 1 hat, wenn $(i,j) \in M$ und Null sonst. Sei ferner

$$\alpha = \min\{a_{ij} \mid (i,j) \in M\}.$$

Da $k > n$ ist und nach Konstruktion von G muss $0 < \alpha < 1$ sein. Weil α minimal gewählt wurde, ist

$$A - \alpha P$$

eine Matrix mit nicht-negativen Einträgen und Zeilen- und Spaltensumme jeweils $1 - \alpha$. Ferner hat $A - \alpha P$ mindestens einen Nichtnulleintrag weniger als A, nämlich dort, wo α das Minimum annahm. Also ist

$$\tilde{A} := \frac{1}{1-\alpha}(A - \alpha P)$$

eine doppelt stochastische Matrix mit mindestens einem Nichtnulleintrag weniger als A. Also gibt es nach Induktionsvoraussetzung $\tilde{l} \in \mathbb{N}$ und Permutationsmatrizen $P_1, \ldots, P_{\tilde{l}}$, sowie $\tilde{\lambda}_1, \ldots, \tilde{\lambda}_{\tilde{l}}$ mit $0 \leq \tilde{\lambda}_i \leq 1$ und

$$\tilde{A} = \sum_{i=1}^{\tilde{l}} \tilde{\lambda}_i P_i.$$

Wir setzen nun

$$l = \tilde{l} + 1, \quad P_l = P, \quad \lambda_l = \alpha \text{ und für } 0 \leq i \leq \tilde{l} : \lambda_i = (1-\alpha)\tilde{\lambda}_i.$$

Dann ist stets $0 \leq \lambda_i \leq 1$ und

$$\begin{aligned}
\sum_{i=1}^{l} \lambda_i P_i &= \alpha P + \sum_{i=1}^{\tilde{l}} (1-\alpha)\tilde{\lambda}_i P_i \\
&= \alpha P + (1-\alpha) \sum_{i=1}^{\tilde{l}} \tilde{\lambda}_i P_i \\
&= \alpha P + (1-\alpha)\tilde{A} \\
&= \alpha P + (A - \alpha P) = A
\end{aligned}$$

und

$$\begin{aligned}
\sum_{i=1}^{l} \lambda_i &= \alpha + \sum_{i=1}^{\tilde{l}} (1-\alpha)\tilde{\lambda}_i \\
&= \alpha + (1-\alpha) \cdot 1 = 1,
\end{aligned}$$

womit wir A als Konvexkombination von Permutationsmatrizen dargestellt haben.

Lösung 9.47 (zu Aufgabe 4.45). Wir zeigen per Induktion über den Algorithmus, dass für jede stabile Hochzeit $\sigma : U \to V$ und jeden Mann $u \in U$ gilt:

Ist $v \in V$ und $v \prec_u \sigma(u)$, so macht u v im Algorithmus keinen Antrag.

Diese Aussage ist sicherlich beim ersten Antrag, der im Algorithmus gemacht wird, klar, da dort ein Mann seiner absoluten Favoritin einen Antrag macht. Betrachten wir also nun den k-ten Antrag im Algorithmus, in dem $u \in U$ der Frau $v \in V$ einen Antrag macht und nehmen an, dass die Aussage für die ersten $k-1$ Anträge richtig ist. Angenommen die Aussage wäre falsch und

$$v \prec_u \sigma(u).$$

Dann hat u auch $\sigma(u)$ im Verlauf des Algorithmus einen Antrag gemacht. Da dieser abgelehnt wurde oder eine Verlobung aufgelöst wurde, ist $\sigma(u)$ zum Zeitpunkt des k-ten Antrags mit u_1 verlobt, den sie u vorzieht:

$$u = \sigma^{-1}(\sigma(u)) \prec_{\sigma(u)} u_1. \tag{9.2}$$

Da der Antrag von u_1 an $\sigma(u_1)$ vor dem k-ten Antrag liegt, gilt nach Induktionsvoraussetzung, dass u_1 Frau $\sigma(u)$ nicht unsympathischer finden kann, als jede Frau mit der er in einer beliebigen stabilen Hochzeit liiert ist. Also gilt für jede stabile Hochzeit τ,

$$\tau(u_1) \preceq_{u_1} \sigma(u).$$

Insbesondere ist also

$$\sigma(u_1) \preceq_{u_1} \sigma(u). \tag{9.3}$$

Da $\sigma(u_1) \neq \sigma(u)$ muss sogar

$$\sigma(u_1) \prec_{u_1} \sigma(u) \tag{9.4}$$

gelten. Die Ungleichungen (9.2) und (9.4) widersprechen aber für $\sigma(u)$ und u_1 der angenommenen Stabilität der Hochzeit σ.

9.5 Lösungsvorschläge zu den Übungen aus Kapitel 5

Lösung 9.48 (zu Aufgabe 5.4). Wegen $10000 = 8192 + 1024 + 512 + 256 + 16$ ist die Binärdarstellung von

$$10000 = 10011100010000_{(2)} \qquad \text{(binär)}.$$

Die erste Stelle von $\frac{1}{3}$ ist $\frac{1}{4}$ und lässt den Rest $\frac{1}{12} = \frac{1}{4}\frac{1}{3}$. Da $4 = 2^2$ ist, wiederholen sich bei der Entwicklung die Ziffern alle zwei Stellen. Somit ist $\frac{1}{3}$ periodisch mit der Periodenlänge 2 und es gilt

$$\frac{1}{3} = 0.\overline{01}_{(2)} \qquad \text{(binär)}.$$

Als Reihe geschrieben heißt dies also

$$\frac{1}{3} = \sum_{i=1}^{\infty} a_i \left(\frac{1}{2}\right)^i,$$

wobei die a_i für ungerade i Null und für gerade i Eins sind. Also brauchen wir nur über die geraden Indizes zu summieren und können statt dessen nur gerade Potenzen aufaddieren:

$$\frac{1}{3} = \sum_{i=1}^{\infty} \left(\frac{1}{2}\right)^{2i} = \sum_{i=1}^{\infty} \left(\frac{1}{4}\right)^i.$$

Der Term auf der rechten Seite ist nun eine *geometrische Reihe.* Für geometrische Reihen gilt bekanntlich die Formel

$$\sum_{i=0}^{\infty} q^i = \frac{1}{1-q} \quad \text{für } |q| < 1.$$

Also

$$\frac{1}{3} = \sum_{i=1}^{\infty} \left(\frac{1}{4}\right)^i = \frac{1}{4}\sum_{i=1}^{\infty} \left(\frac{1}{4}\right)^{i-1} = \frac{1}{4}\sum_{i=0}^{\infty} \left(\frac{1}{4}\right)^i = \frac{1}{4}\cdot\frac{1}{1-\frac{1}{4}} = \frac{1}{4}\cdot\frac{1}{\frac{3}{4}} = \frac{1}{4}\cdot\frac{4}{3},$$

womit wir unser Ergebnis verifiziert haben.

Um genau die Darstellung wie in (5.1) zu erhalten, müssen wir als erste Stelle nach dem Komma eine 1 haben, also

$$\frac{1}{3} = 2^{-1} 0.\overline{10}_{(2)} \qquad \text{(binär)}.$$

Als nächstes entwickeln wir nun 0.1 binär. Die ersten zwei Stellen von $0.1 = \frac{1}{10}$ sind $\frac{1}{16}$ und $\frac{1}{32}$. Als Rest behalten wir

$$\frac{1}{10} - \frac{3}{32} = \frac{1}{160} = \frac{1}{16}\cdot\frac{1}{10}.$$

Da $16 = 2^4$ ist, ist die Binärdarstellung von $\frac{1}{10}$ periodisch mit der Länge 4 also

$$0.1 = 0.0\overline{0011}_{(2)} = 2^{-3}\cdot 0.\overline{1100}_{(2)} \qquad \text{(binär)}.$$

Wie eben verifizieren wir dies unter Ausnutzung der Formel für die geometrische Reihe:

$$\frac{1}{10} = \frac{3}{32}\sum_{i=0}^{\infty} \left(\frac{1}{16}\right)^i = \frac{3}{32}\cdot\frac{1}{1-\frac{1}{16}} = \frac{3\cdot 16}{32\cdot 15}.$$

Lösung 9.49 (zu Aufgabe 5.8).

a) Betrachten wir die Definition von $Rd_t(x)$, so erkennen wir, dass für $x_{-t-1} < \frac{B}{2}$ nichts zu zeigen ist. Andernfalls ist

$$Rd_t(x) = \sigma B^n (B^{-t} + \sum_{i=1}^{t} x_{-i} B^{-i}).$$

Wir unterscheiden nun zwei Fälle. Gibt es ein $1 \leq i \leq t$ mit $x_{-i} < B-1$, so sei $1 \leq i_0 \leq t$ der größte Index mit $x_{-i_0} < B-1$. Also ist

$$\begin{aligned} Rd_t(x) &= \sigma B^n \left(B^{-t} + \sum_{i=1}^{t} x_{-i} B^{-i} \right) \\ &= \sigma B^n \left(\sum_{i=1}^{i_0} x_{-i} B^{-i} + B^{-t} + (B-1) \sum_{i=i_0+1}^{t} B^{-i} \right) \\ &= \sigma B^n \left(\sum_{i=1}^{i_0} x_{-i} B^{-i} + \sum_{i=i_0}^{t} B^{-i} - \sum_{i=i_0+1}^{t} B^{-i} \right) \\ &= \sigma B^n \left(\sum_{i=1}^{i_0} x_{-i} B^{-i} + B^{-i_0} \right). \end{aligned}$$

Wir setzen dann

$$\tilde{x}_{-i_0} = \begin{cases} \tilde{x}_{-i} = x_{-i} & \text{falls } i < i_0 \\ \tilde{x}_{-i_0} = x_{-i_0} + 1 & \\ \tilde{x}_{-i} = 0 & \text{falls } i > i_0 \end{cases}$$

und haben offensichtlich eine Darstellung

$$Rd_t(x) = \sigma B^n (\sum_{i=1}^{t} \tilde{x}_{-i} B^{-i})$$

wie gewünscht gefunden.

Es bleibt der Fall, dass $x_{-i} = B-1$ für alle $i = 1, \ldots, t$. Fast die gleiche Rechnung wie eben, nur ohne führende Summe zeigt dann, dass

$$Rd_t(x) = \sigma B^n = \sigma B^{n+1} (1 \cdot B^{-1}),$$

d.h. wir erhöhen den Exponenten um Eins, setzen x_{-1} auf 1 und alle anderen x_i auf 0 und haben die gewünschte Darstellung gefunden.

b) Falls $x_{-t-1} < \frac{B}{2}$, so ist

$$|x - Rd_t(x)| = B^n \sum_{i=t+1}^{\infty} x_{-i} B^{-i} < B^n (x_{-t-1} + 1) B^{-t-1}.$$

Da B gerade ist, muss $x_{-t-1} + 1 \leq \frac{B}{2}$ sein. Und wir erhalten

$$|x - Rd_t(x)| < B^n \cdot \frac{B}{2} \cdot B^{-t-1} = \frac{B^{n-t}}{2}.$$

Ist $x_{-t-1} \geq \frac{B}{2}$, so haben wir

$$\begin{aligned}|x - Rd_t(x)| &= B^n \left(B^{-t} - \sum_{i=t+1}^{\infty} x_{-i} B^{-i} \right) < B^n (B^{-t} - x_{-t-1} B^{-t-1}) \\ &\leq B^n (B^{-t} - \frac{B}{2} B^{-t-1}) = B^{n-t} - \frac{1}{2} B^{n-t} = \frac{B^{n-t}}{2}.\end{aligned}$$

c) Da $|x| \geq B^{n-1}$ ist, und wegen Teil b) haben wir:

$$\left| \frac{x - Rd_t(x)}{x} \right| < \frac{\frac{B^{n-t}}{2}}{B^{n-1}} = \frac{B^{1-t}}{2}.$$

d) Wir übernehmen Argumentation und Rechnung aus c), da auch

$$Rd_t(x) \geq B^{n-1}$$

ist.

Lösung 9.50 (zu Aufgabe 5.11).

$$\begin{aligned}|\delta_{x+y}| &= |\hat{x} + \hat{y} - x - y| \leq |\hat{x} - x| + |\hat{y} - y| = |\delta_x| + |\delta_y|, \\ |\varepsilon_{x+y}| &= \frac{|\hat{x} + \hat{y} - x - y|}{|x+y|} \leq \frac{|\delta_x| + |\delta_y|}{|x+y|}.\end{aligned}$$

Leider kann $|x+y|$ sehr klein werden, es kann zu *Auslöschung* kommen. Wir werden dieses Phänomen im Anschluss an diese Aufgabe etwas eingehender diskutieren. Wegen der möglichen Auslöschung können wir keine bessere Abschätzung für den relativen Fehler angeben.

$$\begin{aligned}|\delta_{xy}| &= |\hat{x}\hat{y} - xy| = |(\hat{x}\hat{y} - \hat{x}y) + (\hat{x}y - xy)| \leq |\hat{x}| \cdot |\hat{y} - y| + |y||\hat{x} - x| = |\hat{x}||\delta_y| + |y||\delta_x| \\ &\leq (|x| + |\delta_x|)|\delta_y| + |y||\delta_x| = |x||\delta_y| + |y||\delta_x| + |\delta_x||\delta_y|, \\ |\varepsilon_{xy}| &= \frac{|\hat{x}\hat{y} - xy|}{|xy|} = \frac{|\delta_{xy}|}{|xy|} \leq \frac{|x||\delta_y| + |y||\delta_x| + |\delta_x||\delta_y|}{|xy|} = \frac{|\delta_x|}{|x|} + \frac{|\delta_y|}{|y|} + \frac{|\delta_x||\delta_y|}{|x| \cdot |y|}. \\ |\delta_{\frac{x}{y}}| &= \left| \frac{\hat{x}}{\hat{y}} - \frac{x}{y} \right| = \frac{|\hat{x}y - x\hat{y}|}{|y\hat{y}|} = \frac{|(\hat{x}y - xy) + (xy - x\hat{y})|}{|y\hat{y}|} \leq \frac{|y||\delta_x| + |x||\delta_y|}{|y\hat{y}|} \\ &\leq \frac{|y||\delta_x| + |x||\delta_y|}{|y|(|y| - |\delta_y|)} = \frac{|y||\delta_x| + |x||\delta_y|}{|y|^2 - |\delta_y||y|}, \\ |\varepsilon_{\frac{x}{y}}| &= \frac{|\frac{\hat{x}}{\hat{y}} - \frac{x}{y}|}{|\frac{x}{y}|} = \frac{|\delta_{\frac{x}{y}}||y|}{|x|} \leq \frac{|y|(|y||\delta_x| + |x||\delta_y|)}{|x|(|y|^2 - |\delta_y||y|)} = \frac{|y||\delta_x|}{|x||y| - |\delta_y||x|} + \frac{|\delta_y|}{|y|^2 - |\delta_y||y|}.\end{aligned}$$

Bei der Abschätzung von $|\delta_{\frac{x}{y}}|$ trat $|\hat{y}|$ im Nenner auf. In der Abschätzung müssen wir, damit der Bruch nicht kleiner wird, den Nenner nach unten abschätzen. Per definitionem ist $\delta_y = y - \hat{y}$ oder $\delta_y = \hat{y} - y$. Da $|\delta_y| < \min\{|y|, |\hat{y}|\}$ ist, haben y und $\hat{y}$ das gleiche Vorzeichen und also gilt entweder $|\hat{y}| = |y| + |\delta_y|$ oder $|\hat{y}| = |y| - |\delta_y|$ auf jeden Fall aber $|\hat{y}| \geq |y| - |\delta_y|$.

Wir kommen nun zum letzten Teil, der der einfachste ist.

$$\begin{aligned}|\delta_{ax}| &= |ax - a\hat{x}| = |a||\delta_x|, \\ |\varepsilon_{ax}| &= \frac{|ax - a\hat{x}|}{|ax|} = |\varepsilon_x|.\end{aligned}$$

Lösung 9.51 (zu Aufgabe 5.12). Für $b > 0$ vermeidet

$$\begin{aligned} x_1 &= \frac{-b+\sqrt{b^2-4ac}}{2a} \\ &= \frac{(-b+\sqrt{b^2-4ac})(b+\sqrt{b^2-4ac})}{2a(b+\sqrt{b^2-4ac})} \\ &= \frac{-b^2+(\sqrt{b^2-4ac})^2}{2a(b+\sqrt{b^2-4ac})} \\ &= \frac{-4ac}{2a(b+\sqrt{b^2-4ac})} \\ &= \frac{-2c}{b+\sqrt{b^2-4ac}} \end{aligned}$$

die Auslöschungsgefahr und für $b < 0$ berechnen wir x_2 als

$$\begin{aligned} x_2 &= \frac{-b-\sqrt{b^2-4ac}}{2a} \\ &= \frac{(-b-\sqrt{b^2-4ac})(-b+\sqrt{b^2-4ac})}{2a(-b+\sqrt{b^2-4ac})} \\ &= \frac{b^2-(\sqrt{b^2-4ac})^2}{2a(-b+\sqrt{b^2-4ac})} \\ &= \frac{4ac}{2a(-b+\sqrt{b^2-4ac})} \\ &= \frac{2c}{-b+\sqrt{b^2-4ac}}. \end{aligned}$$

Lösung 9.52 (zu Aufgabe 5.15). Wir rechnen zunächst exakt, wobei wir stets, falls möglich, das Pivotelement auf der Diagonalen wählen:

10	−7	0	7	10	−7	0	7	10	−7	0	7
−3	2.099	6	3.901	0	−0.001	6	6.001	0	−0.001	6	6.001
5	−1	5	6	0	2.5	5	2.5	0	0	15005	15005

Im ersten Schritt addieren wir $\frac{3}{10}$ der ersten Zeile, also $(3,-2.1,0,2.1)$ zur zweiten Zeile und subtrahieren die Hälfte der ersten Zeile von der letzten.

Im zweiten Schritt addieren wir das 2500-fache der zweiten Zeile, also $(0,2.5,15000,15002.5)$ zur dritten Zeile.

Wir rechnen nun rückwärts $15005z = 15005$ also $z = 1$ und $-0.001y+6 = 6.001$. Wir schließen, dass das Gleichungssystem die eindeutige Lösung $x = 0$, $y = -1$ und $z = 1$ hat.

Nun zur Lösung mit 5-stelliger Arithmetik. Der einzige Schritt, bei dem dieses Problem auftaucht, ist die Multiplikation von 6.001 mit 2500. Dies ergibt $15002.5 = 1.50025 \cdot 10^4$, was wir zu 15003 runden müssen. Dies addieren wir zu 2.5 und müssen wieder runden, was 15006 ergibt. Also sehen die ersten drei Schritte unseres Gauss-Verfahrens so aus:

10	−7	0	7	10	−7	0	7	10	−7	0	7
−3	2.099	6	3.901	0	−0.001	6	6.001	0	−0.001	6	6.001
5	−1	5	6	0	2.5	5	2.5	0	0	15005	15006

Durch rückwärts Einsetzen erhalten wir dann

$$z = \frac{15006}{15005} \approx 1.0001, y = -1000(6.001 - 6.0006) = -0.4, x = \frac{1}{10}(7 - 2.8) = 0.42.$$

Der ursprünglich kleine Fehler in z wird durch das kleine Pivotelement bei y extrem verstärkt und wir erhalten die Lösung $(0.42, -0.4, 1.0001)$, welche sehr weit von der exakten Lösung entfernt ist. Führt man eine Pivotsuche durch und vertauscht etwa im zweiten Schritt zweite und dritte Zeile, so erhält man hingegen

$\boxed{10}$	−7	0	7	10	−7	0	7	10	−7	0	7
−3	2.099	6	3.901	0	$\boxed{2.5}$	5	2.5	0	2.5	5	2.5
5	−1	5	6	0	−0.001	6	6.001	0	0	6.002	6.002

was beim rückwärts Einsetzen zur exakten Lösung führt.

Lösung 9.53 (zu Aufgabe 5.18).

a) Wir berechnen zunächst die Einträge der Matrix $C = e_i e_j^\top$. Nach Definition der Matrixmultiplikation ist der Eintrag C_{kl} das Skalarprodukt aus der k-ten Zeile von e_i (diese besteht nur aus $(e_i)_k$) mit der l-ten Spalte von e_j, also $(e_j)_l$. Dieses Produkt ist nur dann von Null verschieden, wenn beide Faktoren gleich 1 sind. Also ist $e_i e_j^\top$ die Matrix, bei der nur der Eintrag mit Index ij von Null verschieden, nämlich 1 ist. P_{ij}^n entsteht aus I_n, indem wir in den Positionen ii und jj je 1 abziehen und in ij und ji 1 addieren, also

$$P_{ij}^n = I_n - e_i e_i^\top - e_j e_j^\top + e_i e_j^\top + e_j e_i^\top.$$

b) Unter Ausnutzung von a), der Assoziativität der Matrizenmultiplikation und der Tatsache, dass $e_i^\top e_j = 0$ für $i \neq j$ und $e_i^\top e_i = 1$, erhalten wir

$$\begin{aligned}
P_{ij}^n P_{ij}^n &= (I_n - e_i e_i^\top - e_j e_j^\top + e_i e_j^\top + e_j e_i^\top)(I_n - e_i e_i^\top - e_j e_j^\top + e_i e_j^\top + e_j e_i^\top) \\
&= I_n - 2e_i e_i^\top - 2e_j e_j^\top + 2e_i e_j^\top + 2e_j e_i^\top \\
&\quad - e_i e_i^\top(-e_i e_i^\top - e_j e_j^\top + e_i e_j^\top + e_j e_i^\top) \\
&\quad - e_j e_j^\top(-e_i e_i^\top - e_j e_j^\top + e_i e_j^\top + e_j e_i^\top) \\
&\quad + e_i e_j^\top(-e_i e_i^\top - e_j e_j^\top + e_i e_j^\top + e_j e_i^\top) \\
&\quad + e_j e_i^\top(-e_i e_i^\top - e_j e_j^\top + e_i e_j^\top + e_j e_i^\top) \\
&= I_n - 2e_i e_i^\top - 2e_j e_j^\top + 2e_i e_j^\top + 2e_j e_i^\top + (e_i e_i^\top - e_i e_j^\top) \\
&\quad + (e_j e_j^\top - e_j e_i^\top) + (-e_i e_j^\top + e_i e_i^\top) + (-e_j e_i^\top + e_j e_j^\top) \\
&= I_n.
\end{aligned}$$

Lösung 9.54 (zu Aufgabe 5.24). Wir führen den Gaußalgorithmus an der Matrix A durch und tragen direkt die Elemente von L unterhalb der Diagonalen ein. Dann erhalten wir

$\boxed{1}$	2	3	4	1	2	3	4	1	2	3	4	1	2	3	4
4	9	14	19	4	$\boxed{1}$	2	3	4	1	2	3	4	1	2	3
5	14	24	34	5	4	9	14	5	4	$\boxed{1}$	2	5	4	1	2
6	17	32	48	6	5	14	24	6	5	4	9	6	5	4	1

Also haben wir die LU-Zerlegung von A

$$\begin{pmatrix} 1 & 2 & 3 & 4 \\ 4 & 9 & 14 & 19 \\ 5 & 14 & 24 & 34 \\ 6 & 17 & 32 & 48 \end{pmatrix} = \begin{pmatrix} 1 & 0 & 0 & 0 \\ 4 & 1 & 0 & 0 \\ 5 & 4 & 1 & 0 \\ 6 & 5 & 4 & 1 \end{pmatrix} \begin{pmatrix} 1 & 2 & 3 & 4 \\ 0 & 1 & 2 & 3 \\ 0 & 0 & 1 & 2 \\ 0 & 0 & 0 & 1 \end{pmatrix}.$$

Wir lösen nun $Lc_i = b_i$ für $i = 1,2,3$ durch vorwärts Einsetzen. Für $b_1 = (0,3,13,20)^\top$ haben wir dafür die Gleichungen

$$\begin{aligned} c_{11} &= 0 \\ 4c_{11} + c_{12} &= 3 \\ 5c_{11} + 4c_{12} + c_{13} &= 13 \\ 6c_{11} + 5c_{12} + 4c_{13} + c_{14} &= 20 \end{aligned}$$

woraus wir $c_1 = (0,3,1,1)^\top$ erhalten. Indem wir bei den c_2 und c_3 genauso vorgehen erhalten wir insgesamt

b_i	c_{i1}	c_{i2}	c_{i3}	c_{i4}
$(0,3,13,20)$	0	3	1	1
$(-1,2,24,46)$	-1	6	5	2
$(7,32,53,\frac{141}{2})$	7	4	2	$\frac{1}{2}$

Also ist $c_1 = (0,3,1,1)^\top$, $c_2 = (-1,6,5,2)^\top$ und $c_3 = (7,4,2,\frac{1}{2})^\top$.

Abschließend lösen wir $Ux_i = c_i$ durch rückwärts Einsetzen. Für c_1 haben wir dafür die Gleichungen

$$\begin{aligned} x_{11} + 2x_{12} + 3x_{13} + 4x_{14} &= 0 \\ x_{12} + 2x_{13} + 3x_{14} &= 3 \\ x_{13} + 2x_{14} &= 1 \\ x_{14} &= 1 \end{aligned}$$

woraus wir $x_{14} = 1$ und dann $x_{13} = -1$, $x_{12} = 2$ und $x_1 = -5$ schließen. Also ist $x_1 = (-5,2,-1,1)^\top$. Mit den anderen beiden rechten Seite erhalten wir insgesamt

c_i	x_{i4}	x_{i3}	x_{i2}	x_{i1}
$(0,3,1,1)$	1	-1	2	-5
$(-1,6,5,2)$	2	1	-2	-8
$(7,4,2,\frac{1}{2})$	$\frac{1}{2}$	1	$\frac{1}{2}$	1

Also werden die Gleichungssysteme $Ax_i = b_i$ gelöst durch

$$\begin{aligned} x_1 &= (-5,2,-1,1)^\top \\ x_2 &= (-8,-2,1,2)^\top \\ x_3 &= (1,\frac{1}{2},1,\frac{1}{2})^\top. \end{aligned}$$

Lösung 9.55 (zu Aufgabe 5.25). Beim Gauß-Jordan-Algorithmus erzeugen wir in den Pivotspalten Einheitsvektoren. Damit wir nicht dreimal rechnen müssen, führen wir die elementaren Zeilenoperationen gleich auch auf allen rechten Seiten durch. Wir starten also mit dem Schema

$$\left\|\begin{array}{cccc|ccc} \boxed{1} & 2 & 3 & 4 & 0 & -1 & 7 \\ 4 & 9 & 14 & 19 & 3 & 2 & 32 \\ 5 & 14 & 24 & 34 & 13 & 24 & 53 \\ 6 & 17 & 32 & 48 & 20 & 46 & \frac{141}{2} \end{array}\right\|$$

und erzeugen durch elementare Zeilenumformumgen in der ersten Spalte einen Einheitsvektor. Dies ergibt

$$\left\|\begin{array}{cccc|ccc} 1 & 2 & 3 & 4 & 0 & -1 & 7 \\ 0 & \boxed{1} & 2 & 3 & 3 & 6 & 4 \\ 0 & 4 & 9 & 14 & 13 & 29 & 18 \\ 0 & 5 & 14 & 24 & 20 & 52 & \frac{57}{2} \end{array}\right\|$$

Wir können im Folgenden weiter auf der Diagonalen pivotieren und erhalten

$$\left\|\begin{array}{cccc|ccc} 1 & 0 & -1 & -2 & -6 & -13 & -1 \\ 0 & 1 & 2 & 3 & 3 & 6 & 4 \\ 0 & 0 & \boxed{1} & 2 & 1 & 5 & 2 \\ 0 & 0 & 4 & 9 & 5 & 22 & \frac{17}{2} \end{array}\right\| \left\|\begin{array}{cccc|ccc} 1 & 0 & 0 & 0 & -5 & -8 & 1 \\ 0 & 1 & 0 & -1 & 1 & -4 & 0 \\ 0 & 0 & 1 & 2 & 1 & 5 & 2 \\ 0 & 0 & 0 & \boxed{1} & 1 & 2 & \frac{1}{2} \end{array}\right\|$$

Zuletzt erzeugen wir den vierten Einheitsvektor e_4 in der 4. Spalte:

$$\left\|\begin{array}{cccc|ccc} 1 & 0 & 0 & 0 & -5 & -8 & 1 \\ 0 & 1 & 0 & 0 & 2 & -2 & \frac{1}{2} \\ 0 & 0 & 1 & 0 & -1 & 1 & 1 \\ 0 & 0 & 0 & 1 & 1 & 2 & \frac{1}{2} \end{array}\right\|$$

In den hinteren drei Spalten können wir nun die aus der letzten Aufgabe schon bekannten Lösungen ablesen:

$$\begin{aligned} x_1 &= (-5,2,-1,1)^\top \\ x_2 &= (-8,-2,1,2)^\top \\ x_3 &= (1,\frac{1}{2},1,\frac{1}{2})^\top. \end{aligned}$$

Lösung 9.56 (zu Aufgabe 5.30).

a) Sei $\lambda \in \mathbb{R}$ Eigenvektor von A. Da A regulär ist, ist $\lambda \neq 0$. Sei $x \in \mathbb{R}^n$ ein Eigenvektor von A. Dann ist
$$A^{-1}x = A^{-1}A\frac{1}{\lambda}x = \frac{1}{\lambda}x.$$
Also ist x ein Eigenvektor von A^{-1} zum Eigenwert λ^{-1}. Vertauschen wir die Rollen von A und A^{-1} so folgt aus dem bereits Gezeigten, dass, wenn λ^{-1} ein Eigenwert von A^{-1} ist, auch $\lambda = (\lambda^{-1})^{-1}$ ein Eigenwert $A = (A^{-1})^{-1}$ ist.

b) Nach Proposition 5.4 ist eine symmetrische Matrix genau dann positiv definit, wenn der kleinste Eigenwert positiv ist. Dies ist offensichtlich genau dann der Fall, wenn alle Eigenwerte positiv sind. Da die multiplikative Inverse einer positiven Zahl stets positiv ist folgt die Behauptung also aus Teil a).

Lösung 9.57 (zu Aufgabe 5.31). Wir zeigen die Aufgabe mittels Kontraposition, also die Aussage: A ist genau dann positiv definit, wenn im Verlauf des Choleskyverfahrens für alle $1 \le k \le n$ der Ausdruck

$$a_{kk} - \sum_{i=1}^{k-1} l_{ki}^2 > 0$$

ist.

Wir haben zwei Implikationen zu zeigen. Sei A zunächst positiv definit und $1 \le k \le n$ beliebig aber fest. Nach Proposition 5.5 ist die k-te führende Hauptuntermatrix $A_{\{1...k\}\{1...k\}}$ positiv definit. Im Beweis des Satzes über die Choleskyfaktorisierung haben wir gezeigt, dass $a_{kk} - \|c\|^2 = a_{kk} - \sum_{i=1}^{k-1} l_{ki}^2 > 0$ ist.

Ist umgekehrt dieser Ausdruck stets größer als Null, so gelingt die Choleskyfaktorisierung, also ist $A = LL^\top$ für eine untere Dreiecksmatrix L mit nur positiven Diagonalelementen. Insbesondere ist $L^\top$ regulär, also $L^\top x \neq 0$ für alle $x \in \mathbb{R}^n \setminus \{0\}$ und somit

$$\forall x \in \mathbb{R}^n \setminus \{0\} : x^\top A x = x^\top L L^\top x = (L^\top x)^\top (L^\top x) = \|L^\top x\|^2 > 0.$$

Also ist A positiv definit.

Lösung 9.58 (zu Aufgabe 5.32). Wir starten bei den Matrizen eine Choleskyfaktorisierung. Fangen wir mit

$$A_1 = \begin{pmatrix} 6 & 0 & 6 & -4 \\ 0 & 6 & -4 & 6 \\ 6 & -4 & 6 & 0 \\ -4 & 6 & 0 & 6 \end{pmatrix}$$

an. Zunächst ziehen wir aus a_{11} die positive Wurzel $l_{11} = \sqrt{6}$. Als nächstes berechnen wir

$$\begin{aligned} l_{21} &= \frac{a_{21}}{\sqrt{6}} = 0 \\ l_{31} &= \frac{a_{31}}{\sqrt{6}} = \sqrt{6} \\ l_{41} &= \frac{a_{41}}{\sqrt{6}} = -\frac{2}{3}\sqrt{6}. \end{aligned}$$

Nun ist $l_{22} = \sqrt{a_{22} - l_{21}^2} = \sqrt{6-0} = \sqrt{6}$ und

$$\begin{aligned} l_{32} &= \frac{a_{32} - l_{21} l_{31}}{\sqrt{6}} = -\frac{2}{3}\sqrt{6} \\ l_{42} &= \frac{a_{42} - l_{21} l_{41}}{\sqrt{6}} = \sqrt{6}. \end{aligned}$$

Wir versuchen weiter $l_{33} = \sqrt{a_{33} - l_{31}^2 - l_{32}^2} = \sqrt{6 - 6 - \frac{8}{3}}$ und stellen fest, dass der Ausdruck unter der Wurzel negativ ist. Die Matrix ist also nach Aufgabe 5.31 nicht positiv definit.

Als Zusatzinformation betrachten Sie etwa den Vektor $x = (-3, 2, 4, 0)^\top$. Für diesen berechnen wir

$$x^\top Ax = -34 < 0.$$

Tatsächlich ist also schon die Hauptuntermatrix aus den ersten drei Indizes nicht positiv definit. Kommen wir zu

$$A_2 = \begin{pmatrix} 16 & 8 & 4 & 16 & 20 \\ 8 & 5 & 4 & 11 & 14 \\ 4 & 4 & 14 & 16 & 22 \\ 16 & 11 & 16 & 30 & 40 \\ 20 & 14 & 22 & 40 & 55 \end{pmatrix}.$$

Mit den gleichen Formeln wie eben berechnen wir für die ersten drei Spalten den Choleskyfaktor

$$L_3 = \begin{pmatrix} 4 & 0 & 0 \\ 2 & 1 & 0 \\ 1 & 2 & 3 \\ 4 & 3 & 2 \\ 5 & 4 & 3 \end{pmatrix}.$$

Für die letzten beiden Einträge hatten wir

$$\begin{aligned} l_{43} &= \frac{a_{43} - l_{31}l_{41} - l_{32}l_{42}}{l_{33}} \\ l_{53} &= \frac{a_{53} - l_{31}l_{51} - l_{32}l_{52}}{l_{33}}. \end{aligned}$$

Mit den Formeln

$$\begin{aligned} l_{44} &= \sqrt{a_{44} - l_{41}^2 - l_{42}^2 - l_{43}^2} \\ l_{54} &= \frac{a_{54} - l_{41}l_{51} - l_{42}l_{52} - l_{43}l_{53}}{l_{44}} \\ l_{55} &= \sqrt{a_{55} - l_{51}^2 - l_{52}^2 - l_{53}^2 - l_{54}^2} \end{aligned}$$

vervollständigen wir L zu

$$L = \begin{pmatrix} 4 & 0 & 0 & 0 & 0 \\ 2 & 1 & 0 & 0 & 0 \\ 1 & 2 & 3 & 0 & 0 \\ 4 & 3 & 2 & 1 & 0 \\ 5 & 4 & 3 & 2 & 1 \end{pmatrix}.$$

Lösung 9.59 (zu Aufgabe 5.34). Wir haben zu zeigen, dass die Abbildungen $\|\cdot\|_1 : \mathbb{R}^n \to \mathbb{R}$ und $\|\cdot\|_\infty : \mathbb{R}^n \to \mathbb{R}$ definiert durch

$$\|x\|_1 := \sum_{i=1}^n |x_i|, \qquad \|x\|_\infty := \max_{1 \le i \le n} |x_i|$$

die Axiome **(N1)**, **(N2)** und **(N3)** erfüllen.

(N1)
$$\|x\|_1 = 0 \iff \sum_{i=1}^{n} |x_i| = 0 \iff \forall 1 \leq i \leq n : x_i = 0 \iff x = 0,$$

$$\|x\|_\infty = 0 \iff \max_{1 \leq i \leq n} |x_i| = 0 \iff \forall 1 \leq i \leq n : x_i = 0 \iff x = 0,$$

(N2) Sei $\alpha \in \mathbb{R}$. Dann ist

$$\|\alpha x\|_1 = \sum_{i=1}^{n} |\alpha x_i| = \sum_{i=1}^{n} |\alpha| \cdot |x_i| = |\alpha| \sum_{i=1}^{n} |x_i| = |\alpha| \|x\|_1,$$

$$\|\alpha x\|_\infty = \max_{1 \leq i \leq n} |\alpha x_i| = \max_{1 \leq i \leq n} |\alpha| \cdot |x_i| = |\alpha| \max_{1 \leq i \leq n} |x_i| = |\alpha| \|x\|_\infty.$$

(N3)
$$\|x+y\|_1 = \sum_{i=1}^{n} |x_i + y_i| \leq \sum_{i=1}^{n} (|x_i| + |y_i|) = \sum_{i=1}^{n} |x_i| + \sum_{i=1}^{n} |y_i| = \|x\|_1 + \|y\|_1,$$

$$\begin{aligned} \|x+y\|_\infty &= \max_{1 \leq i \leq n} |x_i + y_i| \leq \max_{1 \leq i \leq n} (|x_i| + |y_i|) \\ &\leq \max_{1 \leq i \leq n} |x_i| + \max_{1 \leq i \leq n} |y_i| = \|x\|_\infty + \|y\|_\infty. \end{aligned}$$

Lösung 9.60 (zu Aufgabe 5.37). Die Konditionszahl einer Matrix A bzgl. eine Matrixnorm $\|\cdot\|$ ist $\text{cond}(A) = \|A^{-1}\| \|A\|$. Wir müssen also zunächst die Matrizen invertieren. Für A_1 machen wir das mit dem Gauß-Jordan-Algorithmus.

$$\left\|\begin{array}{cccc|cccc} \boxed{6} & 0 & 6 & -4 & 1 & 0 & 0 & 0 \\ 0 & 6 & -4 & 6 & 0 & 1 & 0 & 0 \\ 6 & -4 & 6 & 0 & 0 & 0 & 1 & 0 \\ -4 & 6 & 0 & 6 & 0 & 0 & 0 & 1 \end{array}\right\| \left\|\begin{array}{cccc|cccc} 1 & 0 & 1 & -\frac{2}{3} & \frac{1}{6} & 0 & 0 & 0 \\ 0 & \boxed{6} & -4 & 6 & 0 & 1 & 0 & 0 \\ 0 & -4 & 0 & 4 & -1 & 0 & 1 & 0 \\ 0 & 6 & 4 & \frac{10}{3} & \frac{2}{3} & 0 & 0 & 1 \end{array}\right\|$$

$$\left\|\begin{array}{cccc|cccc} 1 & 0 & 1 & -\frac{2}{3} & \frac{1}{6} & 0 & 0 & 0 \\ 0 & 1 & -\frac{2}{3} & 1 & 0 & \frac{1}{6} & 0 & 0 \\ 0 & 0 & \boxed{-\frac{8}{3}} & 8 & -1 & \frac{2}{3} & 1 & 0 \\ 0 & 0 & 8 & -\frac{8}{3} & \frac{2}{3} & -1 & 0 & 1 \end{array}\right\| \left\|\begin{array}{cccc|cccc} 1 & 0 & 0 & \frac{7}{3} & -\frac{5}{24} & \frac{1}{4} & \frac{3}{8} & 0 \\ 0 & 1 & 0 & -1 & \frac{1}{4} & 0 & -\frac{1}{4} & 0 \\ 0 & 0 & 1 & -3 & \frac{3}{8} & -\frac{1}{4} & -\frac{3}{8} & 0 \\ 0 & 0 & 0 & \boxed{\frac{64}{3}} & -\frac{7}{3} & 1 & 3 & 1 \end{array}\right\|$$

$$\left\|\begin{array}{cccc|cccc} 1 & 0 & 0 & 0 & \frac{3}{64} & \frac{9}{64} & \frac{3}{64} & -\frac{7}{64} \\ 0 & 1 & 0 & 0 & \frac{9}{64} & \frac{3}{64} & -\frac{7}{64} & \frac{3}{64} \\ 0 & 0 & 1 & 0 & \frac{3}{64} & -\frac{7}{64} & \frac{3}{64} & \frac{9}{64} \\ 0 & 0 & 0 & 1 & -\frac{7}{64} & \frac{3}{64} & \frac{9}{64} & \frac{3}{64} \end{array}\right\|$$

Also ist

$$A_1^{-1} = \frac{1}{64} \begin{pmatrix} 3 & 9 & 3 & -7 \\ 9 & 3 & -7 & 3 \\ 3 & -7 & 3 & 9 \\ -7 & 3 & 9 & 3 \end{pmatrix}.$$

Die betrachteten Normen sind die Spaltensummennorm $\|\cdot\|_1$ und die Zeilensummennorm $\|\cdot\|_\infty$. Da die Matrizen A_1 und A_2 und ihre Inverse symmetrisch sind, sind die beiden Normen gleich.

Die Zeilen- und Spaltensummen der Beträge von A_1 sind alle gleich 16 und von A^{-1} alle $\frac{22}{64} = \frac{11}{32}$. Damit erhalten wir

$$\operatorname{cond}_1(A_1) = \operatorname{cond}_\infty(A_1) = \frac{11}{2} = 5\frac{1}{2}.$$

Zur Invertierung von A_2 nutzen wir die Ergebnisse der Choleskyfaktorisierung und invertieren L, denn wegen $A_2 = LL^\top$ haben wir

$$A_2^{-1} = (LL^\top)^{-1} = (L^\top)^{-1}L^{-1} = (L^{-1})^\top L^{-1}.$$

Zur Erinnerung, wir hatten

$$L = \begin{pmatrix} 4&0&0&0&0\\ 2&1&0&0&0\\ 1&2&3&0&0\\ 4&3&2&1&0\\ 5&4&3&2&1 \end{pmatrix}.$$

Durch rückwärts Einsetzen finden wir

$$L^{-1} = \begin{pmatrix} \frac{1}{4}&0&0&0&0\\ -\frac{1}{2}&1&0&0&0\\ \frac{1}{4}&-\frac{2}{3}&\frac{1}{3}&0&0\\ 0&-\frac{5}{3}&-\frac{2}{3}&1&0\\ 0&\frac{4}{3}&\frac{1}{3}&-2&1 \end{pmatrix}$$

und somit

$$A_2^{-1} = \begin{pmatrix} \frac{1}{4}&-\frac{1}{2}&\frac{1}{4}&0&0\\ 0&1&-\frac{2}{3}&-\frac{5}{3}&\frac{4}{3}\\ 0&0&\frac{1}{3}&-\frac{2}{3}&\frac{1}{3}\\ 0&0&0&1&-2\\ 0&0&0&0&1 \end{pmatrix} \begin{pmatrix} \frac{1}{4}&0&0&0&0\\ -\frac{1}{2}&1&0&0&0\\ \frac{1}{4}&-\frac{2}{3}&\frac{1}{3}&0&0\\ 0&-\frac{5}{3}&-\frac{2}{3}&1&0\\ 0&\frac{4}{3}&\frac{1}{3}&-2&1 \end{pmatrix} =$$

$$\begin{pmatrix} \frac{3}{8}&-\frac{2}{3}&\frac{1}{12}&0&0\\ -\frac{2}{3}&6&\frac{4}{3}&-\frac{13}{3}&\frac{4}{3}\\ \frac{1}{12}&\frac{4}{3}&\frac{2}{3}&-\frac{4}{3}&\frac{1}{3}\\ 0&-\frac{13}{3}&-\frac{4}{3}&5&-2\\ 0&\frac{4}{3}&\frac{1}{3}&-2&1 \end{pmatrix}.$$

Die Zeilenbetragssumme von A_2^{-1} nimmt das Maximum in der zweiten Zeile an, also

$$\|A_2^{-1}\|_1 = \|A_2^{-1}\|_\infty = 13\frac{2}{3}.$$

Die maximale Zeilenbetragssumme von A_2 wird in der letzten Zeile angenommen und ist 151. Damit erhalten wir als Konditionszahl

$$\operatorname{cond}_1(A_2) = \operatorname{cond}_\infty(A_2) = \frac{6191}{3} = 2063\frac{2}{3}.$$

A_2 ist schlecht konditioniert.

9.6 Lösungsvorschläge zu den Übungen aus Kapitel 6

Lösung 9.61 (zu Aufgabe 6.2).

a) Wir müssen per definitionem zeigen, dass es zu jedem $x \in]a,b[$ ein $\varepsilon > 0$ gibt mit $U_\varepsilon(x) \subseteq]a,b[$. Nun gilt

$$U_\varepsilon(x) \subseteq]a,b[\iff a+\varepsilon \leq x \leq b-\varepsilon,$$

da $z \in U_\varepsilon(x) \iff x-\varepsilon < z < x+\varepsilon$. Nach Voraussetzung ist $a < x < b$. Setzen wir also

$$\varepsilon = \min\left\{\frac{x-a}{2}, \frac{b-x}{2}\right\},$$

so leistet dieses ε offensichtlich das Gewünschte. Also ist $]a,b[$ offen.

Um zu zeigen, dass $[a,b]$ abgeschlossen ist, müssen wir nach Definition nachweisen, dass

$$\mathbb{R} \setminus [a,b] =]-\infty, a[\, \cup \,]b, +\infty[$$

offen ist. Liegt $x \in]-\infty, a[$, so leistet $\varepsilon = a - x$, liegt es in $]b, +\infty[$, dann $\varepsilon = x - b$, das Gewünschte.

b) Wir zeigen zunächst, dass B^2 offen ist. Wiederum wählen wir ε als den Abstand zu der Menge, die wir vermeiden wollen. Sei $\binom{x}{y} \in B^2$ und $\varepsilon = 1 - \sqrt{x^2+y^2} > 0$. Wir behaupten

$$U_\varepsilon\left(\begin{pmatrix} x \\ y \end{pmatrix}\right) \subseteq B^2.$$

Sei dazu

$$\begin{pmatrix} \tilde{x} \\ \tilde{y} \end{pmatrix} \in U_\varepsilon\left(\begin{pmatrix} x \\ y \end{pmatrix}\right) \quad \text{d. h.} \quad \left\| \begin{pmatrix} \tilde{x}-x \\ \tilde{y}-y \end{pmatrix} \right\| < 1 - \sqrt{x^2+y^2}. \tag{9.5}$$

Da $\|\cdot\|$ als Norm die Dreiecksungleichung erfüllt, und weil

$$\left\| \begin{pmatrix} x \\ y \end{pmatrix} \right\| = \sqrt{x^2+y^2} < 1$$

ist, erhalten wir

$$\begin{aligned} \left\| \begin{pmatrix} \tilde{x} \\ \tilde{y} \end{pmatrix} \right\| &= \left\| \begin{pmatrix} \tilde{x}-x+x \\ \tilde{y}-y+y \end{pmatrix} \right\| \\ &\overset{\text{N3}}{\leq} \left\| \begin{pmatrix} \tilde{x}-x \\ \tilde{y}-y \end{pmatrix} \right\| + \left\| \begin{pmatrix} x \\ y \end{pmatrix} \right\| \\ &\overset{(9.5)}{<} 1 - \sqrt{x^2+y^2} + \left\| \begin{pmatrix} x \\ y \end{pmatrix} \right\| \\ &= 1. \end{aligned}$$

Im zweiten Teil müssen wir nachweisen, dass

$$\mathbb{R} \setminus S^1 = \{(x,y) \in \mathbb{R}^2 \mid x^2+y^2 \neq 1\}$$

offen ist. Ist $x^2+y^2 < 1$, so verfahren wir wie eben. Sei also $x^2+y^2 > 1$. Dann setzen wir $\varepsilon = \left\|\binom{x}{y}\right\| - 1 > 0$ und behaupten $U_\varepsilon(\binom{x}{y}) \cap S^1 = \emptyset$. Sei dazu

$$\begin{pmatrix}\tilde{x}\\ \tilde{y}\end{pmatrix} \in U_\varepsilon\left(\begin{pmatrix}x\\ y\end{pmatrix}\right) \quad \text{und somit} \quad \left\|\begin{pmatrix}\tilde{x}-x\\ \tilde{y}-y\end{pmatrix}\right\| < \left\|\begin{pmatrix}x\\ y\end{pmatrix}\right\| - 1.$$

Hier brauchen wir die Dreiecksungleichung in der Form $\|a\| \geq \|a+b\| - \|b\|$ und berechnen ansonsten analog zu eben

$$\begin{aligned}\left\|\begin{pmatrix}\tilde{x}\\ \tilde{y}\end{pmatrix}\right\| &\geq \left\|\begin{pmatrix}\tilde{x}+x-\tilde{x}\\ \tilde{y}+y-\tilde{y}\end{pmatrix}\right\| - \left\|\begin{pmatrix}x-\tilde{x}\\ y-\tilde{y}\end{pmatrix}\right\| \\ &> \left\|\begin{pmatrix}x\\ y\end{pmatrix}\right\| - \left(\left\|\begin{pmatrix}x\\ y\end{pmatrix}\right\| - 1\right) = 1.\end{aligned}$$

Wir schließen $\tilde{x}^2 + \tilde{y}^2 > 1$ und somit $\binom{\tilde{x}}{\tilde{y}} \notin S^1$.

c) Sei $x \in \mathbb{R}^n \setminus S^{n-1}$. Wir verfahren genau wie eben. Ist $\|x\| < 1$, so setzen wir $\varepsilon = 1 - \|x\| > 0$ und behaupten $U_\varepsilon(x) \cap S^{n-1} = \emptyset$. Sei dazu

$$\tilde{x} \in U_\varepsilon(x) \quad \text{und somit} \quad \|\tilde{x} - x\| < 1 - \|x\|.$$

Dann berechnen wir

$$\begin{aligned}\|\tilde{x}\| &= \|\tilde{x} - x + x\| \\ &\leq \|\tilde{x} - x\| + \|x\| \\ &< 1 - \|x\| + \|x\| = 1.\end{aligned}$$

Falls $\|x\| > 1$ ist, kopieren wir analog die zweite Rechnung aus Aufgabe b): Wir setzen $\varepsilon = \|x\| - 1 > 0$ und berechnen für $\tilde{x} \in U_\varepsilon(x)$, also mit $\|\tilde{x} - x\| < \|x\| - 1$:

$$\begin{aligned}\|\tilde{x}\| &\geq \|\tilde{x} + x - \tilde{x}\| - \|x - \tilde{x}\| \\ &> \|x\| - (\|x\| - 1) = 1,\end{aligned}$$

woraus die Behauptung folgt.

Lösung 9.62 (zu Aufgabe 6.3). Wir haben zu zeigen, dass f in allen $\binom{x}{y} \in \mathbb{R}^2$ stetig ist. Wir wählen ein solches Tupel $\binom{x}{y} \in \mathbb{R}^2$ beliebig aber fest. Nun müssen wir zeigen, dass es zu jedem (noch so kleinen) $\varepsilon > 0$ ein $\delta > 0$ gibt, so dass

$$f\left(U_\delta\left(\begin{pmatrix}x\\ y\end{pmatrix}\right)\right) \subseteq U_\varepsilon\left(f\left(\begin{pmatrix}x\\ y\end{pmatrix}\right)\right).$$

Sei ein solches $\varepsilon > 0$ beliebig aber fest vorgegeben. Wir müssen nun ein δ bestimmen, so dass

$$\left\|\begin{pmatrix}\tilde{x}\\ \tilde{y}\end{pmatrix} - \begin{pmatrix}x\\ y\end{pmatrix}\right\| < \delta \Longrightarrow \left|f\left(\begin{pmatrix}\tilde{x}\\ \tilde{y}\end{pmatrix}\right) - f\left(\begin{pmatrix}x\\ y\end{pmatrix}\right)\right| < \varepsilon.$$

Die hintere Ungleichung bedeutet

$$|\tilde{x}^2 + \tilde{y}^2 - x^2 - y^2| = \left|\left\|\begin{pmatrix}x\\ y\end{pmatrix}\right\|^2 - \left\|\begin{pmatrix}\tilde{x}\\ \tilde{y}\end{pmatrix}\right\|^2\right| < \varepsilon.$$

Weil $\|\cdot\| \geq 0$ ist, und nach der dritten binomischen Formel ist das gleichwertig mit

$$\left|\left(\left\|\begin{pmatrix}x\\y\end{pmatrix}\right\| - \left\|\begin{pmatrix}\tilde{x}\\\tilde{y}\end{pmatrix}\right\|\right)\right| \cdot \left(\left\|\begin{pmatrix}x\\y\end{pmatrix}\right\| + \left\|\begin{pmatrix}\tilde{x}\\\tilde{y}\end{pmatrix}\right\|\right) < \varepsilon. \tag{9.6}$$

Ist nun $\left\|\binom{\tilde{x}}{\tilde{y}} - \binom{x}{y}\right\| < \delta$, so ist nach der Dreiecksungleichung

$$\left\|\begin{pmatrix}\tilde{x}\\\tilde{y}\end{pmatrix}\right\| \leq \left\|\begin{pmatrix}\tilde{x}\\\tilde{y}\end{pmatrix} - \begin{pmatrix}x\\y\end{pmatrix}\right\| + \left\|\begin{pmatrix}x\\y\end{pmatrix}\right\| < \left\|\begin{pmatrix}x\\y\end{pmatrix}\right\| + \delta$$

also

$$\left\|\begin{pmatrix}\tilde{x}\\\tilde{y}\end{pmatrix}\right\| - \left\|\begin{pmatrix}x\\y\end{pmatrix}\right\| < \delta \quad \text{und analog auch} \quad \left\|\begin{pmatrix}x\\y\end{pmatrix}\right\| - \left\|\begin{pmatrix}\tilde{x}\\\tilde{y}\end{pmatrix}\right\| < \delta.$$

Setzen wir dies zunächst in (9.6) ein, so erhalten wir als Bedingung

$$\left|\left(\left\|\begin{pmatrix}x\\y\end{pmatrix}\right\| - \left\|\begin{pmatrix}\tilde{x}\\\tilde{y}\end{pmatrix}\right\|\right)\right| \cdot \left(\left\|\begin{pmatrix}x\\y\end{pmatrix}\right\| + \left\|\begin{pmatrix}\tilde{x}\\\tilde{y}\end{pmatrix}\right\|\right) < \delta\left(2\left\|\begin{pmatrix}x\\y\end{pmatrix}\right\| + \delta\right) \leq \varepsilon.$$

Um (9.6) zu erfüllen, genügt es also ein δ mit

$$\delta\left(2\left\|\begin{pmatrix}x\\y\end{pmatrix}\right\| + \delta\right) = \varepsilon$$

zu bestimmen. Durch quadratische Ergänzung oder mit der pq-Formel bestimmen wir die Nullstellen dieser quadratischen Gleichung als

$$\delta_{1,2} = -\left\|\begin{pmatrix}x\\y\end{pmatrix}\right\| \pm \sqrt{\left\|\begin{pmatrix}x\\y\end{pmatrix}\right\|^2 + \varepsilon}.$$

Wir wählen also

$$\delta = \sqrt{\left\|\begin{pmatrix}x\\y\end{pmatrix}\right\|^2 + \varepsilon} - \left\|\begin{pmatrix}x\\y\end{pmatrix}\right\| > 0$$

und rechnen nach, dass

$$\left\|\begin{pmatrix}\tilde{x}\\\tilde{y}\end{pmatrix} - \begin{pmatrix}x\\y\end{pmatrix}\right\| < \delta \Rightarrow |\tilde{x}^2 + \tilde{y}^2 - x^2 - y^2| < \delta\left(2\left\|\begin{pmatrix}x\\y\end{pmatrix}\right\| + \delta\right) = \varepsilon.$$

Lösung 9.63 (zu Aufgabe 6.5). Nach der Kettenregel ist

$$(f \circ g)'(t) = f'(g(t))g'(t),$$

also ist

$$c'(t_0) = \begin{pmatrix}\sin\\\cos\end{pmatrix}'(\sqrt{t_0})\frac{1}{2\sqrt{t_0}} = \frac{1}{2\sqrt{t_0}}\begin{pmatrix}\cos(\sqrt{t_0})\\-\sin(\sqrt{t_0})\end{pmatrix}.$$

Für $t_0 = \pi^2$ erhalten wir hieraus

$$c'(t_0) = \frac{1}{2\pi}\begin{pmatrix}\cos(\pi)\\-\sin(\pi)\end{pmatrix} = \begin{pmatrix}\frac{-1}{2\pi}\\0\end{pmatrix} \approx \begin{pmatrix}-0.16\\0\end{pmatrix}.$$

Der Tagentialvektor zeigt also in die gleiche Richtung wie in Beispiel 6.4, ist aber deutlich kürzer, da wir die Kurve langsamer durchlaufen.

Hier die zugehörige Skizze:

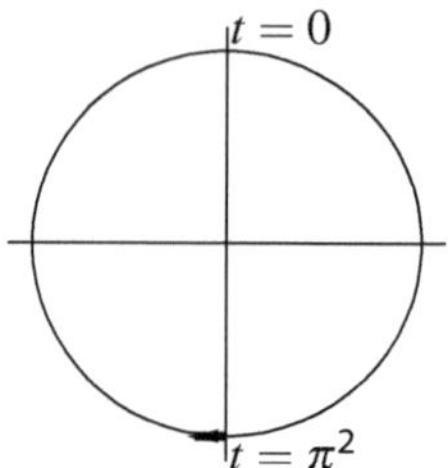

Lösung 9.64 (zu Aufgabe 6.6). Wir berechnen zunächst den Wert von f an der angegebenen Stelle:

$$f\left(\sqrt{\frac{3\pi}{2}}, 0\right) = \sin\left(\frac{3\pi}{2}\right) = -1.$$

Da der Sinus stets größer oder gleich -1 ist, liegt hier ein lokales Minimum vor. Dieses ist kein striktes lokales Minimum, sondern es gibt eine Kurve (einen Graben) durch diese Stelle, an der dieses Minimum angenommen wird, wie wir im Folgenden zeigen werden.

Sei $I =]-\varepsilon, \varepsilon[$ ein Intervall um 0. Wir betrachten die Kurve $c : I \to \mathbb{R}^2$ definiert durch

$$c(t) = \left(\sqrt{\frac{3\pi}{2}} + t, -\frac{2\sqrt{\frac{3\pi}{2}}\,t + t^2}{\sqrt{\frac{3\pi}{2}} + t}\right).$$

Dann ist $c(0) = \binom{\sqrt{\frac{3\pi}{2}}}{0}$ und ansonsten berechnen wir

$$\begin{aligned}
f(c(t)) &= \sin\left(\left(\sqrt{\frac{3\pi}{2}} + t\right)^2 - \left(\sqrt{\frac{3\pi}{2}} + t\right) \cdot \frac{2\sqrt{\frac{3\pi}{2}}\,t + t^2}{\sqrt{\frac{3\pi}{2}} + t}\right) \\
&= \sin\left(\frac{3\pi}{2} + 2t\sqrt{\frac{3\pi}{2}} + t^2 - 2\sqrt{\frac{3\pi}{2}}\,t - t^2\right) \\
&= \sin\left(\frac{3\pi}{2}\right) = -1.
\end{aligned}$$

Also ist f auf dem gesamten Weg konstant gleich -1 und somit liegt an der Stelle kein striktes lokales Minimum vor.

Dieser Weg ist in Abbildung 6.2 schwarz eingezeichnet.

Lösung 9.65 (zu Aufgabe 6.14).

$$\nabla f(x,y) = \left(4x^3 + 2xy^2 - 8x^2 - \frac{16}{3}xy - \frac{8}{3}y^2, 2x^2y + 4y^3 - 8y^2 - \frac{16}{3}xy - \frac{8}{3}x^2\right),$$

$$\nabla^2 f(x,y) = \begin{pmatrix} 12x^2 + 2y^2 - 16x - \frac{16}{3}y & 4xy - \frac{16}{3}x - \frac{16}{3}y \\ 4xy - \frac{16}{3}y - \frac{16}{3}x & 2x^2 + 12y^2 - 16y - \frac{16}{3}x \end{pmatrix}.$$

Durch Einsetzen erhalten wir

$$\nabla f(1,1) = \left(4+2-8-\frac{16}{3}-\frac{8}{3}, 2+4-8-\frac{8}{3}-\frac{16}{3}\right) = (-10,-10)$$

$$\nabla f\left(\frac{8}{3},\frac{8}{3}\right) = \left(6\left(\frac{8}{3}\right)^3 - 16\left(\frac{8}{3}\right)^2, 6\left(\frac{8}{3}\right)^3 - 16\left(\frac{8}{3}\right)^2\right) = (0,0).$$

Schließlich berechnen wir die Richtungsableitung an der Stelle $(1,1)$ in Richtung $d = (1,1)^\top$ mittels Proposition 6.2

$$\frac{\partial f}{\partial d}(1,1) = \nabla f(1,1)\begin{pmatrix}1\\1\end{pmatrix} = -20.$$

Lösung 9.66 (zu Aufgabe 6.19). Wir hatten in Aufgabe 6.14 bereits den Gradienten an der Stelle $(\frac{8}{3},\frac{8}{3})$ ausgewertet. Da offensichtlich der Gradient in $(0,0)$ auch verschwindet, haben wir

$$\nabla f\left(\frac{8}{3},\frac{8}{3}\right) = \nabla f(0,0) = (0,0).$$

Die Hessematrix an der Stelle Null ist auch Null, liefert also keine weiteren Informationen. Die Hessematrix an der anderen Stelle ist

$$\nabla^2 f\left(\frac{8}{3},\frac{8}{3}\right) = \begin{pmatrix}\frac{128}{3} & 0\\ 0 & \frac{128}{3}.\end{pmatrix} = \frac{128}{3}\begin{pmatrix}1 & 0\\ 0 & 1\end{pmatrix}.$$

Also ist die Hessematrix positiv definit und an der Stelle liegt somit ein striktes lokales Minimum vor.

Für die Stelle $(0,0)$ betrachten wir $g(t) = f(t,t) = 3t^4 - \frac{32}{3}t^3 = 3t^3(t-\frac{32}{9})$. Da an der Stelle $t=0$ der rechte Faktor betraglich relativ groß ist, nämlich ungefähr $\frac{32}{9}$, verhält sich g in der Nähe von Null in etwa wie t^3. Da $g'(0) = g''(0) = 0$ ist und für $\varepsilon > 0$ hinreichend klein $g(-\varepsilon) < 0 < g(\varepsilon)$ ist, hat die Funktion g in Null einen Sattelpunkt, also f kein lokales Extremum.

Lösung 9.67 (zu Aufgabe 6.23). Wir zeigen den Satz mittels Kontraposition. Genauer beweisen wir: Sei $x^* \in \mathbb{R}^n$ mit $h(x^*) = 0$ und $\nabla f(x^*) = \sum_{i=1}^k \lambda_i \nabla h_i(x^*)$ für einen Vektor λ. Ist dann x^* kein striktes lokales Minimum der angegebenen Optimierungsaufgabe, so gibt es ein d im Tangentialraum von S mit

$$d^\top\left(\nabla^2 f(x^*) - \sum_{i=1}^k \lambda_i \nabla^2 h_i(x^*)\right) d \le 0.$$

Wie angegeben haben wir einen zweimal stetig differenzierbaren Weg

$$c :]-\varepsilon,\varepsilon[\to \mathbb{R}^{k+l}$$

mit $(h_i \circ c)(t) = 0$ für alle $t \in]-\varepsilon,\varepsilon[$ und alle $i = 1,\dots,k$, $c(0) = x^*$ und $d := c'(0) \neq 0$, so dass 0 keine strikte lokale Minimalstelle von $f \circ c$ ist. Dieses d liegt insbesondere im Tangentialraum von S. Wir berechnen

$$\begin{aligned}(f\circ c)'(0) &= \nabla f(c(0))c'(0)\\ &= \nabla f(x^*)d\\ &= \left(\sum_{i=1}^k \lambda_i \nabla h_i(x^*)\right) d.\end{aligned}$$

Da $(h_i \circ c)(t) = 0$ ist, haben wir auch

$$0 = (h_i \circ c)'(0) = \nabla h(x^*)d$$

für alle $i = 1, \ldots, k$. Wir schließen hieraus $(f \circ c)'(0) = 0$. Da $f \circ c$ in 0 keine Minimalstelle hat, darf also nach den aus der Schule bekannten hinreichenden Bedingungen, bzw. Proposition 6.5, $(f \circ c)''(0)$ nicht echt positiv sein.

Wie im Beweis von Satz 6.21 haben wir zudem für $i = 1, \ldots, k$

$$\nabla h_i(x^*)c''(0) = -d^\top \nabla^2 h_i(x^*)d.$$

Also erhalten wir

$$\begin{aligned} 0 &\geq (f \circ c)''(0) \\ &= \nabla f(x^*)c''(0) + d^\top \nabla^2 f(x^*)d \\ &= \left(\sum_{i=1}^{k} \lambda_i \nabla h_i(x^*) \right) c''(0) + d^\top \nabla^2 f(x^*)d \\ &= \left(\sum_{i=1}^{k} \lambda_i \nabla h_i(x^*)c''(0) \right) + d^\top \nabla^2 f(x^*)d \\ &= \sum_{i=1}^{k} \left(-\lambda_i d^\top \nabla^2 h_i(x^*)d \right) + d^\top \nabla^2 f(x^*)d \\ &= d^\top \left(\nabla^2 f(x^*) - \sum_{i=1}^{k} \lambda_i \nabla^2 h_i(x^*) \right) d \end{aligned}$$

und haben somit ein d im Tangentialraum von S gefunden, das beweist, dass L auf diesem Raum nicht positiv definit ist.

Lösung 9.68 (zu Aufgabe 6.25).

a) Wir sollen f_1 auf dem Einheitskreis maximieren. Zunächst haben wir

$$\nabla f_1(x,y) = (-2x, -4y) \qquad \text{und} \qquad \nabla h_1(x,y) = (2x, 2y).$$

Als notwendige Bedingung an einen Extremwert erhalten wir hieraus

$$(-2x, -4y) = \lambda(2x, 2y).$$

Diese Bedingung wird auf dem Einheitskreis für folgende vier Tripel (x, y, λ) erfüllt:

$$(0,1,-2), \quad (0,-1,-2), \quad (1,0,-1), \quad (-1,0,-1).$$

Für die Bedingungen zweiter Ordnung haben wir die Matrizen

$$\nabla^2 f_1(0,\pm 1) + 2\nabla^2 h_1(0,\pm 1) = \begin{pmatrix} -2 & 0 \\ 0 & -4 \end{pmatrix} + 2 \begin{pmatrix} 2 & 0 \\ 0 & 2 \end{pmatrix} = \begin{pmatrix} 2 & 0 \\ 0 & 0 \end{pmatrix}$$

und

$$\nabla^2 f_1(\pm 1,0) + \nabla^2 h_1(\pm 1,0) = \begin{pmatrix} -2 & 0 \\ 0 & -4 \end{pmatrix} + \begin{pmatrix} 2 & 0 \\ 0 & 2 \end{pmatrix} = \begin{pmatrix} 0 & 0 \\ 0 & -2 \end{pmatrix}.$$

Die Tangentialräume an $S = \{x \in \mathbb{R}^2 \mid x^2 + y^2 = 1\}$ in den Punkten $(0, \pm 1)$ werden jeweils aufgespannt von $(1,0)^\top$ und die in $(\pm 1, 0)$ von $(0,1)^\top$.
Wir berechnen

$$(1,0)\begin{pmatrix} 2 & 0 \\ 0 & 0 \end{pmatrix}\begin{pmatrix} 1 \\ 0 \end{pmatrix} = 2 > 0 \text{ und } (0,1)\begin{pmatrix} 0 & 0 \\ 0 & -4 \end{pmatrix}\begin{pmatrix} 0 \\ 1 \end{pmatrix} = -4.$$

Da der zulässige Bereich beschränkt und abgeschlossen ist, werden alle Minima und Maxima angenommen. Also liegen die Minima in $(0, \pm 1)$ mit $f_1(0, \pm 1) = 0$ und die Maxima in $(\pm 1, 0)$ mit $f_1(\pm 1, 0) = 1$.

b) Hier ist $\nabla h_2(x,y) = (1,1)$ und die notwendige Bedingung lautet

$$(-2x, -4y) = \lambda(1,1),$$

woraus wir schließen

$$2x = 4y \qquad \text{und} \qquad x + y = 1.$$

Dieses lineare Gleichungssystem wird gelöst von $y = \frac{1}{3}$, $x = \frac{2}{3}$. Da die Hessematrix $\nabla^2 h_2$ verschwindet und $\nabla^2 f_1$ negativ definit ist, liegt an dieser Stelle ein lokales Maximum vom Wert $f_1(\frac{2}{3}, \frac{1}{3}) = \frac{4}{3}$. Lassen wir x oder y beliebig wachsen, so strebt f_1 gegen $-\infty$. Also ist das lokale Maximum sogar ein globales.

c) Wir haben

$$\begin{aligned} \nabla f_2(x,y,z) &= \frac{1}{\|(x,y,z)^\top\|}(x,y,z) \quad \text{für} \quad (x,y,z) \neq (0,0,0), \\ \nabla h_3(x,y,z) &= (0,1,0), \\ \nabla h_4(x,y,z) &= (0,0,1). \end{aligned}$$

Als notwendige Bedingung unter Berücksichtigung der Nebenbedingungen $y = z = -1$ erhalten wir dann

$$\frac{1}{\|(x,-1,-1)\|}(x,-1,-1) = (0, \lambda_1, \lambda_2).$$

Wir schließen $x = 0$, $\lambda_1 = \lambda_2 = \frac{-\sqrt{2}}{2}$. Als Kandidat für unser lokales Minimum haben wir also $(0,-1,-1)^\top$.
Die Hessematrizen der Nebenbedingungen verschwinden, die Hessematrix von f ist

$$\nabla^2 f_2(x,y,z) = \begin{pmatrix} \frac{\|(x,y,z)^\top\|^2 - x^2}{\|(x,y,z)^\top\|^3} & \frac{-xy}{\|(x,y,z)^\top\|^3} & \frac{-xz}{\|(x,y,z)^\top\|^3} \\ \frac{-xy}{\|(x,y,z)^\top\|^3} & \frac{\|(x,y,z)^\top\|^2 - y^2}{\|(x,y,z)^\top\|^3} & \frac{-yz}{\|(x,y,z)^\top\|^3} \\ \frac{-xz}{\|(x,y,z)^\top\|^3} & \frac{-yz}{\|(x,y,z)^\top\|^3} & \frac{\|(x,y,z)^\top\|^2 - z^2}{\|(x,y,z)^\top\|^3} \end{pmatrix},$$

also

$$\nabla^2 f_2(0,-1,-1) = \frac{\sqrt{2}}{4}\begin{pmatrix} 2 & 0 & 0 \\ 0 & 1 & -1 \\ 0 & -1 & 1 \end{pmatrix}.$$

Der Tangentialraum, den wir berücksichtigen müssen, wird aber von $(1,0,0)^\top$ aufgespannt. Auf diesem Raum ist $\nabla^2 f_2(0,-1,-1)$ positiv definit. Also liegt dort, wie erwartet, ein lokales Minimum vor. Betrachten wir das Verhalten von x gegen $\pm\infty$, so liegt in $(0,-1,-1)^\top$ offensichtlich das globale Minimum von f_2 unter den angegebenen Nebenbedingungen.

Lösung 9.69 (zu Aufgabe 6.33). Zunächst berechnen wir

$$\nabla f(x,y,z) = (3,-1,2z), \quad \nabla g(x,y,z) = (1,1,1), \quad \nabla h(x,y,z) = (-1,2,2z).$$

Also verschwindet der Gradient von f nirgendwo. Da auch die Bedingung

$$\nabla f(x,y,z) = \lambda \nabla h(x,y,z)$$

nicht zu erfüllen ist, muss g in jedem lokalen Extremum aktiv sein. Wir erhalten aus Gleichung (6.1) in Satz 6.30 das System

$$\begin{aligned} 3 &= -\lambda + \mu \\ -1 &= 2\lambda + \mu \\ 2z &= 2z\lambda + \mu \\ 0 &= x + y + z \\ 0 &= -x + 2y + z^2 \end{aligned}$$

Die ersten beiden Zeilen bilden ein Gleichungssystem in λ und μ, dessen Lösung wir zu $\lambda = -\frac{4}{3}$ und $\mu = \frac{5}{3}$ berechnen. Da $\mu \geq 0$ ist, kann es sich hier höchstens um ein Maximum handeln. Setzen wir diese Werte in die dritte Gleichung ein, so erhalten wir $z = \frac{5}{14}$. Damit bleibt

$$\begin{aligned} -\tfrac{5}{14} &= x + y \\ -\tfrac{25}{196} &= -x + 2y \end{aligned}$$

und somit $y = \frac{-95}{588}$, $x = \frac{-115}{588}$.

Nun untersuchen wir die L-Matrix. Wir haben

$$\nabla^2 g(x,y,z) = \begin{pmatrix} 0&0&0 \\ 0&0&0 \\ 0&0&0 \end{pmatrix} \text{ und } \nabla^2 h(x,y,z) = \nabla^2 f(x,y,z) = \begin{pmatrix} 0&0&0 \\ 0&0&0 \\ 0&0&2 \end{pmatrix}.$$

Setzen wir z und λ ein, so ergibt dies

$$L = \nabla^2 f(x,y,z) - \lambda \nabla^2 h(x,y,z) - \mu \nabla^2 g(x,y,z) = \begin{pmatrix} 0&0&0 \\ 0&0&0 \\ 0&0&2+\frac{8}{3} \end{pmatrix}.$$

Diese Matrix müssen wir auf dem orthogonalen Komplement von $(1,1,1)$ und $(-1,2,\frac{5}{7})$ untersuchen. Dieses wird aufgespannt von $(-3,-4,7)$. Die Matrix L ist auf diesem Raum positiv definit, also liegt in dem untersuchten Punkt keine lokale Maximalstelle vor.

Also hat die Funktion unter den angegebenen Nebenbedingungen keine lokalen Extrema.

9.7 Lösungsvorschläge zu den Übungen aus Kapitel 7

Lösung 9.70 (zu Aufgabe 7.4).

a) Wir haben zwei Implikationen zu zeigen.

„$\Rightarrow$" Sei zunächst f eine konvexe Funktion und $\binom{x}{\xi}, \binom{y}{\upsilon}$ zwei Punkte in $\operatorname{epi}(f)$, sowie $\lambda \in]0,1[$. Da f konvex ist, haben wir

$$f(\lambda x + (1-\lambda)y) \leq \lambda f(x) + (1-\lambda)f(y).$$

Da $\binom{x}{\xi}, \binom{y}{\upsilon} \in \operatorname{epi}(f)$, gilt $f(x) \leq \xi$ und $f(y) \leq \upsilon$. Da $\lambda \geq 0$ und auch $(1-\lambda) \geq 0$ ist, schließen wir

$$\lambda f(x) \leq \lambda \xi \text{ und } (1-\lambda)f(y) \leq (1-\lambda)\upsilon.$$

Setzen wir dies oben ein, erhalten wir

$$f(\lambda x + (1-\lambda)y) \leq \lambda \xi + (1-\lambda)\upsilon$$

und somit auch

$$\lambda \begin{pmatrix} x \\ \xi \end{pmatrix} + (1-\lambda)\begin{pmatrix} y \\ \upsilon \end{pmatrix} = \begin{pmatrix} \lambda x + (1-\lambda)y \\ \lambda \xi + (1-\lambda)\upsilon \end{pmatrix} \in \operatorname{epi}(f).$$

„$\Rightarrow$" Seien nun umgekehrt der Epigraph von f konvex, $x, y \in S$ und $\lambda \in]0,1[$. Da $\binom{x}{f(x)}$ und $\binom{y}{f(y)}$ in $\operatorname{epi}(f)$ liegen, ist nach Voraussetzung auch

$$\begin{pmatrix} \lambda x + (1-\lambda)y \\ \lambda f(x) + (1-\lambda)f(y) \end{pmatrix} = \lambda \begin{pmatrix} x \\ f(x) \end{pmatrix} + (1-\lambda)\begin{pmatrix} y \\ f(y) \end{pmatrix} \in \operatorname{epi}(f).$$

Dies bedeutet aber per definitionem

$$\lambda f(x) + (1-\lambda)f(y) \geq f(\lambda x + (1-\lambda)y).$$

Also ist f konvex.

b) Auch hier sind wieder zwei Implikationen zu zeigen.

„$\Rightarrow$" Sei zunächst f konvex, d.h. für alle $x, y \in S$ und alle $\lambda \in]0,1[$ gilt

$$f(\lambda y + (1-\lambda)x) \leq \lambda f(y) + (1-\lambda)f(x).$$

Somit ist

$$\begin{aligned} \frac{f(x + \lambda(y-x)) - f(x)}{\lambda} &\leq \frac{\lambda f(y) + (1-\lambda)f(x) - f(x)}{\lambda} \\ &= f(y) - f(x). \end{aligned}$$

Lassen wir λ gegen 0 gehen, erhalten wir auf der linken Seite nach Proposition 6.2 gerade $\nabla f(x)(y-x)$ und somit im Grenzwert

$$\nabla f(x)(y-x) \leq f(y) - f(x),$$

woraus die Behauptung sofort folgt.

„⇒" Gelte nun umgekehrt stets $f(y) \geq f(x) + \nabla f(x)(y-x)$ für alle $x, y \in S$. Seien $x_1, x_2 \in S$ und $\lambda \in]0,1[$ beliebig aber fest gewählt. Sei

$$x := \lambda x_1 + (1-\lambda)x_2. \tag{9.7}$$

Nach Voraussetzung haben wir dann die zwei Ungleichungen

$$\begin{aligned} f(x_1) &\geq f(x) + \nabla f(x)(x_1 - x) \\ f(x_2) &\geq f(x) + \nabla f(x)(x_2 - x). \end{aligned}$$

Da $\lambda > 0$, $(1-\lambda) > 0$ schließen wir hieraus

$$\begin{aligned} \lambda f(x_1) + (1-\lambda) f(x_2) &\geq f(x) + \lambda \nabla f(x)(x_1 - x) \\ &\quad + (1-\lambda)\nabla f(x)(x_2 - x) \\ &= f(x) + \nabla f(x)(\lambda x_1 + (1-\lambda)x_2 - x) \\ &\stackrel{(9.7)}{=} f(x) + \nabla f(x)(x - x) \\ &\stackrel{(9.7)}{=} f(\lambda x_1 + (1-\lambda)x_2). \end{aligned}$$

Also ist f konvex.

c) Seien zunächst $\tilde{f} :]a,b[\to \mathbb{R}$ zweimal stetig differenzierbar und $x, x+h \in S$. Nach Satz 6.12 ist

$$\tilde{f}(x+h) = \tilde{f}(x) + h\tilde{f}'(x) + \frac{1}{2}h^2 \tilde{f}''(x) + o(h^2).$$

Nach Definition des Landau-Symbols o in Kapitel 2 ist dies gleichbedeutend mit

$$\begin{aligned} &\lim_{h \to 0} \frac{\tilde{f}(x+h) - \tilde{f}(x) - h\tilde{f}'(x) - \frac{1}{2}h^2 \tilde{f}''(x)}{h^2} = 0 \\ \Longleftrightarrow\ &\lim_{h \to 0} \frac{\tilde{f}(x+h) - \tilde{f}(x) - h\tilde{f}'(x)}{h^2} = \frac{1}{2}\tilde{f}''(x). \end{aligned}$$

Nach b) ist $\tilde{f}$ genau dann konvex, wenn für alle $x, y \in S$ stets

$$\tilde{f}(y) - \tilde{f}(x) - (y-x)\tilde{f}'(x) \geq 0.$$

Ist also $\tilde{f}$ konvex, so muss mit $y = x+h$ auf Grund der letzten Rechnung notwendig für alle $x \in S$ gelten $\tilde{f}''(x) \geq 0$.
Ist $\tilde{f}$ nicht konvex, so gibt es, wieder wegen b), x, y mit

$$\tilde{f}(y) - \tilde{f}(x) - (y-x)\tilde{f}'(x) < 0.$$

Nach dem Mittelwertsatz gibt es ein $x < \xi_1 < y$ mit

$$\tilde{f}(y) - \tilde{f}(x) = (y-x)\tilde{f}'(\xi_1).$$

Eine zweite Anwendung des Mittelwertsatzes, diesmal auf die stetig differenzierbare Funktion f' liefert ein $x < \xi_2 < \xi_1$ mit

$$\tilde{f}'(\xi_1) - \tilde{f}'(x) = (\xi_1 - x)\tilde{f}''(\xi_2).$$

Insgesamt erhalten wir hieraus

$$\begin{aligned}\tilde{f}''(\xi_2) &= \frac{\tilde{f}'(\xi_1) - \tilde{f}'(x)}{\xi_1 - x}\\ &= \frac{\frac{\tilde{f}(y)-\tilde{f}(x)}{y-x} - \tilde{f}'(x)}{\xi_1 - x}\\ &= \frac{\tilde{f}(y) - \tilde{f}(x) - (y-x)\tilde{f}'(x)}{(y-x)(\xi_1 - x)} < 0.\end{aligned}$$

Kommen wir nun zum mehrdimensionalen Fall $S \subseteq \mathbb{R}^n$ mit $n \geq 2$.

„$\Rightarrow$" Sei zunächst f konvex und $x \in S$, sowie $v \in \mathbb{R}^n$. Wir haben zu zeigen, dass $v^\top \nabla^2 f(x) v \geq 0$ ist. Da S offen ist, gibt es ein $\varepsilon > 0$ mit $]x - \varepsilon v, x + \varepsilon v[\subseteq S$. Dann ist $f \circ c :]-\varepsilon, \varepsilon[\to \mathbb{R}$, wobei $c :]-\varepsilon, \varepsilon[\to \mathbb{R}^n$ definiert ist durch $c(t) = x + tv$, also insgesamt $(f \circ c)(t) = f(x + tv)$ gilt, eine konvexe eindimensionale Funktion. Also ist $(f \circ c)''(0) \geq 0$. Da $c''(0) = 0$ ist, haben wir aber (vgl. Beweis von Satz 6.13)

$$(f \circ c)''(0) = v^\top \nabla^2 f(x) v.$$

Somit folgt die Behauptung.

„$\Leftarrow$" Umgekehrt folgt genauso, dass für $x, y \in S$ die Funktion $(f \circ c) :]0,1[\to \mathbb{R}$, definiert durch $(f \circ c)(t) = f(x + t(y - x))$ überall eine nicht-negative zweite Ableitung hat, also konvex ist. Damit folgt aber

$$f(\lambda x + (1-\lambda)y) \geq \lambda f(x) + (1-\lambda) f(y).$$

Lösung 9.71 (zu Aufgabe 7.5). Zunächst überlegen wir, dass für $a \leq y \leq b$

$$-a + b + a \geq -y + b + a \geq -b + b + a \iff a \leq b + a - y \leq b.$$

Also ist $\tilde{f}$ auf $[a,b]$ wohldefiniert.

Da f strikt unimodal ist, gibt es ein $x^* \in [a,b]$ mit

$$f(x^*) < f(y) \text{ für alle } y \in [a,b] \setminus \{x^*\}.$$

Wir berechnen

$$f(x^*) = f(b + a - (b + a - x^*)) = \tilde{f}(b + a - x^*).$$

Nun berechnen wir für beliebiges $y \in [a,b]$

$$y \neq a + b - x^* \iff b + a - y \neq x^*,$$

also ist für alle $y \in [a,b] \setminus \{a + b - x^*\}$

$$\tilde{f}(y) = f(b + a - y) > f(x^*) = \tilde{f}(b + a - x^*).$$

Somit ist $b + a - x^*$ die eindeutige globale Minimalstelle von $\tilde{f}$. Also ist $\tilde{f}$ strikt unimodal.

Lösung 9.72 (zu Aufgabe 7.8).

a)
$$\zeta^2 = \frac{1+2\sqrt{5}+5}{4} = \frac{4+2(1+\sqrt{5})}{4} = 1+\frac{1+\sqrt{5}}{2} = 1+\zeta,$$
$$\frac{1}{\zeta} = \frac{2}{1+\sqrt{5}} = \frac{2(1-\sqrt{5})}{(1+\sqrt{5})(1-\sqrt{5})} = \frac{2(1-\sqrt{5})}{1-5} = \frac{\sqrt{5}-1}{2},$$
$$\frac{1}{\zeta^2} = \frac{1+\zeta-\zeta}{\zeta^2} \overset{1+\zeta=\zeta^2}{=} \frac{\zeta^2-\zeta}{\zeta^2} = 1-\frac{1}{\zeta}.$$

b) Wir zeigen dies mittels vollständiger Induktion über $n \in \mathbb{N}$. Für $n=0$ und $n=1$ berechnen wir

$$\frac{1}{\sqrt{5}}\left(\left(\frac{1+\sqrt{5}}{2}\right)^1 - \left(\frac{1-\sqrt{5}}{2}\right)^1\right) = \frac{1}{\sqrt{5}}\frac{2\sqrt{5}}{2} = 1 = F_0,$$
$$\frac{1}{\sqrt{5}}\left(\left(\frac{1+\sqrt{5}}{2}\right)^2 - \left(\frac{1-\sqrt{5}}{2}\right)^2\right) = \frac{1}{\sqrt{5}}\cdot\frac{1+2\sqrt{5}+5-(1-2\sqrt{5}+5)}{4}$$
$$= \frac{4\sqrt{5}}{4\sqrt{5}} = 1 = F_1.$$

Sei nun $n \geq 2$. Dann ist

$$\begin{aligned}
F_n &= F_{n-1}+F_{n-2} \\
&\overset{\text{IV}}{=} \frac{1}{\sqrt{5}}\left(\left(\frac{1+\sqrt{5}}{2}\right)^n - \left(\frac{1-\sqrt{5}}{2}\right)^n + \left(\frac{1+\sqrt{5}}{2}\right)^{n-1} - \left(\frac{1-\sqrt{5}}{2}\right)^{n-1}\right) \\
&= \frac{1}{\sqrt{5}}\left(\zeta^n - \left(-\frac{1}{\zeta}\right)^n + \zeta^{n-1} - \left(-\frac{1}{\zeta}\right)^{n-1}\right) \\
&= \frac{1}{\sqrt{5}}\left(\zeta^{n-1}(\zeta+1) - \left(\frac{-1}{\zeta}\right)^{n-1}\left(-\frac{1}{\zeta}+1\right)\right) \\
&\overset{\text{a)}}{=} \frac{1}{\sqrt{5}}\left(\zeta^{n-1}\zeta^2 - \left(\frac{-1}{\zeta}\right)^{n-1}\frac{1}{\zeta^2}\right) \\
&= \frac{1}{\sqrt{5}}\left(\zeta^{n+1} - \left(\frac{-1}{\zeta}\right)^{n+1}\right) \\
&= \frac{1}{\sqrt{5}}\left(\left(\frac{1+\sqrt{5}}{2}\right)^{n+1} - \left(\frac{1-\sqrt{5}}{2}\right)^{n+1}\right).
\end{aligned}$$

Lösung 9.73 (zu Aufgabe 7.10). Wir berechnen zunächst die Fibonaccizahlen $F_0,\dots,F_{11}$.

$$1,1,2,3,5,8,13,21,34,55,89,144.$$

Damit platzieren wir $x_0 = -72+55 = -17$ und $y_0 = 17$. Da wir wissen, dass $\arctan(x)$ eine ungerade Funktion, also punktsymmetrisch zum Ursprung ist, ist $\arctan(x)^2$ eine gerade Funktion und $\arctan^2(x_0) = \arctan^2(y_0) \approx 2.286$. Wir entscheiden uns, das Intervall $[x_0,b]$ zu behalten. Damit wird $x_1 = y_0$ und $y_1 = 38$ und $\arctan^2(38) \approx 2.385$, also bleibt das Intervall $[-17,38]$ und wir setzen

Iteration	a	b	x	y	$f(x)$	$f(y)$
0	−72	72	−17	17	2.286	2.286
1	−17	72	17	38	2.286	2.385
2	−17	38	4	17	1.758	2.286
3	−17	17	−4	4	1.758	1.758
4	−4	17	4	9	1.758	2.132
5	−4	9	1	4	0.617	1.758
6	−4	4	−1	1	0.617	0.617
7	−1	4	1	2	0.617	1.226
8	−1	2	0	1	0	0.617

Tabelle 9.3 Die Werte zu Lösung 9.73

$x_2 = 4$, $y_2 = y_1$. Die weiteren Werte entnehmen Sie bitte Tabelle 9.3. Wir finden wie erwartet das absolute Minimum an der Stelle 0 von selbigem Wert.

Lösung 9.74 (zu Aufgabe 7.15). Zunächst haben wir das Minimum der Funktion

$$f(x,0) = \begin{cases} (x-5)^2 + (x-2)^2 & \text{falls } x \leq 0 \\ (x-5)^2 + (x+2)^2 & \text{falls } x > 0. \end{cases}$$

Für $x < 0$ ist $f(x,0) = (|x|+5)^2 + (|x|+2)^2 > f(0,0)$. Für $x > 0$ berechnen wir

$$\begin{aligned}(x-5)^2 + (x+2)^2 &= ((x-1.5)-3.5)^2 + ((x-1.5)+3.5)^2 \\ &= 2(x-1.5)^2 + 2\cdot 3.5^2.\end{aligned}$$

Dieser Ausdruck ist minimal für $x = 1.5$. Nun haben wir in y-Richtung die Funktion

$$f(1.5,y) = \begin{cases} (y-3.5)^2 + (-y+3.5)^2 = 2(y-3.5)^2 & \text{falls } y < 1.5 \\ (y-3.5)^2 + (-y-0.5)^2 & \text{falls } y \geq 1.5. \end{cases}$$

Da $(y-3.5)^2$ links vom Minimum 3.5 streng monoton fallend ist, ist $f(1.5,y) \geq f(1.5,1.5)$ für $y < 1.5$. Andererseits haben wir für $y \geq 1.5$

$$f(1.5,y) = ((y-1.5)-2)^2 + ((y-1.5)+2)^2 = 2(y-1.5)^2 + 8.$$

Dieser Ausdruck ist minimal für $y = 1.5$.

Als nächstes untersuchen wir also die Funktion

$$f(x,1.5) = \begin{cases} (x-3.5)^2 + (x-3.5)^2 = 2(x-3.5)^2 & \text{falls } x \leq 1.5 \\ (x-3.5)^2 + (x+0.5)^2 & \text{falls } x > 1.5. \end{cases}$$

Wie oben ist die Funktion monoton fallend für $x \leq 1.5$. Dort ist $f(x,1.5) \geq f(1.5,1.5) = 8$. Rechts von $x = 1.5$ berechnen wir wieder

$$(x-3.5)^2 + (x+0.5)^2 = ((x-1.5)-2)^2 + ((x-1.5)+2)^2 = 2(x-1.5)^2 + 8$$

und wir haben wieder das Minimum in $(1.5,1.5)$.

Untersuchen wir die Funktion als Ganzes, so haben wir

$$
\begin{aligned}
f(x,y) &\overset{x\leq y}{=} (x+y-5)^2+(x-y-2)^2\\
&= ((x-2.5)+(y-2.5))^2+((x-2.5)-(y-2.5)-2)^2\\
&= 2\,(x-2.5)^2+2\,(y-2.5)^2-4(x-2.5)+4(y-2.5)+4\\
&= 2\,(x-2.5)^2+2\,(y-2.5)^2+4\,\underbrace{(y-x)}_{\geq 0 \text{ für } x\leq y}+4\geq 4\\
f(x,y) &\overset{x>y}{=} (x+y-5)^2+(x-y+2)^2\\
&= ((x-2.5)+(y-2.5))^2+((x-2.5)-(y-2.5)+2)^2\\
&= 2\,(x-2.5)^2+2\,(y-2.5)^2+4(x-2.5)-4(y-2.5)+4\\
&= 2\,(x-2.5)^2+2\,(y-2.5)^2+4\,\underbrace{(x-y)}_{>0 \text{ für } x>y}+4>4.
\end{aligned}
$$

Also hat das globale Minimum den Wert 4 und wird nur in $(2.5,2.5)$ angenommen.

Lösung 9.75 (zu Aufgabe 7.16). Wiederum suchen wir zunächst in x-Richtung, minimieren also die Funktion

$$f(x,0)=x^2-3x+10=(x-1.5)^2+(10-2.25),$$

welche ihr Minimum für $x=1.5$ annimmt. In y-Richtung betrachten wir die Funktion

$$f(1.5,y)=y^2+5y+7.75=(y+2.5)^2+1.5.$$

Vom Punkt $(1.5,-2.5)$ aus bewegen wir uns also wieder in x-Richtung

$$f(x,-2.5)=x^2-3x+3.75=(x-1.5)^2+1.5.$$

Da wir für das Minimum in x den gleichen Wert finden, für den wir eben schon in y-Richtung gesucht haben, endet hier das Verfahren mit dem lokalen Minimum in $(1.5,-2.5)$ (welches hier wegen $f(x,y)=(x-1.5)^2+(y+2.5)^2+1.5$ auch das globale Minimum ist) vom Wert 1.5.

Lösung 9.76 (zu Aufgabe 7.23). Wir bestimmen zunächst die Ableitung

$$f'(x)=4x^3-10x+5$$

und starten in $x_0=0$. Dann ist

$$x_1=x_0-\frac{f(x_0)}{f'(x_0)}=0-\frac{-2.5}{5}=0.5.$$

Die folgenden Iterationspunkte generieren wir mit folgendem Pythonprogramm und tragen sie tabellarisch in Tabelle 9.4 ein (die Syntax für x^n in Python ist x**n).

```
x=0.0
f=1
while abs(f)>.00001:
    f=x**4-5*x*x+5*x-2.5
    df=4*x**3-10*x+5
    xneu=x-f/df
    print x,f,df,xneu
    x=xneu
```

k	x_k	$f(x_k)$	$f'(x_k)$	x_{k+1}
0	0.0	−2.5	5.0	0.5
1	0.5	−1.1875	0.5	2.875
2	2.875	38.8674316406	71.3046875	2.32991056755
3	2.32991056755	11.4755669995	32.29241631	1.97454641984
4	1.97454641984	3.07946743923	16.0482472237	1.7826583341
5	1.7826583341	0.6228004054	9.83364766883	1.71932472419
6	1.71932472419	0.0546303135673	8.13658133728	1.71261056363
7	1.71261056363	0.000572079686757	7.96648086878	1.71253875279
8	1.71253875279	6.49638707273$e-08$	7.96467159871	1.71253874463

Tabelle 9.4 Die Werte zu Lösung 9.75 für $x_0 = 0$

Der Tabelle entnehmen wir, dass wir nach 8 Iterationen eine approximative Nullstelle ungefähr bei $x = 1.712538745$ liegt. Für $x_0 = -2$ ändern wir die erste Programmzeile und tragen die Resultate in Tabelle 9.5 ein. Hier erreichen wir die gewünschte Genauigkeit schon nach 7 Iterationen und finden näherungsweise eine Nullstelle bei -2.68496.

k	x_k	$f(x_k)$	$f'(x_k)$	x_{k+1}
0	−2.0	−16.5	−7.0	−4.35714285714
1	−4.35714285714	241.209417951	−282.304664723	−3.50271341232
2	−3.50271341232	69.1698183381	−131.872046797	−2.97819119538
3	−2.97819119538	16.9311385894	−70.8798181186	−2.739320117
4	−2.739320117	2.59216146226	−49.8288585518	−2.68729882778
5	−2.68729882778	0.106776245187	−45.7531317412	−2.68496508053
6	−2.68496508053	0.000208620006562	−45.5744048263	−2.68496050296
7	−2.68496050296	8.01588129207$e-10$	−45.5740546043	−2.68496050294

Tabelle 9.5 Die Werte zu Lösung 9.75 für $x_0 = 2$

Lösung 9.77 (zu Aufgabe 7.24). Wir kopieren unsere Vorgehensweise aus der letzten Aufgabe. Wir bestimmen zusätzlich $f''(x)$.

$$f''(x) = 12x^2 - 10.$$

Unser Programm lautet also

```
x=0.0
df=1
while abs(df)>.00001:
df=4*x**3-10*x+5
d2f=12*x*x-10
xneu=x-df/d2f
print x,df,d2f,xneu
x=xneu
```

k	x_k	$f'(x_k)$	$f''(x_k)$	x_{k+1}
0	0.0	5.0	−10.0	0.5
1	0.5	0.5	−7.0	0.571428571429
2	0.571428571429	0.0320699708455	−6.08163265306	0.576701821668
3	0.576701821668	0.00019126426067	−6.00898010661	0.576733651406
4	0.576733651406	7.01143232362$e-09$	−6.00853954403	0.576733652573

Tabelle 9.6 Die Werte zu Lösung 9.77

Ein stationärer Punkt liegt also ungefähr bei $x = 0.576734$.

Lösung 9.78 (zu Aufgabe 7.25). Wir berechnen zunächst den Gradienten von f

$$\nabla f(x,y) = (2x+y-3, 2y+x),$$

dann die Hessematrix

$$\nabla^2 f(x,y) = \begin{pmatrix} 2 & 1 \\ 1 & 2 \end{pmatrix},$$

und bestimmen deren Inverse zu

$$(\nabla^2 f)^{-1}(x,y) = \frac{1}{3}\begin{pmatrix} 2 & -1 \\ -1 & 2 \end{pmatrix}.$$

Damit wird die Iterationsvorschrift des Newtonalgorithmus zu

$$\begin{pmatrix} x_{k+1} \\ y_{k+1} \end{pmatrix} = \begin{pmatrix} x_k \\ y_k \end{pmatrix} - \frac{1}{3}\begin{pmatrix} 2 & -1 \\ -1 & 2 \end{pmatrix}\begin{pmatrix} 2x_k + y_k - 3 \\ 2y_k + x_k \end{pmatrix},$$

also

$$\begin{aligned} x_{k+1} &= x_k - x_k + 2 \\ y_{k+1} &= y_k - y_k - 1. \end{aligned}$$

Ausgehend von $(0,0)$ landen wir in einer Iteration im globalen Minimum $(2,-1)$, was nicht weiter verwunderlich ist, da es sich bei dem Newtonverfahren zur Bestimmung eines stationären Punktes um ein Verfahren zweiter Ordnung handelt, bei dem man also die Funktion durch eine quadratische Funktion approximiert.

Lösung 9.79 (zu Aufgabe 7.29). Zunächst einmal bestimmen wir Q und b passend und erhalten

$$f(x,y,z,w) = \frac{1}{2}(x,y,z,w)\begin{pmatrix} 1 & -1 & -1 & -1 \\ -1 & 2 & 0 & 0 \\ -1 & 0 & 3 & 1 \\ -1 & 0 & 1 & 4 \end{pmatrix}\begin{pmatrix} x \\ y \\ z \\ w \end{pmatrix} - (0,-2,2,4)\begin{pmatrix} x \\ y \\ z \\ w \end{pmatrix}.$$

Wir haben also $x_0 = (0,0,0,0)^\top$, $d_1 = -g_0 = (0,-2,2,4)^\top$. Setzen wir dies in die Updateformeln (7.8), (7.9) und (7.10) ein, so haben wir zunächst

$$d_1^\top Q d_1 = (0,-2,2,4)\begin{pmatrix}-4\\-4\\10\\18\end{pmatrix} = 8+20+72 = 100,$$
$$x_1 = (0,0,0,0)^\top - \frac{-4-4-16}{100}(0,-2,2,4)^\top = (0,-0.48,0.48,0.96)\top.$$

Wir berechnen Qx_1 zu $(0.96,-0.96,2.4,4.32)^\top$ und somit

$$g_1 := (-0.96,1.04,0.4,0.32)^\top.$$

Dann ist

$$g_1^\top Q d_1 = (-0.96,1.04,0.4,0.32)\begin{pmatrix}-4\\-4\\10\\18\end{pmatrix} = -0.32+4+\frac{144}{25} = 9.44$$

und somit

$$d_2 = \begin{pmatrix}0.96\\-1.04\\-0.4\\-0.32\end{pmatrix} + 0.0944\cdot\begin{pmatrix}0\\-2\\2\\4\end{pmatrix} = \begin{pmatrix}0.96\\-1.2288\\-0.2112\\0.0576\end{pmatrix}.$$

Die gerundeten Werte der folgenden 3 Iterationen, die auch wir nicht von Hand ausgerechnet haben, entnehmen Sie bitte der Tabelle 9.7. Also liegt das Minimum an der Stelle $(6,2,2,2)^\top$ und man verifiziert, dass dieser Wert tatsächlich die Lösung von $Qx=b$ ist.

Variable	x	y	z	w
x_1	0.0	−0.48	0.48	0.96
g_1	−0.96	1.04	0.4	0.32
d_2	0.96	−1.2288	−0.2112	−0.0576
x_2	0.32373	−0.894376	0.408779	0.979423868
g_2	−0.1701	−0.11248	−0.11797	0.00274
d_3	0.96	−1.2288	−0.2112	−0.0576
x_3	1.0984456	−0.564767	0.8601	0.9740932
g_3	−0.17098	−0.227979	0.45596	−0.341969
d_4	1.58729	0.830559	0.369137	0.33222
x_4	6	2	2	2

Tabelle 9.7 Die Werte zu Aufgabe 7.29

Lösung 9.80 (zu Aufgabe 7.31).

a) Wir haben in Kapitel 5 den Aufwand der Lösung eines linearen Gleichungssystems mittels *LU*-Zerlegung analysiert. Für die *LU*-Zerlegung benötigt man $\frac{1}{3}(n^3-n)$ Multiplikationen und $\frac{1}{6}(2n^3-3n^2+n)$ Additionen. Für die Lösung der zwei Gleichungen mit den Dreiecksmatrizen benötigt man jeweils $\frac{1}{2}(n^2-n)$ Additionen und $\frac{1}{2}(n^2+n)$ Multiplikationen. Also benötigen wir insgesamt

- $\frac{1}{3}(n^3+3n^2+2n)$ Multiplikationen und
- $\frac{1}{6}(2n^3+3n^2-2n)$ Additionen.

b) Bei der Cholesky-Faktorisierung wird der Teil analog zur LU-Zerlegung billiger. Dort hatten wir, wenn wir die Divisionen wieder zu den Multiplikationen schlagen, $\frac{1}{6}(n^3+3n^2-4n)$ Multiplikationen, $\frac{1}{3}(n^3-n)$ Additionen und n Quadratwurzeln. Der Aufwand für die Lösungen der Gleichungssysteme mit Dreiecksmatrizen ist wieder der gleiche. Also haben wir insgesamt

- $\frac{1}{6}(n^3+9n^2+2n)$ Multiplikationen
- $\frac{1}{6}(n^3+3n^2-7n)$ Additionen und
- n Quadratwurzeln.

c) Für die Berechnung eines Skalarproduktes benötigen wir n Multiplikationen und $n-1$ Additionen. Für die Berechnung eines Matrix-Vektor-Produkts benötigen wir n^2 Multiplikationen und n^2-n Additionen. Also benötigen wir in jeder Iteration zur Berechnung von

x_k: ein Matrix-Vektor-Produkt, zwei skalare Multiplikationen, eine Division, eine Multiplikation eines Vektors mit einem Skalar und eine Vektoraddition, macht insgesamt

$$n^2+3n+1 \text{ Multiplikationen und } n^2+2n-2 \text{ Additionen.}$$

g_k: Ein Matrix-Vektor-Produkt und eine Vektoraddition macht

$$n^2 \text{ Multiplikationen und } n^2 \text{ Additionen.}$$

d_{k+1}: Wir gehen davon aus, dass wir Qd_k schon für x_k berechnet haben. Also kommen hier noch hinzu zwei Skalarprodukte, eine Division, eine Multiplikation eines Vektors mit einem Skalar und eine Vektoraddition macht

$$3n+1 \text{ Multiplikationen und } 3n-2 \text{ Additionen.}$$

Im schlechtesten Fall müssen wir n Iterationen durchführen. In der letzten können wir uns die Berechnung von g und d sparen. Das macht als Gesamtaufwand

$$n^3+3n^2+n+(n-1)n^2+(n-1)(3n+1) = 2n^3+5n^2-n-1 \text{ Multiplikationen}$$

und

$$n^3+2n^2-2n+(n-1)n^2+(n-1)(3n-1) = 2n^3+n^2-6n+1 \text{ Additionen.}$$

Der Rechenaufwand ist also in der Tat beim konjugierte Gradientenverfahren zur Lösung unrestringierter quadratischer Problem deutlich höher als die direkte Lösung der Gleichung $Qx = b$.

9.8 Lösungsvorschläge zu den Übungen aus Kapitel 8

Lösung 9.81 (zu Aufgabe 8.3). Wir bezeichnen mit x,y bzw. z die Anzahl Einheiten der Teile X,Y bzw. Z, die wir herstellen. Eine Stunde hat 3600 Sekunden. Also erhalten wir aus der Maschinenlaufzeit als Restriktionen für die beiden Maschinen

$$\begin{aligned} 36x + 72y + 180z &\leq 80 \cdot 3600 \\ \text{bzw.} \quad 180x + 72y + 144z &\leq 80 \cdot 3600. \end{aligned}$$

Wir dividieren die Ungleichungen durch 36 und erhalten als Modell

$$\max 5x + 4y + 3z$$

unter den Bedingungen

$$\begin{aligned} x + 2y + 5z &\leq 8000 \\ 5x + 2y + 4z &\leq 8000 \\ x,y,z &\geq 0. \end{aligned}$$

Man vermutet hier schon, dass die Optimallösung $x = 0 = z$ und $y = 4000$ mit Zielfunktionswert 16000 ist. Wir werden dies in Lösung 9.89 verifizieren.

Lösung 9.82 (zu Aufgabe 8.4). **a)** Hier müssen wir nur Schlupfvariablen einführen. Das Problem wird dann zu

$$\begin{aligned} &\max c^\top x \\ &\text{unter } Ax + y = b \\ &x,y \geq 0. \end{aligned}$$

Mit der Matrix $\tilde{A} = (A, I_m)$ und dem Vektor $\tilde{c}^\top = (c^\top, 0)$ hat das Problem dann die Standardform

$$\begin{aligned} &\max \tilde{c}^\top \tbinom{x}{y} \\ &\text{unter } \tilde{A}\tbinom{x}{y} = b \\ &\tbinom{x}{y} \geq 0. \end{aligned}$$

b) Hier haben wir keine Vorzeichenrestriktionen bei den Variablen und spalten diese deswegen in einen positiven und einen negativen Anteil auf

$$x = x^+ - x^-.$$

Unser lineares Programm wird dann zu

$$\begin{aligned} &\max c^\top x^+ - c^\top x^- \\ &\text{unter } Ax^+ - Ax^- = b \\ &x^+, x^- \geq 0. \end{aligned}$$

Also erhalten wir die Standardform mit $\tilde{A} = (A, -A)$, $\tilde{c}^\top = (c^\top, -c^\top)$ und $\tilde{b} = b$.
c) Hier müssen wir wieder die Variablen aufspalten und ein Minimierungsprobblem in ein Maximierungsproblem überführen.

$$\begin{aligned} -\max\ & (-b)^\top u^+ - (-b)^\top u^- \\ \text{unter } & A^\top u^+ - A^\top u^- = c \\ & u^+, u^- \geq 0. \end{aligned}$$

Also haben wir Standardform mit $\tilde{A} = (A^\top, -A^\top)$, $\tilde{b} = c$ und $\tilde{c}^\top = (-b^\top, b^\top)$.

d) Hier ist eigentlich nichts zu tun. Das Problem hat bereits Standardform. Genauer setzen wir $\tilde{A} = A^\top$, $\tilde{b} = c$ und $\tilde{c} = b$.

Lösung 9.83 (zu Aufgabe 8.6). **a)** Sei x_i die Menge Rohöl (in Tonnen), die auf Anlage i pro Tag verarbeitet wird, also $0 \leq x_1 \leq 2$ und $0 \leq x_2 \leq 3$. Aus den Laufzeitrestriktionen erhalten wir dazu $10x_1 \leq 20$ und $5x_2 \leq 20$. Diese Bedingungen werden offensichtlich durch $0 \leq x_1 \leq 2$ und $0 \leq x_2 \leq 3$ impliziert, sind also redundant.

Die Gesamtmengenbeschränkung liefert $x_1 + x_2 \leq 4$. Der Gesamterlös aus der Produktion beträgt

$$1710(\frac{3}{4}x_1 + \frac{1}{4}x_2) + 630(\frac{1}{4}x_1 + \frac{3}{4}x_2) = 1440x_1 + 900x_2$$

und die Kosten liegen bei

$$360x_1 + 180x_2.$$

Die Zielfunktion ist also $1080x_1 + 720x_2$. Wir erhalten also als mathematisches Modell

$$\max 1080x_1 + 720x_2 = 360(3x_1 + 2x_2)$$

unter den Bedingungen

$$\begin{aligned} x_1 + x_2 &\leq 4 \\ x_1 &\leq 2 \\ x_2 &\leq 3 \\ x_1, x_2 &\geq 0. \end{aligned}$$

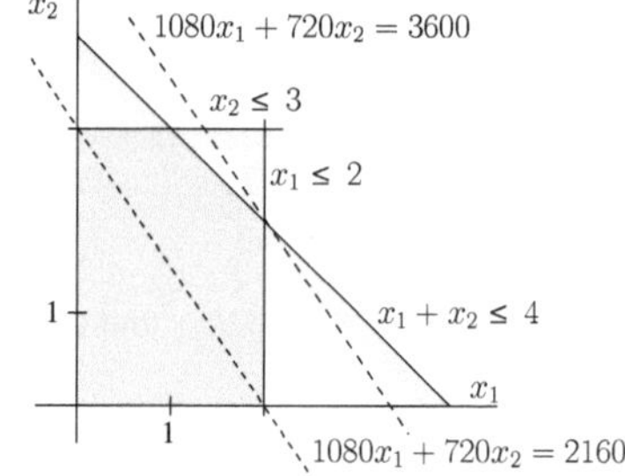

b) In der nebenstehenden Abbildung lesen wir als Optimallösung $x_1 = x_2 = 2$ ab mit einem Gewinn von 3600 €.

Lösung 9.84 (zu Aufgabe 8.7). Der zulässige Bereich eines linearen Programms in Standardform hat die Gestalt

$$P = \{x \in \mathbb{R}^n \mid Ax = b, x \geq 0\}.$$

Wir spalten $Ax = b$ in die zwei Ungleichungen $Ax \leq b$ und $-Ax \leq -b$ auf und schreiben $x \geq 0$ als $-I_n x \leq 0$. Also ist

$$P = \left\{ x \in \mathbb{R}^n \mid \begin{pmatrix} A \\ -A \\ -I_n \end{pmatrix} x \leq \begin{pmatrix} b \\ -b \\ 0 \end{pmatrix} \right\}$$

ein Polyeder.

Lösung 9.85 (zu Aufgabe 8.10). Nach den Sätzen der linearen Algebra ist $Ax = b$ genau dann lösbar, wenn der Rang der Koeffizientenmatrix A gleich dem Rang der erweiterten Matrix (A, b) ist. Hat (A, b) nicht vollen Zeilenrang, so gibt es eine Zeile, die wir streichen können, so dass sich der Rang nicht ändert. Wir iterieren dies, bis die Matrix vollen Zeilenrang hat. Dann haben wir ein Menge von Zeilenindizes I gefunden mit

$$\{x \in \mathbb{R}^n \mid Ax = b\} = \{x \in \mathbb{R}^n \mid A_{I.}x = b_I\}.$$

Also ist unser primales Programm äquivalent zu dem Problem

$$\begin{array}{ll} (P') & \max c^\top x \\ & \text{unter } A_{I.}x = b_I \\ & \qquad x \geq 0. \end{array}$$

Das Programm (P') erfüllt nun die Voraussetzungen des Dualitätssatzes 8.8, dass die Matrix vollen Zeilenrang hat. Das duale Programm zu (P') lautet

$$\begin{array}{ll} (D') & \min y_I^\top b_I \\ & \text{unter } y_I^\top A_{I.} \geq c^\top. \end{array}$$

Ist nun (P) zulässig und beschränkt, so gilt dies auch für (P'). Nach Satz 8.8 ist also auch (D') zulässig und beschränkt und es gibt Optimallösungen x^* des primalen und u_I^* des dualen Problems (D') mit

$$c^\top x^* = u_I^{*\top} b_I.$$

Das duale Programm unseres Ausgangsproblems lautet aber

$$\begin{array}{ll} (D) & \min y^\top b \\ & \text{unter } y^\top A \geq c^\top. \end{array}$$

Setzen wir also $u_i = (u_I^*)_i$ für $i \in I$ und $u_i = 0$ sonst, so ist u zulässig für (D) und

$$u^\top b = u_I^{*\top} b_I = c^\top x^*.$$

Auf Grund des Lemmas von der schwachen Dualität 8.1 muss u Optimallösung von (D) sein.

Lösung 9.86 (zu Aufgabe 8.12). Das duale Programm lautet

$$\begin{array}{ll} (D) & \min y^\top b \\ & \text{unter } y^\top A \geq c^\top. \end{array}$$

Um es in Standardform zu bringen, machen wir aus dem Minimierungsproblem ein Maximierungsproblem, transponieren die Matrixprodukte, spalten die Variablen auf und führen Schlupfvariablen ein. Dann lautet das Problem

$$\begin{array}{ll} (D) & -\max\, (-b^\top, b^\top, 0) \begin{pmatrix} y^+ \\ y^- \\ z \end{pmatrix} \\ & \text{unter } \left(A^\top, -A^\top, -I_n\right) \begin{pmatrix} y^+ \\ y^- \\ z \end{pmatrix} = c \\ & \qquad y^+, y^-, z \geq 0. \end{array}$$

Das duale Programm zu diesem Problem lautet dann

$$(DD) \qquad -\min\ s^\top c$$
$$\text{unter } s^\top\left(A^\top, -A^\top, -I_n\right) \geq \left(-b^\top, b^\top, 0\right).$$

Setzen wir $x = -s$ und transponieren wir die Matrixprodukte wieder, so wird hieraus zunächst

$$(DD) \qquad -\min\ (-c)^\top x$$
$$\text{unter } \begin{pmatrix} -A \\ A \\ I_n \end{pmatrix} x \geq \begin{pmatrix} -b \\ b \\ 0 \end{pmatrix}$$

was offensichtlich äquivalent zu

$$(P) \qquad \max\ c^\top x$$
$$\text{unter } Ax = b$$
$$x \geq 0$$

ist.

Lösung 9.87 (zu Aufgabe 8.14). Es genügt zu zeigen, dass die beiden Programme äquivalent zu einem dualen Paar linearer Programme sind. Dazu bringen wir (P) in Standardform, indem wir Schlupfvariablen einführen:

$$(P') \qquad \max\ (c^\top, 0)\tbinom{x}{y}$$
$$\text{unter } (A, I_m)\tbinom{x}{y} = b$$
$$x, y \geq 0.$$

Das duale Programm hierzu lautet

$$(D') \qquad \min\ u^\top b$$
$$\text{unter } u^\top(A, I_m) \geq (c^\top, 0).$$

Die Bedingung $u^\top I_m \geq 0$ bedeutet einfach $u \geq 0$. Also ist (D') äquivalent zu (D), woraus die Behauptung folgt.

Lösung 9.88 (zu Aufgabe 8.15). Sei für $x \in P$ die Menge $\tilde{B}$ definiert als

$$\tilde{B} = \{1 \leq i \leq m \mid A_{i.}x = b_i\},$$

also als die Menge der Indizes, an denen die Ungleichung des Systems mit Gleichheit angenommen wird. Wir haben zu zeigen:

$$x \text{ ist Ecke von } P \iff A_{\tilde{B}.} \text{ hat vollen Rang},$$

denn falls dabei $|\tilde{B}| > n$ ist, so können wir aus $\tilde{B}$ stets ein Element so weglassen, dass der volle Rang erhalten bleibt.

Habe zunächst $A_{\tilde{B}.}$ vollen Rang. Sei $B \subseteq \tilde{B}$ mit $|B| = n$, so dass $A_{B.}$ immer noch vollen Rang hat. Seien $y, z \in P$ mit $x \in]y, z[$, also

$$x = ty + (1-t)z \quad \text{mit} \quad t \in]0, 1[.$$

Also haben wir

$$tA_{B.}y + (1-t)A_{B.}z = b_B \,. \tag{9.8}$$

Da $y,z \in P$ liegen, gilt darüber hinaus

$$tA_{B.}y \leq tb_B \text{ bzw. } (1-t)A_{B.}z \leq (1-t)b_B \,. \tag{9.9}$$

Ziehen wir (9.9) von (9.8) ab, so erhalten wir

$$tA_{B.}y \geq tb_B \quad \text{bzw.} \quad (1-t)A_{B.}z \geq (1-t)b_B \,.$$

Da $y,z \in P$ sind, gelten die letzten beiden Ungleichungen auch in der anderen Richtung und wir schließen, dass

$$A_{B.}y = A_{B.}z = b_B$$

ist. Somit gilt also $y = A_{B.}^{-1}b = z = x$ und somit ist x eine Ecke.

Für die andere Richtung halten wir zunächst fest, dass für beliebige Indexmengen B, da A nur n Spalten hat, stets der Rang nach oben durch n beschränkt ist. Es bleibt also der Fall zu untersuchen, dass der Rang von $A_{\tilde{B}.}$ echt kleiner als n ist. Dann gibt es aber ein $y \in \mathbb{R}^n \setminus \{0\}$ mit $A_{\tilde{B}.}y = 0$. Nach Definition von $\tilde{B}$ gibt es ferner ein $\varepsilon > 0$ mit $A(x+\varepsilon y) \leq b$ und $A(x-\varepsilon y) \leq b$. Also sind $x+\varepsilon y, x-\varepsilon y \in P$ und $x = \frac{1}{2}(x+\varepsilon y) + \frac{1}{2}(x-\varepsilon y)$ ist keine Ecke.

Lösung 9.89 (zu Aufgabe 8.16). Wir betrachten das Problem

$$\max 5x + 4y + 3z$$

unter den Bedingungen

$$\begin{aligned} x + 2y + 5z &\leq 8000 \\ 5x + 2y + 4z &\leq 8000 \\ x,y,z &\geq 0. \end{aligned}$$

In Standardform haben wir

$$\max 5x + 4y + 3z$$

unter den Bedingungen

$$\begin{aligned} x + 2y + 5z + s_1 &= 8000 \\ 5x + 2y + 4z + s_2 &= 8000 \\ x,y,z &\geq 0. \end{aligned}$$

Die Behauptung lautet, dass y und jede beliebige andere Variable eine Basis bilden, denn die eindeutige Lösung des Gleichungssystems, das aus y und einer anderen Variable gebildet wird, muss letztere auf Null setzen, da die Koeffizienten von y und die rechten Seiten in beiden Gleichungen übereinstimmen. Wählen wir s_1 in die Basis, so haben wir $A_{.B} = \left(\begin{smallmatrix} 2 & 1 \\ 2 & 0 \end{smallmatrix}\right)$, und $A_{.B}^{-1} = \left(\begin{smallmatrix} 0 & \frac{1}{2} \\ 1 & -1 \end{smallmatrix}\right)$ und

$$c_B^\top A_{.B}^{-1} A = (4,0) \begin{pmatrix} 0 & \frac{1}{2} \\ 1 & -1 \end{pmatrix} \begin{pmatrix} 1\,2\,5\,1\,0 \\ 5\,2\,4\,0\,1 \end{pmatrix} = (10,4,8,0,2).$$

Damit haben wir als reduzierte Kosten

$$c^\top - c_B^\top A_{.B}^{-1} A = (-5,0,-5,0,-2) \leq 0.$$

Also folgt die Behauptung aus Proposition 8.1.

Lösung 9.90 (zu Aufgabe 8.21). Nach Einfügen von Schlupfvariablen, erhalten wir folgendes Starttableau:

$$\begin{array}{ccccccc|c}
\frac{3}{4} & -150 & \frac{1}{50} & -6 & 0 & 0 & 0 & 0 \\
\hline
\boxed{\frac{1}{4}} & -60 & -\frac{1}{25} & 9 & 1 & 0 & 0 & 0 \\
\frac{1}{2} & -90 & -\frac{1}{50} & 3 & 0 & 1 & 0 & 0 \\
0 & 0 & 1 & 0 & 0 & 0 & 1 & 1.
\end{array}$$

Da $\frac{3}{4} > \frac{1}{50}$ ist, wählen wir die erste Spalte als Pivotspalte. Die erste Zeile kommt als Pivotzeile in Frage, wird also gewählt. Im weiteren Verlauf, wählen wir stets als Pivotspalte diejenige mit maximalen reduzierten Kosten und als Pivotzeile die erste mögliche. Damit erhalten wir folgende Tableaus:

$$\begin{array}{ccccccc|c}
0 & 30 & \frac{7}{50} & -33 & -3 & 0 & 0 & 0 \\
\hline
1 & -240 & -\frac{4}{25} & 36 & 4 & 0 & 0 & 0 \\
0 & \boxed{30} & \frac{3}{50} & -15 & -2 & 1 & 0 & 0 \\
0 & 0 & 1 & 0 & 0 & 0 & 1 & 1
\end{array}$$

$$\begin{array}{ccccccc|c}
-\frac{1}{4} & 0 & 0 & 3 & 2 & -3 & 0 & 0 \\
\hline
\frac{25}{8} & 0 & 1 & -\frac{525}{2} & -\frac{75}{2} & 25 & 0 & 0 \\
-\frac{1}{160} & 1 & 0 & \boxed{\frac{1}{40}} & \frac{1}{120} & -\frac{1}{60} & 0 & 0 \\
-\frac{25}{8} & 0 & 0 & \frac{525}{2} & \frac{75}{2} & -25 & 1 & 1
\end{array}$$

$$\begin{array}{ccccccc|c}
\frac{7}{4} & -330 & -\frac{1}{50} & 0 & 0 & 2 & 0 & 0 \\
\hline
-\frac{5}{4} & 210 & \frac{1}{50} & 0 & 1 & -3 & 0 & 0 \\
\frac{1}{6} & -30 & -\frac{1}{150} & 1 & 0 & \boxed{\frac{1}{3}} & 0 & 0 \\
0 & 0 & 1 & 0 & 0 & 0 & 1 & 1
\end{array}$$

$$\begin{array}{ccccccc|c}
0 & 0 & \frac{2}{25} & -18 & -1 & -1 & 0 & 0 \\
\hline
1 & 0 & \boxed{\frac{8}{25}} & -84 & -12 & 8 & 0 & 0 \\
0 & 1 & \frac{1}{500} & -\frac{1}{2} & -\frac{1}{15} & \frac{1}{30} & 0 & 0 \\
0 & 0 & 1 & 0 & 0 & 0 & 1 & 1
\end{array}$$

$$\begin{array}{ccccccc|c}
\frac{1}{2} & -120 & 0 & 0 & 1 & -1 & 0 & 0 \\
\hline
-\frac{125}{2} & 10500 & 1 & 0 & \boxed{50} & -150 & 0 & 0 \\
-\frac{1}{4} & 40 & 0 & 1 & \frac{1}{3} & -\frac{2}{3} & 0 & 0 \\
\frac{125}{2} & -10500 & 0 & 0 & -50 & 150 & 1 & 1
\end{array}$$

$$\begin{array}{ccccccc|c}
\frac{3}{4} & -150 & \frac{1}{50} & -6 & 0 & 0 & 0 & 0 \\
\hline
\boxed{\frac{1}{4}} & -60 & -\frac{1}{25} & 9 & 1 & 0 & 0 & 0 \\
\frac{1}{2} & -90 & -\frac{1}{50} & 3 & 0 & 1 & 0 & 0 \\
0 & 0 & 1 & 0 & 0 & 0 & 1 & 1
\end{array}$$

Wir sind also wieder bei unserem Ausgangstableau angekommen.

Lösung 9.91 (zu Aufgabe 8.26). Da wir keine zulässige Startbasis haben, optimieren wir in Phase 1 das Hilfsproblem. Da wir in keiner Spalte schon einen Einheitsvektor haben, fügen wir für jede Gleichung eine künstliche Schlupfvariable hinzu. Die künstlichen Schlupfvariablen bilden die zulässige Startbasis. Wir minimieren die Summe der künstlichen Variablen. Mit der Zielfunktion haben wir also folgendes Starttableau:

$$\begin{array}{ccccccccccc|c}
0&0&0&0 & 0 & 0 & 0 & -1 & -1 & -1 & -1 & 0 \\
\hline
1&0&0&0 & 0 & 0 & 0 & 0 & 0 & 0 & 0 & 0 \\
\hline
3&5&3&2 & 1 & 2 & 1 & 1 & 0 & 0 & 0 & 3 \\
4&6&5&3 & 5 & 5 & 6 & 0 & 1 & 0 & 0 & 11 \\
2&4&1&1 & -3 & -1 & -4 & 0 & 0 & 1 & 0 & 1 \\
1&1&2&1 & 4 & 3 & 5 & 0 & 0 & 0 & 1 & 5.
\end{array}$$

Über der Basis stehen in der künstlichen Zielfunktionszeile noch keine Nullen, da wir noch die reduzierten Kosten berechnen müssen. Dafür addieren wir alle Zeilen der Restriktionsmatrix zur künstlichen Zielfunktion und erhalten:

$$\begin{array}{ccccccccccc|c}
10 & 16 & 11 & 7 & 7 & 9 & 8 & 0 & 0 & 0 & 0 & 20 \\ \hline
1 & 0 & 0 & 0 & 0 & 0 & 0 & 0 & 0 & 0 & 0 & 0 \\ \hline
3 & 5 & 3 & 2 & 1 & 2 & 1 & 1 & 0 & 0 & 0 & 3 \\
4 & 6 & 5 & 3 & 5 & 5 & 6 & 0 & 1 & 0 & 0 & 11 \\
2 & 4 & \boxed{1} & 1 & -3 & -1 & -4 & 0 & 0 & 1 & 0 & 1 \\
1 & 1 & 2 & 1 & 4 & 3 & 5 & 0 & 0 & 0 & 1 & 5.
\end{array}$$

Damit wir zunächst Brüche vermeiden, pivotieren wir aus Bequemlichkeit in der dritten Spalte und Zeile

$$\begin{array}{ccccccccccc|c}
-12 & -28 & 0 & -4 & 40 & 20 & 52 & 0 & 0 & -11 & 0 & 9 \\ \hline
1 & 0 & 0 & 0 & 0 & 0 & 0 & 0 & 0 & 0 & 0 & 0 \\ \hline
-3 & -7 & 0 & -1 & \boxed{10} & 5 & 13 & 1 & 0 & -3 & 0 & 0 \\
-6 & -14 & 0 & -2 & 20 & 10 & 26 & 0 & 1 & -5 & 0 & 6 \\
2 & 4 & 1 & 1 & -3 & -1 & -4 & 0 & 0 & 1 & 0 & 1 \\
-3 & -7 & 0 & -1 & 10 & 5 & 13 & 0 & 0 & -2 & 1 & 3
\end{array}$$

und als nächstes suchen wir uns die fünfte Spalte als Pivotspalte aus. Da wir Entartung vorliegen haben, müssen wir die erste Zeile als Pivotzeile wählen.

$$\begin{array}{ccccccccccc|c}
0 & 0 & 0 & 0 & 0 & 0 & 0 & -4 & 0 & 1 & 0 & 9 \\ \hline
1 & 0 & 0 & 0 & 0 & 0 & 0 & 0 & 0 & 0 & 0 & 0 \\ \hline
-\frac{3}{10} & -\frac{7}{10} & 0 & -\frac{1}{10} & 1 & \frac{1}{2} & \frac{13}{10} & \frac{1}{10} & 0 & -\frac{3}{10} & 0 & 0 \\
0 & 0 & 0 & 0 & 0 & 0 & 0 & -2 & 1 & 1 & 0 & 6 \\
\frac{11}{10} & \frac{19}{10} & 1 & \frac{7}{10} & 0 & \frac{1}{2} & -\frac{1}{10} & \frac{3}{10} & 0 & \frac{1}{10} & 0 & 1 \\
0 & 0 & 0 & 0 & 0 & 0 & 0 & -1 & 0 & \boxed{1} & 1 & 3.
\end{array}$$

Wir haben nur noch eine Spalte mit positiven reduzierten Kosten, nämlich die zehnte. Der Minimum-Ratio-Test liefert die letzte Zeile als Pivotzeile.

$$\begin{array}{ccccccccccc|c}
0 & 0 & 0 & 0 & 0 & 0 & 0 & -3 & 0 & 0 & -1 & 6 \\ \hline
1 & 0 & 0 & 0 & 0 & 0 & 0 & 0 & 0 & 0 & 0 & 0 \\ \hline
-\frac{3}{10} & -\frac{7}{10} & 0 & -\frac{1}{10} & 1 & \frac{1}{2} & \frac{13}{10} & -\frac{1}{5} & 0 & 0 & \frac{3}{10} & \frac{9}{10} \\
0 & 0 & 0 & 0 & 0 & 0 & 0 & -1 & 1 & 0 & -1 & 3 \\
\frac{11}{10} & \frac{19}{10} & 1 & \frac{7}{10} & 0 & \frac{1}{2} & -\frac{1}{10} & \frac{2}{5} & 0 & 0 & -\frac{1}{10} & \frac{7}{10} \\
0 & 0 & 0 & 0 & 0 & 0 & 0 & -1 & 0 & 1 & 1 & 3.
\end{array}$$

Die reduzierten Kosten der künstlichen Zielfunktion sind kleiner gleich Null, also ist das Tableau für das Hilfsproblem optimal. Da der Wert der Zielfunktion noch positiv, nämlich 6 ist, wenn wir das Problem als Minimierungsproblem sehen, ist das eigentliche Problem unzulässig, hat also keine zulässige Basislösung.

Mittels Hinsehen findet man, dass der Vektor $(2,-1,-1,1)$ mit allen Spalten von A ein positives Skalarprodukt hat, aber mit b ein Negatives. Also kann b keine nicht-negative Linearkombination der Spalten von A sein.

Symbolverzeichnis

W. Hochstättler, *Algorithmische Mathematik*, Springer-Lehrbuch
DOI 10.1007/978-3-642-05422-8, © Springer-Verlag Berlin Heidelberg 2010

Index

Literaturhinweise

1. Martin Aigner. *Diskrete Mathematik*. Vieweg, sechste edition, 2006.

   Sehr gutes, aber knapp gefasstes Buch über Diskrete Mathematik. Es wendet sich eher an Mathematikstudenten, enthält aber zahlreiche Übungsaufgaben teilweise mit Lösungen. Es enthält auch ein Übersichtskapitel zur Linearen Optimierung.
   Relevante Kapitel: 1, 5, 6–8, 15
   Zu Kapitel: 1–4, 8.

2. Walter Alt. *Nichtlineare Optimierung – Eine Einführung in Theorie, Verfahren und Anwendungen*. Vieweg, Braunschweig/Wiesbaden, 2002.

   Nicht zu umfangreiche, reich bebilderte Einführung in nichtrestringierte und restringierte Optimierungsprobleme mit vielen Beispielen.
   Relevante Kapitel: 1, 3, 4
   Zu Kapitel: 6, 7.

3. Mokhtar S. Bazaraa, Hanif D. Sherali, and C. M. Shetty. *Nonlinear programming*. Wiley-Interscience [John Wiley & Sons], Hoboken, NJ, third edition, 2006. Theory and algorithms.

   Sehr umfangreiches, anspruchsvolles Buch über nichtlineare Optimierung mit einem kleinen Abschnitt über lineare Optimierung. Enthält viele Übungsaufgaben (ohne Lösungen).
   Relevante Kapitel: 2, 4, 5, 8
   Zu Kapitel: 6, 7, 8.

4. Ulrik Brandes. Eager *st*-ordering. In *Algorithms—ESA 2002*, volume 2461 of *Lecture Notes in Computer Science*, pages 247–256. Springer, Berlin, 2002.

   Hier kann man mehr über Ohrendekompositionen lesen.

5. Andreas Brandstädt. *Graphen und Algorithmen*. Teubner, 1994.

   Sehr gutes Buch über Graphalgorithmen.
   Relevante Kapitel: 1–3, 6
   Zu Kapitel: 3, 4.

6. Manfred Brill. *Mathematik für Informatiker*. Hanser, München, Wien, 2001.

   Gutes Buch zum diskreten Teil unseres Buches. Probleme werden meist an Beispielen verdeutlicht und mit Übungsaufgaben (ohne Lösungen) untermauert.
   Relevante Kapitel: 2, 5–6, 8
   Zu Kapitel: 1–5.

7. Vašek Chvátal. *Linear Programming.* W. H. Freeman and Company, New York, San Francisco, 1983.

Ein absoluter Klassiker unter der Literatur zur linearen Optimierung. Es ist trotz seines Alters sehr schön geschrieben und bietet auch viele Beispiele zur Modellierung in der Linearen Optimierung. Zu den zahlreichen Übungsaufgaben gibt es in einem gesonderten Buch sämtliche Lösungen (die aber teilweise knapp gehalten sind).
Relevante Kapitel: 1–10
Zu Kapitel: 8.

8. Vašek Chvátal. *Solutions Manual for Linear Programming.* W. H. Freeman and Company, New York, 1984.

Enthält die Lösungen zu den Aufgaben im Buch "Linear Programming" von Vašek Chvátal.

9. Thomas H. Cormen, Charles E. Leiserson, Ronald Rivest, and Clifford Stein. *Algorithmen – Eine Einführung.* Oldenbourg Wissenschaftsverlag, 2004.

Dient eher als Ergänzung zu den Inhalten des Buches und ist für alle zu empfehlen, die mehr über Algorithmen und Datenstrukturen lernen möchten.

10. K. Denecke. *Algebra und Diskrete Mathematik für Informatiker.* Teubner, 2003.

Dieses Buch ist gut geeignet zur Festigung der Grundlagen in der Kombinatorik (Permutationen, Kombinationen, Variationen), Linearen Algebra (Lösung linearer Gleichungssysteme) und Graphentheorie.
Relevante Kapitel: 1–2, 4–5
Zu Kapitel: 1–3.

11. R. Diestel. *Graphentheorie.* Springer, second edition, 2000.

Sehr gutes deutsches Buch über Graphentheorie, das aber schnell über die Themen unseres Buches hinausgeht. Geeignet für alle, die sich weiter mit dem Themengebiet befassen wollen. Das Niveau der Übungsaufgaben ist extra gekennzeichnet und reicht von leicht bis schwer.
Relevante Kapitel: 0, 1
Zu Kapitel: 3–4.

12. Willibald Dörfler and Werner Peschek. *Einführung in die Mathematik für Informatiker.* Carl Hanser Verlag, München, Wien, 1988.

Gut lesbares, wenn auch etwas älteres Buch über die Grundlagen der diskreten Mathematik, linearen Algebra, Analysis und Stochastik. Allein der völlige Verzicht auf etablierte Anglismen ist etwas gewöhnungsbedürftig.
Relevante Kapitel: 3, 7–10
Zu Kapitel: 1–5.

13. Ronald L. Graham, Donald E. Knuth, and Oren Patashnik. *Concrete Mathematics: a foundation for computer science.* Addison-Wesley, second edition, 1994.

Ein sehr schöner und gut verständlicher Klassiker, der die mathematischen Grundlagen der Informatik vermittelt und den wir Ihnen, wenn auch nur sehr eingeschränkt zu den Thematiken dieses Buches passend, als ergänzende Lektüre empfehlen möchten. Das Buch enthält auch Übungsaufgaben mit Musterlösungen.
Relevante Kapitel: 8, 9
Zu Kapitel: 1, 2.

14. Ralph P. Grimaldi. *Discrete and Combinatorial Mathematics.* Addison-Wesley, 1994.

Sehr ausführliches und einfach geschriebenes Buch über Diskrete Mathematik. Es ist gespickt mit Beispielen und Übungsaufgaben, von denen jede zweite mit einer Lösung versehen ist.
Relevante Kapitel: 1, 3–5, 7–8, 11–13
Zu Kapitel: 1–4.

15. Dirk Hachenberger. *Mathematik für Informatiker*. Pearson Studium, München, 2005.

Ein Buch, das sich gut als mathematische Grundlage fur dieses Buch eignet. Mit vielen Übungsaufgaben.
Relevante Kapitel: 1–4, 8
Zu Kapitel: 1, 5.

16. Frank Harary. *Graph theory*. Addison-Wesley Publishing Co., Reading, Mass.-Menlo Park, Calif.-London, 1969.

Klassische Lektüre über Graphentheory. Geht weit über den hier behandelten Stoff hinaus (wenn auch Matchings nicht enthalten sind), eignet sich aber gut für Interessenten an dem Themengebiet.
Relevante Kapitel: 1–5
Zu Kapitel: 3, 4.

17. Florian Jarre and Josef Stoer. *Optimierung*. Springer, Berlin, Heidelberg, 2004.

Ein gutes und umfassendes deutsches Buch zur linearen und nichtlinearen Optimierung mit vielen und umfangreichen Übungsaufgaben. Gut als ergänzende und weiterführende Lektüre geeignet.
Relevante Kapitel: 1–3, 6, 9
Zu Kapitel: 6–8.

18. Michael Knorrenschild. *Numerische Mathematik – Eine beispielorientierte Einführung*. Hanser, München, Wien, 2005.

Dieses Buch deckt die wichtigsten Themengebiete der Numerik ab. Es richtet sich vor allem an Ingenieure und ist leicht verständlich.
Relevante Kapitel: 1–3
Zu Kapitel: 5.

19. Donald E. Knuth. *The art of computer programming*, volume 3: Sorting and Searching. Addison-Wesley, second edition, 1998.

Ein Klassiker an dem kein Informatiker vorbeikommt. Den dritten Band haben wir hier als Referenz zum Sortieren angegeben.

20. Doina Logofătu. *Algorithmen und Problemlösungen mit C++*. Vieweg, Wiesbaden, 2006.

Gutes, leicht verständliches, problemorientiertes Buch, das zwar nur zu kleinen Teilen zu unseren Themen passt, sich aber an die Leser richtet, die Spaß an der Algorithmischen Mathematik gefunden haben. Es werden sehr viele Probleme kurz besprochen und mit einem Programmcode zu dessen Lösung versehen. Eignet sich auch hervorragend zur Vorbereitung interessanter Mathematik/Informatik-Unterrichtsstunden.
Relevante Kapitel: 4, 7, 11
Zu Kapitel: 1, 2, 3.

21. L. Lovász. *Combinatorial problems and exercises*. North-Holland, second edition, 1993.

Sehr umfangreiche Sammlung von Übungsaufgaben zur Kombinatorik inklusive Hinweisen *und* vollständigen Lösungen zu *allen* Aufgaben. Das Niveau der Aufgaben ist aber zu großen Teilen relativ hoch angesiedelt.
Relevante Kapitel: 1–4, 7
Zu Kapitel: 1–4.

22. D. G. Luenberger. *Linear and Nonlinear Programming*. Addison-Wesley, Reading, MA, second edition, 2003.

Sehr gut lesbares, sehr umfangreiches Buch über lineare und nichtlineare Optimierung. Es ist auch für Nicht-Mathematiker verständlich und enthält zahlreiche Übungsaufgaben (ohne Lösungen). Dieses Buch gilt als Klassiker unter den Büchern über Optimierung.
Relevante Kapitel: 1–4, 6–8
Zu Kapitel: 6, 7, 8.

23. Jiří Matoušek and Jaroslav Nešetril. *Diskrete Mathematik - Eine Entdeckungsreise*. Springer, 2002.

    Sehr gelungenes und gut verständliches Buch über Diskrete Mathematik. Teile unserer ersten vier Kapitel orientieren sich an diesem Buch, das auch zahlreiche Übungen teilweise mit Lösungshinweisen enthält.
    Relevante Kapitel: 1–4, 9
    Zu Kapitel: 1–4.

24. Jiří Matoušek and Jaroslav Nešetřil. *Invitation to Discrete Mathematics*. Oxford University Press, 1998.

    Dies ist die englische Fassung des Buches "Diskrete Mathematik - Eine Entdeckungsreise".

25. Sartaj Sahni. Computationally related problems. *SIAM J. Comput.*, 3(4):262–279, 1974.

    Unsere Referenz zur Komplexität der quadratischen Optimierung.

26. Robert Schaback and Holger Wendland. *Numerische Mathematik*. Springer, Berlin, Heidelberg, fünfte edition, 2005.

    Sehr gelungenes Buch über die wichtigsten Themen der Numerischen Mathematik. Es deckt neben dem fünften Kapitel auch Teile aller folgenden Kapitel ab. Es richtet sich zwar eher an Mathematiker, sollte aber auch für Nichtmathematiker lesbar sein.
    Relevante Kapitel: 1–3, 5, 7, 16
    Zu Kapitel: 5–8.

27. Jochen Schwarze. *Mathematik für Wirtschaftswissenschaftler 3. Lineare Algebra, Lineare Optimierung und Graphentheorie*. Verlag Neue Wirtschaftsbriefe, Herne, Berlin, 12. edition, 2005.

    Dieses Buch richtet sich an Wirtschaftswissenschaftler und erntet zahlreiche überschwängliche Rezensionen im Internet. Es behandelt u. A. Grundlagen der Matrizenrechnung, Lineare Gleichungssysteme, Grundzüge der linearen Optimierung und Graphentheorie und enthält Lösungen der Übungsaufgaben.
    Relevante Kapitel: 2, 4, 6
    Zu Kapitel: 3–4, 8.

28. Werner Struckmann and Dietmar Wätjen. *Mathematik für Informatiker*. Spektrum, 2006.

    Sehr gelungenes Buch, das die nötigen Grundlagen der Mathematik für Informatiker behandelt aber eher die algebraischen als die numerischen Aspekte abdeckt. Die einzelnen Kapitel können unabhängig voneinander gelesen werden. Zahlreiche Beispiele veranschaulichen die behandelten Fragestellungen. Wir empfehlen es ausdrücklich als ergänzende Literatur.
    Relevante Kapitel: 2–5, 10–11
    Zu Kapitel: 1–4.

29. J.K. Truss. *Discrete Mathematics for Computer Scientists*. Addison-Wesley, second edition, 1991.

    Sehr dickes Buch über Diskrete Mathematik, das viele weitere Einblicke in das Themengebiet bietet.
    Relevante Kapitel: 5, 8
    Zu Kapitel: 1–4.

30. C. Meinel und M. Mundhenk. *Mathematische Grundlagen der Informatik*. Teubner, zweite edition, 2002.

    Sehr ausführliches und leicht verständliches Buch zur Einführung in die Diskrete Mathematik, das unter Anderem eine gute Übersicht über Beweisformalismen enthält.
    Relevante Kapitel: 1–9, 11
    Zu Kapiteln: 1, 2, 3, (4).

31. J.H. van Lint and R.M. Wilson. *A Course in Combinatorics.* Cambridge University Press, second edition, 2001.

Dieses Buch ist eine Sammlung von unabhängigen Übersichtskapiteln zu interessanten Themen der Diskreten Mathematik bzw. Kombinatorik. Es eigenet sich daher eher als ergänzende Lektüre als als Nachschlagewerk zu Kursthemen und wendet sich eher an Mathematikstudenten. Es enthält aber viele Übungsaufgaben und diskutiert zahlreiche Beispiele.
Relevante Kapitel: 1, 2, 5, 8, 10
Zu Kapitel: 3–4.

32. Gordon R. Walsh. *Methods of Optimization.* John Wiley & Sons, London, New York, Sydney, Toronto, 1975.

Dieses gute, wenn auch alte, Buch über nichtlineare Optimierung deckt die Themen des 6. und 7. Kapitels komplett ab, auch wenn man mitunter ein wenig suchen muss. Übungsaufgaben sind meist mit (sehr kurzen) Lösungen versehen. Das Niveau des Textes und der Aufgaben lässt sich als mittelschwer bis schwer einstufen.
Relevante Abschnitte: 1, 2.1–2.3, 3.6–3.7, 4.1–4.3, 4.7
Zu Kapitel: 6–7.